江苏省高等学校重点教材
（编号：2021-2-125）

PRINCIPLES AND
APPLICATIONS OF
EMBEDDED SYSTEMS

嵌入式系统

原理与应用

俞建峰　主编
蒋 毅　化春键　孙顺远　副主编

化学工业出版社
·北京·

内容简介

在工业4.0时代，嵌入式系统作为芯片和软件的结合体，在工业自动化、机电控制、移动设备、通信、汽车等领域发挥着不可替代的作用。本书系统介绍了嵌入式系统硬件与软件的设计，并简要介绍了多个应用实例，使读者全面了解嵌入式系统的内部结构、设计思路和开发过程。书中配有适量习题，紧扣本书主旨，帮助读者巩固重要的知识点。

本书适宜机械、自动控制、电子等相关专业的本科学生使用，也可供相关专业技术人员参考。

图书在版编目（CIP）数据

嵌入式系统原理与应用/俞建峰主编；蒋毅，化春键，孙顺远副主编．—北京：化学工业出版社，2022.11

ISBN 978-7-122-42226-2

Ⅰ.①嵌… Ⅱ.①俞…②蒋…③化…④孙… Ⅲ.①微型计算机-系统设计-高等学校-教材 Ⅳ.①TP360.21

中国版本图书馆CIP数据核字（2022）第171224号

责任编辑：邢　涛　　文字编辑：郑云海
责任校对：李　爽　　装帧设计：韩　飞

出版发行：化学工业出版社（北京市东城区青年湖南街13号　邮政编码100011）
印　　装：大厂聚鑫印刷有限责任公司
787mm×1092mm　1/16　印张20¼　字数515千字　2022年11月北京第1版第1次印刷

购书咨询：010-64518888　　售后服务：010-64518899
网　　址：http://www.cip.com.cn
凡购买本书，如有缺损质量问题，本社销售中心负责调换。

定　　价：78.00元

前言

在工业4.0时代，嵌入式系统作为芯片和软件的集合体，在工业自动化、机电控制、变频器、消费电子、物联网、通信网络、便携医疗、汽车等领域得到大量应用。在万物互联、信息共享的时代，嵌入式系统的应用变得更加广泛和深入，对微控制器的性能需求也在不断提高。

ARM 架构的微控制器在芯片性能、设计资源、性价比等方面体现出来的显著优越性，使得它成为当前嵌入式微控制器的主流架构。ARM 公司以其不生产微控制器而只开发控制器内核架构的特殊角色吸引了国内外众多半导体厂家，这些半导体厂家纷纷通过获得 ARM 公司 IP 授权的方式来开发 ARM 系列微控制器，从而出现了 ARM 系列微控制器的应用热潮。微控制器已经从最初的8位、16位、32位向64位乃至更高位演变，嵌入式系统的运行速度也变得更快，资源更为丰富。

国内，中颖电子、乐鑫科技、晟矽微电、国民技术、兆易创新、上海贝岭都设计了以 ARM 内核为核心的微控制器。在众多微控制器产品相互竞争的今天，如何选择一个好的嵌入式芯片来入门学习是一个值得思考的问题。在众多半导体公司中，意法半导体公司不仅具有优秀的配套程序库和丰富的参考设计资源，还在 STM32F3系列微控制器内部集成了几乎所有的常用嵌入式芯片上的外设，可以让初学者轻松入门，融会贯通，从而能够进一步熟练使用其他半导体公司的微控制器芯片。

本书以 STM32F103ZET6微控制器为对象，讲解嵌入式系统的硬件及软件设计、应用实例。全书分为9章，主要对实际应用中常见的知识点进行讲解，包括嵌入式系统发展史、ARM 系列概念、STM32F103ZET6微控制器内部构造、实例、开发方法等内容。书中对常见的应用进行了实例讲解，给出了清晰的系统应用设计思路，并明确了每个应用的设计步骤，使初学者在学习了相关基本知识后能够根据具体的应用需求进行硬件原理设计和软件开发。本书提供了适量的习题，紧扣各章核心内容，涵盖基本概念及相关应用，能够起到巩固重要知识点的作用。

第1章，介绍了嵌入式系统的概念、体系、软硬件系统以及操作系统的线程与进程，描述了嵌入式处理器与 ARM 处理器的特点。

第2章，介绍了 STM32系列微控制器的存储结构以及外设资源，对 I/O 接口、定时器和计数器、有线通信接口进行了介绍。

第3章，介绍了 STM32系统中 GPIO 端口的基本知识，并描述了端口配置寄存器的方法。详细介绍了 STM32系统中时钟配置以及库函数的操作方法，并以 GPIO 按键点灯实验为例进行了讲解。

第4章，介绍了数据的转换与读/写访问，包括 ADC、DAC 和 DMA 等的相关操作知识，并由浅入深地介绍了 A/D 转换、D/A 转换、DMA 数据传输等实践例程。

第5章，全面介绍了 STM32定时器/计数器，包括 TIMx 定时器、RTC 定时器、SysTick 定时器和看门狗定时器等，在此基础上讲解了定时器的应用与实例教程。

第6章，详细讲解了 STM32系统设计中重要的中断技术，包括 NVIC、EXTI 以及 PWM 控制技术，并详细讲解了计时功能（1s 输出）、引脚输入捕获和 PWM 输出点灯实践例程。

第7章，介绍了通信的基本概念与知识，为理解接口通信奠定了基础，并详细介绍了USART串口通信，进行了USART串口输出设计与实践。

第8章，详细介绍了嵌入式系统的接口类型与设计方法，并讲解了嵌入式项目的开发流程、芯片选型分析、外设资源分配方案；介绍了嵌入式开发板的功能、电路板的设计方法以及程序烧录的方法。

第9章，介绍了基于STM32芯片的实践案例，包括远程电机状态监控系统、信息采集系统以及网络通信实例，通过典型实例对STM32微控制器的功能结构进行进一步理解和应用。

第1～3章是微控制器入门的基本要求部分，相对来讲比较简单，在实际中使用得比较多，特别是GPIO的结构和编程，初学者需要详细、深入地学习和实践练习，争取做到熟练应用，因为所有嵌入式设计都离不开GPIO。第4～7章是微控制器学习进阶部分，介绍了模数转换、数模转换、DMA控制器、定时器、中断以及USART串口通信。在理解和熟练掌握了这部分内容后，基本就可以处理嵌入式系统设计中遇到的大部分问题了。第8，9章是微控制器的应用部分。

最后，感谢研究生刘佩佩、范先友、王杨杰、倪奕、程洋、刘汇洋在资料整理和校核过程中的辛勤劳动。

由于本书涉及的知识面广，时间又仓促，以及作者的水平和经验有限，书中的不妥之处恳请专家和读者批评指正。

俞建峰于江南大学

2022年5月

目 录

第1章 绪 论

计算机体系结构指软、硬件的系统结构，有两方面的含义：一是从程序设计者的角度所见的系统结构，它是指计算机体系的概念性结构和功能特性，关系到软件设计的特性；二是从硬件设计者的角度所见的系统结构，实际上是指计算机体系的组成或实现，主要着眼于性能价格比的合理性。计算机体系结构已发展为一门内容广泛的学科，并成为高等学校计算机专业学生的必修内容。

1.1 嵌入式系统

1.1.1 嵌入式系统定义

嵌入式系统是一种硬件和软件紧密结合的专用计算机系统。“嵌入式”反映的专用计算机系统通常是整体系统中一个较小的组成部分。

按照电气和电子工程师学会（IEEE）的定义，嵌入式系统是能够控制、监视或辅助机器和设备运行的装置，这主要是从嵌入式系统的用途方面来进行定义的。而在多数书籍资料中使用的嵌入式系统的定义为：以应用为中心，以计算机技术为基础，软件、硬件可裁剪，适应应用系统对功能、可靠性、成本、体积和功耗严格要求的专用计算机系统。它包括硬件和软件两部分，硬件包括处理器/微处理器、存储器及外设器件、I/O端口、图形控制器等，软件包括操作系统软件（要求实时和多任务操作）和应用程序编程。有时设计人员把这两种软件组合在一起，应用程序控制着系统的运作和行为，而操作系统控制着应用程序编程与硬件的交互作用。由以上嵌入式系统的定义可知，嵌入式系统在应用数量上远远超过各种通用计算机，一台通用计算机的外部设备可能就包含了十余个嵌入式微处理器，例如键盘、鼠标、软驱、硬盘、显示卡、显示器、调制解调器、网卡、声卡、打印机、扫描仪、摄像头、USB集线器等装置均是由嵌入式微处理器控制的。

目前，被国内专业人士普遍认可的嵌入式系统定义是：以应用为中心、以计算机技术为基础的，软、硬件可裁剪，适应应用系统对功能、可靠性、成本、体积、功耗等有严格要求的专用计算机系统。与通用型计算机系统相比，嵌入式系统具有以下特点：

① 嵌入式系统通常是面向特定应用的嵌入式中央微处理器（CPU）。与通用型计算机系统的最大不同之处就在于嵌入式系统的 CPU 大多是在为特定用户群设计的系统中工作，执行的是带有特定要求的预先定义的任务，如实时性、安全性、可用性要求等。嵌入式系统通常具有功耗低、体积小、集成度高等特点，通用 CPU 中的众多功能型板卡被集成在嵌入式芯片内部，从而使得嵌入式系统趋于小型化，移动能力大大增强，与网络、蓝牙等无线通信技术的耦合愈加紧密。

② 嵌入式系统是将先进的计算机技术、半导体技术、电子技术与各个行业的具体应用相结合的产物。这一点就决定了它必然是一个技术密集、资金密集、高度分散、不断创新的知识集成系统。

③ 嵌入式系统的硬件和软件都必须高效率地设计，控制成本、去除冗余。由于嵌入式系统通常需要进行大量生产，所以节约单个芯片成本的效果往往能够随着产量增加被成百上千倍地放大。

④ 嵌入式系统和具体应用应该有机地结合在一起，它的升级换代和具体产品同步进行。嵌入式系统产品进入市场后具有较长的生命周期。

⑤ 为了提高执行速度和系统可靠性，嵌入式系统中的软件一般都固化在存储器芯片中或单片机内部，而不是存储于磁盘等载体中。

⑥ 嵌入式系统本身不具备自主开发能力，即使设计完成以后用户通常也不能对其中的程序功能进行修改，必须有开发工具和环境才能进行开发。

根据嵌入式系统的定义，我们可从以下几方面来理解嵌入式系统。

嵌入式系统是面向用户、面向产品、面向应用的，它必须与具体应用相结合才会具有生命力，才更具有优势。嵌入式系统与应用紧密结合，具有很强的专用性，必须结合实际系统需求进行合理的裁剪、利用。

嵌入式系统是将先进的计算机技术、半导体技术、电子技术以及各个行业的具体应用相结合的产物，因此它必然是一个技术密集、资金密集、高度分散、不断创新的知识集成系统。

嵌入式系统必须根据应用需求对软硬件进行裁剪，满足应用系统的功能、可靠性、成本、体积等要求。如果能建立相对通用的软硬件基础，然后在此基础上开发出适应各种需要的系统，将会是一种比较好的发展模式。目前嵌入式系统的核心往往是一个只有几 KB 到几十 KB 内存的微内核，需要根据实际应用进行功能扩展或者裁剪，正是因为微内核的存在，才使得这种扩展或裁剪能够非常顺利地进行。

一方面，随着芯片技术的发展，单个芯片具有更强的处理能力，集成多种接口已经成为可能，众多芯片生产厂商已经将注意力集中在此领域。另一方面，由于应用的需要，以及对产品可靠性、成本、更新换代要求的提高，使得嵌入式系统逐渐从纯硬件实现和使用通用计算机实现的应用中脱颖而出，成为近年来令人关注的焦点。嵌入式系统采用“量体裁衣”的方式把所需的功能嵌入到各种应用系统中，融合了计算机软硬件技术、通信技术和半导体微电子技术，是信息技术不断发展的产品。

1.1.2 嵌入式系统结构

嵌入式系统一般由硬件部分和软件部分组成，硬件部分包括嵌入式处理器、存储器、输入输出系统（I/O 系统）和必要的外围接口等，软件部分包括嵌入式操作系统和应用软件。

嵌入式系统组成如图1.1所示。

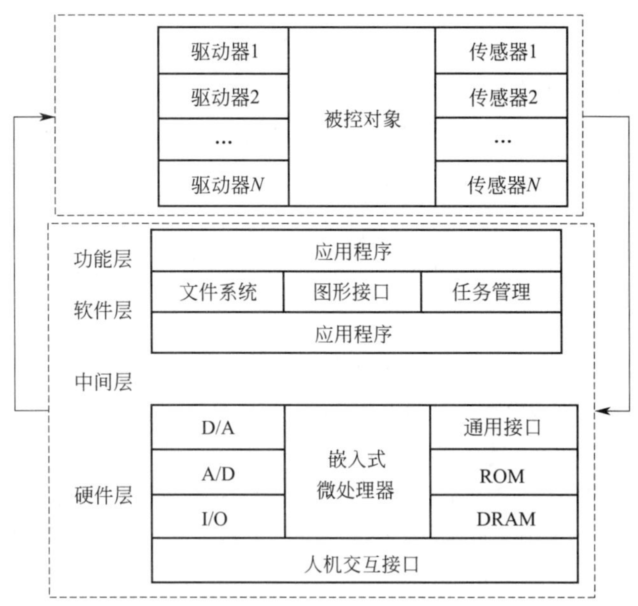

图1.1 嵌入式系统组成

硬件层除了嵌入式微处理器、只读内存镜像（Read Only Memory image，ROM）和动态随机存取存储器（Dynamic Random Access Memory，DRAM）外，其他的硬件如人机交互接口、数模转换器、模数转换器等，都可以随应用的不同进行增删。另外，图1.1中的ROM也可以使用可擦除可编程只读存储器（Erasable Programmable Read Only Memory，EPROM）、带电可擦可编程只读存储器（Electrically Erasable Programmable Read Only Memory，EEPROM）或闪存（Flash EEPROM Memory，Flash）代替，DRAM也可以使用扩展数据输出（Extended Data Out，EDO）、同步动态随机存取内存（Synchronous Dynamic Random-Access Memory，SDRAM）等代替。

中间层处于硬件层与软件层之间，被称为硬件抽象层（Hardware Abstract Layer，HAL）或板级支持包（Board Support Package，BSP）。与PC计算机的基本输入/输出系统（Basic Input Output System，BIOS）相似，不同的嵌入式微处理器、硬件平台或操作系统，其BSP也不同。

在软件层中，可以有选择地使用文件系统、图形用户接口或任务管理程序。根据具体的应用要求，也可以不使用操作系统（如使用MCS-51单片机构成的简单系统），而对于那些实时性要求并不严格的系统，可以不使用实时操作系统。

1.1.3 嵌入式系统硬件组成

嵌入式硬件系统主要包括微处理器、外围部件及外部设备三大部分。微处理器将PC计算机中许多外接板卡集成到芯片内部，有利于系统设计小型化、高效率和高可靠性。外围部件一般由时钟电路、复位电路、程序存储器（ROM）、数据存储器（RAM）和电源模块等部件组成。外部设备包括显示器、键盘、USB等设备及相关接口电路。一般情况下，在微处理器的基础上增加电源电路、时钟电路和存储器电路（ROM和RAM等），就可以构成一个嵌入式核心控制模块（也称为系统核心板）。在嵌入式软件部分，为了增强系统的可靠性，通常将嵌入式操作系统和应用程序都固化在程序存储器（ROM）中。典型的嵌入式硬件系统结构如图 1.2 所示。

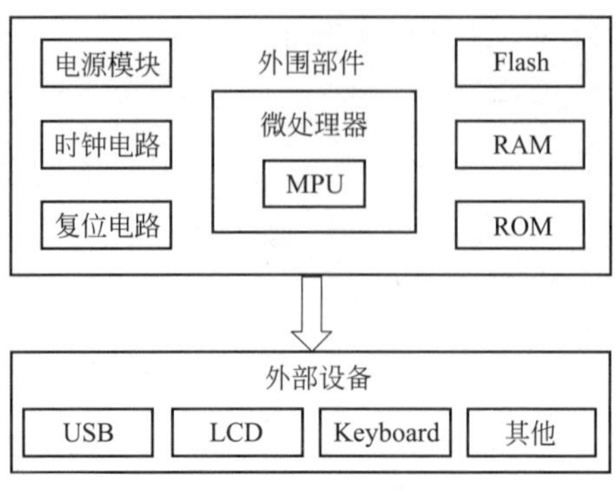

图 1.2　嵌入式系统的硬件系统结构

硬件层包含嵌入式微处理器、存储器（SDRAM、ROM、Flash 等）、通用设备接口和 I/O 接口（A/D、D/A、I/O 等）。在一片嵌入式处理器基础上添加电源电路、时钟电路和存储器电路，就构成了一个嵌入式核心控制模块。其中操作系统和应用程序都可以固化在 ROM 中。

（1）嵌入式微处理器

嵌入式系统硬件层的核心是嵌入式微处理器，嵌入式微处理器与通用 CPU 最大的不同在于嵌入式微处理器大多在特定用户群专用的系统中工作，高度集成化的设计有利于嵌入式系统在设计时趋于小型化，同时还具有很高的效率和可靠性。

嵌入式微处理器的体系结构可以采用冯·诺依曼体系或哈佛体系结构，指令系统可以选用精简指令系统（Reduced Instruction Set Computer，RISC），也可以选用复杂指令系统（Complex Instruction Set Computer，CISC）。目前大部分的嵌入式微处理器都使用 RISC 精简指令系统，这种系统只包含最有价值的指令，确保数据通道快速执行每一条指令，从而提高了执行效率并使 CPU 硬件结构设计变得更为简单。

（2）存储器

嵌入式系统需要存储器来存放和执行代码。嵌入式系统的存储器主要有主存、高速缓冲存储器（Cache 存储器）和辅助存储器。

① 主存。主存是嵌入式微处理器能直接访问的寄存器，用来存放系统和用户的程序及数据。它可以位于微处理器的内部或外部，其容量为 256KB～1GB，根据具体的应用而定。一般片内存储器容量小、速度快，片外存储器容量大。常用作主存的存储器有：ROM 类的 NOR Flash、EPROM 和 PROM 等，RAM 类 SRAM、DRAM 和 SDRAM 等。其中 NOR Flash 凭借其可擦写次数多、存储速度快、存储容量大、价格便宜等优点，在嵌入式领域得到了广泛应用。

② 高速缓冲存储器（Cache 存储器）。Cache 存储器是一种容量小、速度快的存储器阵列，它位于主存和嵌入式微处理器内核之间，存放的是最近一段时间微处理器使用最多的程序代码和数据。在需要进行数据读取操作时，微处理器尽可能地从 Cache 存储器中读取数据，而不是从主存中读取，这样就大大改善了系统的性能，提高了微处理器和主存之间的数据传输速率。Cache 存储器的主要目标就是减小存储器（如主存和辅助存储器）给微处理器内核造成的存储器访问瓶颈，使处理速度更快，实时性更强。在嵌入式系统中，Cache 存储器被集成在嵌入式微处理器内，可分为数据 Cache 存储器、指令 Cache 存储器、混合 Cache 存储器，Cache 存储器的大小依不同处理器而定。

③ 辅助存储器。辅助存储器（外存）用来存放大数据量的程序代码或信息，它的容量大，但读取速度与主存相比慢很多，用来长期保存用户的信息。嵌入式系统中常用的外存有硬盘、NAND Flash、CF 卡、MMC 和 SD 卡等。

（3）通用设备接口和 I/O 接口

嵌入式系统和外界交互需要一定形式的通用设备接口，如 A/D、D/A、I/O 等外设通过与片外其他设备或传感器的连接来实现微处理器的输入/输出功能。每个外设通常都只有单一的功能，它可以在芯片外也可以内置芯片中。外设的种类很多，从简单的串行通信设备到非常复杂的无线设备都有涉及。

目前嵌入式系统中常用的通用设备接口有 A/D（模/数转换接口）、D/A（数/模转换口），I/O 接口有 RS232 接口（串行通信接口）、Ethernet（以太网接口）、USB（通用串行总线接口）、音频接口、VGA 视频输出接口、I2C（也可写作 I^2C，现场总线）、SPI（串行外围设备接口）和 IrDA（红外线接口）等。

1.1.4 嵌入式系统软件组成

嵌入式软件系统是实现嵌入式计算机系统功能的软件，一般由嵌入式系统软件、支撑软件和应用软件构成。其中，嵌入式系统软件的作用是控制、管理计算机系统的资源，具体包括嵌入式操作系统、嵌入式中间件等。支撑软件是辅助软件开发的工具，具体包括系统分析设计工具、仿真开发工具、交叉开发工具、测试工具、配置管理工具和维护工具等。应用软件面向应用领域，如手机软件、路由器软件、交换机软件、视频图像软件、语音软件、网络软件等。应用软件控制着系统的动作和行为，嵌入式操作系统控制着应用程序与嵌入式系统硬件的交互。

在嵌入式系统发展的初期，运行在嵌入式系统上的软件是一体化的，即软件中没有把嵌入式系统软件和应用软件独立开来，整个软件是一个大的循环控制程序，功能执行模块、人机操作模块、硬件接口模块等通常在这个大循环中。但是，随着应用变得越来越复杂，例如需要嵌入式系统能连接互联网、具有多媒体处理功能、具有丰富的人机操作界面等，若按照传统方法把嵌入式系统设计成一个大的循环控制程序，不仅费时、费力，而且设计的程序也不可能满足需求。因此，嵌入式系统的系统软件平台（即嵌入式操作系统）得到了迅速发展。

嵌入式系统软件的要求与通用计算机软件有所不同，主要有以下特点。

① 软件要求固化在存储器中。为了提高执行速度和系统的可靠性，嵌入式系统软件和应用软件一般都要求固化在外部存储器或微处理器的内部存储器中，而不是存储在磁盘等载体中。

② 软件代码要求高效率、高可靠性。由于嵌入式系统资源有限，为此要求程序编写和编译工具的效率要高，以减少代码长度、提高执行速度，较短的代码同时也会提高系统的可靠性。

③ 嵌入式系统软件有较高的实时性要求。在多任务嵌入式系统中，对重要性各不相同的任务进行统筹兼顾的合理调度是保证每个任务及时执行的关键，而任务调度只能由优化编写的嵌入式系统软件来完成，因此实时性是嵌入式系统软件的基本要求。

从结构上来说，嵌入式系统软件框架共包含四个层次，分别是驱动层、操作系统层、中间件层、应用层，也有些书籍将应用程序接口 API 归属于操作系统层。由于硬件电路的可裁剪性和嵌入式系统本身的特点，其软件部分也是可裁剪的。嵌入式软件系统的体系结构如图 1.3 所示。

（1）驱动层

驱动层程序是嵌入式系统中不可缺少的重要部分，使用任何外部设备都需要相应驱动层程序的支持。驱动层为上层软件提供了设备的接口，上层软件不必关注设备的具体内部操作，只需要调用驱动层提供的接口即可。驱动层程序一般包括硬件抽象层（HAL，用于提高系统的可移植性）、板极支持包（BSP，提供访问硬件设备寄存器的函数包）以及为不同

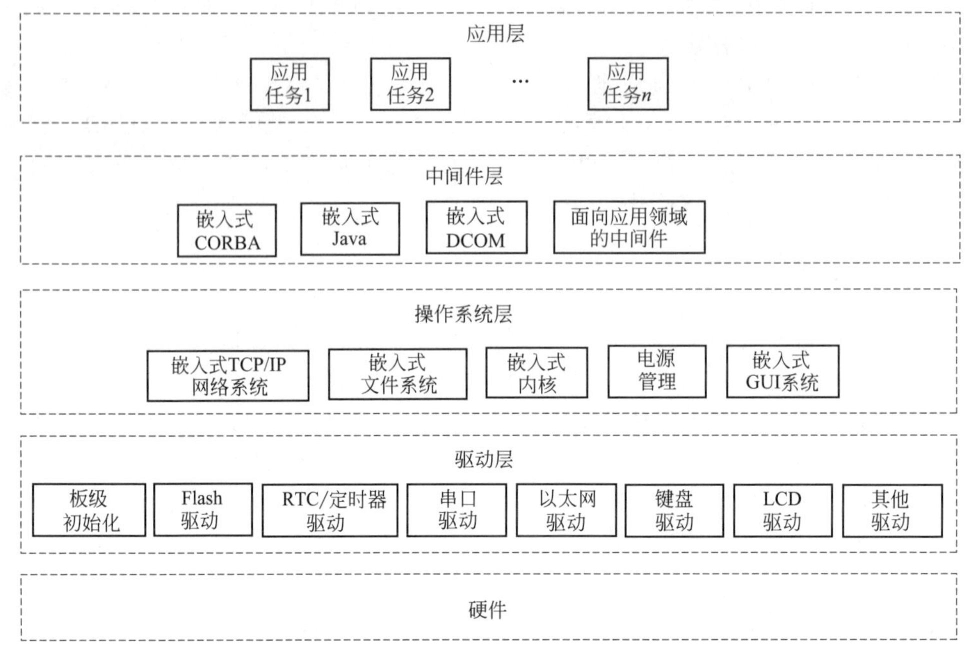

图 1.3　嵌入式软件系统的体系结构

设备配置的驱动程序。

板级初始化程序的作用是在嵌入式系统上电后初始化系统的硬件环境，包括嵌入式微处理器、存储器、中断控制器、DMA、定时器等的初始化。与嵌入式系统软件相关的驱动程序是操作系统和中间件等系统软件所需的驱动程序，它们的开发要按照嵌入式系统软件的要求进行。

（2）操作系统（OS）层

操作系统的作用是隐含底层不同硬件的差异，为应用程序提供一个统一的调用接口，主要完成内存管理、多任务管理和外围设备管理三个任务。在设计一个简单的应用程序时，可以不使用操作系统，仅有应用程序和设备驱动程序即可。例如，一个指纹识别系统要完成指纹的录入和指纹识别功能，尤其是在指纹识别的过程中需要高速的算法，所以需要 32 位处理器，但是指纹识别系统本身的任务并不复杂，也不涉及烦琐的协议和管理。由于运行和存储操作系统需要大量的 RAM 和 ROM，启动操作系统也需要时间，因此对于这样的系统就没有必要安装操作系统，安装的话反而会带来新的系统开销，降低系统的性能。在系统运行较多任务、任务调度、内存分配复杂、系统需要大量协议支持等情况下，就需要一个操作系统来管理和控制内存、多任务、周边资源等。另外，如果想让系统有更好的可扩展性或可移植性，那么使用操作系统也是一个不错的选择。因为操作系统里含有丰富的网络协议和驱动程序，这样可以大大简化系统的开发难度，并提高系统的可靠性。现代高性能嵌入式操作系统的应用越来越广泛，操作系统的使用成为必然发展趋势。

概括来说，操作系统的功能就是隐藏硬件细节，只提供给应用程序开发人员抽象的接口。用户只需要和这些抽象的接口打交道，而不用在意这些抽象的接口和函数是如何与物理资源联系的，也不用去考虑这些功能是如何通过操作系统调用具体的硬件资源来完成的。如果硬件体系发生变化，只要在新的硬件体系下仍运行着同样的操作系统，那么原来的程序仍能完成原有的功能。

操作系统层包括嵌入式内核、嵌入式TCP/IP网络系统、嵌入式文件系统、嵌入式图形用户界面系统和电源管理等部分。其中，嵌入式内核是基础和必备的部分，其他部分可根据嵌入式系统的需要来确定。对于使用操作系统的嵌入式系统而言，操作系统一般是以内核映像的形式下载到目标系统中的。

（3）中间件层

一些复杂的嵌入式系统中也开始采用中间件技术，主要包括嵌入式公共对象请求代理体系（Common Object Request Broker Architecture，CORBA）、嵌入式Java体系、嵌入式分布式组件对象模型体系（Microsoft Distributed Component Object Model，DCOM）和面向应用领域的中间件软件等，如基于嵌入式CORBA的应用于软件无线电台的中间件软件通信体系（Software Communication Architecture，SCA）等。

（4）应用层

应用层软件由多个相对独立的应用任务组成，每个应用任务完成特定的工作，如I/O任务、计算任务、通信任务等，由操作系统调度各个任务的运行。实际的嵌入式系统应用软件建立在系统的主任务基础之上，用户应用程序主要通过调用系统的API函数对系统进行操作，完成用户应用功能的开发。在用户的应用程序中，也可创建用户自己的任务，任务之间的协调主要依赖于系统的消息队列。

1.1.5 嵌入式操作系统线程、进程和协程

线程（Thread）是操作系统能够进行运算调度的最小单位。它被包含在进程之中，是进程中的实际运作单位。

进程（Process）是计算机中的程序关于某数据集合上的一次运行活动，是系统进行资源分配和调度的基本单位，是操作系统结构的基础。

协程（Coroutine）是一种程序组件，是某个主程序的一部分代码，该代码执行特定的任务并且与主程序中的其他代码相对独立。协程类似于子例程，但相对子例程而言，协程更为一般和灵活。

在需要使用操作系统时，嵌入式系统可以使用多种操作系统。在没有内存管理单元（MMU）的情况下，一般使用实时操作系统（RTOS），而有MMU的开发板则可以考虑移植Linux等更高级的操作系统。

对于RTOS来说，由于其处在一个无MMU的多任务环境下，因此一般是不区分进程和线程的，我们都把它看作一个任务。拥有了RTOS的嵌入式系统相较于裸机开发而言，在对任务调度的响应速度上有更好的实时性和可预测性，并能处理优先级、减少线程切换的时间。

而对于使用了Linux等真正意义上的操作系统的嵌入式系统而言，进程、线程、协程的概念就显得更为重要。在Linux环境下运行一个程序，操作系统会把这个程序包装成进程的形式，每一个进程都使用task_struct结构体来描述，所有的结构体链成一个链表，参与操作系统的统一调度和运行。每一个Linux进程都有其单独的4GB虚拟地址空间。Linux引入了内存管理机制，使用页表保存每个进程中虚拟地址和物理地址的对应关系，通过MMU地址转换。每一个进程相同的虚拟地址空间都会被映射到不同的物理内存。每一个进程在物理内存空间都是相互独立和隔离的，而不同的进程之间如果需要相互通信，则需要借助第三方工具来完成。

不同的进程在切换运行时，CPU要不停地保存现场、恢复现场，因此进程上下切换的

开销很大。而线程的作用正在于其可以减少进程的开销。在一个进程中可能存在多个线程，多个线程共享进程中的代码段、数据段、地址空间、打开文件、信号处理程序等资源。每个线程都有自己单独的资源，如程序计数器、寄存器上下文及各自的栈空间。这样就能显著减少 CPU 的开销。

而在一些互联网开发领域，如服务器开发，最近几年开始流行一种叫作“协程”的技术。在一些高并发、高访问量的服务器领域，使用线程池技术虽然可以在一定程度上减少线程不断创建和销毁带来的开销，但面对大量的、频繁的互联网并发请求，线程的上下文切换和不断加锁解锁带来的开销越来越成为提升服务器性能的瓶颈。协程可以将对共享资源的访问交给程序本身维护和控制，不再使用锁对共享资源互斥访问，无调度开销，执行效率会更高。协程一般用在彼此熟悉的合作式多任务中，上下文切换成本低，更适合高并发请求的应用场景。

1.2 嵌入式处理器

1.2.1 嵌入式处理器分类

嵌入式处理器可以被分成不同的种类，按照内部寄存器的字符宽度可以将其分为 4 位、8 位、16 位、32 位和 64 位嵌入式处理器。其中，4 位嵌入式处理器通常是面向低端应用设计的；8 位嵌入式处理器一般被使用在小型装置中，或是作为辅助芯片用在外围设备或内存控制器中；16 位嵌入式处理器通常被用在计算要求较高的场合；32 位嵌入式处理器大多都搭载了精简指令系统（RISC），可以提供更高的处理性能；64 位嵌入式处理器和 32 位的应用场合类似，但有更强的数据处理能力和内存寻址能力。

除了按照寄存器字符宽度进行分类，我们还可以按照应用的领域将嵌入式处理器分为以下 4 种：嵌入式微处理器、嵌入式微控制器、嵌入式数字信号处理器和嵌入式片上系统。

（1）嵌入式微处理器

嵌入式微处理器（Embedded Microprocessor Unit，EMPU）是由通用微处理器演变发展而来的。一般 32 位及以上的嵌入式处理器称为嵌入式微处理器。与通用微处理器主要的不同是，在实际嵌入式应用中，EMPU 仅保留了与嵌入式应用紧密相关的功能部件，去除其他冗余功能部件，配备必要的外围扩展电路，如存储器扩展电路、I/O 扩展电路及其他一些专用的接口电路等，这样就能以很低的功耗和资源满足嵌入式应用的特殊需求。由于嵌入式系统通常应用于比较恶劣的环境中，因此嵌入式微处理器在工作温度、电磁兼容性以及可靠性方面的要求比通用标准微处理器高。与工业控制计算机相比，嵌入式微处理器组成的系统具有体积小、重量轻、成本低和可靠性高的优点。目前流行的主要嵌入式微处理器有 Am186/88、386EX、MIPS 和 ARM 系列等。

复杂指令集计算机（CISC）和精简指令集计算机（RISC）是目前设计制造微处理器的两种典型技术，为了达到相应的技术性能，所采用的方法有所不同，主要差异表现在以下几点：

① 指令系统。RISC 设计者把主要精力放在那些经常使用的指令上，尽量使它们具有简单高效的特色。对不常用的功能，则通过组合指令来实现。而 CISC 的指令系统比较丰富，有专用指令来完成特定的功能。

② 存储器操作。RISC 对存储器操作有限制，使控制简单化；而 CISC 机器的存储器操

作指令多，操作直接。

③ 程序。RISC 汇编语言程序一般需要较大的内存空间，实现特殊功能时程序复杂，不易设计；而 CISC 汇编语言程序编程相对简单，科学计算及复杂操作的程序设计相对容易，效率较高。

④ 中断。RISC 微处理器在一条指令执行的适当地方可以响应中断；而 CISC 微处理器是在一条指令执行结束后响应中断。

⑤ CPU。由于 RISC 微处理器的 CPU 包含较少的单元电路，因而面积小，功耗低；而 CISC 微处理器的 CPU 包含丰富的电路单元，因而功能强、面积大、功耗大。

⑥ 设计周期。RISC 微处理器结构简单，布局紧凑，设计周期短，且易于采用最新技术；CISC 微处理器结构复杂，设计周期长。

⑦ 使用性。RISC 微处理器结构简单，指令规整，性能容易把握，易学易用；CISC 微处理器结构复杂，功能强大，实现特殊功能容易。

⑧ 应用范围。RISC 更适用于嵌入式系统，而 CISC 则更适合于通用计算机。

另外，嵌入式微处理器是嵌入式系统的核心。嵌入式微处理器一般具备 4 个特点：

① 对实时和多任务应用有很强的支持能力、有较短的中断响应时间，从而使实时操作系统的执行时间减少到最低限度。

② 具有功能很强的存储区保护功能，嵌入式系统的软件结构已模块化，为了避免在软件模块之间出现错误的交叉作用，就需要设计强大的存储区保护功能，同时，这样也有利于软件诊断。

③ 具有可扩展的处理器结构，能迅速地扩展出满足应用的高性能的嵌入式微处理器。

④ 功耗低，尤其是在便携式无线及移动的计算和通信设备中靠电池供电的嵌入式系统，其功耗达到 mW 级甚至 μW 级。

（2）嵌入式微控制器

嵌入式微控制器（Micro Controller Unit，MCU）也被称为“单片机”，是一种在生活中极为常见的嵌入式处理器。一般把 16 位及以下的嵌入式处理器称为嵌入式微控制器。MCU 是将整个计算机系统集成到一块芯片中。嵌入式微控制器一般以某种微处理器内核为核心，根据某些典型的应用，在芯片内部集成了 ROM/EPROM、RAM、总线、总线逻辑、定时/计数器、看门狗、I/O、串行口、脉宽调制输出、A/D、D/A、Flash RAM 和 EEPROM 等各种必要功能部件和外设。为适应不同的应用需求，可对功能的设置和外设的配置进行必要的修改和裁剪定制，使得一个系列的单片机具有多种衍生产品。每种衍生产品的处理器内核都相同，只是存储器和外设的配置及功能的设置不同。这样可以使单片机最大限度地和应用需求相匹配，从而降低整个系统的功耗和成本。和嵌入式微处理器相比，微控制器的单片化使应用系统的体积大大减小，从而使功耗和成本大幅度下降，可靠性提高。由于嵌入式微控制器目前在产品的品种和数量上是所有种类嵌入式处理器中最多的，加之有上述诸多优点，故微控制器成为嵌入式系统应用的主流。微控制器的片上外设资源一般比较丰富，适合于控制，因此称为微控制器。

（3）嵌入式数字信号处理器

嵌入式数字信号处理器（Digital Signal Processor，DSP）是一种专门用于处理数字信号的嵌入式处理器。在数字信号处理应用中，各种处理算法极为复杂，一般结构的处理器无法实时地完成这些运算。由于数字信号处理器对系统结构和指令进行了特殊设计，因此它更适合实时地进行数字信号处理。在数字滤波、FFT 谱分析等方面，DSP 算法正大量进入嵌入式领域，DSP 应用正从在通用单片机中以普通指令实现 DSP 功能，过渡到采用嵌入式 DSP。另外，在有关智能方面的应用中，也需要嵌入式 DSP，例如各种带有智能逻辑的消费类产品、生物信息识别终端、带有加/解密算法的键盘、ADSL 接入、实时语音压缩解压系统和虚拟现实显示等。这类智能化算法一般运算量都较大，特别是向量运算、指针线性寻址等较多，而这些正是 DSP 的优势所在。

DSP 有两类：一是 DSP 经过单片化、EMC 改造、增加片上外设成为嵌入式 DSP，TI 的 TMS320 C2000/C5000 等属于此范畴；二是在通用单片机或片上系统中增加 DSP 协处理器，如 Intel 公司的 MCS-296。嵌入式 DSP 的设计者通常把重点放在处理连续的数据流上。如果嵌入式应用中强调对连续的数据流的处理及高精度复杂运算，则应该优先考虑选用 DSP 器件。

（4）嵌入式片上系统

嵌入式片上系统（System on Chip，SOC 或 SoC）指的是在单个芯片上集成一个完整的系统，对所有或部分必要的电子电路进行包分组的技术。SOC 的出现得益于集成电路技术和半导体工艺的迅速发展，各种通用处理器内核和其他外围设备都将成为 SOC 设计公司标准库中的器件，用标准的超高速集成电路硬件描述语言（VHDL）等硬件描述语言来描述，用户只需定义整个应用系统，仿真通过后就可以将设计图交给半导体工厂制作芯片样品。这样，整个嵌入式系统大部分都可以集成到一块芯片中去，应用系统的电路板将变得很简洁，这将有利于减小体积和功耗，提高系统的可靠性。

SOC 可以分为通用和专用两类。通用系列包括原 Freescale 公司的 M-Core、某些 ARM 系列器件、Echelon 公司和 Motorola 公司联合研制的 Neuron 芯片、海思的麒麟系列、展锐的 UNISOC 芯片、全志科技的 R329 智能语音芯片等；专用 SOC 一般专用于某个或某类系统中，通常不为用户所知，如 Philips 公司的 Smart：XA，它将 XA 单片机内核和支持超过 2048 位复杂 RSA 算法的 CCU 单元制作在同一块硅片上，形成可加载 Java 或 C 语言的专用 SOC，并可用于互联网安全方面。

1.2.2 嵌入式处理器内核架构

嵌入式处理器由处理器内核和不同功能的模块组成。每个处理器内核都有对应的架构和指令集，不同的内核结构赋予了嵌入式处理器不同的处理性能和运算效率。目前，主要的嵌入式处理器内核架构有三种：ARM 架构、MIPS 架构和 Power PC 架构。

基于 ARM 架构的处理器芯片在手持终端、智能手机、手持 GPS、机顶盒、游戏机、数码相机、打印机等许多产品中都有广泛应用。ARM 既可以表示一种内核体系架构，也可以表示此架构的设计者 ARM 公司（Acorn RISC Machine）。

目前，ARM 公司推出的一系列 ARM 内核占据了 32 位嵌入式处理器内核 75%以上的市场份额，是公认的使用最为广泛的嵌入式处理器。ARM 公司是全球领先的 32 位嵌入式处理器知识产权设计供应商，其通过转让高性能、低成本、低功耗的 RISC 处理器、外围和系统芯片技术给合作伙伴，使他们能够用这些技术生产各具特色的芯片。ARM 公司并不生产芯片，而是通过转让设计许可证，由合作伙伴生产各种型号的微处理器芯片，目前 ARM 的合作伙伴在全世界已超过 300 个，许多著名的半导体公司与 ARM 公司都有着合作关系。

ARM 公司系列产品主要有 ARM7、ARM9E、ARM10E、SecurCore、ARM11 和 Cortex 等。其中 ARM Cortex 系列产品是基于 ARM v7 指令集架构的新一代微处理器的内核，分为 Cortex-A、Cortex-R 和 Cortex-M 共 3 个系列。Cortex-A 系列主要用于高端应用处理，

比如现在苹果公司的主流产品都采用 Cortex-A 内核作为处理器；Cortex-R 系列的内核主要用于实时系统中，响应速度快、能够满足苛刻的实时处理要求；Cortex-M 系列内核的处理性能并没有 Cortex-A 和 Cortex-R 系列出色，但有着运行功耗最低、成本最低的特点，主要用于对功耗和成本敏感的产品。一般国内提到的基于 ARM Cortex-M 框架的嵌入式处理器首推意法半导体公司（STMicroelectronics，简称 ST 或 STM 公司）的产品。本书的大部分内容也是以意法半导体公司的 Cortex-M 系列嵌入式处理器为例讲解的。

1.3 ARM 系列处理器

ARM（Advanced RISC Machine）公司是一家专门从事芯片 IP 设计与授权业务的英国公司，其产品有 ARM 内核以及各类外围接口。ARM 内核是一种 16 位/32 位 RISC 微处理器，具有功耗低、性价比高和代码密度高三大特色。

目前，70%的移动电话、大部分的游戏机、手持 PC 和机顶盒等都已采用了基于 ARM 内核的处理器，许多一流的芯片厂商如 Intel、Samsung、TI、Freescale、ST 等公司都是 ARM 的授权用户，ARM 已成为业界公认的嵌入式微处理器标准。

1.3.1 ARM 处理器系列特点与优势

ARM 公司开发了很多系列的 ARM 处理器核，应用比较多的是 ARM7 系列、ARM9 系列、ARM10 系列、ARM11 系列、Intel 的 Xscale 系列和 MPCore 系列，还有针对 32 位 MCU 市场推出的 Cortex-M3 系列。

（1）Cortex-M3 处理器

ARM Cortex 架构包括 Cortex-A、Cortex-R 和 Cortex-M 三个系列，Cortex-M3 则是 Cortex-M 内核系列的一个具体型号，也是 STM32F103 单片机所使用的内核架构型号。

Cortex-M3 处理器是一个面向低成本、小引脚数目以及低功耗应用，并且具有极高运算能力和中断响应能力的处理器内核。其问世于 2006 年，并被首先应用在美国 Luminary Micro 半导体公司的 LM3S 系列 ARM 产品上。

Cortex-M3 处理器采用了纯 Thumb2 指令的执行方式，使得这个具有 32 位高性能的 ARM 内核能够实现 8 位和 16 位处理器级数的代码存储密度，非常适用于那些只需几 KB 存储器的 MCU 市场。在增强代码密度的同时，该处理器内核是 ARM 所设计的内核中最小的一个，其核心的门数只有 33KB，在包含了必要的外设之后的门数也只为 60KB。这使它的封装更为小型，成本更加低廉。在实现这些的同时，它还提供了性能优异的中断能力，通过其独特的寄存器管理并以硬件处理各种异常和中断的方式，最大限度地提高了中断响应和中断切换的速度。

与相近价位的 ARM7 核相比，Cortex-M3 采用了先进的 ARM v7 架构，具有带分支预测功能的 3 级流水线，以 NMI 的方式取代了 FIQ/IRQ 的中断处理方式，其中断延时最大只需 12 个周期（ARM7 为 24～42 个周期），带睡眠模式，8 段 MPU（存储器保护单元），同时具有 1.25MIPS[❶]/MHz 的性能（ARM7 为 0.9MIPS/MHz），而且其功耗仅为 0.19mW/MHz（ARM7 为 0.28mW/MHz），目前最便宜的基于 Cortex-M3 内核的 ARM 单片机售价为 1 美元，由此可见 Cortex-M3 系列是冲击低成本市场的利器，但性能比比 8 位单片机更高。

---

❶ Million Instructions Per Second，百万条指令每秒。下同。

（2）Cortex-R4 处理器

Cortex-R4 是 Cortex-R 内核系列的一个具体型号，也是首款基于 ARM v7 架构的高级嵌入式处理器，其目标主要为产量巨大的高级嵌入式应用方案，如硬盘、喷墨式打印机以及汽车安全系统等。

Cortex-R4 处理器在节省成本与功耗上为开发者们带来了关键性的突破，在与其他处理器相近的芯片面积上提供了更为优越的性能。Cortex-R4 为整合期间的可配置能力提供了真正的支持，通过这种能力，开发者可让处理器更加完美地符合应用方案的具体要求。Cortex-R4 处理器采用了 90nm 生产工艺，最高运行频率可达 400MHz，该内核整体设计的侧重点在于效率和可配置性。

ARM Cortex-R4 处理器拥有复杂完善的流水线架构。该架构基于低耗费的超量（双行）8 段流水线，同时带有高级分支预测功能，从而实现了超过 1.6MIPS/MHz 的运算速度。该处理器全面遵循 ARM v7 架构，同时还包含了更高代码密度的 Thumb-2 技术、硬件划分指令、经过优化的一级高速缓存和 TCM（紧密耦合存储器）、存储器保护单元、动态分支预测、64 位的 AXI 主机端口、AXI 从机端口、VIC 端口等多种创新的技术和强大的功能。

（3）Cortex-R4F 处理器

Cortex-R4F 处理器在 Cortex-R4 处理器的基础上加入了代码错误校正（ECC）技术、浮点运算单元（FPU）以及 DMA 综合配置的能力，增强了处理器在存储器保护单元、缓存、紧密耦合存储器、DMA 访问以及调试方面的能力。

（4）Cortex-A8 处理器

Cortex-A8 是 ARM 公司所开发的基于 ARM v7 架构的首款应用级处理器，同时也是 ARM 所开发的同类处理器中性能最好、能效最高的处理器。从 600MHz 开始到 1GHz 以上的运算能力，使 Cortex-A8 能够轻松胜任那些要求功耗小于 300mW 的、耗电量最优化的移动电话器件以及那些要求有 2000MIPS 执行速度的、性能最优化的消费者产品的应用。

Cortex-A8 是 ARM 公司首个超量处理器，其特色是运用了可增加代码密度和加强性能的技术、可支持多媒体以及信号处理能力的 NEONTM 技术以及能够支持 Java 和其他文字代码语言（Byte-code Language）的提前和即时编译的 Jazelle RCT（Run-time Compilation Target，运行时编译目标代码）技术。

ARM 公司提供的最新的 ArtisanAdvantage-CE 库以其先进的泄漏控制技术使 Cortex-A8 处理器实现了优异的速度和能效。

Cortex-A8 处理器具有多种先进的功能特性，它是一个有序、双行、超标量的处理器内核，具有 13 级整数运算流水线、10 级 NEON 媒体运算流水线，可对等待状态进行编程的专用的 2 级缓存，以及基于历史的全局分支预测；在功耗最优化的同时，实现了 2.00MIPS/MHz 的性能。它完全兼容 ARM v7 架构，采用 Thumb-2 指令集，带有为媒体数据处理优化的 NEON 信号处理能力，采用了 TrustZong 技术（一种由 ARM 公司开发的系统范围的安全方法）来保障数据的安全性。Cortex-A8 处理器带有经过优化的一级缓存和集成的 2 级缓存。众多先进的技术使其适用于家电以及电子行业等各种高端的应用领域。

（5）ARM7 系列

ARM7TDMI 是 ARM 公司 1995 年推出的第一个处理器内核，是目前用量极多的一个内核。ARM7 系列包括 ARM7TDMI、ARM7TDMI-S、带有高速缓存处理器宏单元的 ARM720T 和扩充了 Jazelle 的 ARM7EJ-S。该系列处理器提供 Thumb 16 位压缩指令集和 EmbeddedICE JTAG 软件调试方式，适合应用于更大规模的 SoC 设计中。其中 ARM720T

高速缓存处理宏单元还提供 8KB 缓存、读缓冲和具有内存管理功能的高性能处理器，支持 Linux 和 Windows CE 等操作系统。

（6）ARM9 系列

ARM9 系列于 1997 年问世，ARM9 系列有 ARM9TDMI、ARM920T 和带有高速缓存处理器宏单元的 ARM940T。所有的 ARM9 系列处理器都具有 Thumb 压缩指令集和基于 EmbeddedICE JTAG 的软件调试方式。ARM9 系列兼容 ARM7 系列，而且能够进行比 ARM7 更加灵活的设计。

ARM9E 系列为综合处理器，包括 ARM926EJ-S 和带有高速缓存处理器宏单元的 ARM966E-S、ARM946E-S，其中 ARM926EJ-S 发布于 2000 年。该系列强化了数字信号处理（DSP）功能，将 Thumb 技术和 DSP 都扩展到 ARM 指令集中，可应用于需要 DSP 与微控制器结合使用的情况，并具有 EmbeddedICE-RT 逻辑（ARM 的基于 EmbeddedICE JTAG 软件调试的增强版本），更好地适应了实时系统的开发需要。同时其内核在 ARM9 处理器内核的基础上使用了 Jazelle 增强技术，该技术支持一种新的 Java 操作状态，允许在硬件中执行 Java 字节码。

（7）ARM10 系列

ARM10 发布于 1999 年，ARM10 系列包括 ARM1020E 和 ARM1022E 微处理器核。其核心在于使用向量浮点（VFP，Vector Floating Point）单元 VFP10 提供高性能的浮点解决方案，从而极大提高了处理器的整型和浮点运算性能，为用户界面的 2D 和 3D 图形引擎应用夯实基础，如视频游戏机和高性能打印机等。

（8）ARM11 系列

ARM1136J-S 发布于 2003 年，是针对高性能和高能效的应用而设计的。ARM1136J-S 是第一个执行 ARM v6 架构指令的处理器，它集成了一条具有独立的 load-store 和算术流水线的 8 级流水线。ARM v6 指令包含了针对媒体处理的单指令多数据流（SIMD，Single Instruction/Multiple Data）扩展，采用特殊的设计以改善视频处理性能。

ARM1136JF-S 在 ARM1136J-S 基础上增加了向量浮点单元，其主要目的是进行快速浮点运算。

（9）Xscale 系列

Xscale 处理器将 Intel 处理器技术和 ARM 体系结构融为一体，致力于为手提式通信和消费电子类设备提供理想的解决方案，并提供全性能、高性价比、低功耗的解决方案，支持 16 位 Thumb 指令和集成数字信号处理（DSP）指令。

1.3.2 ARM Cortex-M3 处理器结构

STM32 是基于 Cortex 内核的微处理器。目前，Cortex 内核已经成为 ARM 公司最新一代嵌入式处理的核心，Cortex 处理器具有一个完整的处理核心，包括 Cortex CPU 和围绕在其周围的一系列系统设备。Cortex-M3 是一个 32 位处理器内核，体现为内部数据路径、寄存器、存储器接口都是 32 位的。内核采用哈佛结构，独立的指令总线和数据总线可以让取指和数据访问并行处理。同时为了适应比较复杂的应用情况，需提供更多的存储系统功能，为此 Cortex-M3 提供了一个可选的 MPU。而 Cortex-M3 处理器相对于早期的 ARM 处理器的一个关键性进步在于，它为开发人员提供了一个标准的既快速又具备绝对性的中断系统结构。此外，Cortex-M3 内部还具有很多调试组件，可用于在硬件水平上支持调试操作，如指令断点、数据观察点等。图 1.4 为 Cortex-M3 的简化视图。

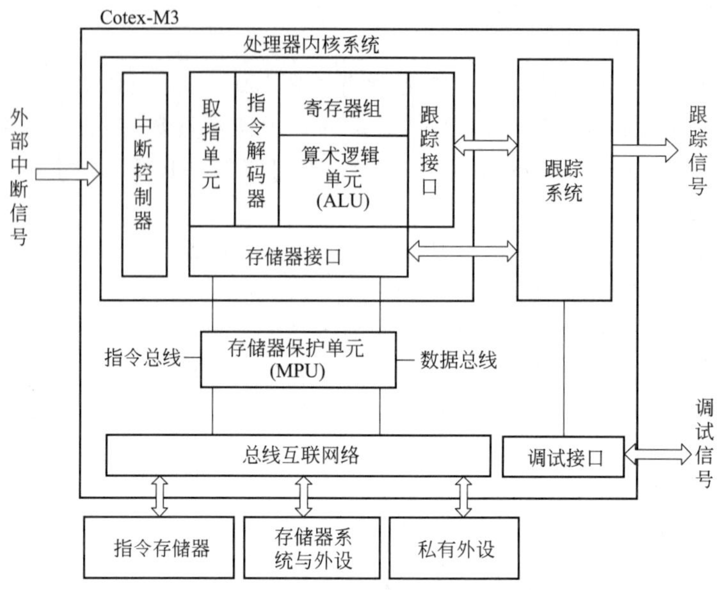

图 1.4　Cortex-M3 的简化视图

1.3.3　ARM Cortex-M3 指令系统

ARM7 和 ARM9 处理器支持两种指令集：32 位 ARM 指令集和 16 位 Thumb 指令集。开发人员在开发应用程序时经常需要在指令集的选用上煞费心思，因为 32 位指令可以提升运行速度，而 16 位指令可以提升代码密度。Cortex-M3 的 CPU 使用 Thumb-2 指令集，该指令集是 16 位和 32 位指令集的混合体。Thumb-2 指令集相对于 32 位 ARM 指令集有 26%的代码密度提升，而相对于 16 位 Thumb 指令集则有 25%的性能提升。Thumb-2 指令集含有一些高级的多周期指令，它们都可以在一个周期完成执行，但前提是 CPU 需要 2～7 个周期将其分离。

Thumb-2 指令集还有：高级的分支指令（包括 test 和 compare 指令），if/then 处理指令集合，为数据处理提供的字节、半字和字存取指令。Cortex-M3 CPU 同时还是一个精简指令集（RISC）处理器，其丰富的指令集可以和 C 编译器很好地配合。除了小部分有可能用到的非 ANSIC 关键字和使用汇编语句编写的中断向量表之外，一个典型的 Cortex-M3 应用程序可以全部使用 ANSIC 完成。

1.3.4　基于 ARM Cortex-M3 内核的 STM32 微控制器

STM32 系列的 Cortex-M3 微控制器是意法半导体（STM）公司推出的嵌入式微控制器产品，在嵌入式处理器领域有很大的影响力，专门用于高性能、低成本和低功耗的嵌入式应用。ARM Cortex-M3 作为新一代内核，它可提供系统增强型特性，例如现代化调试特性和支持更高级别的块集成。

STM32 系列 Cortex-M3 微控制器的操作频率可达 72MHz。Cortex-M3 芯片的 CPU 具有 3 级流水线和哈佛结构，带独立的本地指令和数据总线，以及用于外设的稍低性能的第三条总线。ARM Cortex-M3 的 CPU 还包含一个支持随机跳转的内部预取指单元。

STM32 系列 Cortex-M3 微控制器的外设组件包含高达 512KB 的 Flash 存储器、64KB 的数据存储器、以太网 MAC、USB 主机/从机/OTG 接口、8 通道的通用 DMA 控制器、4 个 UART、2 条 CAN 通道、2 个 SSP 控制器、SPI 接口、3 个 IIC 接口、2 输入和 2 输出的 IIS 接口、8 通道的 12 位 ADC、10 位 DAC、电机控制 PWM、正交编码器接口、4 个通用定时器、6 输出的通用 PWM、带独立电池供电的超低功耗 RTC 和多达 70 个通用 I/O 引脚。

(1) 系统结构分析

STM32 跟其他单片机一样，是一个单片计算机或单片微控制器。所谓单片机就是在一个芯片上集成了计算机或微控制器该有的基本功能部件。这些功能部件通过总线连在一起。就 STM32 而言，这些功能部件主要包括：Cortex-M 内核、总线、系统时钟发生器、复位电路、程序存储器、数据存储器、中断控制、调试接口以及各种功能部件（外设）。不同的芯系列和型号，外设数量和种类也不一样，常有的基本功能部件（外设）是：输入/输出接口 GPIO、定时/计数器 TIMER/COUNTER、串行通信接口 USART、串行总线 I^2C 和 SPI 或 I^2C、SD 卡接口 SDIO、USB 接口等。

STM32F10X 的系统结构如图 1.5 所示。

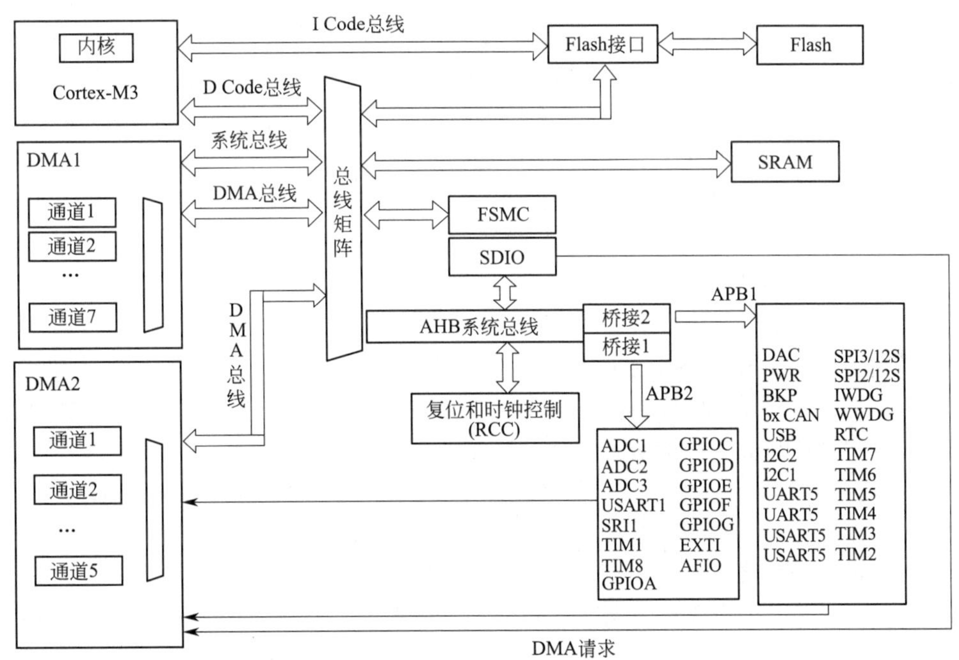

图 1.5 STM32F10X 的系统结构图

为更加简明地理解 STM32 单片机的内部结构，对图 1.5 进行抽象简化后得到图 1.6，这样对初学者的学习理解会更加方便些。

现结合图 1.6 对 STM32 的基本原理做一简单分析，主要包括以下内容。

① 程序存储器、静态数据存储器、所有的外设都统一编址，地址空间为 4GB，但各自都有固定的存储空间区域，使用不同的总线进行访问。

② 可将 Cortex-M3 内核视为 STM32 的“CPU”，程序存储器、静态数据存储器、所有的外设均通过相应的总线再经总线矩阵与之相接。Cortex-M3 内核控制程序存储器、静态数据存储器、所有外设的读写访问。

③ STM32 的功能外设较多，分为高速外设、低速外设两类，各自通过桥接再通过

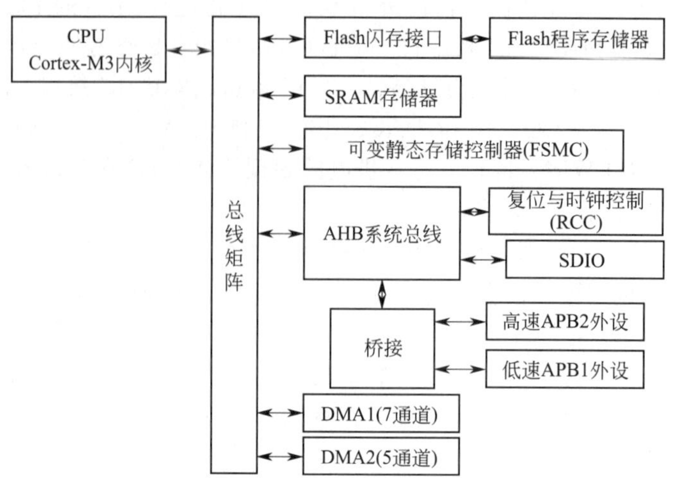

图 1.6　STM32F10X 的简化图

AHB 系统总线连接至总线矩阵，从而实现与 Cortex-M3 内核的接口。两类外设的时钟可各自配置，速度不一样，具体某个外设属于高速还是低速，已经被 ST 明确规定。所有外设均有两种访问操作方式：一是传统的方式，通过相应总线由 CPU 发出读写指令进行访问，这种方式适用于读写数据较小、速度相对较低的场合；二是 DMA 方式，即直接存储器存取，在这种方式下，外设可发出 DMA 请求，不再通过 CPU 而直接与指定的存储区发生数据交换，因此可大大提高数据访问操作的速度。

④ STM32 的系统时钟均由复位与时钟控制器 RCC 产生，它有一整套的时钟管理设备，由它为系统和各种外设提供所需的时钟以确定各自的工作速度。

（2）系统性能分析

① 集成嵌入式 Flash 和 SRAM 存储器的 ARM Cortex-M3 内核。和 8/16 位设备相比，ARM Cortex-M3 32 位 RISC 处理器提供了更高的代码效率。STM32F103xx 微控制器带有一个嵌入式的 ARM 核，可以兼容所有的 ARM 工具和软件。

② 嵌入式 Flash 存储器和 RAM 存储器。内置多达 512KB 的嵌入式 Flash，可用于存储程序和数据。多达 64KB 的嵌入式 SRAM 可以以 CPU 的时钟速度进行读/写。

③ 可变静态存储器（FSMC）。FSMC 嵌入在 STM32F103xC、STM32F103xD、STM32F103xE 中带有 4 个片选，支持 SRAM、PSRAM、NOR Flash 和 NAND Flash 等存储器。3 根 FSMC 中断线经过 OR 后连接到 NVIC。没有读/写 FIFO，除 PCCARD 之外，代码都是从外部存储器执行，不支持 Boot，目标频率等于 $SYSCLK/2$，所以当系统时钟是 72MHz 时，外部访问按照 36MHz 进行。

④ 嵌套矢量中断控制器（NVIC）。可以处理 43 个可屏蔽中断通道（不包括 Cortex-M3 的 16 根中断线），提供 16 个中断优先级。紧密耦合的 NVIC 实现了更低的中断处理延时，直接向内核传递中断入口向量表地址。紧密耦合的 NVIC 内核接口允许中断提前处理，即对后到的更高优先级的中断进行处理，支持尾链，自动保存处理器状态，中断入口在中断退出时自动恢复，不需要指令干预。

⑤ 外部中断/事件控制器（EXTI）。外部中断/事件控制器由 19 条用于产生中断/事件请求的边沿探测器线组成。每条线可以被单独配置用于选择触发事件（上升沿、下降沿或者两者都可以），也可以被单独屏蔽。有一个挂起寄存器来维护中断请求的状态。当外部线上

出现长度超过内部 APB2 时钟周期的脉冲时，EXTI 能够探测到。多达 112 个 GPIO 连接到 16 根外部中断线。

⑥ 时钟和启动。在启动的时候要进行系统时钟选择，但复位的时候内部 8MHz 的晶振被选用作 CPU 时钟。可以选择一个外部的 4～16MHz 的时钟，并且会被监视来判定是否成功，在这期间，控制器被禁止并且软件中断管理也随后被禁止。同时，如果有需要（例如碰到一个间接使用的晶振失败），PLL 时钟的中断管理完全可用。多个预比较器可以用于配置 AHB 频率，包括高速 APB（APB2）和低速 APB（APB1），高速 APB 最高的频率为 72MHz，低速 APB 最高的频率为 36MHz。

⑦ Boot 模式。在启动的时候，Boot 引脚被用来在 3 种 Boot 选项中选择一种：从用户 Flash 导入，从系统存储器导入，SRAM 导入。Boot 导入程序位于系统存储器，用于通过 USART1 重新对 Flash 存储器编程。

⑧ 电源供电方案。V_{DD}，电压范围为 2.0～3.6V，外部电源通过 V_{DD} 引脚提供，用于 I/O 和内部调压器。V_{SSA} 和 V_{DDA}，电压范围为 2.0～3.6V，外部模拟电压输入，用于 ADC、复位模块。RC 和 PLIL，在 V_{DD} 范围之内（ADC 被限制在 2.4V），V_{SSA} 和 V_{DDA} 必须相应连接到 V_{SS} 和 V_{DD}。V_{BAT}，电压范围为 1.8～3.6V，当 V_{DD} 无效时为 RTC，外部 32kHz 晶振和备份寄存器供电（通过电源切换实现）。

⑨ 电源管理。设备有一个完整的上电复位（POR）和掉电复位（PDR）电路。这条电路一直有效，用于确保从 2V 启动或者掉到 2V 的时候进行一些必要的操作。当 V_{DD} 低于一个特定的下限 $V_{POR/PDR}$ 时，不需要外部复位电路，设备也可以保持在复位模式。设备有一个嵌入的可编程电压探测器（PVD），PVD 用于检测 V_{DD}，并且和 V_{PVD} 限值比较，当 V_{DD} 低于 V_{PVD} 或者 V_{DD} 大于 V_{PVD} 时会产生一个中断。中断服务程序可以产生一个警告信息或者将 MCU 置为一个安全状态。PVD 由软件使能。

⑩ 电压调节。调压器有 3 种运行模式：运转模式、停止模式和待机模式。运转模式下，调压器以正常功耗模式为内核、内存和外设提供 1.8V 电源；停止模式下，调压器以低功耗模式提供 1.8V 电源，以保存寄存器和 SRAM 的内容；待机模式下，调压器停止供电，除了备用电路和备份域外，寄存器和 SRAM 的内容全部丢失。

⑪ 低功耗模式。STM32F103xx 支持 3 种低功耗模式，从而在低功耗、短启动时间和可用唤醒源之间达到一个最好的平衡点。休眠模式：只有 CPU 停止工作，所有外设继续运行，在中断/事件发生时唤醒 CPU。停止模式：允许以最小的功耗来保持 SRAM 和寄存器的内容，1.8V 区域的时钟都停止，PLL、HSI 和 HSE RC 振荡器被禁能，调压器也被置为正常或者低功耗模式，设备可以通过任一外部中断线从停止模式中唤醒。待机模式：追求最少的功耗，内部调压器被关闭，这样 1.8V 区域断电，PLL、HSI 和 HSE RC 振荡器也被关闭；在进入待机模式之后，除了备份寄存器和待机电路，SRAM 和寄存器的内容也会丢失；当外部复位（NRST 引脚）、IWDG 复位、WKUP 引脚出现上升沿或者 TRC 警告发生时，设备退出待机模式。进入停止模式或者待机模式时，TRC、IWDG 和相关的时钟源不会停止。

1.3.5 STM32 微控制器程序运行机制

在 STM32 微控制器内部，处理器芯片与时钟和电源是通过电路连通的，处理器芯片与存储器和寄存器是通过总线连接的。微控制器上电后，所有寄存器都被映射在总线上，处理器内核按照地址对寄存器进行读写操作，每个寄存器的内部都存储着 0 或 1 的二进制数据，这些寄存器内部的数据又以高低电平的形式表现在电路上，实现对实际电路的控制。基于STM32微控制器的硬件结构和工作原理，其内部程序的运行机制体现出以下3个特点。

（1）程序的本质是对寄存器的操作

最初的STM32微控制器操作代码，就是对芯片内部各个寄存器进行微操作，这种直接控制底层的编程方式被称作寄存器编程方式。随着编程技术的发展，人们不断简化程序并使用多种函数库进行封装，这才形成了目前最为常见的、易于开发者理解的HAL库编程方式。但究其本质，STM32微控制器的底层代码还是寄存器操作代码。处理器内核读取了程序代码后，按照程序对总线上对应地址的寄存器进行读取或赋值的操作，寄存器内部的数值以高低电平的方式(高电平为3.3V，低电平为GND）通过电路表现出来，实现了软件程序和硬件电路的结合。

（2）统一地址映射

ARM公司在设计内核架构时，已经明确规定了芯片内部各地址段所负责的功能，如ARM Cortex架构就规定了从0x00000000到0x08000000地址段只能用于放置程序代码、从0x1FFF0000到0x02000000地址段只能作为RAM内存区域等。而意法半导体公司则根据ARM架构的地址段规定进行设计，推出符合规则的STM32微控制器产品。这种不使用虚拟地址，所有地址都有明确功能的“统一地址”是ARM Cortex架构的特点，也是STM32微控制器的特点之一。

（3）利用时钟和中断实现多线程操作

STM32微控制器的内部程序是单一线程的，必须有且只能有一个主程序。若想要实现多线程的程序结构，则需要借助计时器和其他外设的中断服务功能，在主程序的不断循环中，计时器和外设不断触发主程序的中断功能，让处理器内核跳出主程序进入中断函数，从而达到与多线程程序相同的效果。STM32微控制器的多线程实现机制如图1.7所示。

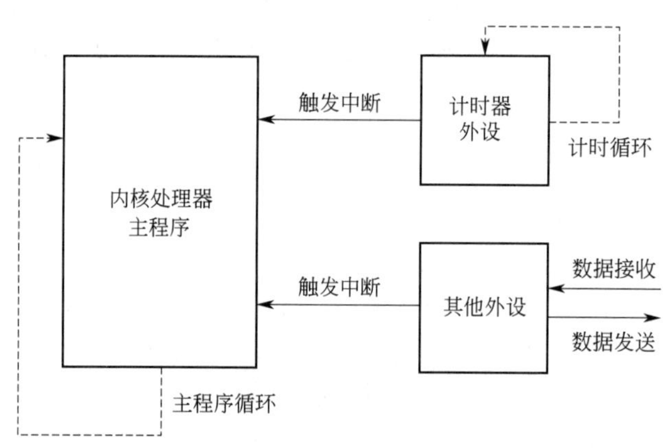

图1.7　STM32微控制器多线程实现机制

1.4　习题

（1）（单选）微处理器的指令集架构可以被划分成多种类型，ARM指令集架构主要属于其中的（　　）。

A. 精简指令集（Reduced Instruction Set Computer，RISC）

B. 超长指令字指令集（Very Long Instruction Word，VLIW）

C. 单指令多数据指令集（SIMD）

D. 复杂指令集（Complex Instruction Set Computer，CISC）

(2)（多选）指令集架构是计算机体系结构中与程序设计相关的部分，它包含了一系列的（　　）。

A. 机器指令

B. 中断和异常处理

C. 基本数据类型

D. 寻址模式

(3)（判断）嵌入式系统中常用的 ARM 架构、MIPS 架构和 PowerPC 都属于 RISC 架构？（　　）

(4) 什么是嵌入式系统？

(5) 请简述嵌入式系统软件与硬件的组成。

(6) 请简述 ARM 处理器的特点与优势。

第2章 STM32微控制器硬件基础

STM32F1系列是为高性能、低成本、低功耗的嵌入式应用产品而专门设计的ARM Cortex-M3（CM3）内核，按性能不同可分成两个不同的系列：STM32F103增强型系列和STM32F101基本型系列。基本型系列的时钟主频为36MHz，而增强型系列的时钟主频达到72MHz，是同类产品中性能最高的，也是用户的最佳选择。两个系列都内置32～128KB的闪存，不同的是SRAM的最大容量和外设接口的组合不同。本章详细介绍了STM32微控制器的存储结构以及外设资源，并对I/O接口、定时器、有线通信接口进行详细描述。

2.1 STM32微控制器

STM32已经发布了超过75个不同的型号。这些型号分成四组：中央处理器（Central Processing Unit，CPU）时钟频率高达36MHz的基本型、CPU时钟频率高达72MHz的增强型、增加通用串行总线（Universal Serial Bus，USB）设备外设并且运行在时钟频率为38MHz的USB型以及互联型。互联型增加的先进通信外设包括以太网MAC和USB HOST/OTG控制器。所有型号STM32的引脚和软件兼容，并且提供容量高达512KB的Flash ROM和63KB的SRAM。由最初的版本到现在，STM32已经可以扩展到更大的RAM和Flash ROM，以及具有更加复杂的外设。

2.1.1 STM32微控制器特点与优势

STM32系列32位Flash微控制器基于ARM Cortex-M系列处理器，旨在为MCU用户提供新的开发自由度。它包括一系列32位产品，具有高性能、实时功能、数字信号处理、低功耗与低电压操作特性，同时还保持了集成度高和易于开发的特点。无可比拟且品种齐全的STM32产品基于行业标准内核，提供了大量工具和软件选项，使该系列产品成为小型项目和完整平台的理想选择。作为一个主流的微控制器系列，STM32满足工业、医疗和消费电子市场的各种应用需求。凭借这个产品系列，意法半导体在全球的 ARM Cortex-M 微控制器中处于领先地位，同时树立了嵌入式应用的里程碑。该系列最大化地集成了高性能与一流外设和低功耗、低电压工作特性，在可以接受的价格范围内提供简单的架构和易用的工具。

（1）ARM Cortex-M 产品线

ARM Cortex-M 系列包含 5 个产品线，它们之间引脚、外设和软件相互兼容：

① 超值型系列 STM32F100：24MHz 最高主频，集成了电机控制和 CEC 功能。

② 基本型系列 STM32F101：36MHz 最高主频，具有高达 1MB 的片上闪存。

③ USB 基本型系列 STM32F102：38MHz 最高主频，具有全速 USB 模块。

④ 增强型系列 STM32F103：72MHz 最高主频，具有高达 1MB 的片上闪存，集成电机控制、USB 和 CAN 模块。

⑤ 互联型系列 STM32F105/107：72MHz 最高主频，具有以太网 MAC、CAN 及 USB 2.0 OTG 功能。

STM32 也是一款低功耗高性能的微控制器。它可以以 2V 的供电电压运行在 72MHz，所有功能运行起来仅消耗 36mA。结合 Cortex-M3 的低功耗模式，STM32 的待机功耗仅为 2μA。同时，一个内部 8MHz RC 振荡器的存在，使该芯片能够在外部振荡器处于启动的情况下，迅速退出低功耗模式。这种快速进入和退出低功耗模式的优点进一步降低了整体功耗。

（2）STM32 系列微控制器特点与优势

① 先进的内核结构。STM32 系列使用了 ARM 最新的、具有先进架构的 Cortex-M3 内核。Cortex-M3 是一个 32 位的处理器内核，采用哈佛结构，拥有独立的指令总线和数据总线，可以让取指与数据访问并行。

② 优秀的功耗控制。高性能并非意味着更加耗电，STM32 处理器经过特殊处理，针对市场上主要的 3 种能耗需求进行了优化。在运行模式时，使用高效率的动态耗电机制，代码在 Flash 中以 72MHz 全速运行时，如果外部时钟开启，处理器仅消耗 27mA 的电流。在待机状态时保持极低的电能消耗，耗电值仅为 2μA。在使用电池供电时，提供 2.0～3.6V 的低电压工作能力。STM32 处理器具有 3 种低功耗模式和灵活的时钟控制机制，用户可以根据自己所需的耗电性能要求进行合理优化。STM32 还内嵌了实时时钟（RTC），它既可由 32kHz 外部晶体提供频率基准，也可由内部 RC 电路提供频率基准。RTC 有其单独的供电电路，内置的开关使其既可使用外部纽扣电池供电，又可由主电源供电。在 3.3V 的供电电压下，其消耗电流仅为 1.4μA。另外，RTC 中还包含用于数据备份的 20B RAM。STM32 处理器从停机模式唤醒通常只需要不到 7μs 的时间，并且从待机或复位状态启动后通常只需 55μs 就可以进入运行状态。

③ 性能优越且功能创新的片上外设。STM32 处理器片上外设的优势来源于双 APB 总线结构，其中的高速 APB2（速度可达 CPU 的运行频率）使连接到该总线上的外设能以更高的速度运行。具体性能如下：

a. USB 接口可达到 12Mb/s。

b. USART 接口高达 4.5Mb/s。

c. SPI 接口可达 18Mb/s。

d. I2C 接口频率可达 400kHz。

e. GPIO 的最大翻转频率为 18MHz。

f. PWM 定时器最高可使用 72MHz 时钟输入。

针对 MCU 应用中最常见的电机控制，STM32 对片上外设进行了一些功能创新。

STM32 增强型系列处理器内嵌了非常适合三相无刷电机控制的定时器和 ADC，其高级 PWM 定时器具有以下功能：

a. 6 路 PWM 输出。

b. 产生带死区时间的 PWM 信号。

c. 边沿对齐和中心对称波形。

d. 紧急故障停机、可与两路 ADC 及其他定时器同步。

e. 可编程防范机制可以用于防止对寄存器的非法写入。

f. 编码器输入接口。

g. 霍尔传感器接口。

h. 完整的向量控制环。

以上专门的外围电路与高性能 Cortex-M3 内核相结合，可将完整的向量控制环软件执行时间缩短为 21μs（无传感器模式、三相永磁同步电机）。当电流采样频率为 10kHz 时，CPU 的工作负载低于 25%，这样，处理器还可以执行电机控制之外的其他任务。

④ 高度的集成整合。STM32 处理器最大限度地实现集成，尽可能地减少对外部器件的要求。

a. 内嵌电源监控器，带有上电复位、低电压检测、掉电检测、自带时钟的看门狗定时器。

b. 一个主晶振可以驱动整个系统。低成本的 4～6MHz 晶振即可驱动 CPU、USB 以及所有外设，使用内嵌 PLL 可产生多种频率，可以为内部实时时钟选择 32kHz 的晶振。

c. 内嵌精确的 8MHz RC 振荡电路，可用作主时钟源，还有针对 RTC 或看门狗的低频率 RC 电路。

d. LQPF100 封装芯片的最小系统只需 7 个滤波电容作为外围器件。

e. 易于开发。STM32 系列处理器易于开发，可使产品快速进入市场。

2.1.2 STM32 微控制器命名规则

STM32 系列处理器目前分为两个系列。STM32F101 是基本型系列，工作在 36MHz 频率处；STM32F103 是增强型系列，工作在 72MHz 频率处，带有更多片内 RAM 和丰富的外设。两个系列的产品拥有相同的片内 Flash 选项，在软件和引脚封装方面可兼容。

基本型系列是 STM32 处理器的入门产品，其价格仅相当于 16 位的 MCU，却拥有 32 位 MCU 的性能，其外设的配置能提供优秀的控制和连接能力。增强型系列产品则将 32 位 MCU 的性能和功效引向一个新的级别，内含的 Cortex-M3 内核工作在 72MHz，能实现高端的运算，且其外设的配置可以带来极好的控制和连接能力。

STM32 全系列处理器具有脚对脚、外设及软件的高度兼容性。这给其应用带来了全方位的灵活性，可以在不修改原始框架及软件的条件下，将应用升级到使用更多的存储空间，或精简到使用更少的存储空间，或改用不同的封装规格。

STM32 型号的组成为 7 个部分。以 STM32F103RBT6 这个型号的芯片为例，其命名规则如表 2.1 所示。

表 2.1 STM32F103RBT6 命名规则

序号	实例	含义
1	STM32	STM32 代表 ARM Cortex-M 内核的 32 位微控制器
2	F	F 代表芯片子系列

续表

序号	实例	含义
3	103	103 代表增强型系列
4	R	R 这一项代表引脚数，其中 T 代表 36 脚，C 代表 38 脚，R 代表 63 脚，V 代表 100 脚，Z 代表 133 脚，I 代表 176 脚
5	B	B 这一项代表内嵌 Flash 容量，其中 6 代表 32KB Flash，8 代表 63KB Flash，B 代表 128KB Flash，C 代表 256KB Flash，D 代表 383KB Flash，E 代表 512KB Flash，G 代表 1MB Flash
6	T	T 这一项代表封装，其中 H 代表 BGA 封装，T 代表 LQFP 封装，U 代表 VFQFPN 封装
7	6	6 这一项代表工作温度范围，其中 6 代表－30～85℃，7 代表－30～105℃

2.1.3　STM32 微控制器的应用

目前 MCU 的架构主要分为自主知识产权架构和基于 ARM 架构的 MCU 架构。自主知识产权架构主要包括英特尔的 X86 架构、飞思卡尔的 Power PC、Microchip 的 PIC 系列、Atmel 的 AVR 系列等；基于 ARM 架构的 MCU 则由众多开发基于 ARM 架构的厂商组成，包括 NXP、NEC 以及收购 Luminary 的 T1 等。

STM32 的应用领域十分广泛，一种结构的控制器可以覆盖低功耗、高性能和低成本等多种产品需求。在销售终端（银行读卡机、收银机等）、身份识别设备（公路自动收费系统、安全和生物特征识别等）、工业自动化（现场数据采集器、电表等）、消费量电子（计算机外设、游戏手柄等）、建筑安全防护/消防/供热通风与空气调节（报警控制系统、控制面板等）、医疗领域（心脏监控、便携式测试仪器等）、通信领域（3G 基站监控、光纤接入控制等）、家电（电动自行车、洗衣机等）、仪器仪表（电子秤、电表等）中都可以使用 STM32。

2.2　STM32 微控制器存储结构

2.2.1　系统结构

STM32 主系统主要由 4 个驱动单元和 4 个被动单元构成。STM32 的系统架构如图 2.1 所示。

4 个驱动单元是：内核 D Code 总线、系统总线、通用 DMA1、通用 DMA2。

4 个被动单元是：AHB 到 APB 的桥（连接所有的 APB 设备）、内部 Flash 闪存、内部 SRAM、FSMC。

下面具体介绍一下图中几个总线的知识：

① I Code 总线：该总线将 Cortex-M3 内核指令总线和闪存指令接口相连，指令的预取在该总线上面完成。

② D Code 总线：该总线将 Cortex-M3 内核的 D Code 总线与闪存存储器的数据接口相连接，常量加载和调试访问在该总线上面完成。

③ 系统总线：该总线连接 Cortex-M3 内核的系统总线到总线矩阵，总线矩阵协调内核和 DMA 间访问。

④ DMA 总线：该总线将 DMA 的 AHB 主控接口与总线矩阵相连，总线矩阵协调 CPU 的 D Code 和 DMA 到 SRAM、闪存和外设的访问。

⑤ 总线矩阵：总线矩阵协调内核系统总线和 DMA 主控总线之间的访问仲裁，仲裁利用轮换算法。

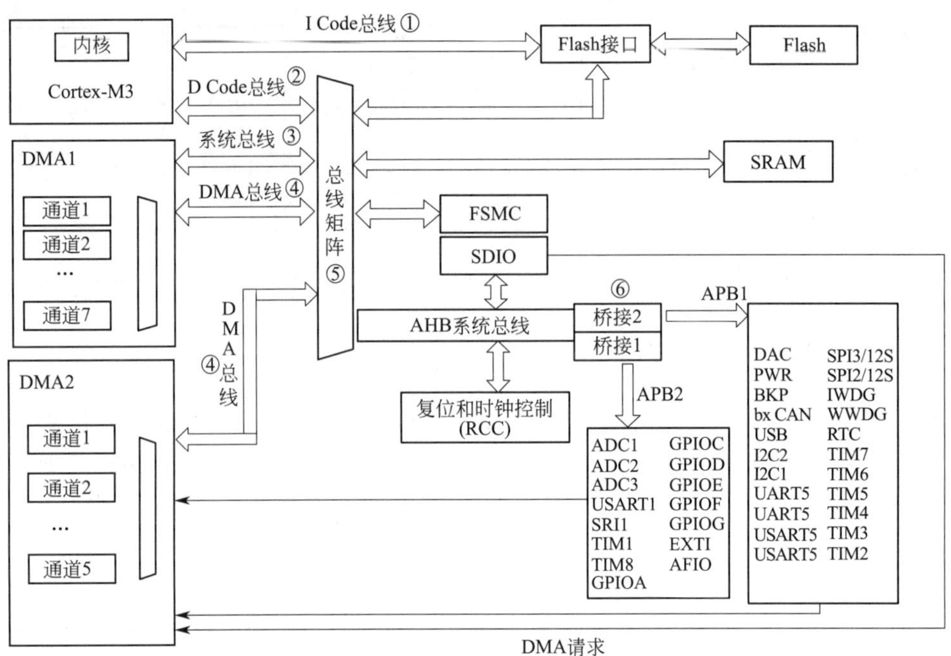

图 2.1 STM32 系统架构图

⑥ AHB/APB 桥：这两个桥在 AHB 和 2 个 APB 总线间提供同步连接，APB1 操作速度限于 36MHz，APB2 操作速度全速。

2.2.2 存储结构

（1）存储结构

目前较为常用的嵌入式系统的存储结构如图 2.2 所示。

嵌入式系统的存储器分三种：高速缓存 Cache、主存（片内和片外）和外存。

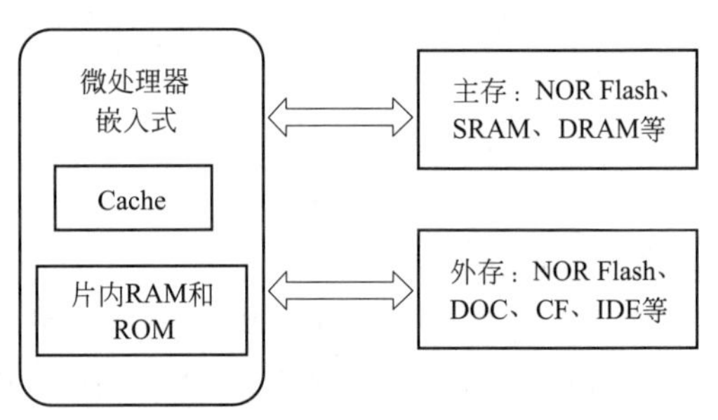

图 2.2 嵌入式系统的存储结构

① 高速缓存 Cache。高速缓冲存储器中存放的是当前使用得最多的程序代码和数据，即主存中部分内容的副本。在嵌入式系统中 Cache 全部都集成在嵌入式微处理器内，可分为数据 Cache、指令 Cache 或混合 Cache。不同的处理器其 Cache 的大小不一样。一般中高档的嵌入式微处理器才内置 Cache。

② 主存。主存是处理器能直接访问的存储器，用来存放系统和用户的程序及数据。嵌入式系统的主存可位于处理器内和处理器外。片内存储器存储容量小、速度快，片外存储器容量大。可以作主存的存储器如下：

a. ROM 类。NOR Flash、EPROM、EEPROM、PROM 等。

b. RAM 类。SRAM、DRAM、SDRAM 等。

③ 外存。外存是处理器不能直接访问的存储器，用来存放用户的各种信息，容量大，存取速度相对主存而言要慢得多，但它可用来长期保存用户信息。在嵌入式系统中常用的外

存有：NAND Flash、DOC（Disk On Chip）、CF（Compact Flash）、SD（Secure Digital）和 MMC（Multi Media Card）等。

（2）访问属性

Cortex-M3 不仅定义了存储器映射，还为存储器的访问规定了 4 种属性，分别为可否缓冲（Bufferable）、可否缓存（Cacheable）、可否执行（Executable）和可否共享（Sharable）。如果配备了存储器保护单元（MPU），则可以通过它配置不同的存储区，并覆盖默认的访问属性。Cortex-M3 片内没有配备缓存及缓存控制器，但是允许在外部添加缓存。通常，在提供外部内存的同时还要附加一个内存控制器，用于管理对片内片外 RAM 的访问操作。地址可以通过另一种方法分为 8 个 512MB 等份：

① Code 区（0x00000000～0x1FFFFFFF）。此区是可以执行指令的，缓存属性为 WT（“写通”），即不可缓存。此区也允许布设数据存储器。在此区上的数据操作是通过数据总线接口的，且在此区上的写操作是缓冲的。

② SRAM 区（0x20000000～0x3FFFFFFF）。此区用于片内 SRAM，写操作是缓冲的，并且可以选择 WB-WA 缓存属性。此区也可以执行指令，允许把代码复制到内存中执行固件升级等维护工作。

③ 片上外设区（0x40000000～0x5FFFFFFF）。此区用于片上外设，因此不可缓存，也不可以在此区执行指令。

④ 外部 RAM 区的前半段（0x60000000～0x7FFFFFFF）。此区可用于布设片上 RAM 或片外 RAM，可缓存（缓存属性为 WB-WA），并且可以执行指令。

⑤ 外部 RAM 区的后半段（0x80000000～0x9FFFFFFF）。除了不可缓存外，其余功能同外部 RAM 区的前半段。

⑥ 外部设备区的前半段（0xA0000000～0xBFFFFFFF）。用于片外外设的寄存器，也用于多核系统中的共享内存（需要严格按顺序操作，即不可缓冲）。此区也是个不可执行区。

⑦ 外部设备区的后半段（0xC0000000～0xDFFFFFFF）。目前与外部设备区的前半段的功能完全一致。

⑧ 系统区（0xE0000000～0xFFFFFFFF）。此区是私有外设和供应商指定功能区，不可执行代码。系统区涉及很多关键部位，因此访问都是严格序列化的（不可缓存、不可缓冲），而供应商制定的功能区则可以缓存和缓冲。

2.2.3　启动模式

在 STM32 中，可以通过 BOOT［1：0］引脚选择三种不同的启动方式，参见表 2.2。

系统复位后，在 SYSCLK 的第 4 个上升沿，BOOT 引脚的值将被锁存。用户可以通过设置 BOOT1 和 BOOT0 引脚的状态，选择复位后的启动模式。从待机模式退出时，BOOT 引脚的值将重新锁存，因此在待机模式下，BOOT 引脚应保持为需要的启动配置。在启动延迟之后，CPU 从地址 0x00000000 获取堆栈顶的地址，并从启动存储器的 0x00000004 指示的地址开始执行代码。因为固定的存储器映像，其代码区始终从地址 0x00000000 开始（通过 I Code 和 D Code 总线访问），而数据区（SRAM）始终从地址 0x20000000 开始（通过系统总线访问）。Cortex-M3 的 CPU 始终从 I Code 总线获取复位向量，即启动仅适合从代码区开始（典型的从 Flash 启动）。STM32F103x 微控制器实现了一个特殊的机制，系统不仅仅可以从 Flash 存储器或系统存储器启动，还可以从内置 SRAM 启动。

表 2.2　启动配置

启动模式引脚		启动模式	说明
BOOT1	BOOT1		
X	0	用户闪存存储器	用户闪存存储器被选为启动区域，正常启动
0	1	系统存储器	系统存储器被选为启动区域，串口下载
1	1	内嵌 SRAM	内嵌 SRAM 被选为启动区域，调试

① 从主闪存存储器启动：主闪存存储器被映射到启动空间，但仍然能够在它原有的地址（0x08000000）访问它，即闪存存储器的内容可以在两个地址区域（0x00000000 或 0x08000000）访问。

② 从系统存储器启动：系统存储器被映射到启动空间，但仍然能够在它原有的地址（互联型产品原有地址为 0x1FFFB000，其他产品原有地址为 0x1FFFF000）访问它。

③ 从内置 SRAM 启动：只能在 0x20000000 开始的地址区访问 SRAM。

2.3　STM32 微控制器外设资源概述

2.3.1　电源管理与低功耗模式

（1）电源管理

STM32 的工作电压（V_{DD}）为 2.0～3.6V。通过内置的电压调节器提供所需的 1.8V 电源。当主电源 V_{DD} 掉电后，通过 V_{BAT} 脚为实时时钟（RTC）和备份寄存器提供电源。

STM32 的电压控制电路框图如图 2.3 所示。

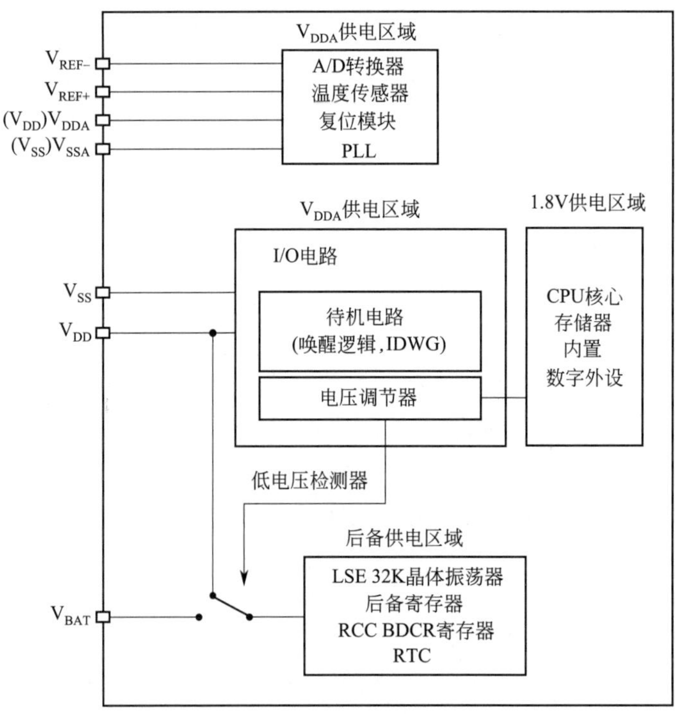

图 2.3　STM32 电压控制电路框图

为了提高转换的精确度，ADC 使用一个独立的电源供电，过滤和屏蔽来自印刷电路板上的毛刺干扰。

① ADC 的电源引脚为 V_{DDA}。

② 独立的电源地 V_{SSA}：如果有 V_{REF} 引脚（根据封装而定），它必须连接到 V_{SSA}。

③ 100 脚和 144 脚封装：为了确保输入为低压时获得更好的精度，用户可以连接一个独立的外部参考电压 ADC 到 V_{REF+} 和 V_{REF-} 脚上。V_{REF+} 的电压范围为 2.4V～V_{DDA}。

④ 64 脚或更少封装：没有 V_{REF+} 和 V_{REF-} 引脚，它们在芯片内部与 ADC 的电源（V_{DDA}）和地（V_{SSA}）相连。

STM32 内部有一个完整的上电复位（POR）和掉电复位（PDR）电路，当供电电压达到 2V 时系统即能正常工作。当 V_{DD}/V_{DDA} 低于指定的限位电压 V_{POR}/V_{PDR} 时，系统保持为复位状态，而无须外部复位电路。其上电复位和掉电复位波形图如图 2.4 所示。

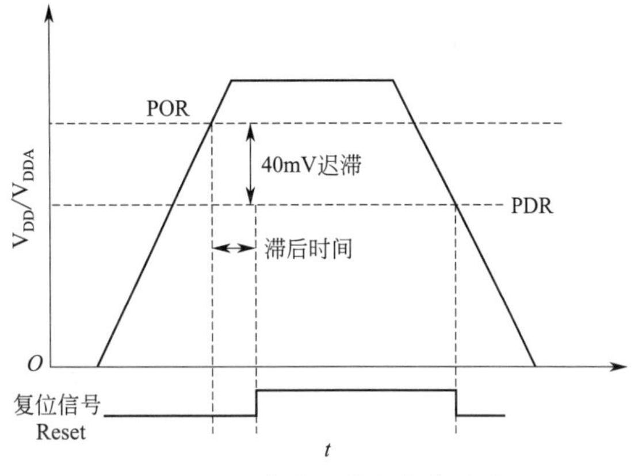

图 2.4　上电复位和掉电复位波形图

(2) 低功耗模式

在系统或电源复位以后，微控制器处于运行状态。当 CPU 不需继续运行时，可以利用多种低功耗模式来节省功耗，例如等待某个外部事件时，用户需要根据最低电源消耗、最快启动时间和可用的唤醒源等条件，选定一个最佳的低功耗模式。

STM32F10xxx 包括三种低功耗模式：睡眠模式［Cortex-M3 内核停止，所有外设包括 Cortex-M3 核心的外设，如 NVIC、系统时钟（SysTick）等仍在运行］；停止模式(所有的时钟都已停止)；待机模式(1.8V 电源关闭)。

此外，在运行模式下，可以通过以下方式中的一种降低功耗：降低系统时钟或者关闭 APB 和 AHB 总线上未被使用的外设时钟。

RTC 可以在不依赖外部中断的情况下唤醒低功耗模式下的微控制器（自动唤醒模式，AWU）。RTC 提供一个可编程的时间基数，用于周期性从停止或待机模式下唤醒。通过对备份区域控制寄存器（RCC_BDCR）的 RTCSEL［1：0］位的编程，三个 RTC 时钟源中的两个时钟源可以选作实现此功能。

① 低功耗 32.768kHz 外部晶振（LSE）。该时钟源提供了一个低功耗且精确的时间基准(典型情形下消耗小于 1μA)。

② 低功耗内部 RC 振荡器（LSI RC）。使用该时钟源，节省了一个 32.768kHz 晶振的成本。但是 RC 振荡器将少许增加电源消耗。为了用 RTC 闹钟事件将系统从停止模式下唤醒，必须进行如下操作：配置外部中断线 17 为上升沿触发或者配置 RTC 使其可产生 RTC 闹钟事件。

2.3.2　RCC 时钟主频系统

(1) RCC 的主要作用

设置系统时钟 SYSCLK、设置 AHB 分频因子（决定 HCLK 等于多少）、设置 APB2 分频因子（决定 PCLK2 等于多少）、设置 APB1 分频因子（决定 PCLK1 等于多少）、设置各个外设的分频因子；控制 AHB、APB2 和 APB1 这 3 条总线时钟的开启、控制每个外设的时钟的开启。对于 SYSCLK、HCLK、PCLK2、PCLK1 这 4 个时钟的配置一般是：PCLK2＝HCLK＝SYSCLK＝PLLCLK＝72MHz，PCLK1＝HCLK/2＝36MHz。这个时钟配置也是库函数的标准配置。

（2）RCC 框图分析

选取库函数时钟系统时钟函数 SetSysClockTo720，以这个函数的编写流程来讲解时钟树，这个函数也是我们用库的时候默认的系统时钟设置函数。该函数的功能是利用 HSE 把时钟设置为：PCLK2＝HCLK＝SYSCLK＝72MHz，PCLK1＝HCLK/2＝36MHz。下面就以这个代码的流程为主线来分析时钟树。

① HSE 高速外部时钟信号。HSE 是高速的外部时钟信号，可以由有源晶振或者无源晶振提供，频率为 4～16MHz。当使用有源晶振时，时钟从 OSC_IN 引脚进入，OSC_OUT 引脚悬空；当使用无源晶振时，时钟从 OSC_IN 和 OSC_OUT 进入，并且要配谐振电容。HSE 最常使用的就是 8MHz 的无源晶振。当确定 PLL 时钟来源的时候，HSE 可以不分频或者 2 分频，根据时钟配置寄存器 CFGR 的位 17，即 PLLXTPRE 设置。这里设置为 HSE 不分频。

② PLL 时钟源。PLL 时钟来源可以有两个：一个是 HSE，另外一个是 HSI/2。具体用哪个，根据时钟配置寄存器 CFGR 的位 16，即 PLLSRC 设置。HSI 是内部高速的时钟信号，频率为 8MHz。根据温度和环境的情况频率会漂移，一般不作为 PLL 的时钟来源。这里我们选 HSE 作为 PLL 的时钟来源。

③ PLL 时钟 PLLCLK。通过设置 PLL 的倍频因子，可以对 PLL 的时钟来源进行倍频，倍频因子可以是 2～16，具体设置成多少，由时钟配置寄存器 CFGR 的位 21～18，即 PLL-MUL［3：0］设置。这里设置为 9 倍频。上一步设置 PLL 的时钟来源为 HSE＝8MHz，所以经过 PLL 倍频之后的 PLL 时钟为：PLLCLK＝8MHz×9＝72MHz。72MHz 是 ST 官方推荐的稳定运行时钟，如果想超频的话，增大倍频因子即可，最高为 128MHz。这里设置 PLL 时钟：PLLCLK＝8MHz×9＝72MHz。

④ 系统时钟 SYSCLK。系统时钟的来源可以是 HSI、PLLCLK、HSE，具体由时钟配置寄存器 CFGR 的位 1～0，即 SW［1：0］设置。这里设置系统时钟：SYSCLK＝PLL-CLK＝72MHz。

⑤ AHB 总线时钟 HCLK。系统时钟 SYSCLK 经过 AHB 预分频器分频之后得到的时钟叫 APB 总线时钟，即 HCLK，分频因子可以是［1，2，4，8，16，64，128，256，512］，具体由时钟配置寄存器 CFGR 的位 7～4，即 HPRE［3：0］设置。片上大部分外设的时钟都是经过 HCLK 分频得到的，至于 AHB 总线上的外设的时钟需使用该外设时设置，这里只需粗略设置好 APB 的时钟即可，设置为 1 分频，即 HCLK＝SYSCLK＝72MHz。

⑥ APB2 总线时钟 HCLK2。APB2 总线时钟 PCLK2 由 HCLK 经过高速 APB2 预分频器得到，分频因子可以是［1，2，4，8，16］，具体由时钟配置寄存器 CFGR 的位 13～11，即 PPRE2［2：0］决定。HCLK2 属于高速的总线时钟，片上高速的外设就挂载到这条总线上，比如全部的 GPIO、USART1、SPI1 等。至于 APB2 总线上的外设的时钟，则要在使用该外设的时候才设置，这里只需粗略设置好 APB2 的时钟即可，设置为 1 分频，即 PCLK2＝HCLK＝72MHz。

⑦ APB1 总线时钟 HCLK1。APB1 总线时钟 PCLK1 由 HCLK 经过低速 APB 预分频器得到，分频因子可以是［1，2，4，8，16］，具体由时钟配置寄存器 CFGR 的位 10～8，即 PRRE1［2：0］决定。HCLK1 属于低速的总线时钟，最高为 36MHz，片上低速的外设就

挂载到这条总线上，比如 USART2/3/4/5、SPI2/3、$I^2C1/2$ 等。至于 APB1 总线上外设的时钟设置，得等到使用该外设的时候才进行，这里只需粗略设置好 APB1 的时钟即可，设置为 2 分频，即 PCLK1＝HCLK/2＝36MHz。

2.3.3 RTC 实时时钟资源

STM32 的实时时钟（RTC）是一个独立的定时器。STM32 的 RTC 模块拥有一组连续计数的计数器，在相应软件配置下可提供时钟日历的功能。修改计数器的值可以重新设置系统当前的时间和日期。

RTC 模块和时钟配置系统（RCC_BDCR 寄存器）是在后备区域，即在系统复位或从待机模式唤醒后 RTC 的设置和时间维持不变。但是在系统复位后会自动禁止访问后备寄存器和 RTC，以防止对后备区域（BKP）的意外写操作，所以设置时间前先要取消备份区域（BKP）写保护。

RTC 的简化框图如图 2.5 所示。

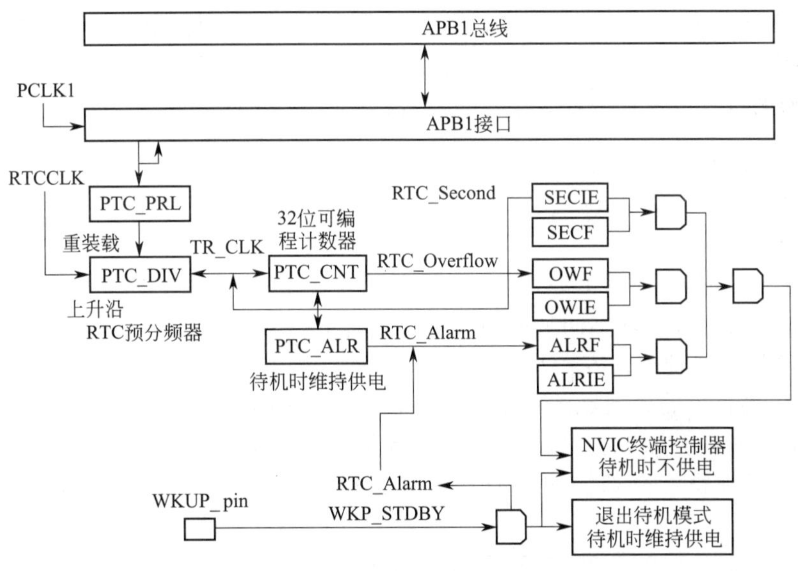

图 2.5 RTC 的简化框图

RTC 由两个主要部分组成，第一部分（APB1 接口）用来和 APB1 总线相连。此单元还包含一组 16 位寄存器，可通过 APB1 总线对其进行读/写操作。APB1 接口由 APB1 总线时钟驱动，用来与 APB1 总线连接。

另一部分（RTC 核心）由一组可编程计数器组成，分成两个主要模块。第一个模块是 RTC 的预分频模块，可编程产生 1s 的 RTC 时间基准 TR_CLK。RTC 的预分频模块包含了一个 20 位的可编程分频器（RTC 预分频器）。如果在 RTC_CR 寄存器中设置了相应的允许位，则在每个 TR_CLK 周期中 RTC 产生一个中断（秒中断）。第二个模块是一个 32 位的可编程计数器，可被初始化为当前的系统时间。一个 32 位的时钟计数器，按秒计算可以记录 136 年，作为一般应用，这已经足够了。

RTC 还有一个闹钟寄存器 RTC_ALR，用于产生闹钟。系统时间按 TR_CLK 周期累加并与存储在 RTC_ALR 寄存器中的可编程时间相比较。如果 RTC_CR 控制寄存器中设置了相应允许位，比较匹配时将产生一个闹钟中断。

RTC 内核完全独立于 RTC APB1 接口，而软件是通过 APB1 接口访问 RTC 的预分频值、计数器值和闹钟值的。但是相关可读寄存器只在 RTC APB1 时钟进行重新同步的 RTC 时钟的上升沿被更新，RTC 标志也是如此。这就意味着，如果 APB1 接口刚刚被开启之后，在第一次的内部寄存器更新之前，从 APB1 上读出的 RTC 寄存器值可能被破坏了（通常读到 0）。因此，若读取 RTC 寄存器曾经被禁止的 RTC APB1 接口，软件必须等待 RTC_CRL 寄存器的 RSF 位（寄存器同步标志位，位 3）被硬件置 1。

要理解 RTC 原理，必须先对寄存器有全面的了解。RTC 总共有 2 个控制寄存器，即 RTC_CRH 和 RTC_CRL，它们都是 16 位的。RTC 预分频器余数寄存器也有两个寄存器，即 RTC_DIVH 和 RTC_DIVL，作用就是获得比秒钟更为准确的时钟，比如可以得到 0.1s 或者 0.01s 等。该寄存器的值是自减的，代表还需要多少时钟周期获得一个秒信号。在一次秒钟更新后由硬件重新装载。这两个寄存器和 RTC 预分频装载寄存器的位数是一样的。

RTC 计数器寄存器 RTC_CNT 由 2 个 16 位的寄存器组成：RTC_CNTH 和 RTC_CNTL，总共 32 位，用来记录秒值（一般情况下）。RTC 闹钟寄存器是由 2 个 16 位的寄存器组成：RTC_ALRH 和 RTC_ALRL，总共也是 32 位，用来标记闹钟产生的时间（以秒为单位）；如果 RTC_CNT 的值与 RTC_ALR 的值相等，并使能了中断的话会产生一个闹钟中断。该寄存器的修改也要进入配置模式才能进行。

2.3.4 GPIO 工作模式

（1）GPIO 介绍

GPIO，中文简称“通用 I/O 口”，它是芯片内部资源访问外部世界的手足。这些 I/O 口可以通过软件自定义实现不同功能的复用，拓展了 ARM 芯片的应用领域。本节重点介绍 STM32 GPIO 口的 8 种工作方式及其驱动实现。

STM32 核心板上的处理器芯片采用的是性价比超高的 STM32F103ZET6，该型号处理器一共有 112 个通用 I/O 口。我们将除 RTC 晶振和 COM1 口占用的 4 个 I/O 之外的 108 个 I/O 端口通过两排排针全部引出，均匀地分布在 MAS 学习板两侧，便于用户后期扩展应用。

这些 GPIO 口位于 STM32 学习板 PCB 原理图上的两排插针 P8、P10 上，如图 2.6 所示。STM32F103ZET6 的 112 个 I/O 口分为 7 组：PA～PG，每组 16 根线。当然这些 I/O 口有一部分是专用的，但大部分都可以进行复用。

（2）GPIO 工作方式

STM32 的 GPIO 口非常强大，共有 4 种输入和 4 种输出模式，用户可以根据不同的应用场景选择适合的工作模式。

4 种输入模式分别为：浮空输入、上拉输入、下拉输入、模拟输入。

4 种输出模式分别为：开漏输出、开漏复用输出、推挽输出、推挽复用输出。

以上 8 种工作模式均可以由软件自由设置。需要注意是，STM32 大部分 GPIO 口兼容 5V TTL 电平，这些引脚可以直接与 5V 元器件相连，这就极大地简化了硬件电路设计。

STM32 GPIO 口的内部基本结构如图 2.7 所示。

从图 2.7 中可以发现，一个 I/O 口主要包括 3 种电路：输入/输出数据寄存器电路、输入/输出驱动电路、ESD 静电保护电路。

下面详细介绍一下 GPIO 口的 8 种工作模式。

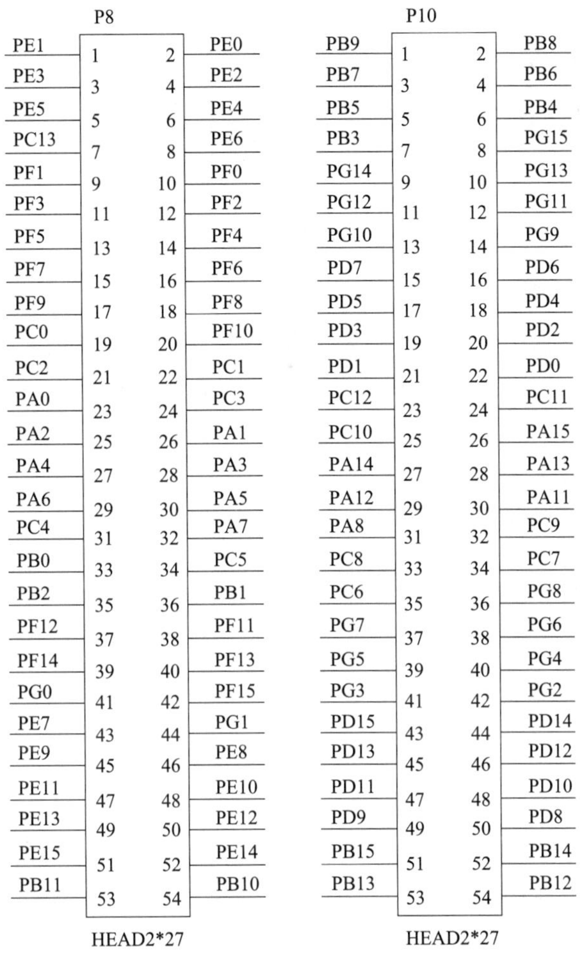

P8 信号	P8 引脚	P8 引脚	P8 信号	P10 信号	P10 引脚	P10 引脚	P10 信号
PE1	1	2	PE0	PB9	1	2	PB8
PE3	3	4	PE2	PB7	3	4	PB6
PE5	5	6	PE4	PB5	5	6	PB4
PC13	7	8	PE6	PB3	7	8	PG15
PF1	9	10	PF0	PG14	9	10	PG13
PF3	11	12	PF2	PG12	11	12	PG11
PF5	13	14	PF4	PG10	13	14	PG9
PF7	15	16	PF6	PD7	15	16	PD6
PF9	17	18	PF8	PD5	17	18	PD4
PC0	19	20	PF10	PD3	19	20	PD2
PC2	21	22	PC1	PD1	21	22	PD0
PA0	23	24	PC3	PC12	23	24	PC11
PA2	25	26	PA1	PC10	25	26	PA15
PA4	27	28	PA3	PA14	27	28	PA13
PA6	29	30	PA5	PA12	29	30	PA11
PC4	31	32	PA7	PA8	31	32	PC9
PB0	33	34	PC5	PC8	33	34	PC7
PB2	35	36	PB1	PC6	35	36	PG8
PF12	37	38	PF11	PG7	37	38	PG6
PF14	39	40	PF13	PG5	39	40	PG4
PG0	41	42	PF15	PG3	41	42	PG2
PE7	43	44	PG1	PD15	43	44	PD14
PE9	45	46	PE8	PD13	45	46	PD12
PE11	47	48	PE10	PD11	47	48	PD10
PE13	49	50	PE12	PD9	49	50	PD8
PE15	51	52	PE14	PB15	51	52	PB14
PB11	53	54	PB10	PB13	53	54	PB12

P8: HEAD2*27　　P10: HEAD2*27

图 2.6　全部引出的 108 个 GPIO 引脚

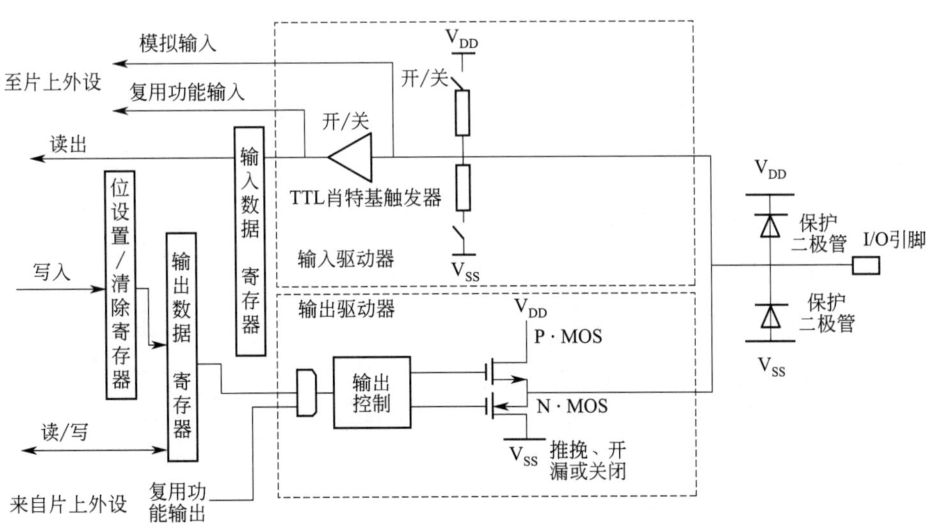

图 2.7　GPIO 口的内部基本结构

① 浮空输入模式。浮空输入的最大特点就是MCU读到的引脚状态完全跟随外部I/O口的电平变化，一般用于按键输入，抗干扰性能不如上拉和下拉方式。浮空输入的工作流程如图2.8所示。从图2.8中阴影标出的电路可以看出，信号直接由外部I/O端口流到TTL施密特触发器，整形后进入输入数据寄存器，然后由MCU读取数据寄存器的电平状态。

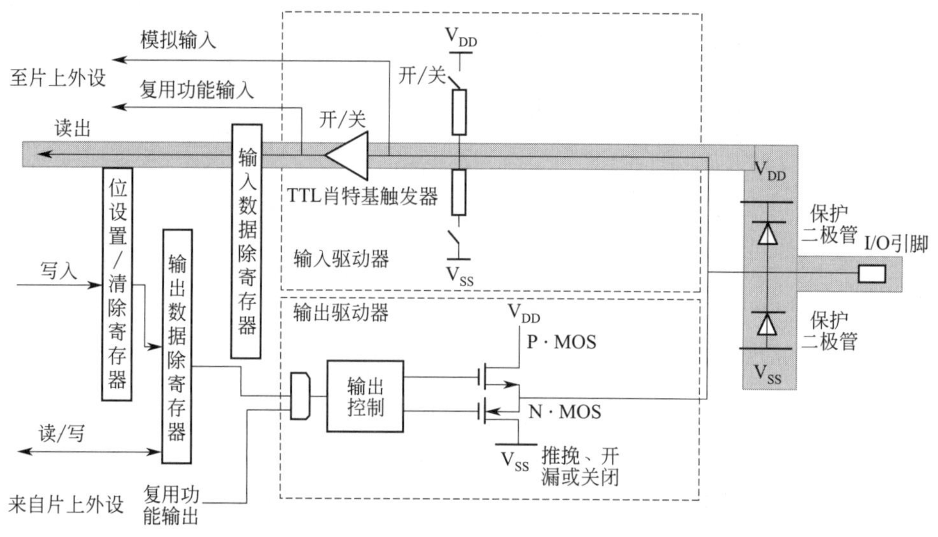

图2.8　GPIO浮空输入模式

② 上拉输入模式。上拉输入模式抗干扰能力强，特别适合接地信号的输入。其工作流程图如图2.9所示。与浮空输入模式的不同在于，I/O端口与TTL施密特触发器之间接入了一个30k～50kΩ的上拉电阻，当I/O端口悬空时，MCU也能读到稳定的高电平状态，提高了噪声容限。

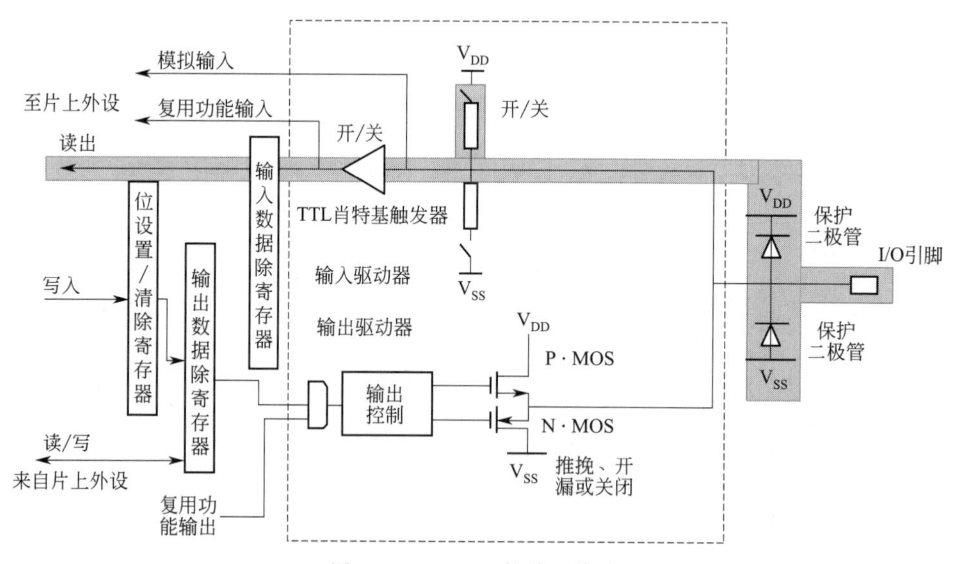

图2.9　GPIO上拉输入模式

③ 下拉输入模式。与上拉输入模式相反，下拉输入模式适合有效信号为高电平值的信号接入，通过分压电阻来滤除信号毛刺，提高电平稳定性。其内部工作流程如图2.10所示。

从图 2.10 可以明显看出，在 I/O 端口与 TTL 施密特触发器之间接入了一个 30k～50kΩ 的下拉电阻。

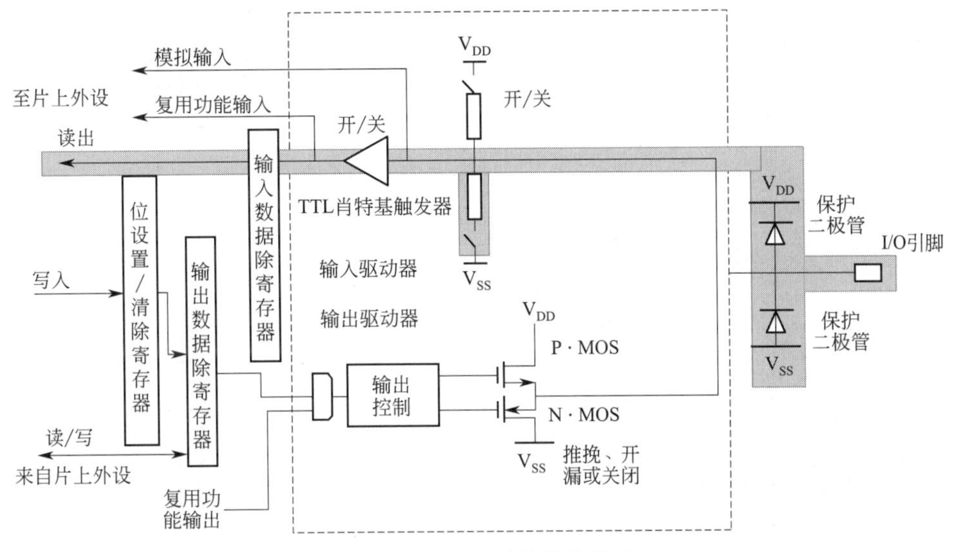

图 2.10　GPIO 下拉输入模式

④ 模拟输入模式。模拟输入模式，就是将 I/O 端口上的信号作为模拟信号直接输入到 STM32 内部的 ADC 上，进行采样转换。其内部工作流程如图 2.11 所示。从图 2.11 中可以看出，外部信号绕过 TTL 施密特触发器直接进入片内 ADC。在这种情况下，如果关闭 ADC 时钟，此时的 I/O 端口功耗是最低的。因此，通常情况下将没被用到的 I/O 口设置成模拟输入模式，并关闭 ADC 时钟，以降低系统功耗。

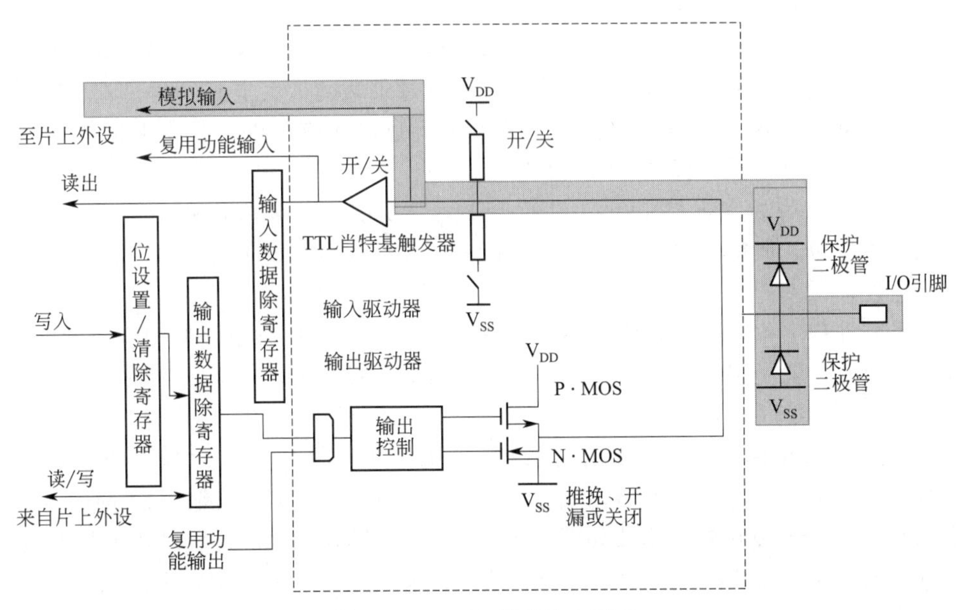

图 2.11　GPIO 模拟输入模式

⑤ 开漏输出模式。开漏输出端相当于三极管的集电极，要得到高电平状态需要上拉电阻才行，适合用作电流型的驱动，其吸收电流的能力相对较强（一般 20mA 以内）。另外，

开漏输出模式下的I/O端口还可以实现双向通信口的功能，通过图2.12所示的内部流程图就能明显看出来。从图2.12可以看出，开漏输出能够实现双向通信的原因在于：当MCU写1，即“输出控制电路”输出高电平时，N-MOS管关断，此时I/O的电平状态由外部的上拉电阻决定；同时，输入端的TTL施密特触发器开启，因此，MCU可以随时读取到外部I/O引脚上的电平状态。当MCU写0，此时，N-MOS管开启，I/O口接入内部V_{SS}地端，即外部引脚被拉至低电平。

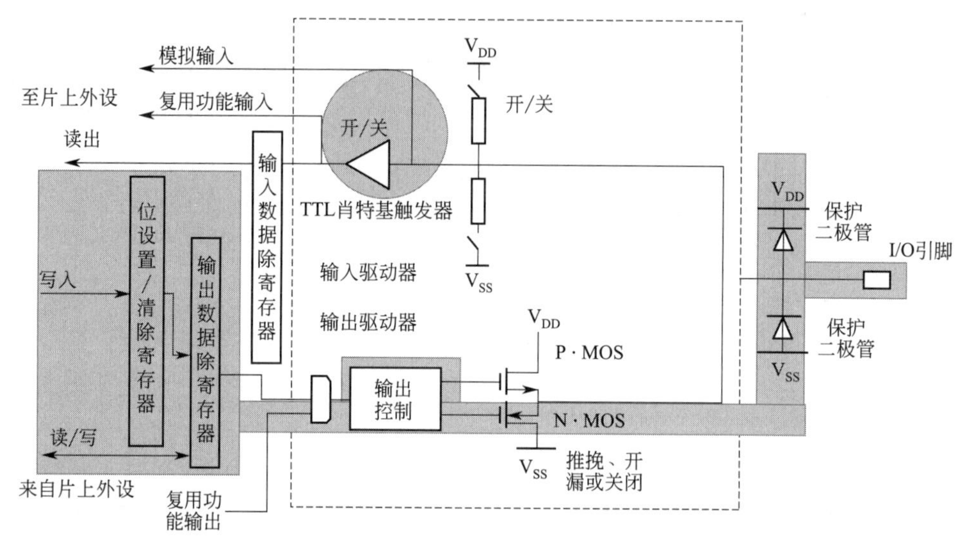

图2.12 GPIO开漏输出模式

下面总结一下开漏输出的优点与不足。

优点如下：

a. 驱动能力 利用外部电路的驱动能力，可以有效降低STM32芯片内部IC电路的驱动复杂度，这是由于开漏输出可以反向吸收外部流过负载的最大电流。

b. 电平匹配 用来匹配外部不同的电平传输，只需改变外部上拉电源的电压，就可以输出用户自定义的电平值（例如5V、12V、24V）。

c. 线与功能 容易实现多个I/O口的“线与”功能，只要将这些I/O口连接在一起，加上上拉电阻即可。典型的应用就是I^2C、SMBus等总线可据此原理判断总线是否被占用。

不足之处：

当选择的外部上拉电阻的阻值较小时，信号上升沿输出延时小，但相应的功耗会增大；反之阻值较大时，功耗降低，但上升沿输出延时增加。对于传输高频信号来说，用户应该结合具体应用进行权衡。

⑥ 开漏复用输出模式。开漏复用输出与开漏输出的不同点在于，“输入控制电路”的输入端接的是STM32芯片内部的特定功能外设，例如内部SPI模块输出的MISO、MOSI、SCK信号引脚。开漏复用输出模式如图2.13所示。一般情况下，当使用片上特定资源与外部器件进行通信时，需要将与该片上外设相关的引脚设置成开漏复用输出模式。

⑦ 推挽输出模式。推挽输出模式下，I/O口可以输出高、低电平。本质上其内部采用的是推挽结构，就是两个三极管分别受两个互补信号的控制，同一时刻只有一个三极管导通，另外一个截止。输出的高低电平值由IC电路的电源决定。其内部工作流程如图2.14所示。

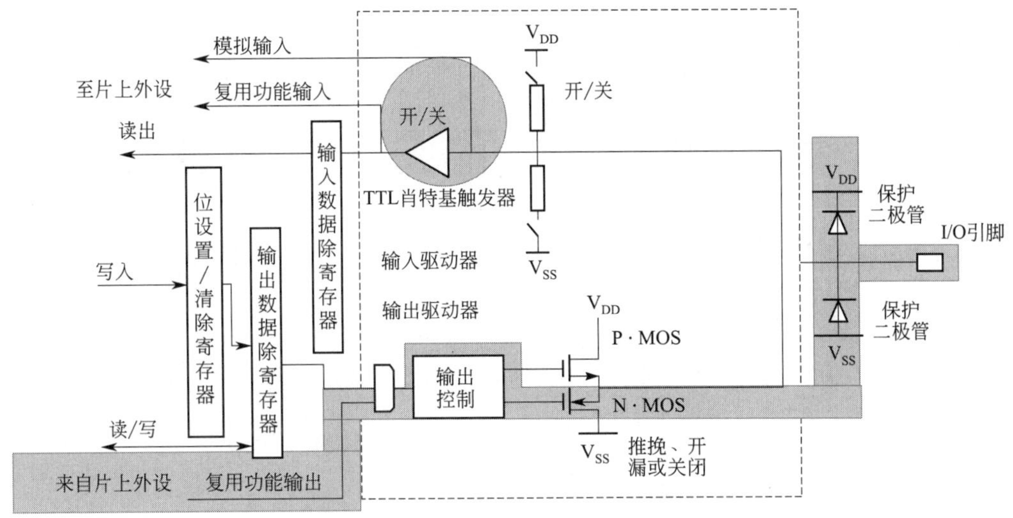

图 2.13　GPIO 开漏复用输出模式

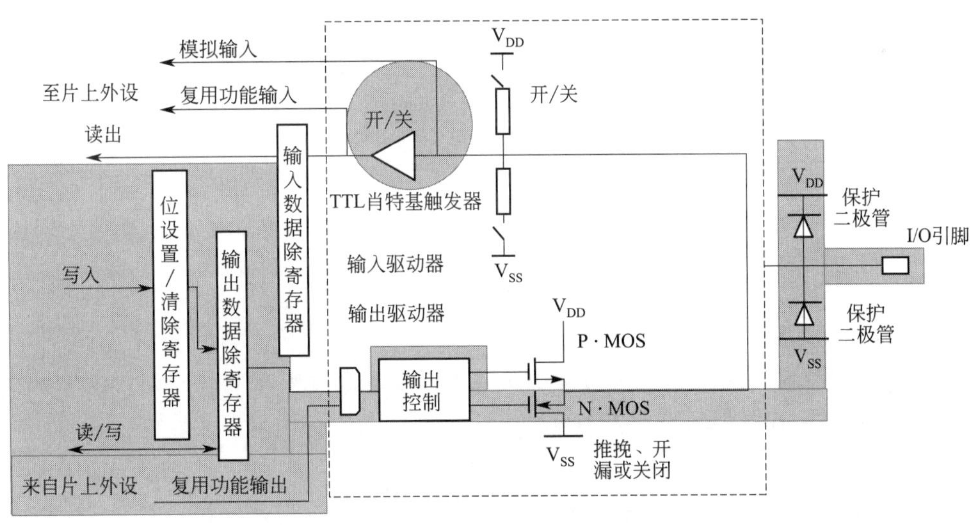

图 2.14　GPIO 推挽输出模式

⑧ 推挽复用输出模式。推挽复用输出模式，与推挽输出模式类似，只是在输出高低电平时，不是让 CPU 直接写输出数据寄存器，而是利用片上外设模块的复用功能输出，如图 2.15 所示。关于推挽输出和开漏输出两种工作方式的异同，可参考如图 2.16 所示的等效电路。

以上就是 STM32 GPIO 的全部 8 种工作模式。对每种工作模式的基本原理了解之后，就可以根据不同的应用需求设置相应的工作模式。

2.3.5　外部中断资源

EXTI（External Interrupt/Event Contoller）是外部中断/事件控制器，管理了控制器的 20 个中断/事件线。每个中断/事件线都对应一个边沿检测器，可以实现输入信号的上升沿检测和下降沿的检测。EXTI 可以实现对每个中断/事件线进行单独配置，可以单独配置

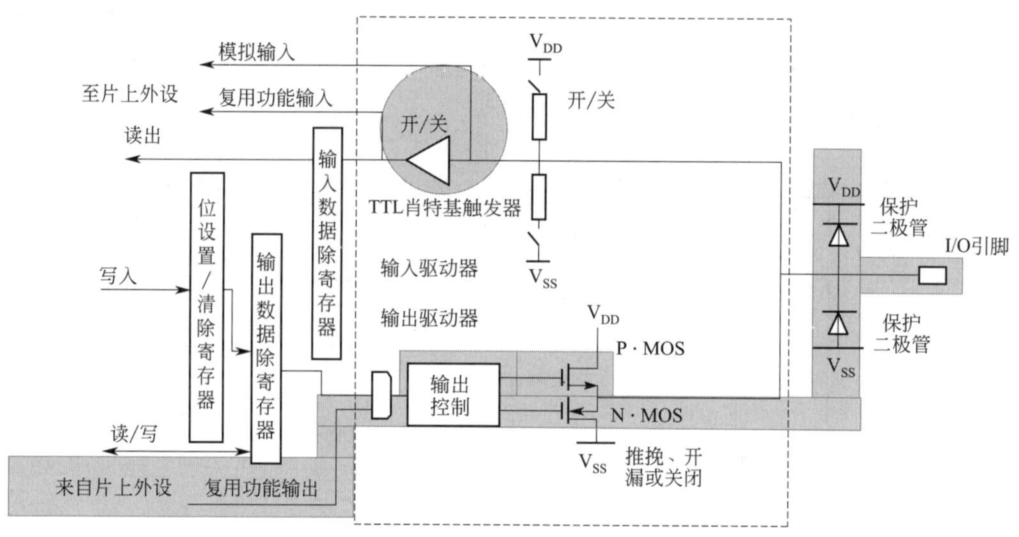

图 2.15　GPIO 推挽复用输出模式

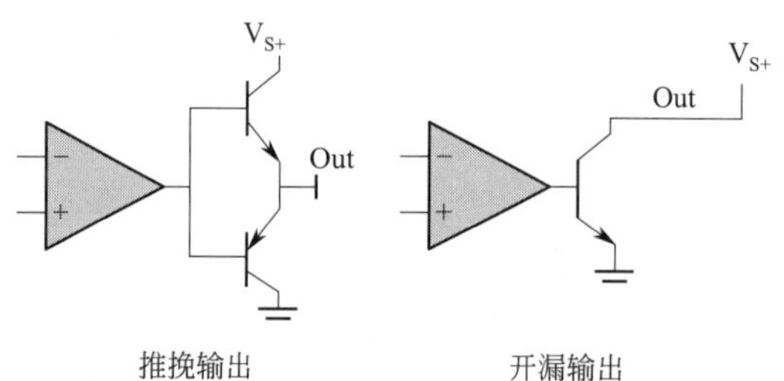

图 2.16　推挽输出与开漏输出等效电路

为中断或者事件，以及触发事件的属性。

外部中断的功能框图包含了外部中断最核心内容，掌握了功能框图，对外部中断就有一个整体的把握，在编程时思路就非常清晰。外部中断的功能框图见图 2.17。

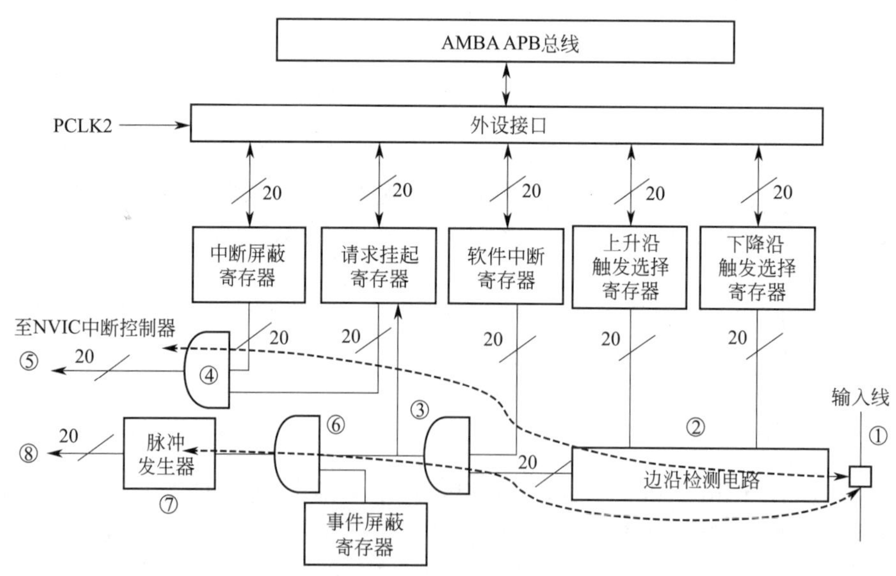

图 2.17　外部中断功能框图

从图 2.17 中可以看到很多信号线上有斜杠并标注“20”字样，这表示在控制器内部类似的信号线路有 20 个，这与外部中断总共有 20 个中断/事件线是吻合的。所以我们只要明白其中一个的原理，其他 19 个线路原理也就知道了。

外部中断可分为两大部分功能：一个是产生中断，另一个是产生事件。这两个功能从硬件上有所不同。首先来看图 2.17 中上面虚线指示的电路流程。它是一个产生中断的线路，最终信号流入 NVIC 控制器内。

编号①是输入线，EXTI 控制器有 19 个中断/事件输入线，这些输入线可以通过寄存器设置为任意一个 GPIO，也可以是一些外设的事件，输入线一般是存在电平变化的信号。

编号②是一个边沿检测电路，它会根据上升沿触发选择寄存器（EXTI_RTSR）和下降沿触发选择寄存器（EXTI_FTSR）对应位的设置来控制信号触发。边沿检测电路以输入线作为信号输入端，如果检测到有边沿跳变就输出有效信号 1 给编号③电路，否则输出无效信号 0。而 EXTI_RTSR 和 EXTI_FTSR 两个寄存器可以控制需要检测哪些类型的电平跳变过程，可以是只有上升沿触发、只有下降沿触发或者上升沿和下降沿都触发。

编号③电路实际就是一个或门电路，它的一个输入来自编号②电路，另外一个输入来自软件中断事件寄存器（EXTI_SWIER）。EXTI_SWIER 允许我们通过程序控制启动中断/事件线，这在某些地方非常有用。我们知道或门的作用就是有 1 就为 1，所以这两个输入随便哪一个有有效信号 1 就可以输出 1 给编号④和编号⑥电路。

编号④电路是一个与门电路，它的一个输入是编号③电路，另外一个输入来自中断屏蔽寄存器（EXTI_IMR）。与门电路要求输入都为 1 才输出 1，导致的结果是如果 EXTI_IMR 设置为 0，那不管编号③电路的输出信号是 1 还是 0，最终编号④电路输出的信号都为 0；如果 EXTI_IMR 设置为 1，最终编号④电路输出的信号由编号③电路的输出信号决定。这样我们可以简单地通过控制 EXTI_IMR 来实现控制产生中断的目的。编号④电路输出的信号会被保存到挂起寄存器（EXTI_PR）内，如果确定编号④电路输出为 1，就会把 EXTI_PR 对应位置 1。

编号⑤是将 EXTI_PR 寄存器内容输出到 NVIC 内，从而实现系统中断时间控制。

接下来介绍图 2.17 中下面虚线指示的电路流程。它是一个产生事件的线路，最终输出一个脉冲信号。产生事件线路在编号③电路之后与中断线路有所不同，之前电路都是共用的。

编号⑥电路是一个与门，它的一个输入来自编号③电路，另外一个输入来自事件屏蔽寄存器（EXTI_EMR）。如果 EXTI_EMR 设置为 0，那不管编号③电路的输出信号是 1 还是 0，最终编号⑥电路输出的信号都为 0；如果 EXTI_EMR 设置为 1，最终编号⑥电路输出的信号由编号③电路的输出信号决定，这样我们可以简单地通过控制 EXTI_EMR 来控制产生事件。

编号⑦是一个脉冲发生器电路。当它的输入端，即编号⑥电路的输出端，是有效信号 1 时，就会产生一个脉冲；如果输入端是无效信号就不会输出脉冲。

编号⑧是一个脉冲信号，就是产生事件的线路最终的产物，这个脉冲信号可以给其他外设电路使用，比如定时器 TIM、模拟数字转换器 ADC 等。这样的脉冲信号一般用来触发 TIM 或者 ADC 开始转换。

产生中断线路的目的是把输入信号输入 NVIC，进一步运行中断服务函数，实现功能，这属于软件级。而产生事件线路的目的就是传输一个脉冲信号给其他外设使用，并且是电路级别的信号传输，属于硬件级。

EXTI 有 20 个中断/事件线，每个 GPIO 都可以被设置为输入线，占用 EXTI0～EX-

TI15，见表 2.3，还有另外 7 根用于特定的外设事件。

表 2.3 EXTI 中断/事件线

中断/事件线	输入源	中断/事件线	输入源
EXTI0	PX0(X 可为 A、B、C、D、E、F、G)	EXTI10	PX10(X 可为 A、B、C、D、E、F、G)
EXTI1	PX1(X 可为 A、B、C、D、E、F、G)	EXTI11	PX11(X 可为 A、B、C、D、E、F、G)
EXTI2	PX2(X 可为 A、B、C、D、E、F、G)	EXTI12	PX12(X 可为 A、B、C、D、E、F、G)
EXTI3	PX3(X 可为 A、B、C、D、E、F、G)	EXTI13	PX13(X 可为 A、B、C、D、E、F、G)
EXTI4	PX4(X 可为 A、B、C、D、E、F、G)	EXTI14	PX14(X 可为 A、B、C、D、E、F、G)
EXTI5	PX5(X 可为 A、B、C、D、E、F、G)	EXTI15	PX15(X 可为 A、B、C、D、E、F、G)
EXTI6	PX6(X 可为 A、B、C、D、E、F、G)	EXTI16	PX16(X 可为 A、B、C、D、E、F、G)
EXTI7	PX7(X 可为 A、B、C、D、E、F、G)	EXTI17	PX17(X 可为 A、B、C、D、E、F、G)
EXTI8	PX8(X 可为 A、B、C、D、E、F、G)	EXTI18	PX18(X 可为 A、B、C、D、E、F、G)
EXTI9	PX9(X 可为 A、B、C、D、E、F、G)	EXTI19	PX19(X 可为 A、B、C、D、E、F、G)

EXTI0 至 EXTI15 用于 GPIO，通过编程控制可以将任意一个 GPIO 作为 EXTI 的输入源。

由表 2.3 可知，EXTI0 可以通过 AFIO 的外部中断配置寄存器 1（AFIO EXTICR1）的 EXTI0［3：0］位选择配置为 PA0、PB0、PC0、PD0、PE0、PF0、PG0，其他 EXTI 线（EXTI 中断/事件线）使用配置都是类似的。

2.3.6 ADC 资源

12 位 ADC 是一种逐次逼近型模拟数字转换器。它有 18 个通道，可测量 16 个外部和 2 个内部信号源。各通道的模数转换可以单次、连续、扫描或间断模式执行。ADC 的结果可以左对齐或右对齐方式存储在 16 位数据寄存器中。

ADC 的主要特性如下：

① 12 位的分辨率　转换结束、注入转换结束和发生模拟看门狗事件时产生中断。

② 单次和连续转换模式　从通道 0 到通道 n 的自动扫描模式。

③ 带内嵌数据一致性的数据对齐　采样间隔可以按通道分别编程。

④ 规则转换和注入转换均有外部触发选项　供电要求为 2.4～3.6V。

⑤ 输入范围为 $V_{REF^-} \leqslant V_{IN} \leqslant V_{REF^+}$。

⑥ 规则通道转换期间有 DMA 请求产生。

（1）ADC 结构及其工作原理

ADC 有 16 个多路通道。可以把转换组织分成两组：规则组和注入组。在任意多个通道上，以任意顺序进行的一系列转换构成成组转换。例如，按如下顺序完成转换：通道 3、通道 8、通道 2、通道 2、通道 0、通道 2、通道 2、通道 15。规则组由 16 个转换组成，规则通道和它们的转换顺序在 ADC_SQRx 寄存器中选择。规则组中转换的总数应写入 ADC_SQRI 寄存器的 L［3：0］位中。注入组由多达 4 个转换组成，注入通道和转换顺序在 ADC_JSQR 寄存器中选择，注入组里的转换总数目应写入 ADC_JSQR 寄存器的 L［1：0］位中。如果 ADC_SQRx 或 ADC_SQR 寄存器在转换期间被更改，则当前的转换被清除，一个新的启动脉冲将发送到 ADC 以转换新选择的组。

（2）ADC 模块寄存器

ADC 状态寄存器（ADC_SR）的各位描述如图 2.18 和表 2.4 所示。其地址偏移为 0x00，复位值为 0x00000000。

31	30	29	28	27	26	25	24	23	22	21	20	19	18	17	16
保留															

15	14	13	12	11	10	9	8	7	6	5	4	3	2	1	0
保留											STRT	JSTRT	JEOC	EOC	AWD

图 2.18 ADC_SR 数据位

表 2.4 ADC 状态寄存器（ADC_SR）的各位描述

位	描述
位 31:5	保留,必须保持为 0
位 4	STRT:规则通道开始位(Regular Channel Start Flag)。该位由硬件在规则通道转换开始时设置,由软件清除(0:规则通道转换未开始。1:规则通道转换开始。)
位 3	JSTRT:注入通道开始位(Injected Channel Start Flag)。该位由硬件在注入通道组转换开始时设置,由软件清除(0:注入通道组转换未开始。1:注入通道组转换已开始。)
位 2	JEOC:注入通道转换结束位(Injected Channel End of Conversion)。该位由硬件在所有注入通道组转换结束时设置,由软件清除(0:转换未完成。1:转换完成。)
位 1	EOC:转换结束位(End of Conversion)。该位由硬件在(规则或注入)通道组转换结束时设置,由软件清除或读取 ADC_DR 时清除(0:转换未完成。1:转换完成。)
位 0	AWD:模拟看门狗标志位(Analog Watchdog Flag)。该位由硬件在转换的电压值超出了 ADC_LTR 和 ADC_HTR 寄存器定义的范围时设置,由软件清除(0:没有发生模拟看门狗事件。1:发生模拟看门狗事件。)

ADC 控制寄存器 1（ADC _ CR1）的各位描述如表 2.5 所示。其地址偏移为 0x04，复位值为 0x00000000。

表 2.5 ADC 控制寄存器 1（ADC_CR1）的各位描述

位	描述
位 31:24	保留,必须保持为 0
位 23	AWDEN:在规则通道上开启模拟看门狗(Analog Watchdog Enable on Regular Channels)。该位由软件设置和清除(0:在规则通道上禁用模拟看门狗。1:在规则通道上使用模拟看门狗。)
位 22	JAWDEN:在注入通道上开启模拟看门狗(Analog Watchdog Enable on Injected Channels)。该位由软件设置和清除(0:在注入通道上禁用模拟看门狗。1:在注入通道上使用模拟看门狗。)
位 21:20	保留,必须保持为 0
位 19:16	DUALMOD[3:0]:双模式选择(Dual Mode Selection),软件使用这些位选择操作模式(0000:独立模式。0001:混合的同步规则+注入同步模式。0010:混合的同步规则+交替触发模式。0011:混合同步注入-快速交叉模式。0100:混合同步注入+慢速交叉模式。0101:注入同步模式。0110:规则同步模式。0111:快速交叉模式。1000:慢速交叉模式。1001:交替触发模式)。在 ADC2 和 ADC3 中,这些位为保留位,在双模式中,改变通道的配置会产生一个重新开始的条件,这将导致同步丢失,建议在进行任何配置改变前关闭双模式
位 15:13	DISCNUM[2:0]:间断模式通道计数(Discontinuous Mode Channel Count)。软件通过这些位定义在间断模式下,收到外部触发后转换规则通道的数目(000:1 个通道。001:2 个通道。... 111:8 个通道。)
位 12	JDISCEN:在注入通道组上的间断模式(Discontinuous Mode on Injected Channels)。该位由软件设置和清除,用于开启或关闭注入通道组上的间断模式(0:注入通道组上禁用间断模式。1:注入通道组上使用间断模式。)
位 11	DISCEN:在规则通道上的间断模式(Discontinuous Mode on Regular Channels)。该位由软件设置和清除,用于开启或关闭规则通道组上的间断模式(0:规则通道组上禁用间断模式。1:规则通道组上使用间断模式。)
位 10	JAUTO:自动注入通道组转换(Automatic Injected Group Conversion)。该位由软件设置和清除,用于开启或关闭规则通道组转换结束后自动地注入通道组转换(0:关闭自动的注入通道组转换。1:开启自动的注入通道组转换。)
位 9	AWDSGL:扫描模式中在一个单一的通道上使用看门狗(Enable the Watchdog on a Single Channel in Scan Mode)。该位由软件设置和清除,用于开启或关闭由 AWDCH[4:0]位指定的通道上的模拟看门狗功能(0:在所有通道上使用模拟看门狗。1:在单一通道上使用模拟看门狗。)

续表

位	描述
位 8	SCAN:扫描模式(Scan Mode)。该位由软件设置和清除,用于开启或关闭扫描模式(0:关闭扫描模式。1:使用扫描模式)。在扫描模式中转换由 ADC_SQRx 或 ADC_JSQRx 寄存器选中的通道进行。如果分别设置了 EOCIE 或 JEOCIE 位,则只在最后一个通道转换完毕后才会产生 EOC 或 JEOC 中断
位 7	JEOCIE:允许产生注入通道转换结束中断(Interupt Enable for Injected Channels),该位由软件设置和清除,用于禁止或允许所有注入通道转换结束后产生中断(0:禁止 JEOC 中断。1:允许 JEOC 中断)。当硬件设置 JEOC 位时产生中断
位 6	AWDIE:允许产生模拟看门狗中断(Analog Watchdog Interrupt Enable)。该位由软件设置和清除,用于禁止或允许模拟看门狗产生中断。在扫描模式下,如果看门狗检测到超范围的数值,只有在设置了该位时扫描才会中止(0:禁止模拟看门狗中断。1:允许模拟看门狗中断。)
位 5	EOCIE:允许产生 EOC 中断(Interrupt Enable for EOC)。该位由软件设置和清除,用于禁止或允许转换结束后产生中断(0:禁止 EOC 中断。1:允许 EOC 中断)。当硬件设置 EOC 位时产生中断
位 4:0	AWDCH[4:0]:模拟看门狗通道选择位(Analog Watchdog Channel Seleet Bits)。这些位由软件设置和清除,用于选择模拟看门狗保护的输入通道(00000:ADC 模拟输入通道。00001:ADC 模拟输入通道 1。... 01111:ADC 模拟输入通道 15。10000:ADC 模拟输入通道 16。10001:ADC 模拟输入通道 17。保留所有其他数值)。ADC1 的模拟输入通道 16 和通道 17 在芯片内部分别连到了温度传感器和 VREFINT。ADC2 的模拟输入通道 16 和通道 17 在芯片内部连到了 V_{SS}。ADC3 模拟输入通道 9、14、15、16、17 与 V_{SS} 相连

ADC 控制寄存器 2 (ADC_CR2) 的各位描述如图 2.19 和表 2.6 所示。其地址偏移为 0x08,复位值为 0x00000000。

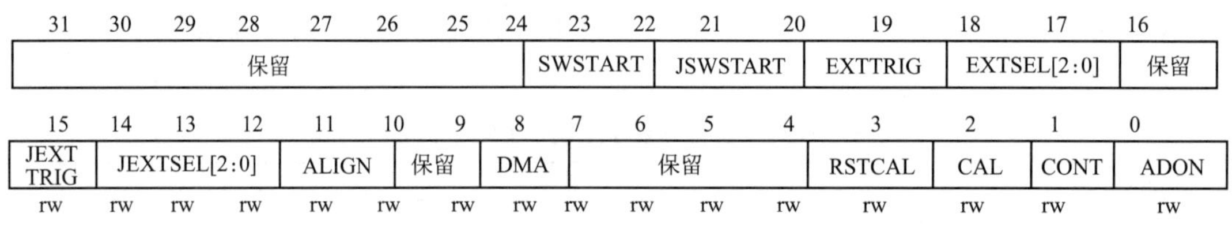

图 2.19 ADC_CR2 数据位

表 2.6 ADC_CR2 控制寄存器 2 (ADC_CR2) 的各位描述

位	描述
位 31:24	保留,必须保持为 0
位 23	TSVREFE:温度传感器和 VREFINT 使能(Temperature Sensor and VREFINT Enable)。该位由软件设置和清除,用于开启或禁止温度传感器和 VREFINT 通道。在多于 1 个 ADC 的器件中,该位仅出现在 ADC1 中(0:禁止温度传感器和 VREFINT。1:启用温度传感器和 VREFINT。)
位 22	SWSTART:开始转换规则通道(Start Conversion of Regular Channels)。由软件设置该位以启动转换。转换开始后硬件马上清除此位。如果在 EXTSEL[2:0]位中选择了 SWSTART 为触发事件,则该位用于启动一组规则通道的转换(0:复位状态。1:开始转换规则通道。)
位 21	JSWSTART:开始转换注入通道(Start Conversion of Injected Channels)。由软件设置该位以启动转换,软件可清除此位或在转换开始后由硬件马上清除此位。如果在 JEXTSEL[2:0]位中选择了 JSWSTART 为触发事件,则该位用于启动一组注入通道的转换(0:复位状态。1:开始转换注入通道。)
位 20	EXTTRIG:规则通道的外部触发转换模式(External Trigger Conversion Mode for Regular Channels)。该位由软件设置和清除,用于开启或禁止可以启动规则通道组转换的外部触发事件(0:不用外部事件启动转换。1:使用外部事件启动转换。)
位 19:17	EXTSEL[2:0]:选择启动规则通道组转换的外部事件(Extermal Event Select for Regular Group)。ADC1 和 ADC2 的触发配置如下。000:定时器 1 的 CC1 事件。100:定时器 3 的 TRGO 事件。001:定时器 1 的 CC2 事件。101:定时器 4 的 CC4 事件。010:定时器 1 的 CC3 事件。110:EXTI 线 11/TIM8_TRGO 事件(仅大容量产品具有 TIM8_TRGO 功能)。011:定时器 2 的 CC2 事件。111:SWSTART。ADC3 的触发配置如下。000:定时器 3 的 CC1 事件。100:定时器 8 的 TRGO 事件。001:定时器 2 的 CC3 事件。101:定时器 5 的 CCI 事件。010:定时器 1 的 CC3 事件。110:定时器 5 的 CC3 事件。011:定时器 8 的 CCI 事件。111:SWSTART

续表

位	描述
位 16	保留，必须保持为 0
位 15	JEXTTRIG：注入通道的外部触发转换模式（External Trigger Conversion Mode for Injected Channels）。该位由软件设置和清除，用于开启或禁止可以启动注入通道组转换的外部触发事件（0：不用外部事件启动转换。1：使用外部事件启动转换。）
位 14:12	JEXTSEL[2:0]：选择启动注入通道组转换的外部事件（Extermnal Event Select for Injected Group）。这些位选择用于启动注入通道组转换的外部事件。ADC1 和 ADC2 的触发配置如下。000：定时器 1 的 TRGO 事件。100：定时器 3 的 CC4 事件。001：定时器 1 的 CC4 事件。101：定时器 4 的 TRGO 事件。010：定时器 2 的 TRGO 事件。110：EXTI 线 15/TIM8_CC4 事件（仅大容量产品具有 TIM8_CC4）。011：定时器 2 的 CCI 事件。111：JSWSTART。ADC3 的触发配置如下。000：定时器 1 的 TRGO 事件。100：定时器 8 的 CC4 事件。001：定时器 1 的 CC4 事件。101：定时器 5 的 TRGO 事件。010：定时器 4 的 CC3 事件。110：定时器 5 的 CC4 事件。011：定时器 8 的 CC2 事件。111：JSWSTART
位 11	ALIGN：数据对齐（Data Alignment）。该位由软件设置和清除（0：右对齐。1：左对齐。）
位 10:9	保留，必须保持为 0
位 8	DMA：直接存储器访问模式（Direct Memory Access Mode）。该位由软件设置和清除。（0：不使用 DMA 模式。1：使用 DMA 模式。）只有 ADC1 和 ADC3 能产生 DMA 请求
位 7:4	保留，必须保持为 0
位 3	RSTCAL：复位校准（Reset Calibration）。该位由软件设置并由硬件清除。在校准寄存器被初始化后该位将被清除（0：校准寄存器已初始化。1：初始化校准寄存器）。如果在进行转换时设 RSTCAL，清除校准寄存器需要额外的周期
位 2	CAL：AD 校准（AD Calibration）。该位由软件设置，以开始校准，并在校准结束时由硬件清除（0：校准完成。1：开始校准。）
位 1	CONT：连续转换（Continuous Conversion）。该位由软件设置和清除。如果设置了此位，则转换将持续进行直到该位被清除（0：单次转换模式。1：连续转换模式。）
位 0	ADON：开/关 AID 转换器（AD Converter ON/OFF）。该位由软件设置和清除。当该位为“0”时，写入“1”将把 ADC 从断电模式下唤醒；当该位为“1”时，写入“1”将启动转换（0：关闭 ADC 转换，校准，并进入断电模式。1：开启 ADC 并启动转换）。如果在这个寄存器中与 ADON 一起还有其他位改变，则转换不被触发，这是为了防止触发错误的转换

2.3.7 看门狗资源

对于一些危险场合或者特种设备来说，若无法进行人工复位或者断电复位，这种情况下，最佳的复位方式就是使用硬件看门狗电路。

除了单片机、DSP、ARM 这类芯片中拥有看门狗电路外，NI 的很多硬件里面都集成了硬件看门狗电路，例如数采板卡、RIO 板卡、Motion 板卡、PXI 控制器以及 cRIO 控制器。当板卡或者控制器内部固件或者应用程序出现问题时，用户可以通过软件编程的方式控制硬件看门狗电路来复位该设备。

看门狗电路的最主要功能是产生一个 MCU 复位信号，控制整个系统重启，恢复到最初的原始上电状态。本质上，看门狗可以看作一个独立于 MCU 之外的计数器，这个计数器一旦递减溢出，便会产生一个复位信号。为了防止定时器计数溢出，用户需要在规定的时间内进行“喂狗”操作，即重新设置定时器的计数初始值。看门狗工作原理如图 2.20 所示。

STM32 芯片中的看门狗主要有两类：独立看门狗（IWDG）和窗口看门狗（WWDG）。其中，独立看门狗的计数时钟是由芯片内部的 RC 振荡电路产生的，不太精确；窗口看门狗是一个计数精度较高的定时器，它可以准确到微秒级的计数。关于 IWDG 和 WWDG 的应用场合在 STM32 官方手册上有一段描述：IWDG 最适合应用于那些需要看门狗在一个在主程序之外完全独立工作，并且对时间精度要求较低的场合；WWDG 最适合那些要求看门狗在

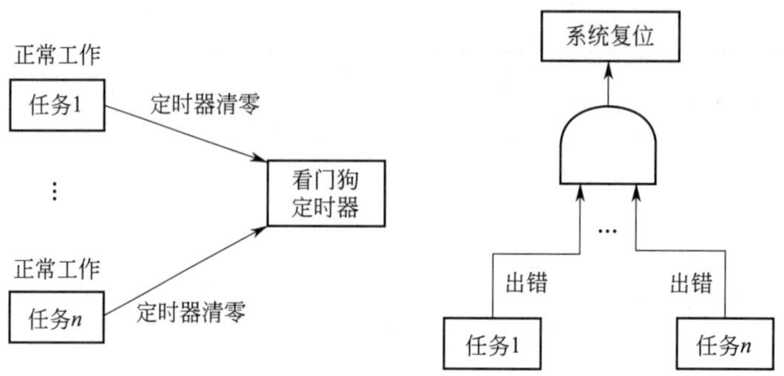

图 2.20 看门狗工作原理

精确计时窗口内起作用的应用程序。

当你构建了一个系统，以 STM32 作为下位机，需要根据上位机 PC 发来的命令执行相应的动作，比如电机控制。一旦 STM32 与上位机失去联系后，我们希望 STM32 能够自动复位重启，那么可以利用独立看门狗来完成这项任务。具体的做法是，正常情况下，上位机 PC 端每隔一定的时间对下位机 STM32 进行喂狗操作（可以是 DIO 的电平触发或者串口发送喂狗命令），这样一旦出现通信中断，STM32 会在预设时间内执行复位重启。另外一种情况是：如果下位机 STM32 自身在运行过程中出现死机或“跑飞”，用户既可以利用独立看门狗，也可以使用窗口看门狗来进行内部复位操作，但是窗口看门狗更为强大，它可以在程序“跑飞”之后、系统复位之前的这段时间内，允许用户在窗口看门狗的中断服务函数内部做一些重要的操作，比如数据存储、I/O 复位、通信复位等。

（1）独立看门狗

独立看门狗由专用的低速时钟（LSI）驱动，即使主时钟发生故障，它也仍然有效，这是因为该低速时钟是由一个完全独立的 RC 振荡电路产生的。理论上这个 LSI 频率为 40kHz，但实际测得的 STM32 内部 RC 振荡频率会在（30～60）kHz 之间。

独立看门狗计数器的预分频系数并不像前面介绍的 TIM1～TIM8 定时器那样，可以设置的范围很宽（1～65535）。IWDG 只允许设置为 2^n，其中，$n \in (0,6)$，等效换算得到的计数时钟时基频率［PSC＝40kHz/(4～256)］范围就是 156Hz～10kHz；同样，IWDG 计数器的初始计数值（自动重装值 ARR）也只有 12 位，计数范围是 1～4096。综上所述，根据式(2-1) 可以得到表 2.7 所示的最短与最长的喂狗时间。

$$T = ARR/PSC \tag{2-1}$$

其中，T 为看门狗溢出时间，ms；ARR 为计时器的预重装初始值；PSC 为计数器的预分频时基。

表 2.7 IWDG 最长与最短喂狗时间

预分频系数	PR[2:0]	最短时间[①]/ms	最长时间[②]/ms
/4	0	0.1	409.6
/8	1	0.2	819.2
/16	2	0.4	1638.4
/32	3	0.8	3276.8
/64	4	1.6	6553.6
/128	5	3.2	13107.2
/256	6 或 7	6.4	26214.4

① RL［11：0］＝0x000；

② RL［11：0］＝0xFFF。

一般情况下，要想驱动独立看门狗正常工作，只需要完成以下 3 个步骤：

① 看门狗定时器初始化。看门狗是一个独立的定时器，首先需要对这个定时器进行初始化。用户可以利用 IWDG 面板中的 IWDG Init. vi 函数来完成初始化操作，该 VI 可以实现加载计数器自动重装值（*ARR*）与配置预分频时基频率（*PSC*）功能。

② 开启看门狗计数模式。设置完看门狗 *ARR* 与 *PSC* 之后，就可以使能独立看门狗电路，开启定时器计数模式了。一旦开启，用户再也无法通过软件编程的方式使其停止，只有硬件复位才能阻止看门狗工作。如果编写一个喂狗时间极短又不进行喂狗的程序下载到 STM32 中，那么 STM32 将会反复重启，用户只能按住 Reset 按键擦除或者重新下载一个能够正常运行的程序才行。对于 NI 的 RT 系统来说，用户可以将反复重启的控制器通过拨码开关切换至安全模式，然后手动将磁盘中的可执行文件删除，再切换回正常模式，即可恢复 RT 系统。开启独立看门狗计数模式，可以利用 IWDG 面板中的 IWDG Enable. vi 函数来完成。

③ 按时喂狗防止复位。看门狗使能开启之后，定时器计数值会不断递减，为了防止向下溢出产生复位信号，需要按时对其进行喂狗操作。用户可以利用 IWDG 子面板中的 IWDG Feed. vi 函数来完成喂狗操作。

上述 3 个步骤分别对应的 STM32 看门狗驱动实现 VI 位于 Watchdog 函数面板中的 IWDG 子面板中。

由于独立看门狗不涉及中断编程，因此，只要执行上面的 3 个驱动 VI 就可以使其正常工作，相对于窗口看门狗要简单一些。

（2）窗口看门狗

窗口看门狗由 APB1 时钟分频后得到的时钟驱动，通过可配置的时间窗口来检测应用程序非正常的过迟或过早的操作，其中 APB1 的时钟频率为 36MHz。要准确地理解窗口看门狗的含义，可以参考图 2.21 所示的看门狗定时器工作时序图。

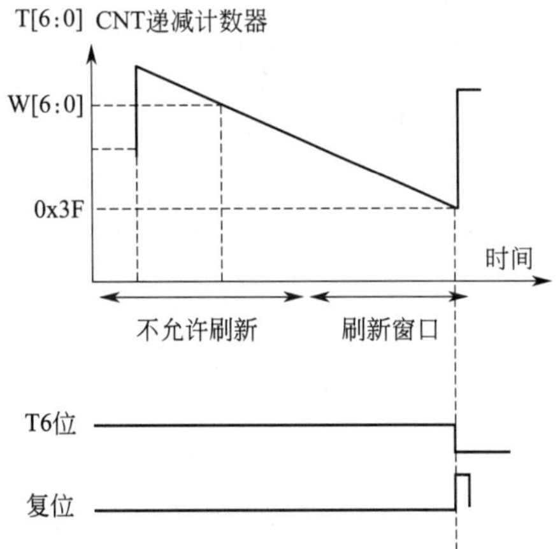

图 2.21　看门狗定时器工作时序图

图 2.21 中，T［6：0］为窗口看门狗定时器的初始计数值，W［6：0］为窗口的上限值，0x3F 为窗口的下限值，这个下限值是固定的。从图 2.21 中的斜线可以看出，当计数器数值 T［6：0］递减到 0x3F～W［6：0］区间时，可以进行喂狗；如果过早喂狗（T［6：0］＞W［6：0］区域），同样会产生复位信号。图上所注的“不允许刷新”的意思是，一旦刷新立即产生复位信号，据此，可以在主程序中通过轮询的方式来判断计数器是否已经落到刷新窗口内部。如果在有效的窗口内不进行喂狗操作，一旦计数值 T［6：0］递减到 0x3F，也会产生复位信号，这就是所谓的过迟喂狗。

综上所述，用户在设置 WWDG 参数时需要注意：W［6：0］必须大于 0x3F 才能形成有效的窗口区域，并且 T［6：0］初始值也必须大于 0x3F，否则一旦开启窗口看门狗计数，就会立刻产生复位信号。

与独立看门狗相比，窗口看门狗定时器的预分频系数范围更小，仅为 4 档：4096～32767，换算后的预分频时基为 36MHz/(4096～32767)＝(8.789～1.0986)kHz。由于窗口看门狗定时器的计数值只有 7 位，故最大初始值为 0x7F。因此，可以计算出最大的窗口时间为(0x7F－0x3F)/1.0986kHz＝58.25ms。

相对于独立看门狗，窗口看门狗除了要对定时器进行初始化、开启和喂狗这 3 个操作外，还要编写一个看门狗溢出中断服务子 VI。既然 WWDG 涉及编写中断服务函数，那么还要增加看门狗中断分组和清除中断标志位这两个操作。因此，驱动一个窗口看门狗定时器正常工作，至少需要以下 5 个步骤：

① 看门狗定时器初始化。窗口看门狗定时器 WWDG 与 IWDG 一样需要初始化，二者不同的地方在于，WWDG 需要同时设置两个自动重装值，即定时器的初始计数值 T［6：0］*ARR* 和窗口上限值 W［6：0］*ARR*，它们之间必须满足关系 63≤W＜T≤127，否则设置的参数将会无效。利用函数 WWDG Init.vi 可以完成窗口看门狗初始化操作。该 VI 可以实现以下功能：加载计数器预重装初始值 T［6：0］*ARR*，设置窗口上限值 W［6：0］*ARR*，配置预分频时基频率 *PSC*。

② 看门狗中断分组。由于窗口看门狗需要编写中断服务函数，因此，必须要对 WWDG 进行中断优先级分组设置。看门狗本身也属于一种定时器，因此，用户可以利用位于 Timer Interrupt 子面板中的 TimerX Priority Set.vi 函数来完成中断分组。

③ 开启看门狗计数模式。设置完 WWDG 看门狗的中断优先级之后，就可以使能开启窗口看门狗的计数模式。与 IWDG 一样，一旦开启，便无法通过软件的方式使其停止，只有硬件复位才能使 WWDG 停止工作。开启计数模式可以利用 WWDG 子面板中的 WWDG Enable.vi 函数来完成。

④ 按时喂狗防止复位。看门狗计数模式开启之后，计数值便会不断递减。为了防止产生溢出中断复位信号，用户需要及时在有效的窗口区域内进行喂狗操作。执行喂狗操作可以利用位于 WWDG 子面板中的 WWDG Feed.vi 函数来实现，窗口看门狗的喂狗操作需要实实在在地“喂”一些窗口阈值给它，而独立看门狗则直接进行重载即可完成喂狗操作。

⑤ 编写看门狗中断服务子 VI。相对于 IWDG，窗口看门狗的优势在于用户可以编写一个中断服务子程序，用于在系统复位之前处理一些数据保存、清除 I/O 状态等重要的操作。由于看门狗本质上属于定时器，因此，用户可以在 STM32 项目上右击，选择 New TIMERX ISR.vi 来新建一个窗口看门狗中断服务子 VI。其中，清除看门狗中断标志位可以利用 WWDG 子面板中的 WWDG Clear Flag.vi 函数来完成。

2.3.8 通用定时器资源

（1）通用定时器结构与工作原理

所有的通用定时器都是基于 16 位的计数器，带有 16 位预分频器和自动重载寄存器。定时器的计数模式可以设置为向上计数、向下计数和中央计数模式(从中间往两边计数)。定时器的驱动源有 8 个可选，这里包括系统主时钟提供的专用时钟、另外一个定时器产生的边沿输出以及通道捕获比较引脚输入的外部时钟。如果使用定时器边沿输出时钟或外部时钟，则需要 ETR 引脚将定时器内部的输入门控打开。

STM32 通用定时器的内部组成如图 2.22 所示，除了基本的计时功能外，每个定时器还带有 4 个捕获比较单元。这些单元不仅具备基本的捕获比较功能，还有一些特殊工作模式。例如，在捕获模式下，定时器将启用一个输入过滤器和一个特殊的 PWM 测量模块，同时还支持编码输入；而在比较模式下，定时器可实现标准的比较功能、输出可定制的 PWM 波形以及产生单次脉冲，在这些特殊模式下，帮助用户完成一些常用的操作。此外，每个定时器都支持中断和 DMA 传输。总体来说，通用定时器的功能可以总结为以下几点。

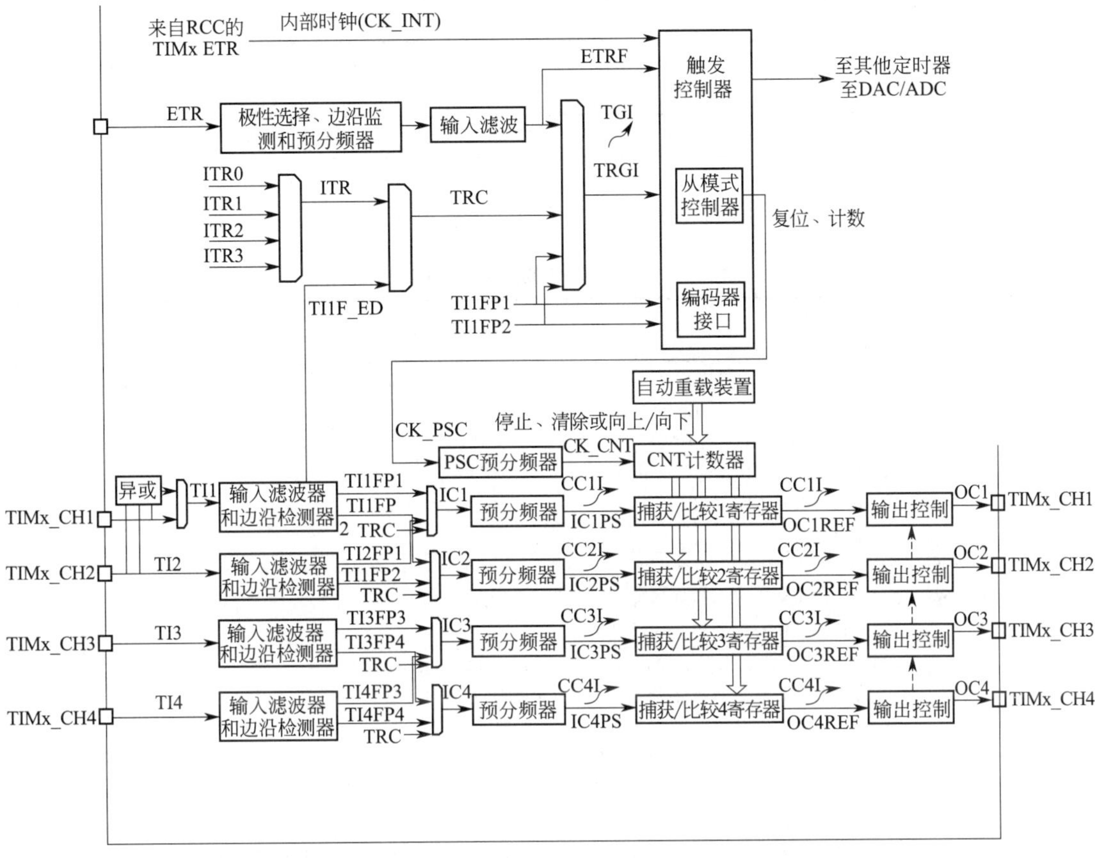

图 2.22 STM32 通用定时器的内部组成

① 16 位向上、向下、向上向下自动装载计数器（TIMx_CNT）。

② 16 位可编程（可以实时修改）预分频器（TIMx_PSC），计数器时钟频率的分频系数为 1～65535 的任意数值。

③ 4 个独立通道（TIMx_CH1～TIMx_CH4），这些通道可以用于输入捕获、输出比较、PWM 生成、单脉冲模式输出。

④ 可使用外部信号（TIMx_ETR）控制定时器和定时器互连（可以用一个定时器控制另外一个定时器）的同步电路。

⑤ 如下事件发生时产生中断/DMA：

a. 更新。计数器向上溢出/向下溢出，计数器初始化（通过软件或者内部/外部触发）。

b. 触发事件（计数器启动、停止、初始化或者由内部/外部触发计数）。

c. 输入捕获。

d. 输出比较。

e. 支持针对定位的增量（正交）编码器和霍尔传感器电路。

f. 触发输入作为外部时钟或者按周期的电流管理。

（2）通用定时器寄存器

接下来以定时器的中断实验介绍通用定时器的基本使用。控制寄存器 1（TIMx_CR1）的各位描述如图 2.23 和表 2.8 所示。

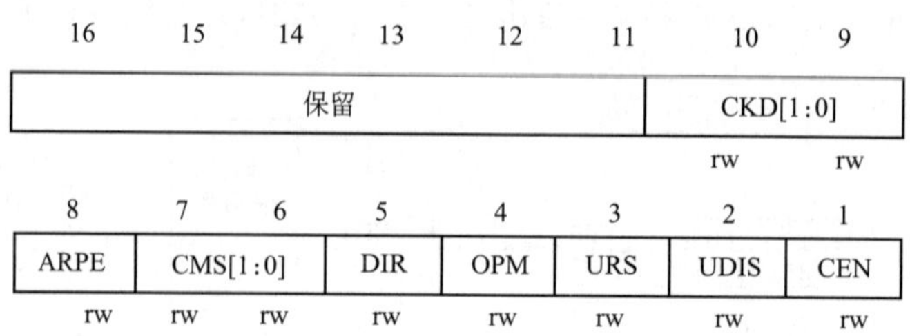

图 2.23 TIMx_CR1 寄存器数据位

表 2.8 TIMx_CR1 寄存器的各位描述

位	描述
位 15:10	保留,始终读为 0
位 9:8	CKD[1:0]:时钟分频因子(Clock Division)。定义在定时器时钟(CK_INT)频率与数字滤波器(ETR,TIx)使用的采样频率之间的分频比例。 00:tDTS=tCK_INT。 01:tDTS=2×tCK_INT。 10:tDTS=4×tCK_INT。 11:保留
位 7	ARPE:自动重装载预装载允许位(Auto-Reload Preload Enable)。 0:TIMx_ARR 寄存器没有缓冲。 1:TIMx_ARR 寄存器被装入缓冲器
位 6:5	CMS[1:0]:选择中央对齐模式(Center-Aligned Mode Selection)。 00:边沿对齐模式。计数器依据方向位(DIR)向上或向下计数。 01:中央对齐模式 1。计数器交替地向上和向下计数。配置为输出通道(TIMx_CCMRx 寄存器中 CCxS=00)的输出比较中断标志位,只在计数器向下计数时被设置。 10:中央对齐模式 2。计数器交替地向上和向下计数。配置为输出通道(TIMx_CCMRx 寄存器中 CCxS=00)的输出比较中断标志位,只在计数器向上计数时被设置。 11:中央对齐模式 3。计数器交替地向上和向下计数。配置为输出通道(TIMx_CCMRx 寄存器中 CCxS=00)的输出比较中断标志位,在计数器向上和向下计数时均被设置 [注:在计数器开启时(CEN=1),不允许从边沿对齐模式转换到中央对齐模式]
位 4	DIR:方向(Direction)。 0:计数器向上计数。 1:计数器向下计数
位 3	OPM:单脉冲模式(One Pulse Mode)。 0:在发生更新事件时,计数器不停止。 1:在发生下一次更新事件(清除 CEN 位)时,计数器停止
位 2	URS:更新请求源(Update Request Source),软件通过该位选择 UEV 事件的源。 0:如果使能了更新中断或 DMA 请求,则下述任一事件产生更新中断或 DMA 请求。 (1)计数器溢出/下溢。 (2)设置 UG 位。 (3)从模式控制器产生的更新。 1:如果使能了更新中断或 DMA 请求,则只有计数器溢出/下溢才产生更新中断或 DMA 请求
位 1	UDIS:禁止更新(Update Disable),软件通过该位允许/禁止 UEV 事件的产生。 0:允许 UEV。更新(UEV)事件由下述任一事件产生。 (1)计数器溢出/下溢。 (2)设置 UG 位。 (3)从模式控制器产生的更新。 具有缓存的寄存器被装入它们的预装载值(注:更新影子寄存器)。 1:禁止 UEV。不产生更新事件,影子寄存器(ARR、PSC、CCRx)保持它们的值。如果设置了 UG 位或从模式控制器发出了一个硬件复位,则计数器和预分频器被重新初始化

续表

位	描述
位 0	CEN:使能计数器。 0:禁止计数器。 1:使能计数器。 (注:在软件设置了 CEN 位后,外部时钟、门控模式和编码器模式才能工作。触发模式可以自动地通过硬件设置 CEN 位) 在单脉冲模式下,当发生更新事件时,CEN 被自动清除

尤其需要注意的是,TIMx_CRI 的最低位(位 0),也就是计数器使能位必须置 1 才能让定时器开始计数。

DMA/中断使能寄存器(TIMx_DIER)是一个 16 位的寄存器,其各位描述如图 2.24 和表 2.9 所示。

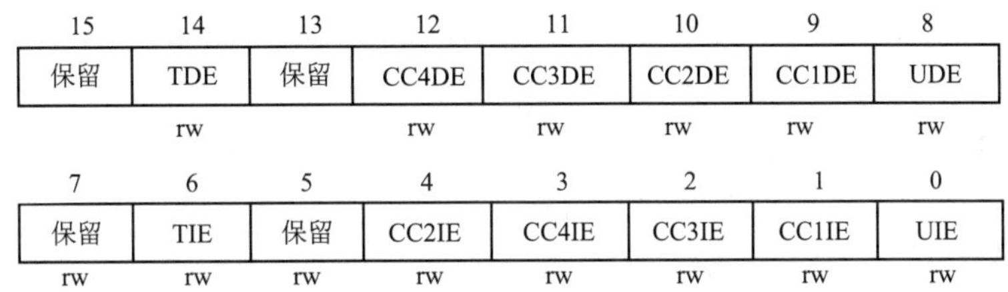

图 2.24　TIMx_DIER 寄存器数据位

表 2.9　TIMx_DIER 寄存器的各位描述

位	描述
位 15	保留,始终读为 0
位 14	TDE:允许触发 DMA 请求(Trigger DMA Request Enable)。 0:禁止触发 DMA 请求。 1:允许触发 DMA 请求
位 13	保留,始终读为 0
位 12:9	CCxDE:允许捕获/比较 4~1 的 DMA 请求(Capture Compare 4~1 DMA Request Enable)。 0:禁止捕获/比较 4~1 的 DMA 请求。 1:允许捕获/比较 4~1 的 DMA 请求
位 8	UDE:允许更新的 DMA 请求(Update DMA Request Enable)。 0:禁止更新的 DMA 请求。 1:允许更新的 DMA 请求
位 7	保留,始终读为 0
位 6	TIE:触发中断使能(Trigger Interrupt Enable)。 0:禁止触发中断。 1:使能触发中断
位 5	保留,始终读为 0
位 4:1	CCxIE:允许捕获/比较 4~1 中断(Capture/Compare 4~1 Interrupt Enable)。 0:禁止捕获/比较 4~1 中断。 1:允许捕获/比较 4~1 中断
位 0	UIE:允许更新中断。 0:禁止触发中断。 1:使能触发中断

这个寄存器常用的是第 0 位,该位是更新中断允许位,需要将其置为 1 才能使能更新中断。

预分频寄存器(TIMx_PSC)用于设置对时钟进行分频,然后提供给计数器,作为计数器的时钟。其各位描述如图 2.25 和表 2.10 所示。

15	14	13	12	11	10	9	8
PSC[15:8]							
rw	rw	rw	rw	rw	rw	rw	rw
7	6	5	4	3	2	1	0
PSC[7:0]							
rw	rw	rw	rw	rw	rw	rw	rw

图 2.25　TIMx_PSC 寄存器数据位

表 2.10　TIMx_PSC 寄存器的各位描述

位	描述
位 15:0	PSC[15:0]:预分频器的值(Prescaler Value),计数器的时钟频率 CK_CNT 等于 fCK_PSC(PSC[15:0]+1)。PSC 包含了当更新事件产生时装入当前预分频器寄存器的值

这里，定时器的时钟来源于如下 4 个：

① 内部时钟（CK_INT）；

② 外部时钟模式 1——外部输入脚（Tlx）；

③ 外部时钟模式 2——外部触发输入（ETR）；

④ 内部触发输入（TRx）使用 A 定时器作为 B 定时器的预分频器（A 为 B 提供时钟）。

具体选择以上哪个可以通过 TIMx_SMCR 寄存器的相关位来设置。这里的 CK_INT 时钟是由 APB1 倍频得来的，除非 APB1 的时钟分频数设为 1，否则通用定时器 TIMx 的时钟是 APB1 时钟的 2 倍。当 APB1 的时钟不分频时，通用定时器 TIMx 的时钟就等于 APB1 的时钟。这里还要注意的就是高级定时器的时钟不是来自 APB1，而是来自 APB2。

只要对以上几个寄存器进行简单的设置，就可以使用通用定时器了，并且可以产生中断。

2.3.9　高级定时器资源

TIM1 和 TIM8 是两个高级定时器，它们具有基本定时器和通用定时器的所有功能，还具有三相六步电机的接口、刹车功能及用于 PWM 驱动电路的死区时间控制等，使它非常适用于电机的控制。图 2.26 所示为高级定时器结构。

如图 2.26 所示，与通用定时器相比，高级定时器主要多出了 BRK、DTG 两个结构，因此其具有了死区时间的控制功能。在 H 桥、三相桥的 PWM 驱动电路中，上下两个桥臂的 PWM 驱动信号是互补的，即上下桥臂轮流导通，但实际上为了防止上下两个桥臂同时导通（会造成短路），在上下两个桥臂切换时留一小段时间，上下桥臂都施加关断信号，这个上下桥臂都关断的时间称为死区时间。

STM32 的高级定时器可以配置输出互补的 PWM 信号，并且在这个 PWM 信号中加入死区时间，为电机的控制提供了极大的便利，如图 2.27 所示。图中的 OCxREF 为参考信号（可理解为原信号），OCx 和 OCxN 为定时器通过 GPIO 引脚输出的 PWM 互补信号。

若不加入死区时间，当 OCxREF 出现下降沿时，OCx 同时输出下降沿，OCxN 则同时输出相反的上升沿，即这 3 个信号的跳变是同时的。加入死区时间后，当 OCxREF 出现下降沿时，OCx 同时输出下降沿，但 OCxN 过了一小段延迟再输出上升沿，OCxREF 出现上升沿后，OCx 要经过一段延时再输出上升沿。假如 OCx、OCxN 分别控制上、下桥臂，有

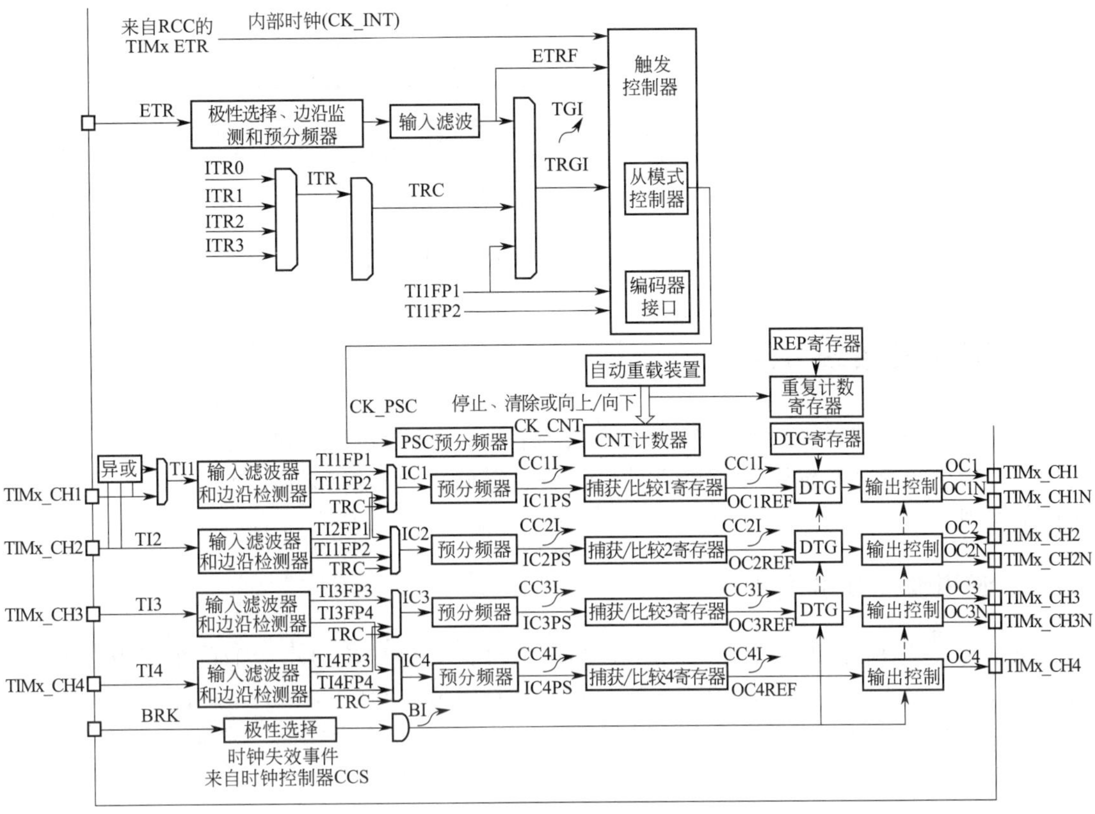

图 2.26 高级定时器结构

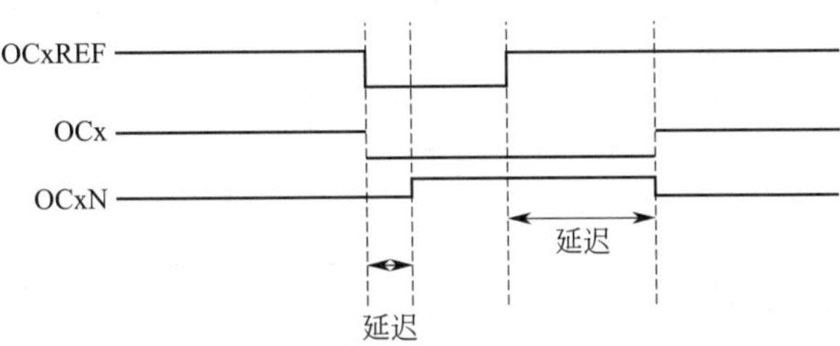

图 2.27 插入死区时间

了延迟后，就不容易出现上、下桥臂同时导通的情况。这个延迟时间与 PWM 信号驱动的电子器件的特性相关。在保证不出现短路的情况下，死区时间越短越好，死区时间太长的情况如图 2.28 和图 2.29 所示。

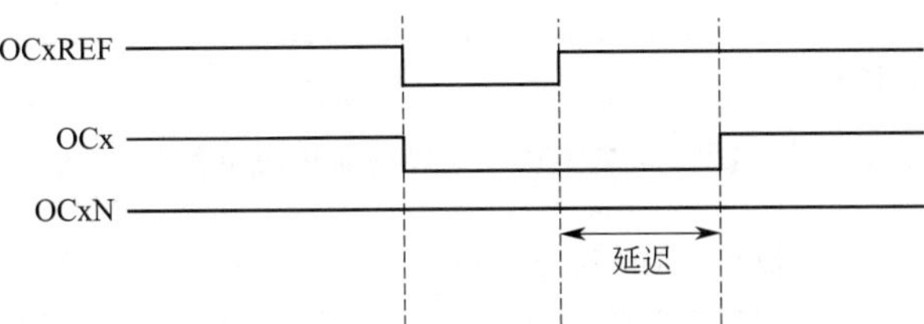

图 2.28 死区时间太长，OCxN 输出不正常（一）

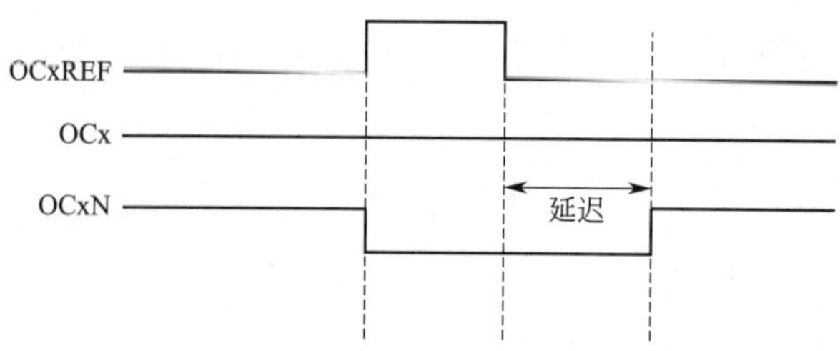

图 2.29　死区时间太长，OCxN 输出不正常（二）

2.4　嵌入式系统 I/O

嵌入式系统是面向应用的，不同的应用所需接口和外设不同。接口是 CPU 和 I/O 设备之间交换信息的媒介和桥梁。CPU 与外部设备、存储器的连接和数据交换都需要通过设备接口来实现。

2.4.1　通用输入/输出接口

通用输入/输出接口 GPIO（General Purpose I/O，通用 I/O）是 I/O 的最基本形式，是一组输入引脚或输出引脚，CPU 能够对它们进行存取。有些 GPIO 引脚能加以编程而改变工作方向。GPIO 的另一种说法为并行 I/O（Parallel I/O）。如图 2.30 所示为双向 GPIO 端口的简化功能逻辑图。为简化图形，仅画出 GPIO 的第 0 位。图中画出两个寄存器：数据寄存器 PORT 和数据方向寄存器 DDR。

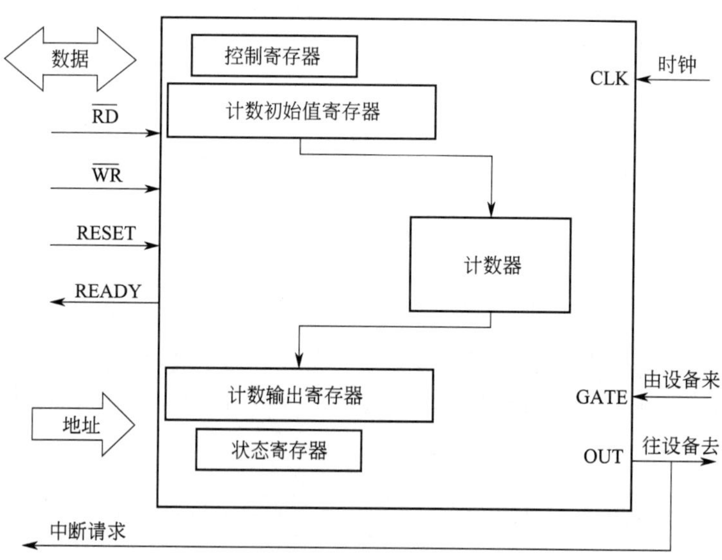

图 2.30　双向 GPIO 端口的简化功能逻辑图

数据方向寄存器（Data Direction Register，DDR）设置端口的方向。若该寄存器的输出为 1，则端口为输出；若该寄存器的输出为零，则端口为输入。DDR 状态能够用写入该 DDR 的方法加以改变。DDR 在微控制器地址空间中是一个映射单元。在这种情况下，若要改变 DDR，则需要将恰当的值置于数据总线的第 0 位即 D_0，同时激活 WR_DDR 信号牌，读取 DDR 单元，就能读得 DDR 的状态，同时激活 RD_DDR 信号。

若将 PORT 引脚置为输出，则 PORT 寄存器控制着该引脚状态。若将 PORT 引脚设置为输入，则此输入引脚的状态由引脚上的逻辑电路层控制。对 PORT 寄存器的写入将激活 WR_PORT 信号。PORT 寄存器也映射到微控制器的地址空间。需指出，当端口设置为输入时，若对 PORT 寄存器进行写入，并不会对该引脚产生影响。但从 PORT 寄存器的读出总会影响该引脚的状态。

2.4.2　模数/数模转换接口

（1）模数转换接口

所谓模/数转换器（A/D 转换器）就是把电模拟量转换为数字量的电路。在当今的现代化生产中，被广泛应用的实时监测系统和实时控制系统都离不开模/数转换器。一个实时控制系统要实现微机监控实时现场工作过程中发生的各种参数变化，首先要由传感器把实时现场的各种物理参数（如温度、流量、压力、pH 值、位移等）测量出，并转为相应的电信号，经过放大、滤波处理，再通过多路开关的切换和采样/保持电路的保持，送到 A/D 转换器，由 A/D 转换器将电模拟信号转换为数字信号，之后被微机采集，微机按一定算法计算输出控制量并输出。输出数据经 D/A 转换器（数/模转换器）将数字量转换为电模拟量去控制执行机构。

实现 A/D 转换的方法很多，常用的方法有计数法、双积分法和逐次逼近法。

① 计数法。首先开始转换信号有效（由高变低），使计数器复位，当开始转换信号回复高电平时，计数器准备计数。因为计数器已被复位，所以计数器输出数字为 0。这个 0 输出送至 D/A 转换器，使之也输出 0V 模拟信号。此时，在比较器输入端待转换的模拟输入电压 V_i 大于 V_0（0V），比较器输出高电平，使计数控制信号 C 为 1。这样，计数器开始计数。从此 D/A 转换器输入端得到的数字量不断增加，致使输出电压 V_0 不断上升。在 $V_0<V_i$ 时，比较器的输出总是保持高电平。当 V_0 上升到某值时，第一次出现 $V_0>V_i$ 的情况，此时，比较器的输出为低电平，使计数控制信号 C 为 0，导致计数器停止计数。这时数字输出量 $D_7 \sim D_0$ 就是与模拟电压等效的数字量。计数控制信号由高变低的负跳变也是 A/D 转换的结束信号，它用来通知计算机已完成一次 A/D 转换。计数式 A/D 转换的特点是简单，但速度比较慢，特别是模拟电压较高时，转换速度更慢。当信号 C 为 1 时，每输入一个时钟脉冲，计数器加 1。对一个 8 位 A/D 转换器，若输入模拟量为最大值，则计数器从 0 开始计数到 255 时才转换完毕，相当于需要 255 个计数脉冲周期。

② 双积分法。双积分式 A/D 转换的基本原理是对输入模拟电压和参考电压进行两次积分，变换成与输入电压均值成正比的时间间隔，利用时钟脉冲和计数器测出其时间间隔。因此，此类 A/D 转换器具有很强的抗工频干扰能力，转换精度高，但速度较慢，通常转换频率小于 10Hz，主要用于数字式测试仪表、温度测量等方面。首先电路对输入待测的模拟电压进行固定时间的积分，然后换至标准电压进行固定斜率的反向积分。反向积分进行到一定时间，便返回起始值。对标准电压进行反向积分的时间 T 正比于输入模拟电压，输入模拟电压越大，反向积分回到起始值的时间越长。因此，只要用标准的高频时钟脉冲测定反向积分花费的时间，就可以得到相对于输入模拟电压的数字量，即实现了 A/D 转换。

③ 逐次逼近法。逐次逼近式 A/D 转换法是 A/D 芯片中采用最多的一种 A/D 转换方法。和计数式 A/D 转换一样，逐次逼近式 A/D 转换是由 D/A 转换器从高位到低位逐位增加转换位数，产生不同的输出电压，把输入电压与输出电压进行比较而实现的。不同之处是用逐

次逼近式进行转换时，要用一个逐次逼近寄存器存放转换出来的数字量，转换结束时，将最终的数字量送到缓冲寄存器中。逐次逼近式 A/D 转换法的特点是速度快，转换精度较高，对 N 位 A/D 转换只需 N 个时钟脉冲即可完成，一般可用于测量几十到几百微秒的过渡过程的变化，是计算机 A/D 转换接口中应用最普遍的转换方法。

（2）数模转换接口

D/A 转换器的主要功能是将数字量转换为模拟量。数字量是由若干数位构成的，每个数位都有一定的权，如 8 位二进制数的最高位 D_7 的权为 $2^7=128$，只要 $D_7=1$ 就表示具有了 128 这个值。把一个数字量变为模拟量，就是把每一位上的代码按照权转换为对应的模拟量，再把各位所对应的模拟量相加，得到各位模拟量的和便是数字量所对应的模拟量。

基于上述思路，在集成电路中，通常采用 T 形网络将数字量转换为模拟电流，然后再用运算放大器完成模拟电流到模拟电压的转换。所以，要把一个数字量转换为模拟电压，实际上需要两个环节，即先由 D/A 转换器把数字量转换为模拟电流，再由运算放大器将模拟电流转换为模拟电压。目前 D/A 转换集成电路芯片都包含了这两个环节，对只包含第一个环节的 D/A 芯片，就要外接运算放大器才能转换为模拟电压。

2.5 定时器和计数器

2.5.1 硬件定时器

从硬件的角度来看，定时器（Timer）和计数器（Counter）的概念是可以互换的，其差别主要体现在硬件在特定应用中的使用情况。定时器的基本结构与各组件的作用，与可编程间隔计时器类似。系统时间是由定时器/计时器产生的输出脉冲触发中断形成的，输出脉冲的一个周期叫作一个“嘀嗒”，也就表示发生了一次时钟中断。实时操作系统内核提供的硬件定时器管理功能包括：

① 初始化定时器。负责设置定时器相关寄存器、嘀嗒的间隔时间以及挂接系统时钟中断处理程序。

② 维持相对时间（时间单位为嘀嗒）和日历时间。相对时间就是系统时间，是指相对于系统启动以来的时间。每发生一个嘀嗒，系统的相对时间增加 1。内核可以从实时时钟获取启动时刻的日历时间。

③ 任务有限等待的计时。用时间等待链来组织需要延迟处理的对象（或者任务），例如可以使用差分时间链。对于差分时间链，每产生一个嘀嗒后，链首对象的时间值减 1；当减到 0 时，链首对象被激活，并从差分时间链中取下一个对象成为链首对象。

④ 时间片轮换调度的计时。如果任务设置了这种调度方式，则需要在时钟中断服务程序中对当前正在运行的任务的已执行时间进行更新，使任务的已执行时间数值加 1。如果加 1 后，任务的已执行时间同任务的时间片相等，则表示任务用完分配给它的时间配额，需要结束它的运行，转入就绪队列。

2.5.2 软件定时器

虽然硬件定时器管理已经包括了诸多功能，但是为实现“定时功能”，实现内核需要支持软件定时器管理功能，使得应用程序可根据需要创建、使用软件定时器。软件定时器在创建时由用户提供定时值。当软件定时器的定时值减法计数为 0 时，触发该定时器上的时间服务例程。用户可在此例程中完成自己需要的操作。因此，在中断服务处理程序中需要对软件定时器的定时值进行减 1 操作。

在无硬件看门狗的情况下，软件定时器可用于实现看门狗。在应用的某个地方进行软件定时器的停止计时操作，确保定时器在系统正常运行的情况下不会到期，即不会触发定时器服务例程；如果某个时刻系统进入了定时器服务例程，就表示停止计时操作没有被执行，系统出现错误。

2.5.3 可编程间隔定时器

可编程间隔定时器（Programmable Interval Timer，PIT）又称计数器，主要功能是事件计数和生成时间中断，以解决系统时间的控制问题。

PIT 种类很多，但是它们的基本结构类似。可编程定时、计数器总体上由两部分组成。计数硬件和通信寄存器。通信寄存器包含控制寄存器、状态寄存器、计数初始值寄存器、计数输出寄存器等，典型的 PIT 原理如图 2.31 所示。

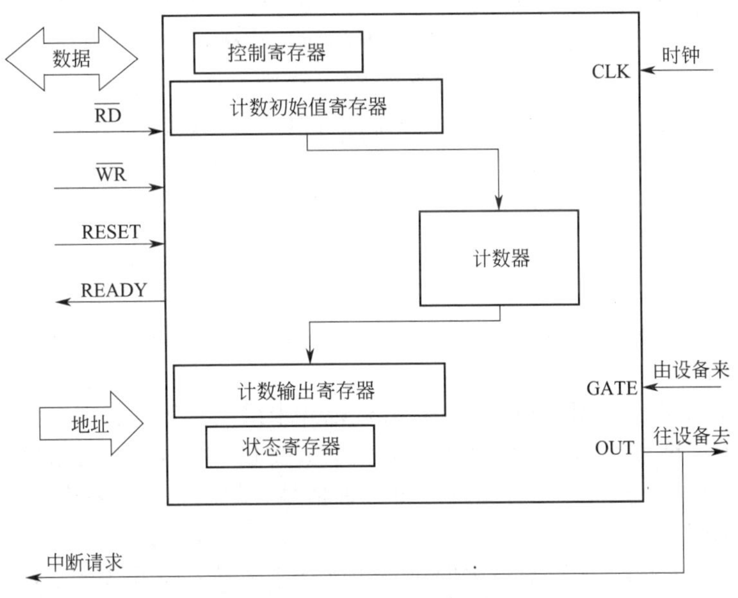

图 2.31 PIT 原理框图

通信寄存器在计数硬件和操作系统之间建立联系，用于两者之间的通信。操作系统通过这些寄存器控制计数硬件的工作方式，读取计数硬件的当前状态和计数值等信息。在操作系统内核初始化时，内核向定时、计数器写入控制字和计数初值，而后计数硬件就会按照一定的计数方式对晶振产生的输入脉冲进行计数操作：计数器从计数初始值开始，每收到一次脉冲信号，计数器就减 1。当计数器减到 0 时，就会输出高电平或低电平（输出脉冲），然后从计数初值开始重复另一次计数，从而产生一个输出脉冲。定时/计数器产生的输出脉冲是 OS 时钟的硬件基础，因为这个输出脉冲将接到中断控制器上，定期产生中断信号作为时钟中断信号。操作系统利用时钟中断维护 OS 时钟的正常工作。每次时钟中断，操作系统的时间计数变量就加 1。

定时器中断速率是指定时器每秒产生的中断个数。每个中断称为一个嘀嗒（Tick），表示一个时间单位。例如，如果定时器速率是 1000 个嘀嗒每秒，那么每个嘀嗒表示 1ms 的时间片。定时器中断速率设定在控制寄存器中，其取值范围与输入时钟频率有关。

2.6 有线通信接口

2.6.1 本地通信接口

2.6.1.1 内部集成电路总线接口（I^2C）

（1）I^2C 总线的概述

I^2C 总线是 PHLIPS 公司推出的一种串行总线，是具备多主机系统所需的包括总线裁决和高低速器件同步功能的高性能串行总线。它提供多主机功能，控制所有 I^2C 总线特定的时序、协议、仲裁和定时，支持标准和快速两种模式，同时与 SMBus2.0 兼容。I^2C 模块有多种用途，包括 CRC 码的生成和校验、SMBus（系统管理总线，System Management Bus）和 PMBus（电源管理总线，Power Management Bus）。

I^2C 总线最主要的优点是其简单性和有效性。由于接口在组件上，因此 I^2C 总线占用的空间非常小，减少了电路板的空间和芯片引脚的数量，降低了互连成本。总线的长度可达 7.5m，并且能够以 100Kb/s 的最大传输速率支持 40 个组件。I^2C 总线的另一个优点是支持多主控，其中任何能够进行发送和接收的设备都可以成为主设备。一个主设备能够控制信号的传输和时钟频率，但是在系统任何时间点上只能有一个主设备。

（2）I^2C 总线的通信方式

I^2C 总线通信方式具有低成本、易实现、中速（标准总线可达 100Kb/s，扩展总线可达 400Kb/s）的特点。I^2C 总线的 2.1 版本使用的电源电压低至 2V，传输速率可达 3.4Mb/s。I^2C 使用两条连线，其中串行数据线（SDL/SDA）用于数据传送，串行时钟线（SCL/SCK）用于指示什么时候数据线上是有效数据。

I^2C 总线可以工作在全双工通信模式，其规范并未限制总线的长度，但其总负载电容需要保持在 400pF 以下。I^2C 总线通信有主传送模式、主接收模式、从传送模式和从接收模式四种操作模式。其中的 I^2C 主设备负责发出时钟信号、地址信号和控制信号，选择通信的 I^2C 从设备和控制收发。每个 I^2C 设备都有一个唯一的 7 位地址（扩展方式为 10 位），便于主设备访问。正常情况下，I^2C 总线上的所有从设备被设置为高阻状态，而主设备保持在高电平，表示处于空闲状态。在网络中，每个设备都可以作为发送器和接收器。在主从通信中，可以有多个 I^2C 总线器件同时接到总线上，通过地址来识别通信对象，并且 I^2C 总线还可以是多主系统，任何一个设备都可以为 I^2C 总线的主设备，但是在任一时刻只能有一个 I^2C 主设备。I^2C 总线具有总线仲裁功能，可保证系统正确运行。

在应用时应注意，I^2C 总线上设备的串行时钟线和串行数据线都使用集电极开路/漏极开路接口，因此在串行时钟线和串行数据线上都必须连接上拉电阻。

总之，在任何模式下使用 I^2C 总线通信方式都必须遵循以下三点：

① 每个设备必须具有 I^2C 总线接口功能或使用 I/O 模拟完成功能；

② 各个设备必须共地；

③ 两个信号线必须接入上拉电阻。

I^2C 总线设备的连接示意图如图 2.32 所示。

I^2C 总线通信方式不规定使用电压的高低，因此双极型 TTL 器件或单极型 MOS 器件都能够连接到总线上。但总线信号均使用集电极开路/漏极开路，通过上拉电阻保持信号的默

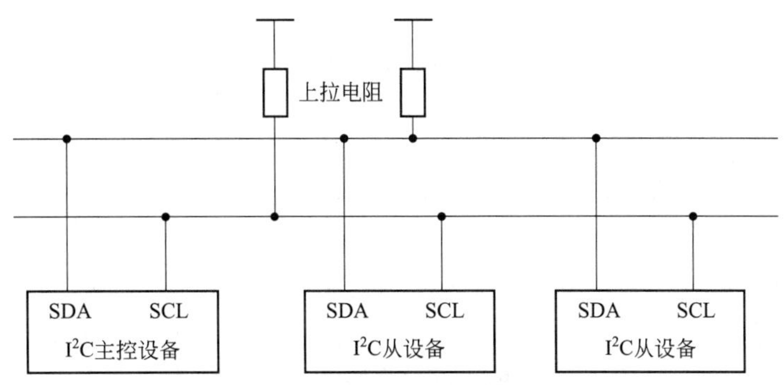

图 2.32 I²C 总线设备的连接示意图

认状态为高电平。上拉电阻的大小由电源电压和总线传输速度决定，对于 $V_{CC}=+5V$ 电源电压，低速 100kHz 一般采用 10kΩ 的上拉电阻，标准速率 400kHz 一般采用 2kΩ 的上拉电阻。

当“0”被传送时，每一条总线的晶体管用于下拉该信号。集电极开路/漏极开路信号允许一些设备同时写总线而不会引起电路的故障，网络中的每个 I²C 总线设备都使用集电极开路/漏极开路，并连接到串行时钟线 SCL 和串行数据线 SDA 上。

在具体的工作中，I²C 总线通信方式被设计成多主设备总线结构，即任何一个设备都可以在不同的时刻成为主设备，没有一个固定的主设备在 SCL 上产生时钟信号。相反，当传送数据时，主设备同时驱动 SDA 和 SCL；当总线空闲时，SCL 和 SDA 都保持高电位，当两个设备试图改变 SCL 和 SDA 到不同的电位时，集电极开路/漏极开路能够防止出错。但是每个主设备在传输时必须监听总线状态，以确保报文之间不会互相影响，如果设备收到了不同于它要传送的值时，它知道报文之间发生相互影响了。I²C 总线的起始信号和停止信号如图 2.33 所示。

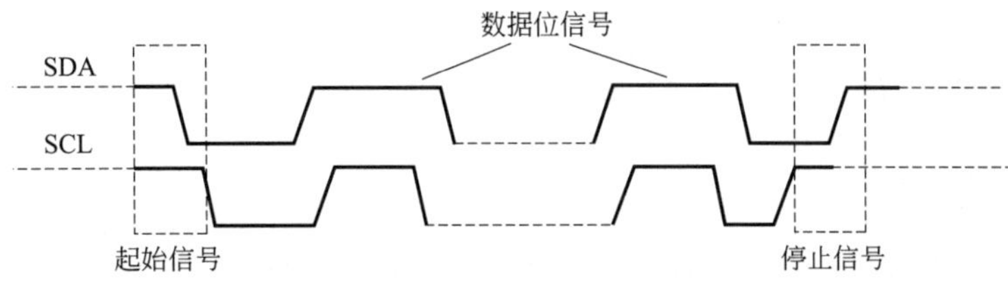

图 2.33 I²C 总线的起始信号和停止信号

在传输数字信号方面，I²C 总线通信方式包括七种常用的信号。

① 总线空闲状态：串行时钟线和串行数据线均为高电平。

② 起始信号：即启动一次传输，串行时钟线是高电平时，串行数据线由高变低。

③ 停止信号：即结束一次传输，串行时钟线是高电平时，串行数据信号线由低变高。

④ 数据位信号：串行时钟线是低电平时，可以改变串行数据线电位。串行时钟线是高电平时，应保持串行数据线上电位不变，即时钟在高电平时，数据有效。

⑤ 应答信号：占 1 位，数据接收端接收 1 字节数据后，应向数据发出端发送应答信号。低电平为应答，继续发送；高电平为非应答，结束发送。

⑥ 控制位信号：占 1 位，I²C 主设备发出的读写控制信号，高电平为读、低电平为写（对 I²C 主设备而言），控制位在寻址字节中。

⑦ 地址信号和读写控制：地址信号为 7 位从设备地址，读写控制位 1 位，两者共同组

成一个字节，称为寻址字节，各字段含义如表 2.11 所示。

表 2.11　I^2C 总线寻址字节各字段的含义

位	D7	D6	D5	D4	D3	D2	D1	D0
含义	设备地址				引脚地址			读写控制位
	DA3	DA2	DA1	DA0	A2	A1	A0	R/W

其中，设备地址（DA3～DA0）是 I^2C 总线接口器件固有的地址编码，由生产厂家给定，如 I^2C 总线 EEPROM 器件 24CXX 系列器件地址为 1010。需要注意的是，在标准的 I^2C 总线定义中设备地址是 7 位，而扩展的 I^2C 总线允许 10 位地址。地址 0000000 一般用于发出通用呼叫或总线广播，总线广播可以同时给所有的设备发出命令信号。

引脚地址（A2、A1、A0）由 I^2C 总线接口器件的地址引脚 A2、A1、A0 来确定，接电源者为 1，接地者为 0。对于读写控制位（R/W）：1 表示主设备读，0 表示主设备写。

（3）I^2C 接口的寄存器

I^2C 控制寄存器 1（I^2C_CR1）的数据位如图 2.34 和表 2.12 所示。其地址偏移为 0x00，复位值为 0x0000。

15	14	13	12	11	10	9	8
SWRST	保留	ALERT	PEC	POS	ACK	STOP	START
rw		rw	rw	rw	rw	rw	rw

7	6	5	4	3	2	1	0
NOSTRETCH	ENGC	ENPEC	ENARP	SMBTYPE	保留	SMBUS	PE
rw	rw	rw	rw	rw		rw	rw

图 2.34　I^2C_CR1 数据位

表 2.12　I^2C_CR1 寄存器的各位描述

位	描述
位 15	SWRST：软件复位。当被置位时，I^2C 处于复位状态。在复位该位前确信 I^2C 的引脚被释放，总线是空的。 0：I^2C 模块不处于复位状态。 1：I^2C 模块处于复位状态
位 14	保留位：硬件强制为 0
位 13	ALERT：SMBus 提醒，软件可以设置或清除该位；当 PE=0 时，由硬件清除。 0：释放 SMBAlert 引脚使其变高，提醒响应地址头紧跟在 NACK 信号后面。 1：驱动 SMBAlert 引脚使其变低，提醒响应地址头紧跟在 ACK 信号后面
位 12	PEC：数据包出错检测，软件可以设置或清除该位，当传送 PEC 或起始或停止条件或 PE=0 时硬件将其清除。 0：无 PEC 传输。 1：PEC 传输（在发送或接收模式）
位 11	POS：应答/PEC 位置（用于数据接收），软件可以设置或清除该位；当 PE=0 时，由硬件清除。 0：ACK 位控制当前移位寄存器内正在接收的字节的（N）ACK。PEC 位表明当前移位寄存器内的字节是 PEC。 1：ACK 位控制在移位寄存器里接收的下一个字节的（N）ACK。PEC 位表明在移位寄存器里接收的下一个字节 PEC （注：POS 位只能用在 2 字节的接收配置中，必须在接收数据之前配置）
位 10	ACK：应答使能。软件可以设置或清除该位；当 PE=0 时，由硬件清除。 0：无应答返回。 1：在接收到一个字节后返回一个应答（匹配的地址或数据）

续表

位	描述
位 9	STOP：停止条件产生。软件可以设置或清除该位。当检测到停止条件时，由硬件清除；当检测到超时错误时，硬件将其置位。 在主模式下： 0：无停止条件产生。 1：在当前字节传输或当前起始条件发出后产生停止条件。 在从模式下： 0：无停止条件产生。 1：在当前字节传输或释放 SCL 和 SDA 线 （注：当设置了 STOP、START 或 PEC 位，在硬件清除这个位之前，软件不要执行任何对 I^2C_CR1 的写操作，否则可能会第 2 次设置 STOP、START 或 PEC 位。）
位 8	START：起始条件产生。软件可以设置或清除该位，当起始条件发出后或 PE=0 时，由硬件清除。 在主模式下： 0：无起始条件产生。 1：重复产生起始条件。 在从模式下： 0：无起始条件产生。 1：当总线空闲时，产生起始条件
位 7	NOSTRETCH：禁止时钟延长（从模式）。该位用于当 ADDR 或 BTF 标志被置位，在从模式下禁止时钟延长，直到它被软件复位。 0：允许时钟延长。 1：禁止时钟延长
位 6	ENGC：广播呼叫使能。 0：禁止广播呼叫，以非应答响应地址 00h。 1：允许广播呼叫，以应答响应地址 00h
位 5	ENPEC：PEC 使能。 0：禁止 PEC 计算。 1：开启 PEC 计算
位 4	ENARP：ARP 使能。 0：禁止 ARP。 1：使能 ARP。 如果 SMBTYPE=0，则使用 SMBus 设备的默认地址；如果 SMBTYPE=1，则使用 SMBus 的主地址
位 3	SMBTYPE：SMBus 类型。 0：SMBus 设备。 1：SMBus 主机
位 2	保留位，硬件强制为 0
位 1	SMBUS：SMBus 模式。 0：I^2C 模式。 1：SMBus 模式
位 0	PE：I^2C 模块使能。 0：禁用 I^2C 模块。 L：启用 I^2C 模块；根据 SMBus 位的设置，相应的 I/O 口需要配置为复用功能。 （注：如果清除该位时通信正在进行，在当前通信结束后，I^2C 模块被禁用并返回空闲状态。由于在通信结束后发生 PE=0，所有的位被清除。） 在主模式下，通信结束之前，绝不能清除该位

控制寄存器 2（I^2C_CR2）的数据位如图 2.35 和表 2.13 所示。其地址偏移为 0x04，复位值为 0x0000。

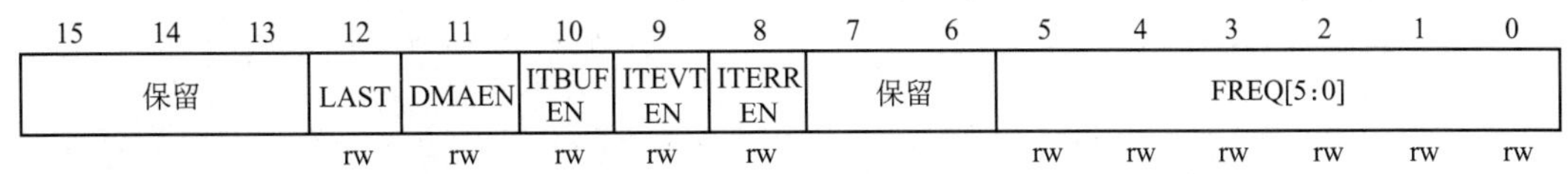

图 2.35　I^2C_CR2 数据位

表 2.13 I^2C_CR2 寄存器的各位描述

位	描述
位 15:13	保留位，硬件强制为 0
位 12	LAST：DMA 最后一次传输。 0：下一次 DMA 的 EOT 不是最后的传输。 1：下一次 DMA 的 EOT 是最后的传输
位 11	DMAEN：DMA 请求使能。 0：禁止 DMA 请求。 1：当 TxE=1 或 RxNE=1 时，允许 DMA 请求
位 10	ITBUFEN：缓冲器中断使能。 0：当 TxE=1 或 RxNE=1 时，不产生任何中断。 1：当 TxE=1 或 RxNE=1 时，产生事件中断（不管 DMAEN 是何种状态）
位 9	ITEVTEN：事件中断使能。 0：禁止事件中断。 1：允许事件中断。 在下列条件下，将产生该中断： (1)SB=1(主模式)； (2)ADDR=1(主/从模式)； (3)ADD10=1(主模式)； (4)STOPF=1(从模式)； (5)BTF=1，但没有 TxE 或 RxNE 事件； (6)如果 ITBUFEN=1，TxE 事件为 1； (7)如果 ITBUFEN=1，RxNE 事件为 1
位 8	ITERREN：出错中断使能。 0：禁止出错中断。 1：允许出错中断
位 7:6	保留位，硬件强制为 0
位 5:0	FREQ[5:0]：I^2C 模块时钟频率。必须设置正确的输入时钟频率以产生正确的时序，允许的范围为 2～36MHz。 000000：禁用。 000001：禁用。 000010：2MHz。 …… 100100：36MHz。 大于 100100：禁用

数据寄存器（I^2C_DR）的数据位如图 2.36 和表 2.14 所示。其地址偏移为 0x10；复位值为 0x0000。

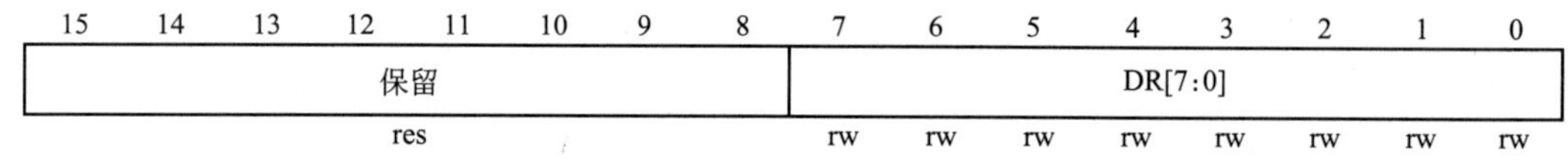

图 2.36 I^2C_DR 数据位

表 2.14 I^2C_DR 寄存器的各位描述

位	描述
位 15:8	保留位，硬件强制为 0
位 7:0	DR[7:0]：8 位数据寄存器，用于存放接收到的数据或放置用于发送到总线的数据。 发送器模式：当写一个字节至 DR 寄存器时，自动启动数据传输，一旦传输开始（TxE=1），如果能及时把下一个需传输的数据写入 DR 寄存器，I^2C 模块将保持连续的数据流。 接收器模式：接收到的字节被复制到 DR 寄存器（RxNE=1），在接收到下一个字节（RxNE=1）之前读出数据寄存器，即可实现连续的数据传送 （注：在从模式下，地址不会被复制进数据寄存器 DR；硬件不管理写冲突，如果 TxE=0，仍能写入数据寄存器；如果在处理 ACK 脉冲时发生 ARLO 事件，接收到的字节不会被复制到数据寄存器里，因此不能读到它。）

状态寄存器 1（I^2C_SR1）的数据位如图 2.37 和表 2.15 所示。其地址偏移为 0x14，复位值为 0x0000。

15	14	13	12	11	10	9	8	7	6	5	4	3	2	1	0
SMB ALERT	TIME OUT	保留	PEC ERR	OVR	AF	ARLO	BERR	TxE	RxNE	保留	STOPF	ADD10	BTF	ADDR	SB
rc w0	rc w0	res	rc w0	rc w0	rc w0	rc w0	rc w0	r	r	res	r	r	r	r	r

图 2.37　I^2C_SR1 数据位

表 2.15　I^2C_SR1 寄存器的各位描述

位	描述
位 15	SMBALERT：SMBus 提醒。该位由软件写 0 清除，或在 PE=0 时由硬件清除。 在 SMBus 主机模式下： 0：无 SMBus 提醒。 1：在引脚上产生 SMBAlert 提醒事件。 在 SMBus 从机模式下： 0：没有 SMRAlert 响应地址头序列。 1：收到 SMBAlert 响应地址头序列至 SMBAlert 变低
位 14	TIMEOUT：超时或 Tlow 错误。该位由软件写 0 清除，或在 PE=0 时由硬件清除。 0：无超时错误。 1：SCL 处于低电平已达到 25ms（超时），或者主机低电平累积时钟扩展时间超过 10ms，或从设备低电平累积时钟扩展时间超过 25ms。 当在从模式下设置该位时，从设备复位通信，硬件释放总线；当在主模式下设置该位时，硬件发出停止条件
位 13	保留位，硬件强制为 0
位 12	PECERR：在接收时发生 PEC 错误，该位由软件写 0 清除，或在 PE=0 时由硬件清除。 0：无 PEC 错误，接收到 PEC 后接收器返回 ACK（如果 ACK=1）。 1：有 PEC 错误，接收到 PEC 后接收器返回 NACK（不管 ACK 是什么值）
位 11	OVR：过载/欠载。该位由软件写 0 清除，或在 PE=0 时由硬件清除。 0：无过载/欠载。 1：出现过载/欠载。 当 NOSTRETCH=1 时，在从模式下该位被硬件置位。同时，在接收模式中当收到一个新的字节（包括 ACK 应答脉冲）时，数据寄存器里的内容还未被读出，则新接收的字节将丢失。 在发送模式中要发送一个新的字节时，却没有新的数据写入数据寄存器，同样的字节将被发送两次（注：如果数据寄存器的写操作发生时间非常接近 SCL 的上升沿，则发送的数据是不确定的，并发生保持时间错误。）
位 10	AF：应答失败。该位由软件写 0 清除，或在 PE=0 时由硬件清除。 0：没有应答失败。 L：应答失败。 当没有返回应答时，硬件将置该位为 1
位 9	ARLO：仲裁丢失（主模式）。该位由软件写 0 清除，或在 PE=0 时由硬件清除。 0：没有检测到仲裁丢失。 1：检测到仲裁丢失。 当接口失去对总线的控制给另一个主机时，硬件将置该位为 1。 在 ARLO 事件之后，I^2C 接口自动切换回从模式（M/SL=0） [注：在 SMBus 模式下，在从模式下对数据的仲裁仅发生在数据阶段，或应答传输区间（不包括地址的应答）。]
位 8	BERR：总线出错。该位由软件写 0 清除，或在 PE=0 时由硬件清除。 0：无起始或停止条件出错。 1：起始或停止条件出错。 当接口检测到错误的起始或停止条件时，硬件将置该位为 1

续表

位	描述
位 7	TxE:数据寄存器为空(发送时)。 0:数据寄存器非空。 1:数据寄存器空。 在发送数据时,数据寄存器为空时该位被置 0,在发送地址阶段不设置该位软件写数据到 DR 寄存器时可清除该位;在发生一个起始或停止条件后或当 PE=0 时由硬件自动清除。 如果收到一个 NACK,或下一个要发送的字节是 PEC(PEC=1),该位不被置位 (注:在写入第 1 个要发送的数据后或设置了 BTF 时写入数据,都不能清除 TxE 位,这是因为数据寄存器仍然为空。)
位 6	RxNE:数据寄存器非空(接收时)。 0:数据寄存器为空。 1:数据寄存器非空。 在接收时,当数据寄存器不为空时,该位被置 1。在接收地址阶段,该位不被置位软件对数据寄存器的读写操作清除该位,当 PE=0 时由硬件清除。 在发生 ARLO 事件时,RxNE 不被置位 (注:当设置了 BTF 时,读取数据不能清除 RxNE 位,因为数据寄存器仍然为满。)
位 5	保留位,硬件强制为 0
位 4	STOPF:停止条件检测位(从模式)。 0:没有检测到停止条件。 1:检测到停止条件。 在一个应答之后(如果 ACK=1),当从设备在总线上检测到停止条件时,硬件将该位置 1。 软件读取 SR1 寄存器后,对 CR1 寄存器的写操作将清除该位,当 PE=0 时,硬件清除该位 (注:在收到 NACK 后,STOPF 位不被置位。)
位 3	ADD10:10 位头序列已发送(主模式)。 0:没有 ADD10 事件发生。 1:主设备已经将第一个地址字节发送出去。 在 10 位地址模式下,当主设备已经将第一个字节发送出去时,硬件将该位置 1。 软件读取 SR1 寄存器后,对 CR1 寄存器的写操作将清除该位,当 PE=0 时,硬件清除该位 (注:收到一个 NACK 后,ADD10 位不被置位。)
位 2	BTF:字节发送结束。 0:字节发送未完成。 1:字节发送结束。 当 NOSTRETCH=0 时,在下列情况下硬件将该位置 1: (1)在接收时,收到一个新字节(包括 ACK 脉冲)且数据寄存器还未被读取(RxNE=1)时。 (2)在发送时,一个新数据将被发送且数据寄存器还未被写入新的数据(TxE=1)时。 在软件读取 SR1 寄存器后,对数据寄存器的读或写操作将清除该位;或在传输中发送一个起始或停止条件后,以及当 PE=0 时,由硬件清除该位。 (注:在收到一个 NACK 后,BTF 位不会被置位。) 如果下一个要传输的字节是 PEC(I^2C_SR2 寄存器中 TRA 为 1,同时 I^2C_CR1 寄存器中 PEC 为 1),BTF 位不会被置位
位 1	ADDR:地址已被发送(主模式)/地址匹配(从模式)。 在软件读取 SR1 寄存器后,对 SR2 寄存器的读操作将清除该位;当 PE=0 时,由硬件清除该位。 地址匹配(从模式): 0:地址不匹配或没有收到地址。 1:收到的地址匹配。 当收到的从地址与 OAR 寄存器中的内容相匹配或发生广播呼叫或 SMBus 设备默认地址或 SMBus 主机识别出 SMBus 提醒时,硬件就将该位置 1(当对应的设置被使能时)。 地址已被发送(主模式): 0:地址发送没有结束。 1:地址发送结束。 10 位地址模式时,当收到地址的第二个字节的 ACK 后该位被置 1。 7 位地址模式时,当收到地址的 ACK 后该位被置 1 (注:在收到 NACK 后,ADDR 位不会被置位。)

续表

位	描述
位 0	SB:起始位(主模式)。 0:未发送起始条件。 1:起始条件已发送。 当发送出起始条件时该位被置 1。 软件读取 SR1 寄存器后,写数据寄存器的操作将清除该位;当 PE=0 时,硬件将清除该位

2.6.1.2 串行外设接口(SPI)

(1) 概述

串行外围设备接口(Serial Peripheral Interface, SPI)总线技术是 Motorola 公司推出的一种同步串行接口,目前许多公司生产的 MCU 和 MPU 都配有 SPI 总线接口。例如,基于 ARM9 的 S3C2440 微处理器配备了两个 SPI 总线接口,既可以作为主 SPI 使用,也可以作为从 SPI 使用。SPI 总线可用于 CPU 与各种外围器件进行全双工、同步串行通信。SPI 总线可以同时发出和接收串行数据,它只需四条线就可以完成 MCU 与各种外围器件的通信,这四条线分别是串行时钟线(SCK)、主机输入/从机输出数据线(MISO)、主机输出/从机输入数据线(MOSI)、低电平有效的从机选择线 CS。可与 SPI 通信的常用外围器件有 LCD 显示驱动器、集成 A/D 和 D/A 芯片、智能传感器等。SPI 总线接口主要特点如下:

① 可以同时发送和接收串行数据;

② 可以作为主机或从机工作;

③ 提供频率可编程时钟;

④ 发送结束中断标志;

⑤ 写冲突保护;

⑥ 总线竞争保护等。

(2) 工作原理与接口方式

当 SPI 工作时,在移位寄存器中的数据逐位从输出引脚(MOSI)输出(高位在前),同时从输入引脚(MISO)接收的数据逐位移到移位寄存器(高位在前)。发送一个字节后,从另一个外围器件接收的字节数据进入移位寄存器中。主 SPI 设备的时钟信号(SCK)使传输同步,在时钟信号的作用下,在发送数据的同时还可以接收对方发来的数据,也可以采用只发送数据或者只接收数据的方式,其通信速率可以达到 20Mb/s 以上。SPI 设备系统连接如图 2.38 所示。

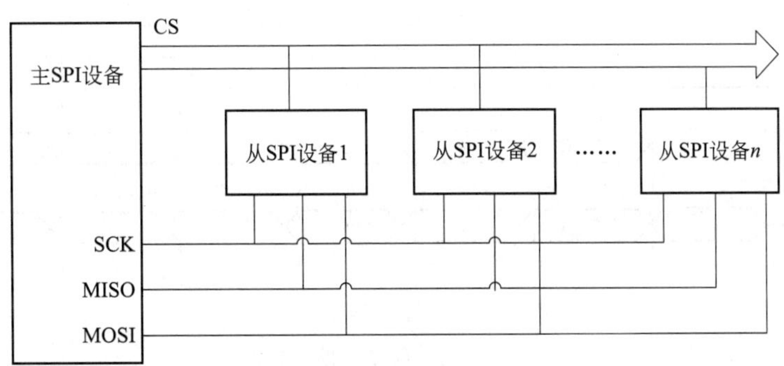

图 2.38 SPI 设备系统连接图

SPI 总线有四种工作方式，其时序如图 2.39 所示，其中使用最为广泛的是 SPI0 和 SPI3 方式。

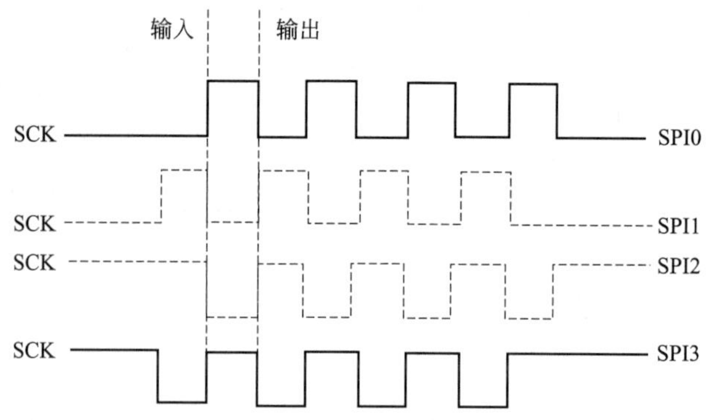

图 2.39　SPI 总线四种工作方式时序图

为了与其他设备进行数据交换，根据设备工作要求，可以对 SPI 模块输出的串行同步时钟极性和相位进行配置，时钟极性（CPOL）对传输协议没有太大的影响。如果 CPOL=0，串行同步时钟的空闲状态为低电平；如果 CPOL=1，串行同步时钟的空闲状态为高电平。时钟相位（CPHA）能够配置，用于选择两种不同的传输协议之一进行数据传输。如果 CPHA=0，在串行同步时钟的第一个跳变沿（上升或下降）数据被采样。如果 CPHA=1，在串行同步时钟的第二个跳变沿（上升或下降）数据被采样。SPI 主模块和与之通信的外设的时钟相位和时钟极性应该一致。SPI 总线数据传输时序如图 2.40 所示。

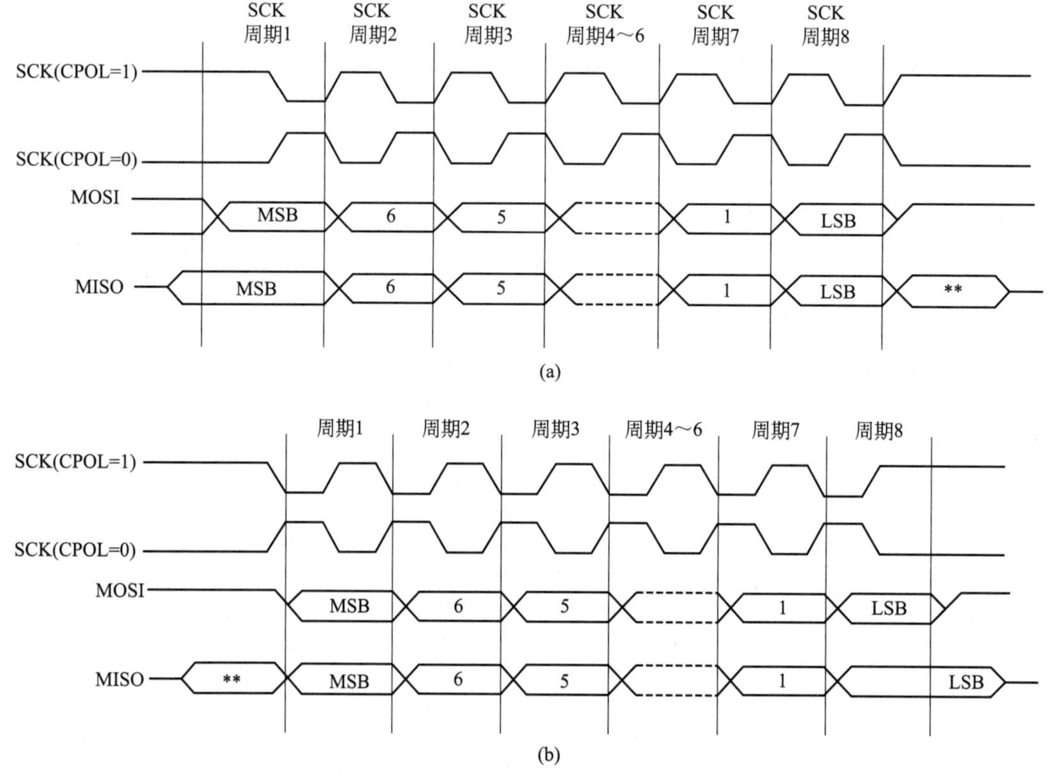

图 2.40　SPI 总线数据传输时序

（a）CPHA=0 时 SPI 总线数据传输时序；（b）CPHA=1 时 SPI 总线数据传输时序

(3) SPI 接口的寄存器

SPI 控制寄存器 1 (SPI CR1) 的数据位如图 2.41 和表 2.16 所示。其地址偏移为 0x00,复位值为 0x0000。

图 2.41 SPI_CR1 数据位

表 2.16 SPI_CR1 寄存器的各位描述

位	描述
位 15	BIDIMODE:双向数据模式使能。 0:选择双线双向模式。 1:选择单线双向模式
位 14	BIDIOE:双向模式下的输出使能。和 BIDIMODE 位一起决定在单线双向模式下数据的输出方向。 0:输出禁止(只收模式)。 1:输出使能(只发模式)。 这个单线数据线在主设备端为 MOSI 引脚,在从设备端为 MISO 引脚
位 13	CRCEN:硬件 CRC 校验使能。 0:禁止 CRC 计算。 1:启动 CRC 计算 [注:只有在禁止 SPI(SPE=0)时,才能写该位,否则出错。]
位 12	CRCNEXT:下一个发送 CRC。 0:下一个发送的值来自发送缓冲区。 1:下一个发送的值来自 CRC 寄存器
位 11	DFF:数据帧格式。 0:使用 8 位数据帧格式进行发送/接收。 1:使用 16 位数据帧格式进行发送/接收 [注:只有在禁止 SPI(SPE=0)时,才能写该位,否则出错。]
位 10	RXONLY:只接收该位和 BIDIMODE 位一起决定在双线双向模式下的传输方向。在多个从设备的配置中,在未被访问的从设备上该位被置 1,使只有被访问的从设备有输出,从而不会造成数据线上数据冲突。 0:全双工(发送和接收模式)。 1:禁止输出(只接收模式)
位 9	SSM:软件从设备管理。当 SSM 被置位时,NSS 引脚上的电平由 SSI 位的值决定。 0:禁止软件从设备管理。 1:启用软件从设备管理
位 8	SSI:内部从设备选择(Internal Slave Select)。该位只在 SSM 位为 1 时有意义。它决定了 NSS 引脚上的电平,在 NSS 引脚上的 I/O 操作无效
位 7	L:SBFIRST:帧格式。 0:先发送 MSB。 1:先发送 LSB (注:通信正在进行时不能改变该位的值。)
位 6	SPE:SPI 使能。 0:禁止 SPI 设备。 1:开启 SPI 设备
位 5:3	BR[2:0]:波特率控制。 000:fpclk/2。001:fpclk/4。010:fpclk/8。011:fpclk/16。100:fpclk/32。101:fpclk/64。110:fpclk/128。111:fpclk/256。 当通信正在进行时,不能修改这些位

续表

位	描述
位 2	MSTR:主设备选择。 0:配置为从设备。 1:配置为主设备 (注:当通信正在进行时,不能修改该位。)
位 1	CPOL:时钟极性。 0:空闲状态时,SCK 保持低电平。 1:空闲状态时,SCK 保持高电平 (注:当通信正在进行时,不能修改该位。)
位 0	CPHA:时钟相位。 0:数据采样从第一个时钟边沿开始。 1:数据采样从第二个时钟边沿开始 (注:当通信正在进行时,不能修改该位;I2S 模式下不使用。)

SPI 控制寄存器 2（SPI_CR2）的数据位如图 2.42 和表 2.17 所示。其地址偏移为 0x04，复位值为 0x0000。

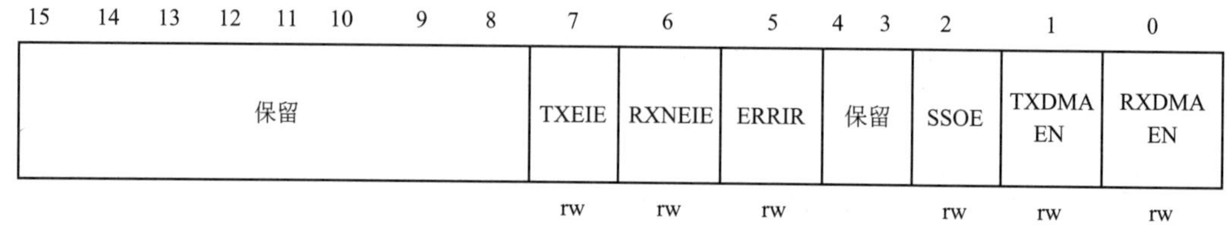

图 2.42 SPI_CR2 数据位

表 2.17 SPI_CR2 寄存器的各位描述

位	描述
位 15:8	保留位,硬件强制为 0
位 7	TXEIE:发送缓冲区空中断使能。 0:禁止 TXE 中断。 1:允许 TXE 中断,当 TXE 标志位置时产生中断请求
位 6	RXNEIE:接收缓冲区非空中断使能。 0:禁止 RXNE 中断。 1:允许 RXNE 中断,当 RXNE 标志位置时产生中断请求
位 5	ERRIR:错误中断使能。当错误(CRCERR、OVR、MODF)产生时,该位控制是否产生中断。 0:禁止错误中断。 1:允许错误中断
位 4:3	保留位,硬件强制为 0
位 2	SSOE:SS 输出使能(SS Output Enable)。 0:禁止在主模式下 SS 输出,该设备可以工作在多主设备模式。 1:设备开启时,开启主模式下 SS 输出,该设备不能工作在多主设备模式
位 1	TXDMAEN:发送缓冲区 DMA 使能。当该位被设置时,TXE 标志一旦被置位就发出 DMA 请求。 0:禁止发送缓冲区 DMA。 1:启动发送缓冲区 DMA
位 0	RXDMAEN:接收缓冲区 DMA 使能。当该位被设置时,RXNE 标志一旦被置位就发出 DMA 请求。 0:禁止接收缓冲区 DMA。 1:启动接收缓冲区 DMA

SPI 控制寄存器（SPI_SR）的数据位如图 2.43 和表 2.18 所示。其地址偏移为 0x08，复位值为 0x0002。

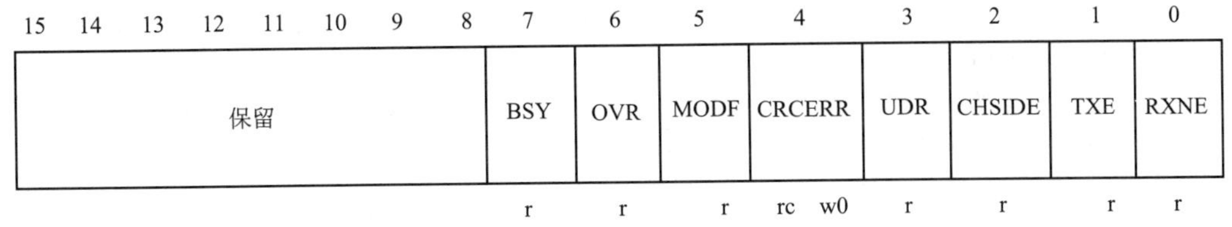

图 2.43　SPI_SR 数据位

表 2.18　SPI_SR 寄存器的各位描述

位	描述
位 15:8	保留位，硬件强制为 0
位 7	BSY：忙标志，该位由硬件置位或复位。 0：SPI 不忙。 1：SPI 正忙于通信或发送缓冲非空
位 6	OVR：溢出标志，该位由硬件置位，由软件序列复位。 0：没有出现溢出错误。 1：出现溢出错误
位 5	MODF：模式错误，该位由硬件置位，由软件序列复位。 0：没有出现模式错误。 1：出现模式错误
位 4	CRCERR：CRC 错误标志。该位由硬件置位，由软件写 0 而复位。 0：收到的 CRC 值和 SPI_RXCRCR 寄存器中的值匹配。 1：收到的 CRC 值和 SPI_RXCRCR 寄存器中的值不匹配
位 3	UDR：下溢标志位。该标志位由硬件置 1，由一个软件序列清 0。 0：未发生下溢。 1：发生下溢
位 2	CHSIDE：声道。 0：需要传输或者接收左声道。 1：需要传输或者接收右声道
位 1	TXE：发送缓冲为空。 0：发送缓冲非空。 1：发送缓冲为空
位 0	RXNE：接收缓冲非空。 0：接收缓冲为空。 1：接收缓冲非空

SPI 数据寄存器（SPI_DR）的数据如图 2.44 和表 2.19 所示。其地址偏移为 0x0C，复位值为 0x0000。

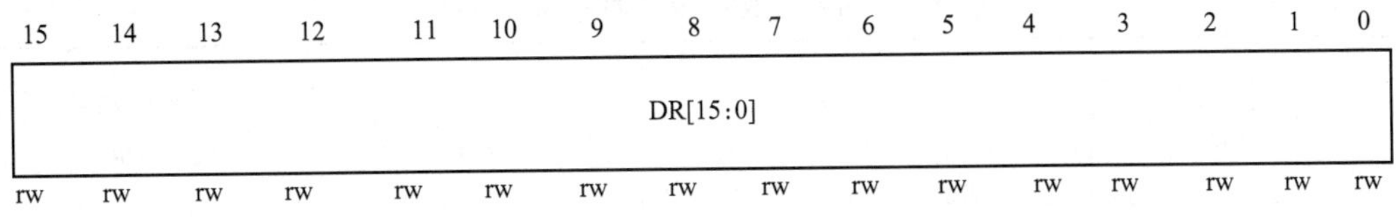

图 2.44　SPI_DR 数据位

表 2.19　SPI_DR 寄存器的各位描述

位	描述
位 15:0	DR[15:0]:数据寄存器。表示待发送或者已经收到的数据。 数据寄存器对应两个缓冲区:一个用于写(发送缓冲),另外一个用于读(接收缓冲)。写操作将数据写到发送缓冲区,读操作将返回接收缓冲区里的数据。 对 SPI 模式的注释:根据 SPI_CR1 的 DFF 位对数据帧格式进行选择,数据的发送和接收可以是 8 位或者 16 位的。为保证正确的操作,需要在启用 SPI 之前就确定好数据帧格式。 对于 8 位的数据,缓冲器是 8 位的,发送和接收时只会用到 SPI_DR[7:0]。在接收时,SPI_DR[15:8]被强制置为 0。 对于 16 位的数据,缓冲器是 16 位的,发送和接收时会用到整个数据寄存器,即 SPI_DR[15:0]

SPI CRC 多项式寄存器（SPI_CRCPR）的数据位如表 2.20 所示。其地址偏移为 0x10，复位值为 0x0007。

表 2.20　SPI_CRCPR 寄存器的各位描述

位	描述
位 15:0	CRCPOLY[15:0]:CRC 多项式寄存器。该寄存器包含了 CRC 计算时用到的多项式,其复位值为 0x0007,根据应用可以设置其他数值

SPI RX CRC 多项式寄存器（SPI_RXCRCR）的数据位如图 2.45 和表 2.21 所示。其地址偏移为 0x14，复位值为 0x0000。

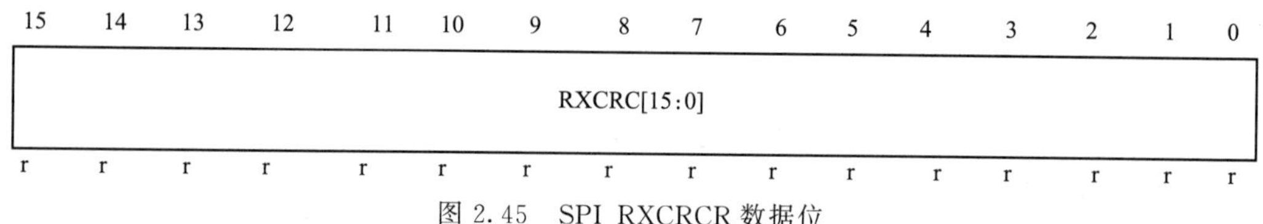

图 2.45　SPI_RXCRCR 数据位

表 2.21　SPI_RXCRCR 寄存器的各位描述

位	描述
位 15:0	RXCRC[15:0]:接收 CRC 寄存器。在启用 CRC 计算时,RXCRC[15:0]中包含了依据收到的字节计算的 CRC 数值。当在 SPI_CR1 的 CRCEN 位写入 1 时,该寄存器被复位,CRC 计算使用 SPI_CRCPR 中的多项式。当数据帧格式被设置为 8 位时,仅低 8 位参与计算,并且按照 CRC8 的方法进行;当数据帧格式为 16 位时,寄存器中的所有 16 位都参与计算,并且按照 CRC16 的标准进行

SPI TX CRC 多项式寄存器（SPI_TXCRCR）的数据位如图 2.46 和表 2.22 所示。其地址偏移为 0x18，复位值为 0x0000。

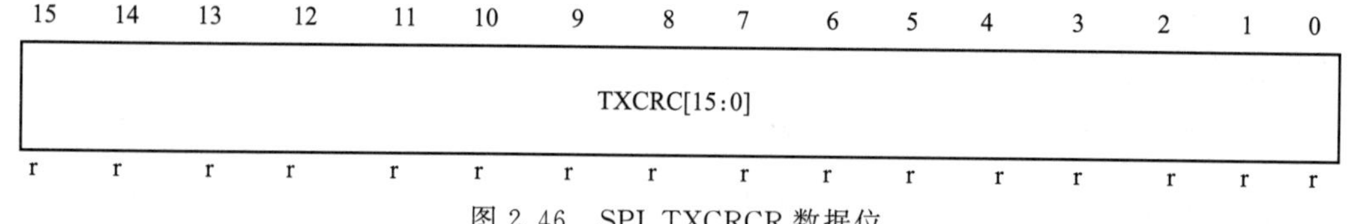

图 2.46　SPI_TXCRCR 数据位

表 2.22　SPI_TXCRCR 寄存器的各位描述

位	描述
位 15:0	TXCRC[15:0]:发送 CRC 寄存器。在启用 CRC 计算时,TXCRC[15:0]中包含了依据将要发送的字节计算的 CRC 数值。当在 SPI_CR1 中的 CRCEN 位写入 1 时,该寄存器被复位。CRC 计算使用 SPI_CRCPR 中的多项式。当数据帧格式被设置为 8 位时,仅低 8 位参与计算,并且按照 CRC8 的方法进行;当数据帧格式为 16 位时,寄存器中的所有 16 个位都参与计算,并且按照 CRC16 的标准进行

2.6.1.3　通用异步接口（UART）

通用异步收发传输器（Universal Asynchronous Receiver/Transmitter），通常称作 UART，是一种异步收发传输器，是电脑硬件的一部分。它将要传输的资料在串行通信与并行通信之间加以转换。作为把并行输入信号转成串行输出信号的芯片，UART 通常被集成于其他通信接口上。

UART 是一种通用串行数据总线，用于异步通信。该总线双向通信，可以实现全双工传输和接收。在嵌入式设计中，UART 用于主机与辅助设备通信（如汽车音响与外接 AP 之间的通信），与 PC 机通信包括与监控调试器和其他器件（如 EEPROM 通信）。

（1）UART 的结构

UART 的一般结构如图 2.47 所示。

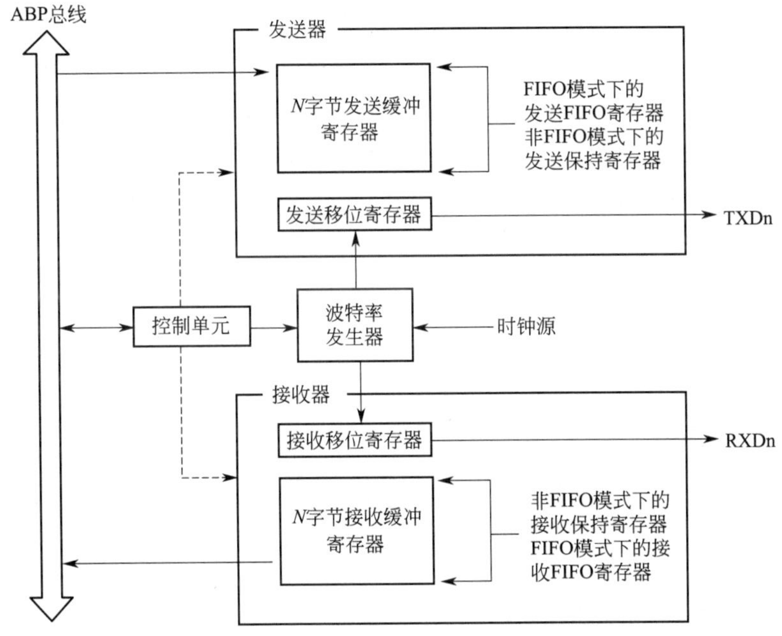

图 2.47　UART 的一般结构

UART 的主要功能就是发送时将存放在发送缓冲寄存器中并行格式的数据，在控制单位和波特率发生器的同步之下，通过发送移位寄存器以串行方式发送出去，接收时把串行格式的数据在控制单位和波特率发生器的脉冲同步之下，经过移位寄存器移位变换为并行数据保存到接收缓冲寄存器中。

UART 由发送器、接收器、控制单元以及波特率发生器等构成。

发送器负责字符的发送，可采用先进先出（FIFO）模式，也可采用普通模式发送。发送的字符先送到发送缓冲寄存器，然后通过移位寄存器，在控制单元的作用下，通过 TXDn 引脚一位一位顺序发送出去。在 FIFO 模式下，当 N 个字节全部到位后才进行发送。不同嵌入式处理芯片，内部设置的 N 值不同。查询发送方式时，必须要等待发送缓冲器为空才能发送下一个数据。中断发送方式时，当发送缓冲器已经空了才引发发送中断，因此可以直接在发送中断服务程序中继续发送下一个或下一组数据（FIFO 模式）。

接收器负责外部送来字符的接收，可以是 FIFO 模式接收，也可以是普通模式接收。外部送来的字符通过 RXDn 引脚，进入接收移位寄存器，在控制单元的控制下，一位一位移位到接收缓冲寄存器中。在 FIFO 模式下，只有缓冲器满，才引发接收中断并置位接收标志；在普通模式下，接收到一个字符就引发接收中断并置标志位。

接收和发送缓冲器的状态被记录在 UART 的状态寄存器（如 UTRSTATn）中，通过读取其状态位即可了解当前接收或发送缓冲器的状态是否满足接收和发送条件。

一般接收和发送缓冲器的 FIFO 字节数 N 可通过编程来选择长度，如 1 字节、4 字节、8 字节、12 字节、14 字节、16 字节、32 字节和 64 字节等。不同嵌入式微控制器芯片的 FIFO 缓冲器最大字节数 N 不同，如 ARM9 的 S3C2410 以及 ARM Cortex-M3 的 LPC1766 为 16 字节，STM32F10x 仅一个字节，而 ARM9 的 S3C2440 为 64 字节。接收和发送 FIFO 的长度由 UART FIFO 控制寄存器决定。

波特率发生器在外部时钟的作用下，通过编程可产生所需要的波特率，最高波特率为 115～200b/s。波特率的大小由波特率系数寄存器或波特比率寄存器决定。

（2）UART 的字符格式

UART 的字符格式如图 2.48 所示，一帧完整的数据帧由起始位、数据位、校验位和停止位构成。起始位占 1 位，数据位可编程为 5～8 位，校验位 1 位，选择无校验则省去 1 位。有校验时可选择奇校验或偶校验，奇校验是指传输的数据位包括校验位在内传输 1 的个数为奇数，偶校验是指传输的数据位包括校验位 1 的个数为偶数。停止位可选择 1 位、1 位半和 2 位。起始位逻辑为 0，停止位逻辑为 1。

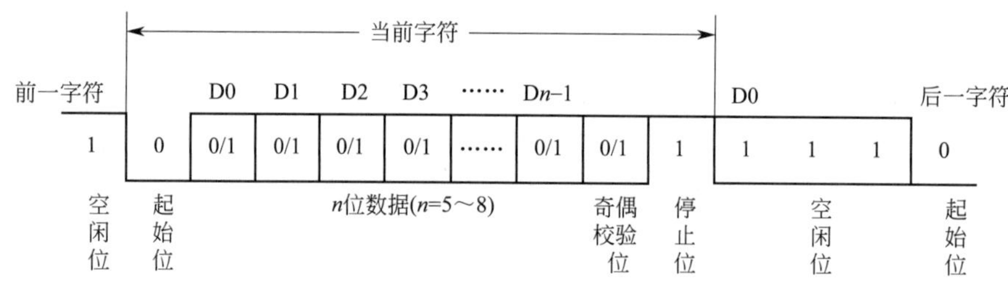

图 2.48　UART 的字符格式

2.6.1.4　通用同步接口（USART）

（1）概述

USART，英文全称 Universal Synchronous/Asynchronous Receiver/Transmitter，即通用同步/异步串行接收/发送器，是 MCU 系统开发中的重要组成部分，利用 USART 可以轻松实现 PC 与嵌入式主控制器的通信，它可以降低硬件资源的消耗，并具有可靠性高、协议简洁、灵活性高的特点，在嵌入式应用领域拥有着很高的地位。STM32F103 系列芯片内置 3 个通用同步/异步收发器（USART1、USART2 和 USART3）和两个通用异步收发器（USART4 和 USART5）。USART 通信接口通信速率可达 4.5Mb/s，其他接口的通信速率可达 2.25Mb/s。其功能框图如图 2.49 所示。

（2）USART 的主要特性

① 可实现全双工的异步通信。

② 符合 NRZ 标准格式。

③ 分数波特率发生器系统：发送和接收共用的可编程波特率，最高 4.5Mb/s。

④ 可编程数据字长度（8 位或 9 位）。

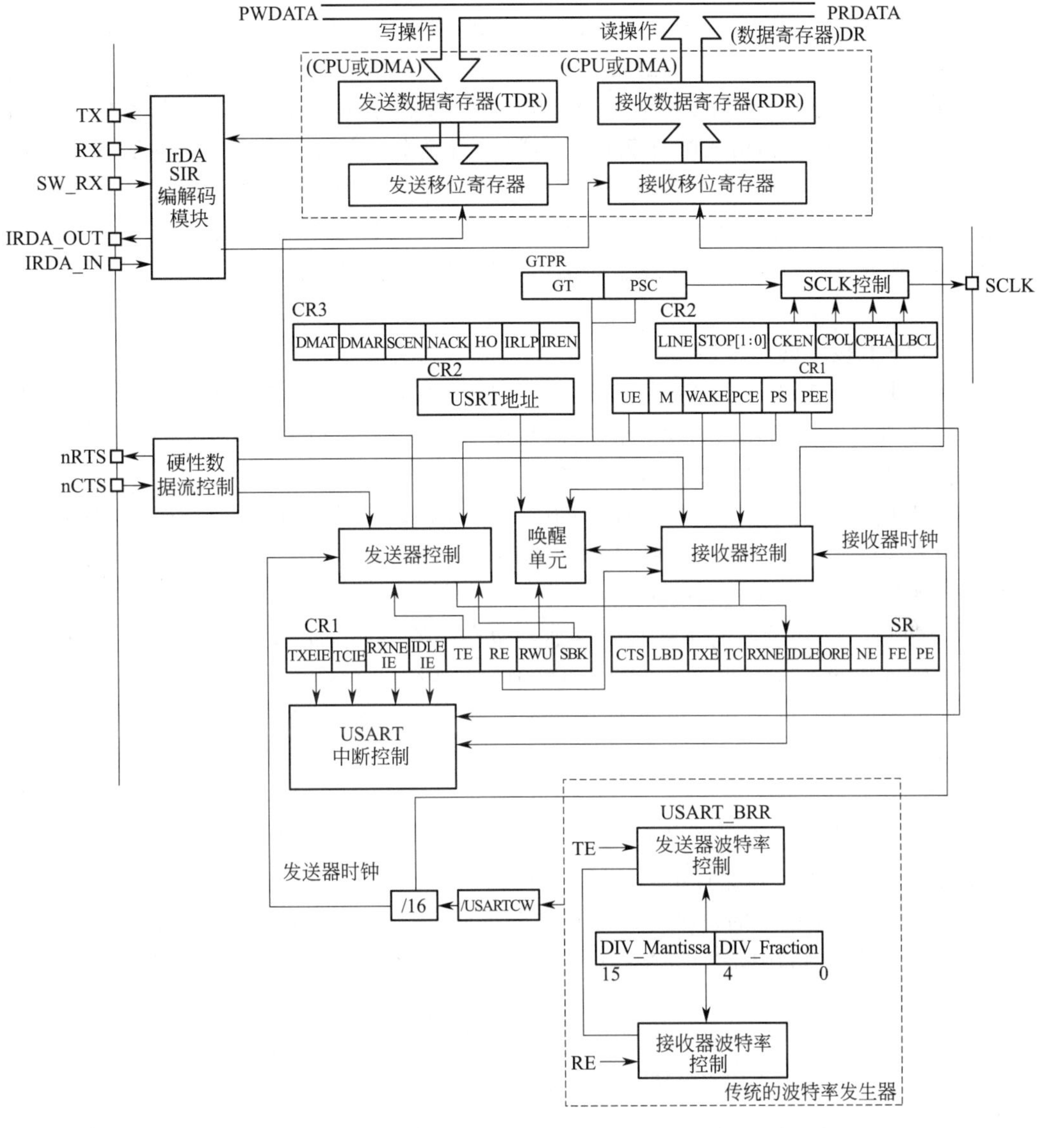

图 2.49　STM32 USART 功能框图

⑤ 可配置的停止位：支持 1 或 2 个停止位。

⑥ LIN 主发送同步断开符的能力以及 LIN 从检测断开符的能力：当 USART 硬件配置成 LIN 时，生成 13 位断开符，检测 10/11 位断开符。

⑦ 发送方为同步传输提供时钟。

⑧ 配备 IRDA SIR 编码器解码器：在正常模式下支持 3/16 位的持续时间。

⑨ 智能卡模拟功能：

a. 智能卡接口支持 ISO 7816—3 标准里定义的异步智能卡协议。

b. 智能卡用到 0.5 和 1.5 个停止位。

⑩ 单线半双工通信。

另外可配置使用 DMA 的多缓冲器通信，如在 SRAM 里利用集中式 DMA 缓冲接收/发送字节。具有校验控制的功能，具有单独的发送器和接收器使能位、三种检测标志（接收缓冲满、发送缓冲器空、传输结束标志)、四个错误检测标志(溢出错误、噪声错误、帧错误、校验错误)、十个带标志的中断源(CTS 改变、LIN 断开符检测、发送数据寄存器空、发送完成、接收数据寄存器满、检测到总线为空闲、溢出错误、帧错误、噪声错误、校验错误)。

可以看到,通用同步异步收发器(USART)提供了一种灵活的方法,从而可与使用工业标准 NRZ 异步串行数据格式的外部设备之间进行全双工数据交换。USART 利用分数波特率发生器提供宽范围的波特率选择。它支持同步单向通信和半双工单线通信,也支持 LIN(局部互联网)、智能卡协议和 IrDA(红外数据组织)SIR ENDEC 规范以及调制解调器(CTS/RTS)操作。它还允许多处理器通信,使用多缓冲器配置的 DMA 方式可以实现高速数据通信。

(3)USART 接口的寄存器

串口最基本的设置就是波特率的设置。STM32 的串口只要开启了串口时钟,并设置相应的串口时钟和 I/O 口的模式,然后配置波特率、数据位长度、奇偶校验位等信息,就可以使用了。本部分主要介绍与串口基本配置直接相关的寄存器。

① 串口时钟使能。串口作为 STM32 的一个外设,其时钟由外设时钟使能寄存器控制,本书使用的 USART1 是 APB2ENR 寄存器中的第 14 位。除了 USART1 的时钟使能位在 APB2ENR 寄存器,其他串口的时钟使能位都在 APB1ENR 寄存器。

② 串口复位。当外设出现异常时可以通过复位寄存器里面的对应位设置,实现该外设的复位,然后重新配置这个外设,让其重新工作。一般在系统刚开始配置外设时,都会先执行复位该外设的操作。USART1 的复位是通过配置 APB2RSTR 寄存器的第 14 位来实现的。APB2RSTR 寄存器的各个数据位如图 2.50 所示,串口 1 的复位设置位在 APB2RSTR 的第 14 位。通过向该位写 1 复位串口 1,写 0 结束复位。其他串口的复位位在 APB1RSTR 里。

③ 串口波特率设置。每一个串口都有一个自己独立的波特率寄存器 USART_BRR,通过设置该寄存器就可以达到配置不同波特率的目的。

④ 串口控制。STM32 的每个串口都有 3 个控制寄存器 USART_CR1~USA-RT_CR3,串口的很多配置都是通过这 3 个寄存器设置的。这些寄存器的各个数据位如图 2.51 所示。

31	30	29	28	27	26	25	24	23	22	21	20	19	18	17	16
保留															

15	14	13	12	11	10	9	8	7	6	5	4	3	2	1	0
ADC3 RST	USART1 RST	TIM8 RST	SPI1 RST	TIM1 RST	ADC2 RST	ADC1 RST	IOPG RST	IOPF RST	IOPE RST	IOPD RST	IOPC RST	IOPB RST	IOPA RST	保留	AFIO RST
rw	rw	rw	rw	rw	rw	rw	rw	rw	rw	rw	rw	rw	rw	res	rw

图 2.50 APB2RSTR 寄存器的数据位

31	30	29	28	27	26	25	24	23	22	21	20	19	18	17	16
保留															

15	14	13	12	11	10	9	8	7	6	5	4	3	2	1	0
保留		UE	M	WAKE	PCE	PS	PEIE	TXEIE	TCIE	RXNE IE	IDLE IE	TE	RE	RWU	SBK
res		rw	rw	rw	rw	rw	rw	rw	rw	rw	rw	rw	rw	rw	rw

图 2.51 USART_CR 寄存器的数据位

USART_CR1 寄存器的高 18 位没有用到,低 14 位用于串口的功能设置。UE 为串口使能位,通过对该位置 1,以使能串口。M 为字长选择位,当该位为 0 时设置串口为 8 个字长

外加 n 个停止位，停止位的个数（n）是根据 USART_CR2 的［13:12］位设置来决定的，默认为 0。PCE 为校验使能位，若设置为 0，则禁止检验，否则使能校验。PS 为校验位选择，若设置为 0，则偶校验，否则为奇校验。TXEIE 为发送缓冲区空中断使能位，设置该位为 1，当 USART_SR 中的 TXE 位为 1 时，将产生串口中断。TCIE 为发送完成中断使能位，设置该位为 1，当 USART_SR 中的 TC 位为 1 时，将产生串口中断。RXNEIE 为接收缓冲区非空中断使能，设置该位为 1，当 USART_SR 中的 ORE 或者 RXNE 位为 1 时，将产生串口中断。TE 为发送使能位，设置该位为 1，将开启串口的发送功能。RE 为接收使能位，用法和 TE 位相同。

⑤ 数据发送与接收。STM32 的发送与接收是通过数据寄存器 USART_DR 来实现的，这是一个双寄存器，包含 TDR 和 RDR。当向该寄存器写数据时，串口就会自动发送，当收到数据时，也存到该寄存器内。该寄存器的各个数据位如图 2.52 所示。

31	30	29	28	27	26	25	24	23	22	21	20	19	18	17	16
保留															

15	14	13	12	11	10	9	8	7	6	5	4	3	2	1	0
保留							DR[8:0]								
							rw	rw	rw	rw	rw	rw	rw	rw	rw

图 2.52 USART_DR 寄存器的数据位

可以从图 2.52 中看出，虽然这是一个 32 位寄存器，但是只用了低 9 位（DR[8:0]），其他都是保留的。DR[8:0] 为串口数据，包含发送或者接收的数据。由于它是由两个寄存器组成的，一个发送用（TDR），一个接收用（RDR），故该寄存器兼具读和写的功能。TDR 寄存器提供了内部总线和输出移位寄存器之间的并行接口。RDR 寄存器提供了输入移位寄存器和内部总线之间的并行接口。

当校验使能位（USART_CR1 中 PCE 位被置位）进行发送时，写到 MSB 的值（根据数据的长度不同，MSB 是数据的第 7 位或者第 8 位）会被后来的校验位取代。当校验使能位进行接收时，读到的 MSB 位是接收到的校验位。

⑥ 串口状态。串口的状态可以通过状态寄存器 USART_SR 读取。USART_SR 的各个数据位如图 2.53 所示。

31	30	29	28	27	26	25	24	23	22	21	20	19	18	17	16
保留															

15	14	13	12	11	10	9	8	7	6	5	4	3	2	1	0
保留						CTS	LBD	TXE	TC	RXNE	IDLE	ORE	NE	FE	PE
						rc w0	rc w0	r	rc w0	rc w0	r	r	r	r	r

图 2.53 USART_SR 寄存器的数据位

这里需要关注两个位，第 5 位（RXNE）和第 6 位（TC）。当 RXNE（读数据寄存器非空）位被置 1 时，就是提示已经有数据被接收到，并且可以读出来。这时需要做的是尽快读取 USART_DR，通过读 USART_DR 可以将该位清 0，也可以向该位写 0，直接清除。当 TC（发送完成）被置位时，表示 USART_DR 内的数据已经被发送完成。如果设置了这个位的中断，就会产生中断。该位也有两种清零方式：读 USART_SR，写 USART_DR；直接向该位写 0。

2.6.1.5 通用串行总线接口（USB）

通用串行通信总线（Universal Serial Bus，USB）是在1994年年底由Intel、Compaq及Microsoft等多家公司联合提出的一种新的同步串行总线标准，目前已成功替代串口和并口，成为现在计算机与大量智能设备的必配接口。USB主要用于PC、智能设备与外围设备的互联，如U盘、移动硬盘、MP4、键盘、鼠标、打印机、数码相机、手机等。

USB版本经历了多年的发展，曾先后公布了四代的USB规范版本，目前已经发展为USB4.0版本。USB标准主要特征如表2.23所示。

表2.23 四代USB标准主要特征

版本	速度	传输方式	供电能力	电缆长度
USB1.0	低速:1.5Mb/s 全速:12Mb/s	两线差分	5V/500mA	<5m
USB2.0	低速:1.5Mb/s 全速:12Mb/s 高速:480Mb/s	两线差分	5V/500mA	<5m
USB3.0	低速:1.5Mb/s 全速:12Mb/s 高速:480Mb/s 超高速:5Gb/s	四线差分	5V/900mA	<5m
USB4.0	低速:1.5Mb/s 全速:12Mb/s 高速:480Mb/s 超高速:40Gb/s	四线差分	100W	<5m

USB1.0是在1996年提出的，速度只有1.5Mb/s，1998年升级为USB1.1，速度提升到了12Mb/s。USB2.0是由USB1.1规范演变而来的，它的传输速率达到了480Mb/s。USB2.0中的增强主机控制器接口（EHCD）定义了一个与USB1.1相兼容的架构，它可以用USB2.0的驱动程序驱动USB1.1设备，也就是说所有支持USB1.1的设备都可以直接在USB2.0的接口上使用而不必担心兼容性问题，并且USB线缆、插头等附件也都可以直接使用。USB3.0的理论速度为5.0Gb/s，USB3.1标准传输速度为10Gb/s，这将极大提升传输速度。USB3.1供电标准提升至20V/5A、100W，能够极大地提升设备的充电速度，同时还能为笔记本、投影仪甚至电视等更高功率的设备供电。USB3.1的接口标准共有三种，分别是USB Type-A、USB Type-B及USB Typc-C，如图2.54(a)所示，USB3.1接口插件的引脚分配如图2.54(b)所示。USB Type-C有望成为统一各接口的标准接口，但它未必支持USB3.1标准，同样使用了USB3.1标准的接口不一定就是USB Type-C接口。目前部分高档的便携式设备只需要内置一个USB Type-C接口，便可满足供电、传输的需求。USB4.0是目前最高版本，它的传输速率达到了40Gb/s；同时采用了Type-C外观形态，并且向下兼容USB3.2/3.1/3.0等；最高支持100W PD供电，涵盖大部分设备的充电功率，解决了外接设备过多带来的供电不足问题。

(1) USB串行总线通信特点

① 热插拔（即插即用），即设备不需重新启动便可以工作。这是因为USB协议规定在主机启动或USB设备与系统连接时都会对设备进行自动配置，无须手动设置端口地址、中断地址等参数。

② 传输速率高。USB1.1的最高速率为12Mb/s，USB2.0高达480Mb/s，USB3.0高

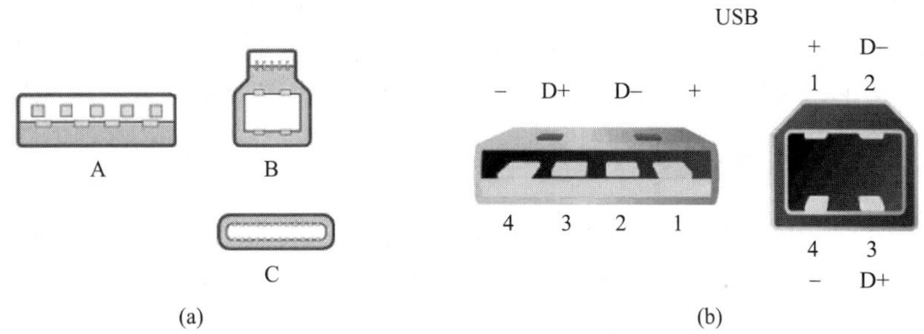

图 2.54　USB 总线端口外形及引脚分配
(a) USB 的三种接口外形；(b) USB 接口引脚分配

达 5Gb/s，USB3.1 高达 10Gb/s。

③ 连接方便、易于扩展。USB 接口标准统一，使用一个 4 针插头作为标准，可通过串行连接或者集线器 Hub 连接 127 个 USB 设备，从而以一个串行通道取代 PC 上一些类似串行口和并行口的 I/O 端口。这样更容易实现嵌入式系统与外设之间的连接，让所有的外设通过协议来共享 USB 的带宽。

④ USB 接口提供了内置电源，在不同设备之间可以共享接口电缆，同时在每个端口都可检测终端是否连接或分离，并能区分高速设备和低速设备。USB 主接口提供一组 5V 的电压，可作为 USB 设备的电源，可基本满足鼠标、读卡器、U 盘等大多数电子设备的供电需求。

⑤ 携带方便。USB 设备多以小、轻、薄见长，对用户来说，随身携带很方便。

一个 USB 接口内部一般由 USB 主接口（Host）、USB 设备（或称为从接口，Device）和 USB 互连操作三个基本部分组成。USB 主接口包含主控制器和内置的集线器，主机通过集线器可以提供一个或多个接入点（端口），USB 设备通过接入点与主机相连；USB 互连操作是指 USB 设备与主机之间进行连接和通信的软件操作。USB 在高速模式下通常使用带有屏蔽的双绞线，而且最长不能超过 5m；而在低速模式时，可以使用不带屏蔽的双绞线或者其他连线，但最长不能超过 3m。USB 主机中的 VBus 和 GND 分别为电源和地，可以给外部设备提供 5V 的电源。注意，USB 设备中的电源端 VBus 采用无源形式。

USB 采用单极性、差分、不归零编码方式，支持半双工通信的串行数据传输。按照 USB 协议，通过 USB 主机与 USB 设备之间进行的一系列握手过程，USB 主机可知道设备的情况并知道该如何与 USB 设备通信，还可为 USB 设备设置一个唯一的地址。常见的 USB 接口支持同步传输、中断传输、批量输出和控制传输四种信息传输方式。

(2) USB 接口的基本工作过程

① USB 设备接入 USB 主机后（或有源设备重新供电），USB 主机通过检测信号线上的电平变化判断是否有 USB 设备接入；

② USB 主机通过询问 USB 设备获取确切的信息；

③ USB 主机得知 USB 设备连接到哪个端口上并向这个端口发出复位命令；

④ USB 设备上电，所有的寄存器复位并且以默认地址 0 和端点 0 响应命令；

⑤ USB 主机通过默认地址 0 与端点 0 进行通信并赋予 USB 设备空闲的地址，USB 设备可对该地址进行响应；

⑥ USB 主机读取 USB 设备状态并确认 USB 设备的属性；

⑦ USB 主机依照读取的 USB 设备状态进行配置，如果 USB 设备所需的 USB 资源得以

满足，就发送配置命令给 USB 设备，该 USB 设备就可以使用了；

⑧ 当通信任务完成后，USB 设备被移走时（无源 USB 设备拔出 USB 主机端口或有源 USB 设备断电），USB 设备会向 USB 主机报告，USB 主机关闭端口并释放相应资源。

2.6.1.6 RS-232 标准串行通信

RS-232C 接口是由美国电子工业协会联合贝尔系统、调制解调器厂家及计算机终端生产厂家共同制定的用于串行通信的标准。它的全名是“数据终端设备（DTE）和数据通信设备（DCE）之间串行二进制数据交换接口技术标准”，该标准规定采用一个 25 个脚的 DB-25 连接器，对连接器的每个引脚的信号内容加以规定，还对各种信号的电平加以规定。后来 IBM 的 PC 将 RS-232C 简化成了 DB9 连接器，从而成为事实标准。而工业控制的 RS-232C 接口一般只使用 RXD、TXD、GND 三条线。这是应用最广泛的串行通信标准。

RS-232C 全称是 EIA-RS-232-C 协议，RS（Recommended Standard）代表推荐标准；232 是标识号，由于在两个 RS-232 机器或设备连接时，DB9 连接器或 DB25 连接器的一方的 2 脚与对方的 3 脚连接，3 脚与对方的 2 脚连接，因此而得名；C 代表 RS-232 的最新一次修改。RS-232C 接口最大传输速率为 20Kb/s，线缆最长为 15m。

（1）RS-232C 引脚及其含义

RS-232 目前大部分使用 9 针的 DB-9 连接器，9 个引脚的定义如表 2.24 所示。

表 2.24　9 针 D 型插座 DB-9 引脚含义

引脚号	名称	含义
1	CD	载波检测(输入)
2	RXD	接收数据线(输入)
3	TXD	发送数据线(输出)
4	DTR	数据终端准备好(输出)，计算机收到 RI 信号，作为回答，表示通信接口已准备就绪
5	GND	信号地
6	DSR	数据装置准备好(输入)，即 Modem 或其他通信设备准备好，表示调制解调器可以使用
7	RTS	请求发送(输出)，由计算机到 Modem(调制解调器)或其他通信设备，通知外设(Modem 或其他通信设备)可以发送数据
8	CTS	清除发送(输入)，由外部(Modem 或其他通信设备)到计算机，Modem 或其他通信设备认为可以发送数据时，发送该信号作为回答，然后才能发送
9	RI	振铃指示(输入)，Modem 若接到交换机送来的振铃呼叫，就发出该信号来通知计算机或终端

（2）RS-232C 逻辑电平及其转换

RS-232 标准对信号的逻辑电平也有相应的规定。RS-232C 定义的 EIA 电平采用负逻辑，即以±15V 的标准脉冲实现信息传送。在 RS-232C 标准中，规定－15～－3V 为逻辑 1，而将＋3～＋15V 规定为逻辑 0。要求接收器能将高于＋3V 的信号作为逻辑 0，低于－3V 信号作为逻辑 1。该标准的噪声容限为 2V，以增强抗干扰能力。

由于 RS-232C 的逻辑电平与 UART 逻辑电平（CMOS 或 TTL）不兼容，因此在与 UART 相连时必须进行有效的电平转换。实现这一电平转换的传统芯片主要有 MC1488（SN75188）和 MC1489（SN75189）以及 MAX232 等，目前通常采用单电源供电的 RS-232 逻辑电平转换芯片 MAX232 等。

单一电源供电的 RS-232C 转换器又分＋5V、＋3.3V 电源供电的转换芯片，分别可用于＋5V 的 I/O 和＋3.3V 的 I/O 系统的逻辑电平转换。MAX232、SP232 为 5V 供电的转换芯片，MAX3232、SP3232 为 3.3V 供电的转换芯片，可根据需要选择。RS-232 转换芯片如图 2.55 所示。

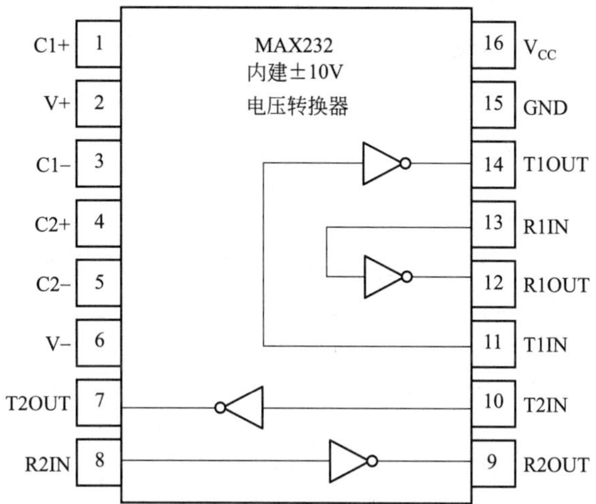

图 2.55　MAX232/MAX3232 芯片引脚

使用时，电容的值对于不同型号有所不同。如 MAX220 用 4.7μF，MAX232 用 1μF，而 MAX232A 仅需 0.1μF。MAX232 逻辑电平转换的关系为：

① TTL/CMOS 输出逻辑 0：当 T1IN 为 0～1.4V 时，T1OUT 输出为＋10V 左右；

② TTL/CMOS 输出逻辑 1：当 T1IN 为 2～V_{CC}－0.2V 时，T1OUT 输出为－10V 左右；

③ RS-232C 输入逻辑 0：当 R1IN 为＋3～＋15V 时，R1OUT 输出为 0～0.4V；

④ RS-232C 输入逻辑 1：当 R1IN 为－15～－3V 时，R1OUT 输出为 3.5V～V_{CC}－0.2V。

在嵌入式系统中的串行接口连接示意如图 2.56 所示。嵌入式处理器内置 UART 经过 RS-232 的电平转换，转换成 RS-232 的逻辑电平，连接到外部 DB9 连接器上，最后用电缆连接到连接器上方可实现嵌入式系统之间或与 PC 之间或 RS-232 设备间的串行通信。

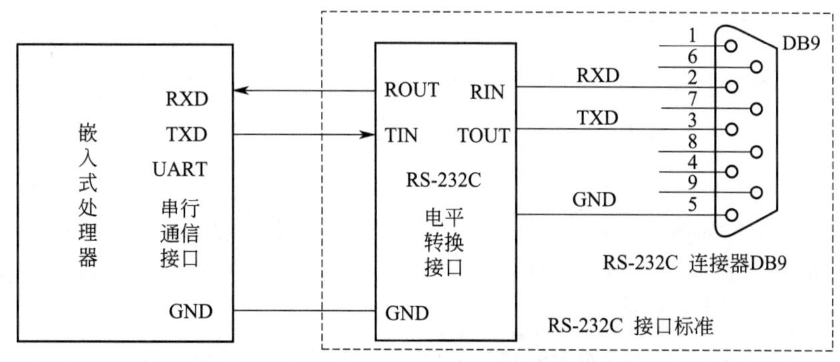

图 2.56　嵌入式微控制器构建 RS-232 接口

2.6.1.7　RS-485 标准串行通信

通常的嵌入式处理器都集成有 1 路或多路硬件 UART 组件，可以非常方便地实现串行通信。在工业控制、电力通信、智能仪表等领域中，也常常使用简便易用的串行通信方式作为数据交换的手段。

但是，在工业控制等环境中，常会有电气噪声干扰传输线路，使用 RS-232 通信时经常因外界的电气干扰而导致信号传输错误；另外，RS-232 通信的最大传输距离在不增加缓冲器的情况下只可以达到 15m。为了解决上述问题，RS-485/422 通信方式应运而生。

（1）RS-232/RS-422/RS-485 标准

RS-232、RS-422 与 RS-485 最初都是由电子工业协会制定并发布的。RS-232 在 1962 年发布，命名为 EIA-232-E，作为工业标准，以保证不同厂家产品之间的兼容。RS-422 是由 RS-232 发展而来的，它是为弥补 RS-232 之不足而提出的。为改进 RS-232 通信距离短、速率低的缺点，RS-422 定义了一种平衡通信接口，将传输速率提高到 10Mb/s，传输距离延长到 1.2km（速率低于 100Kb/s 时），并允许在一条平衡总线上连接最多 10 个接收器。RS-422 是一种单机发送，多机接收的单向、平衡传输规范，被命名为 TIA/EIA-422-A 标准。为扩展应用范围，EIA 又于 1983 年在 RS-422 基础上制定了 RS-485 标准，增加了多点、双向通信能力，即允许多个发送器连接到同一条总线上，同时增加了发送器的驱动能力和冲突保护特性，扩展了总线共模范围，后命名为 TIA/EIA-485-A 标准。由于 EIA 提出的建议标准都是以“RS”作为前缀，所以在通信工业领域，仍然习惯将上述标准以 RS 作前缀，即 RS-485。

RS-232、RS-422 与 RS-485 标准只对接口的电气特性做出规定，而不涉及接插件、电缆或协议，在此基础上用户可以建立自己的高层通信协议。但由于 UART 通信协议也规定了串行数据单元的字符格式（8-N-1 格式）：1 位逻辑 0 的起始位，5/6/7/8 位数据位，1 位可选择的奇（ODD）/偶（EVEN）校验位，1～2 位逻辑 1 的停止位。基于 UART 的 RS-232、RS-422 与 RS-485 标准均采用同样的通信协议。表 2.25 为 RS-232、RS-422、RS-485 的主要性能比较。

表 2.25　RS-232、RS-422、RS-485 主要性能比较

标准	RS-232	RS-422	RS-485
工作方式	单端	差分	差分
节点数	1 发，1 收	1 发，10 收	1 发，32 收
最大传输电缆长度	15m	1200m	1200m
最大传输速率	20Kb/s	10Mb/s	10Mb/s
输出逻辑电平	逻辑 1，−10～−5V 逻辑 0，+5～+10V	逻辑 1，+2～+6V 逻辑 0，−6～−2V	逻辑 1，+2～+6V 逻辑 0，−6～−2V
有效的逻辑电平	逻辑 1，−15～−3V 逻辑 0，+3～+15V	逻辑 1，+200mV～+6V 逻辑 0，−6V～−200mV	逻辑 1，+200mV～+6V 逻辑 0，−6V～−200mV
接收器输入门限	±3V	±200mV	±200mV

RS-485 标准通常被作为一种相对经济、具有相当高噪声抑制、相对高的传输速率、传输距离远、宽共模范围的通信平台。同时，RS-485 电路具有控制方便、成本低廉等优点。

（2）RS-485 接口及其连接

Maxium 公司和 Sipex 公司的 RS-485 芯片是目前市场上应用最多的，如 Maxium 的 RS-485 芯片 MAX485（5V 供电）、MAX3485（3.3V 供电）、Sipex 的 RS-485 芯片 SP485（5V 供电）、SP3485（3.3V 供电）等。RS-485 应用大部为半双工方式，也有支持全双工的 485 接口芯片，如 8 个引脚不带收发使能端的 MAX490、SP490、SP3490、MAX3490，14 引脚带收发使能端的 MAX491，MAX3491、SP491 和 SP3491 等。典型 RS-485 芯片外形及引脚如图 2.57 所示。

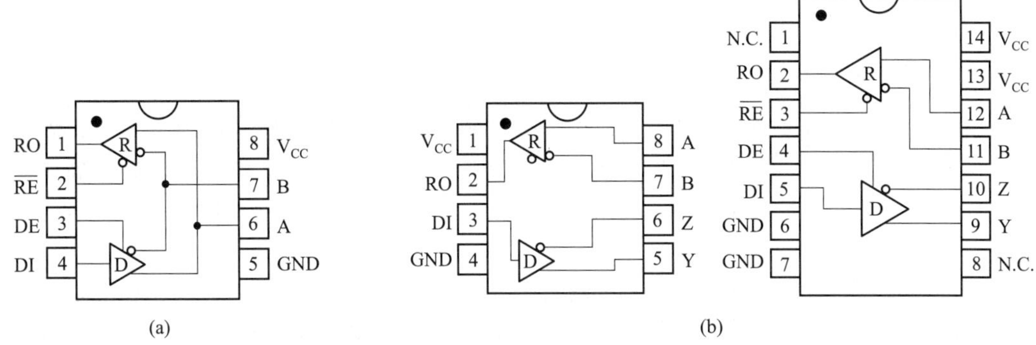

图 2.57　典型 RS-485 接口芯片外形及引脚

(a) 半双工 485 接口芯片；(b) 全双工 485 接口芯片

RS-485 标准采用差分信号传输方式，因此具有很强的抗共模干扰能力，其逻辑电平为当 A 的电位比 B 高 200mV 以上时为逻辑 1，而当 B 的电位比 A 高 200mV 以上时为逻辑 0，因此典型 RS-485 接口传输距离可达 1.2km。典型半双工 RS-485 接口芯片相互连接如图 2.58 所示，全双工 RS-485 接口芯片相互连接如图 2.59 所示。

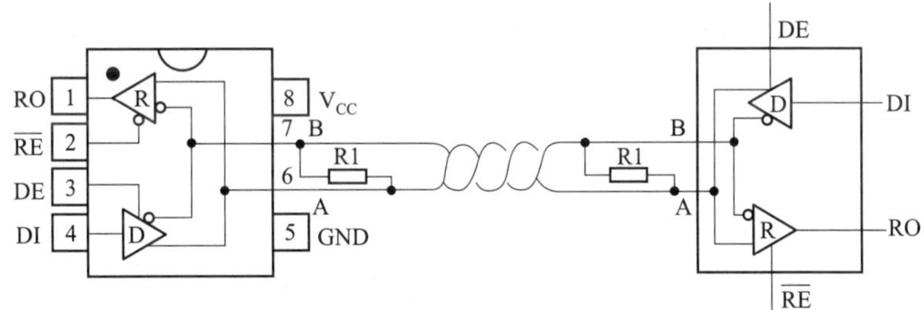

图 2.58　半双工双机通信 RS-485 接口连接

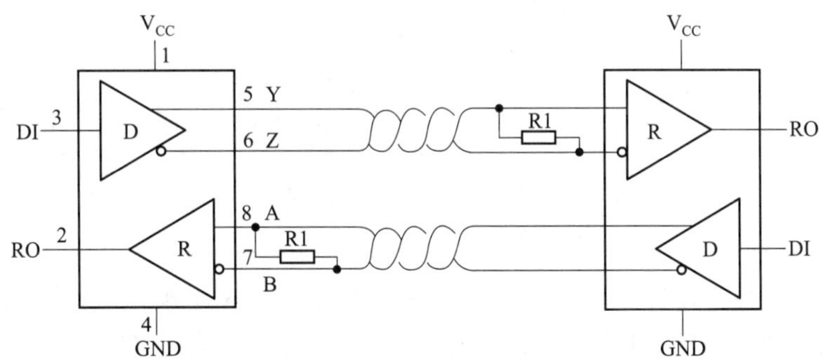

图 2.59　全双工双机通信 RS-485 接口连接

RO 和 DI 分别为数据接收端和数据发送端（TTL/CMOD 电平）。$\overline{RE}$ 为接收使能，低电平有效。DE 为发送使能，高电平有效。MAX485、SP485 是半双工的 RS-485 接口芯片，A 端和 B 端为 RS-485 差分输入/输出端，A 为信号正“+”，B 为信号负“−”。

RS-485 接口采用同名端相连的方法，其中 Rt 为阻抗匹配电阻，约 120Ω，以消除传输过程中电波反射产生的干扰。在与系统连接时，RO 接串行通信接口的输入端，DI 接输出，$\overline{RE}$ 和 DE 通常用一个控制引脚来控制接收和发送方向。

2.6.2 网络通信接口

2.6.2.1 以太网协议（EtherNet）

EtherNet（以太网）协议，用于实现链路层的数据传输和地址封装（MAC），由 DIX 联盟（Digital、Intel、Xerox）开发。以太网协议的本质是一种链路层协议，而非局域网或互联网式的网络结构。此外还有其他链路层协议，如令牌网、总线网、FDDI 网等。

（1）概述

以太网协议源于 Xerox 公司，最早描述出现在一篇名为“Ethernet：Distributed Packet Switching for Local Computer Networks”的文章中。以太网中的以太（Ether）指一种传输介质。这是一种假想的介质，曾被认为是电磁波的传播介质，其存在性已被否定，但其名字在术语“以太网”中还保留着。

以太网标准是 IEEE 802 标准中的一个标准，定义了网络物理层的可选方法以及规定计算机如何共享网络的介质访问控制方法。标准中所描述的物理层包括了收发器的电气规范和连接器及电缆的电气和物理规范。介质访问控制包括每个计算机如何知道何时可传送信息、计算机如何确认传输的目标接收方。

（2）帧

以太网中的所有数据都是以帧的形式传输的。一帧包括数据域以及其他用于帮助数据到达目的地和目的计算机判断到达的数据是否完整的信息。以太网控制器的硬件把要传送的数据放在帧中传输，并提取和存储接收帧中的信息。

表 2.26 列出了 IEEE 802.3 以太网帧的各个域。这些域为要传送的数据附加了同步比特、寻址信息、检错序列及其他标识信息。

表 2.26 IEEE 802.3 以太网帧的各个域

域	长度/Byte	用途
先导	7	同步模式
起始帧分割符	1	同步模式结束
目的地址	6	帧指向的以太网硬件地址
源地址	6	发送方的以太网硬件地址
长度或类型	2	如果≤1500(05DCH)，表示以字节为单位的数据域长度； 如果≥1536(0600H)，表示数据域内的内容所使用的协议
数据	46～1500	源地址要发送到目的地址的信息
帧检测序列	4	差错检测值

① 先导和起始帧分隔符。先导和起始帧分隔符域共同起作用，所提供的预测比特模式使 10Mb/s 网络上的接口能与要传送的新帧保持同步或时序匹配。在任何数据链接中，接收接口都需要知道何时读取被传送数据中的各比特（bit，数据位）。某些接口（如 IC）是同步接口，所有器件共享一个时钟。使用 IC 时，发送器件在时钟低电平时写入比特，接收器件在时钟高电平时读取比特。其他接口（如以太网）是异步接口，不共享时钟。使用 UART（Universal Asyn-chronous Receiver Transmitter，通用异步收发器）的 RS-232 和其他串行接口都是异步的。每个发送的数据都从一个起始比特开始，接收方以起始比特的边沿作为时间参考点，预测何时读取其后各比特。RS-232 在起始比特后一般有 8 比特或 9 比特。与此相反，一个以太网帧可包含 1000 比特。但仅检测帧前部单个电压的变化不足以使接口可靠地预测何时读取其后的所有比特。对于 10Mb/s 的以太网，解决方案是以一个已知的比特模式作为每个帧

的开头。该比特模式包含了多次过渡，接收接口利用这些模式与传输帧的时钟同步或锁定。先导和起始帧分隔符域提供了这种模式。先导域由 7 个相同的字节组成，每个字节的值都为 10101010。起始帧分隔符域在先导域之后，由 10101011 组成。在检测到先导域的第一次过渡后，接收接口通过其后的过渡比特与发送接口的时序保持同步状态。起始帧分隔符域的最后 2 比特标志先导域的结束。更快的以太网接口使用不同的方法来实现同步，但都包括了可兼容的先导域。在早期的 DIX 标准中，先导帧有 64 比特，包括起始帧字节。而 802.3 标准把起始帧定义为一个独立的域。在这两个标准中，所发送的比特模式是相同的。

② 目的地址。每个以太网接口都有 48 比特物理或硬件地址，用于标识网络上的接口。目的地址域包含帧的目标接收方的物理地址。接收方可以是单一的接口或以组播地址标识的一组接口，也可以是以广播地址标识的网络中的所有接口。网络中每个接口都从所接收的帧中读取目的地址。如果目的地址不符合接口的物理地址或者不符合接口所配置的组播或广播地址，则接口忽略所接收帧的其余部分。目的地址的头两个传输位具有特殊的意义。如果是单一接口的地址，则首位为 0；如果是组播或广播地址，则首位为 1。广播地址全为 1，指向网络中的每个接口。组播地址为接口之间的通信提供了途径。配置组播组中的接口，使其可接收发送到特定组播地址的帧。如果地址由接口厂商设定，则目的地址的第二位为 0，一般情况下是这样。在 802.3 标准中，如果地址由本地管理，则目的地址的第二位为 1。在 DIX 标准中，第二位永远是 0。

③ 源地址。源地址域包含了 48 比特发送接口物理地址。如果要详细了解以太网地址，请看前面的“目的地址”部分。

④ 长度或类型。长度或类型域是 16 比特的，可表示两种意思：可表示数据域中有效数据的字节数，或表示其后域中的数据所使用的协议。如果长度或类型域的值小于或等于 1500（05DCH），则表示长度，数据域必须包含 46～1500 字节；如果有效或有用数据小于 46 字节，则长度域表示有效数据的字节数。如果长度或类型域的值大于或等于 1536（0600H），则表示数据域中的内容所使用的协议。在 IANA（Internet Assigned Numbers Authority，互联网编号分配权威机构）的网站上一个联机的数据库里，为不同协议规定了具体的值。IP 协议的值是 800h，而从 1501～1535 的值还未定义。DIX 标准把这个域只定义为类型，原始的 IEEE 802.3 标准把这个域只定义为长度。现在的 802.3 标准允许这两种用法。

⑤ 数据。数据域的内容是帧存在的理由，数据就是发送接口要传送的信息。数据域必须在 46～1500 字节之间。如果要传送的数据小于 46 字节，则该域必须加入填充字节，使数据长度达到 46 字节；如果要传送的数据大于 1500 字节，则以多帧来传递。正如本章前面所述，数据域除了包含要传送的原始数据以外，还包含其他附加信息。这些信息一般在数据前面的报头里。只要数据域的长度符合要求，以太帧不会关心数据域中的内容。数据或信息体的大小等于该信息大小减去数据域中的所有报头或其他补充信息大小。除了先导和起始帧分隔符字段以外，一个以太帧至少要有 512 比特（64 字节），这是有 46 字节数据的帧的大小。接收接口不会理会小于该最小值的帧。

⑥ 帧检测序列。FCS（Frame Check Sequence，帧检测序列）字段使接收接口可检测所接收帧中的错误。网络中的电气噪声或其他问题会损坏帧的内容。接收接口可利用帧检测序列字段中的 32 比特的 CRC（Cyclic Redundancy Check，循环冗余检测）值来检测受损的数据。发送接口对要发送的数据进行 CRC 计算，并把结果放置于帧检测序列字段中。接收接口对所收到的数据进行相同的计算。如果结果相同，则接收到的帧与发送的帧相同。发送和接收方的 CRC 计算一般由以太网控制器硬件完成。当检测到接收帧中的错误时，控制器一

般会将状态寄存器中的某位置1。

（3）介质访问控制

在使用半双工接口的以太网中，同时只有一个接口可传送数据，所以各接口需要通过某种方式决定何时能够传送。以太网标准描述了确定传送接口的方式，称为介质访问控制（Media Access Control），其作用是决定何时传送数据。

在某些网络中，一台计算机作为主机，其他计算机只有收到来自主机的许可之后才能传输，USB接口使用的就是这种介质访问控制方式。在令牌传递网络中，计算机轮流传送数据。令牌就像一个寄存器比特或一系列比特，计算机设置这些比特，表示拥有控制权，只有持有令牌的计算机可传送数据。计算机完成数据传送后，将令牌传递给另一个计算机。IEEE 802.5中描述的令牌环网络是令牌传递网络的一个实例。

以太网使用的介质访问控制方式称为载波侦听多路访问/冲突检测（CSMA/CD）。这种方式允许所有接口在网络空闲时都可传送数据，如果两个或多个接口同时传送数据，则都需要等待，然后再试。

研究构成CSMA/CD的英文单词可理解该术语。载波（Carrier）一词来源于无线电领域，在该领域中，音频广播驮载在高频信号上，这种高频信号称为载波。但是以太网的载波并不是这个意思，而是指接口传送数据时，信道中出现电波信号的情况。载波侦听（Carrier Sense）指要传送数据的接口必须监视或检测网络何时空闲，用无载波表示网络空闲。多路接入（Multiple Access）表示没有控制网络通信的接口。任何接口均可将数据传送到至少空闲了大量时间的网络上，空闲时间定义为帧间隙（IFG，Interframe Gap）。在10Mb/s网络中，IFG等于96比特的时间，相当于9.6μs。

以太网控制器通常处理帧的发送和接收，包括检测冲突，决定冲突后重传的时间。CPU将要传送的数据写到控制器可访问的存储器中，控制器将接收到的数据存到CPU可访问的存储器中，CPU通过中断或表决获知传输成功或失败以及接收数据的到达。

（4）物理地址

为了在以太网上传送以太帧，计算机将其物理地址放置在源地址字段中，并将目的地的物理地址放置在目的地址字段。物理地址分为两个部分：24比特的OUI（Organizationally Unique Identifier，机构唯一标识符）和附加的24比特。OUI用于标识接口厂商，附加的24比特用于唯一确定硬件。通过付费，IEEE赋予使用OUI的权利。为PC机或嵌入式系统模块购买的拥有以太网接口的接口卡，其物理地址一般都烧录到硬件中。如果使用以这种方式提供的地址，则可确定该地址不会与其他要通信的接口地址相同。

如果想分配一个不同的、本地管理的地址，则可使用某些允许改变地址的产品。物理地址一般表示成6个十六进制的字节，如00-90-C2-C0-D3-EA。其中，00-90-C2是OUI，C0-D3-EA是OUI拥有者为特定硬件分配的唯一值。每个字节的值可以是0～255之间的值。IEEE 802.3标准和其他标准使用更精确的术语Octet（8位字节）来代替Byte（字节）。在常见用法中，两种术语都表达了8比特值，但字节的另一种定义是“足够容纳一个字符的数据长度”，所以该值会随计算机系统的不同而不同。

有时，发送计算机并不知道接收计算机的物理地址。为了获取对应局域网中IP地址的物理地址，计算机可使用ARP协议（Address Resolution Protocol，地址解析协议）发送广播信息。为了获取对应互联网域名的IP地址，发送计算机可使用DNS协议向域名服务器发送请求。当需要与不在局域网（包括互联网）内的计算机发生通信时，接口将以太帧发送到局域网的路由器，路由器按需要将数据送到其通道上。

(5) 以太网驱动程序和控制器

在以太网中，网络接口由一个以太网控制芯片及其驱动程序组成。以太网驱动程序包含管理控制器芯片与网络协议栈中上一层之间通信的程序代码。为了在以太网上传送 IP 数据报，IP 层将数据报传递给以太网控制器的驱动程序。驱动程序指示以太网控制器传送以太帧，以太帧包含以太网帧头和 IP 数据报，以太网帧头在 IP 数据报前，其中包含寻址和检错信息，如图 2.60 所示。图中，以太网控制器在将 IP 数据报传送到网络之前，在 IP 数据报前增加以太网帧头；反方向，以太网控制器在将 IP 数据报传递到 IP 层之前去掉以太网帧头。

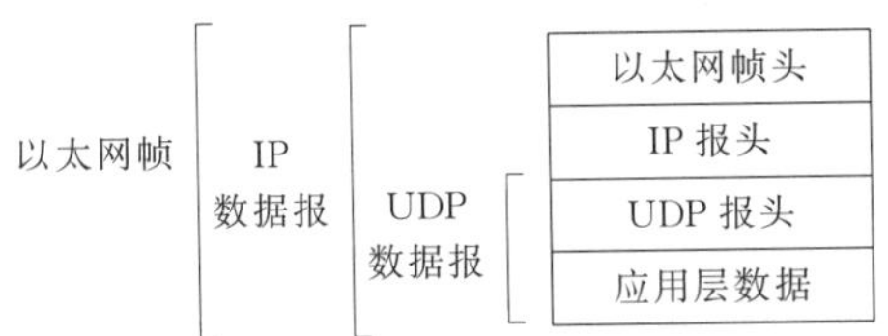

图 2.60 以太网数据

在接收来自网络的 IP 数据报时，以太网控制器检查目标地址是否与接口硬件地址或者控制器可接收的组播或广播地址一致。如果一致，则控制器检查错误，驱动程序把数据报或出错指示传递给 IP 层。

以太网标准中的 10 BASE-T 介质系统规范是目前流行的网络化嵌入式系统配置所遵循的规范。10 BASE-T 网络使用双绞电缆，网速为 10Mb/s，是很多具有以太网功能的模块所内建的支持功能。目前支持以太网的标准 PC 机都支持 10 BASE-T。

在 10 BASE-T 网络中，将嵌入式系统连接到 PC 机需要以下组件：

① 支持以太网且具有 10 BASE-T 接口的 PC 机。如果 PC 机上没有 10 BASE-T 接口，则可有以下选择：再加入一个可插在计算机内部 PCI 总线上的网络接口，或者使用可附加到 USB 接口的 USB/以太网适配器或插在 PC 机插槽（PCMCIA）的以太网/PC 卡适配器。很多 10 BASE-T 接口（如其他双绞线以太网接口）使用 RJ-45 插头，如图 2.61 所示。RJ-45 与电话插头的设计类似，但它是 8 线的，不是 4 线的。

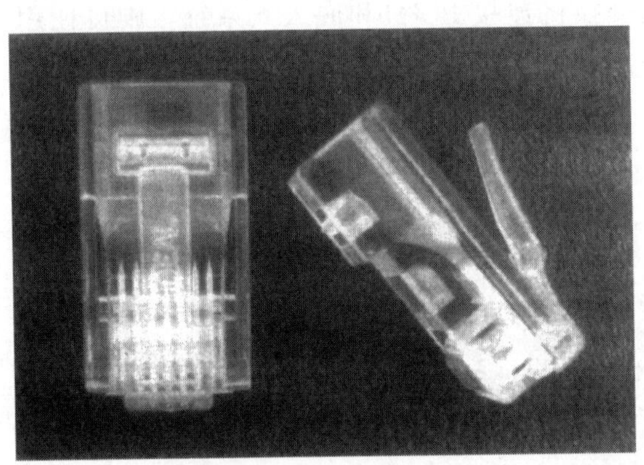

图 2.61 双绞线介质系统使用 8 线的 RJ-45 插头

② 以太网控制器。嵌入式系统必须有以太网控制器。该以太网控制器可以是独立的芯片，或者是完成其他功能的芯片的一部分。Realtek PTL8019AS 就是一种流行的 10 BASE-

T 系统控制器芯片。此外市面上还有具有以太网功能的模块，这些模块都含有以太网控制器及其相关组件。如果想从头开始设计自己的电路，则可参考生产控制器芯片的厂商提供的该芯片的电路图实例和应用注意事项。

③ 连接 PC 机和嵌入式系统的电缆、重发型集线器、以太网交换机以及连接电缆。电缆的数量和类型取决于 PC 机和嵌入式系统是直接相连，还是通过重发型集线器或交换机相连，图 2.62 展示了这两种选择。图中，嵌入式系统连接到 PC 机的 10 BASE-T 以太网接口，可使用渡线电缆直接连接，或使用直通或 1-1 型电缆连接到重发型集线器或交换机。

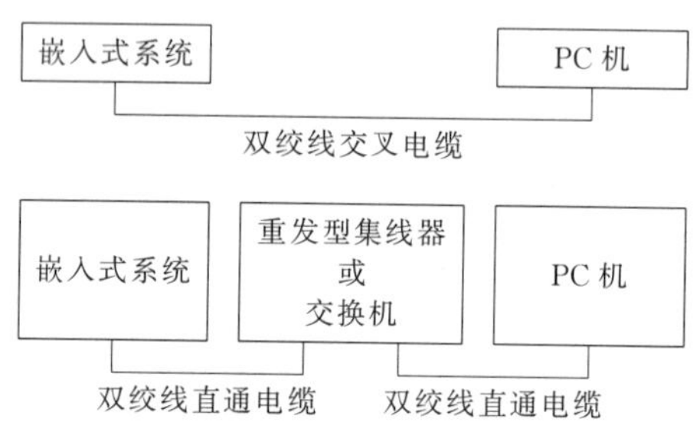

图 2.62 嵌入式系统连接到 PC 机的 10 BASE-T 以太网接口

双绞以太网电缆适用于两种连接配置：直通型（也称为 1-1 型）和交叉型。在直通电缆中，电缆两端两个接头的连接相同。例如，两个接头都是 6 针接绿线，2 针接橙线。在交叉电缆中，电缆两端两个接头的引线是互换的。例如，电缆一端接头 2 针接橙线，6 针接绿线；而另一端接头 2 针接绿线，6 针接橙线。

如果 PC 机与嵌入式系统直接连接，则只需一根 3 类或更高类的交叉型电缆。在高速应用中，IEEE 802.3 标准推荐使用 5e 类电缆。如果最终会使用更高速的网络，则使用 5e 类或第 6 类电缆更好。在某些有电气噪声的环境里，使用 5 类电缆更好。可供使用的交叉型电缆有很多。这种电缆的两端分别需要一个 RJ-45 插头，最长可达 100m。

如果 PC 机已经联网，或者要将多个嵌入式系统连接到 PC 机，则须使用重发型集线器和以太网交换机。这些设备都有多个连接点，可连接多条电缆，如图 2.63 所示。如果通过重发型集线器或以太网交换机连接 PC 机和嵌入式系统，则可使用 3 类或更高类的直通电缆，也可使用 5、5e 和 6 类电缆。

图 2.63 集线器

其他 PC 机或嵌入式系统可连到重发型集线器或交换机的其余端口，可供使用的重发型集线器和交换机也有很多。一般情况下，如果要使用重发型集线器或交换机，只需连接电缆、电源，设备就可以。

④ 其他选择。虽然 10 BASE-T 网络很流行，但并不能满足所有需要。某些网络需要更快的通信或不同的电缆类型。如果 10Mb/s 不够快，则可升级到 100Mb/s 的快速以太网。这时应使用 5 类线或更好的线。千兆位以太网使用同样类型的电缆，但因为接口很新，所以

控制器芯片和其他硬件的选择有限。为了充分利用更高的速度，互相通信的计算机间的所有重发型集线器或交换机必须能支持更高的速率。光缆优于双绞电缆，具有抗电气干扰和光损坏的特性，并能防止由于利用直接或电磁耦合来监视而产生安全问题，支持更长的缆线长度。它的不足是缆线、重发型集线器、交换机和接口都更昂贵。如果想把带双绞接口的嵌入式系统连接到带光纤接头的重发型集线器或交换机，则可使用相应的转换模块。10Mb/s 网络的另一种选择是同轴电缆。同轴电缆在以太网中的使用并不普遍，因为它只限于 10Mb/s，而双绞电缆既便宜又简单。但如果要连接到已使用同轴电缆的现有网络，则要求连接到网络的设备具有兼容的接口。一些重发型集线器除了有 RJ-45 插头外，还有可连接同轴电缆的 BNC 接头，以便双绞接口连接到同轴电缆网络。

2.6.2.2 传输控制协议/网际协议（TCP/IP）

TCP/IP 传输协议，即传输控制/网络协议，也叫作网络通信协议。以协议栈中两个最重要的协议命名，包括传输控制协议（Transmission Control Protocol，TCP）和网际协议（Internet Protocol，IP）。TCP/IP 传输协议对互联网中各部分进行通信的标准和方法进行了规定。并且，TCP/IP 传输协议是保证网络数据信息及时、完整传输的两个重要的协议。TCP/IP 传输协议严格来说是一个四层的体系结构，应用层、传输层、网络层和数据链路层都包含其中。

（1）TCP/IP 模型概述

TCP/IP 的对应模型是在 OSI 模型的基础上简化了四层而得到的，并且在其中还增加了物理层，如图 2.64 所示。此图描绘了（用户数据）从顶层协议到以太网的封装过程，以及经过各层封装后的专有名称。

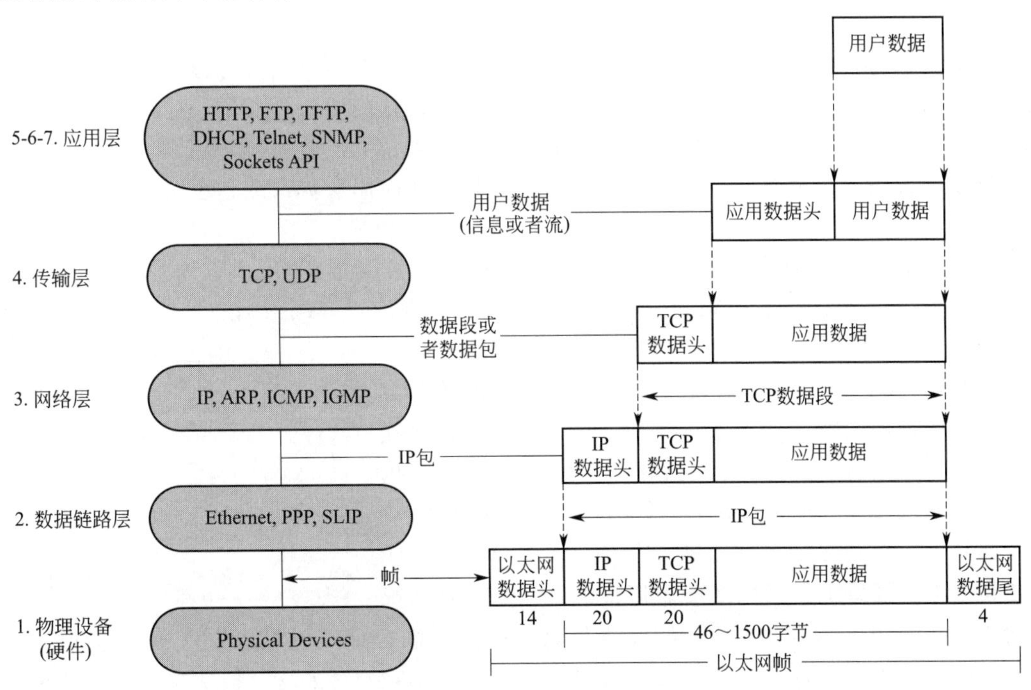

图 2.64 TCP/IP 模型

由图可以看出，协议要求在各层数据的头部和尾部插入选择控制信息。例如，在应用层和传输层之间，常常使用分组交换技术，由应用程序生成的数据被传送给传输层，并在应用数据的有效载荷之前添加额外的头信息，然后与应用数据一同封装起来，这个过程在模型中的每一层都相同。如图 2.65 所示为数据从一层传送到另一层的封装机制。

图 2.65　包封装

当信息在协议栈中上下传输时，数据在不同的结构中封装和解封装（添加或者除去特定的头信息），这些结构通常称为数据包（TCP 数据包、IP 数据包、以太网数据包）。然而，对于每种类型的包或者封装都有特定的术语，如表 2.27 所示。

表 2.27　封装类型

协议层	协议层序号	封装术语
数据链路层	2	帧(以太网)
网络层	3	数据包
传输层	4	TCP-数据段 UDP-数据段
应用层	5-6-7	数据

表 2.27 所列的数据包封装机制广泛应用于 IP 协议族。在每一层添加自己的头信息，有时还添加尾信息。被附加信息包装后的信息形成新的数据类型（数据报、数据段、数据包、帧）。TCP/IP 协议栈的技术标准由互联网工程任务组（Internet Engineering Task Force，IETF）管理，这是一个开放的标准组织，IETF 在 RFC（Request for Comments）中描述了适用于 TCP/IP 和 IP 族的方法、行为、研究和创新。

（2）TCP 和 UDP

网络通信通常包括有助于数据高效和无差错传输到目的地的附加信息。支持 TCP 的模块可增加用于检错、流量控制以及标识源和目标计算机处应用层进程的信息。

当接收到的信息与传送的信息不一致时，检错值可帮助接收方发现错误。流量控制信息有助于发送方确定接收方是否准备好接收更多数据，而应用层端口或进程的标识值有助于将接收到的数据分配到正确的应用层进程。

TCP 协议能完成所有这些功能。很多互联网和局域网通信使用 TCP 协议，如请求网页、发送和接收电子邮件。Windows 和其他操作系统内建对 TCP 协议的支持。支持网络的嵌入式系统开发包通常包括支持 TCP 协议的库或包。

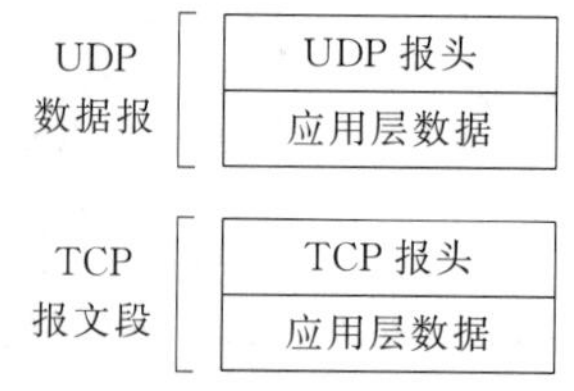

图 2.66　UDP 数据报和 TCP 报文段

在利用 TCP 协议传送数据时，应用层把要传送的数据和标识数据源及目的地的值传递给 TCP 层。TCP 层建立一个 TCP 报文段，由应用数据和加在应用数据前的报头组成，如图 2.66 所示。图中，UDP 和 TCP 层在将数据传递到下一级栈之前增加报头；反方向，UDP 和 TCP 层在将数据传递到上一级栈之前去掉报头。报头具有确定的结构，包括用于检错、流量控制和将信息分配到正确目标端的域。TCP 层不会改变要传送的信息，只是把信息放到 TCP 报文段的数据部分。TCP 报文段封装从应用层接收的数据或为这些数据提供容器，然后 TCP 层将 TCP 报文段传递到 IP 层，以便于网上传输。

另一方面，TCP 层接收来自 IP 层的报文段，去掉 TCP 报头，然后把报文段传递到 TCP 报头中指定的端口。可替代 TCP 协议的一个简单协议是 UDP 协议（用户数据报协议）。与TCP报文段类似，UDP数据报有一个报头，后面紧跟包含应用层数据的数据部分，UDP协议包含指定端口的域以及可任选的检错域，但不支持流量控制。Windows和很多嵌入式系统的开发包都支持UDP协议。

在某些网络里，通信可完全跳过TCP/UDP层。例如，嵌入式系统的局域网不需要流量控制和附加的检错功能，这些功能超过了以太网帧所提供的功能。在这种情况下，应用程序可与网络协议栈中的低层协议直接通信，如IP层或以太网驱动程序。

（3）IP

即使源和目标计算机在不同的局域网中，IP（互联网协议）层也可把数据送到目的地。正如其名字所暗示的一样，IP协议使互联网上的计算机可以互相通信。因为IP与TCP和UDP具有紧密联系，所以使用TCP和UDP协议的局域网也使用IP协议。

术语TCP/IP指使用TCP和IP协议的通信。广义上，该术语也可指包括TCP、IP以及UDP之类相关协议的一组协议。

在以太网中，通过唯一的硬件地址标识网络上的接口。相比之下，IP地址更灵活，因为IP地址不是某类网络专用的，使用IP协议的信息可在不同类型的网络上传输，包括以太网、令牌网和无线网，以及支持IP协议的各种网络。

发送报文时，TCP层把TCP报文段以及源和目标地址传递到IP层。IP层将TCP报文段封装到IP数据报中。IP数据报由IP报头以及其后的数据部分组成，其中数据部分包含TCP报文段或UDP数据报，如图2.67所示。图中，IP层在将数据传递到下一级栈之前在UDP数据报和TCP报文段前增加IP报头；反方向，IP层在将UDP数据报和TCP报文段传递到上一级栈之前去掉IP报头。IP报头包含源和目标IP地址字段、报头检错字段、路由字段以及标识数据部分所用协议（如TCP协议或UDP协议）的值字段。

类似地，UDP层可把UDP数据报传递到IP层。接收报文时，IP层接收来自网络协议栈低层的IP数据报。IP层完成检错任务，并利用协议值确定将数据部分的内容传递到何处。

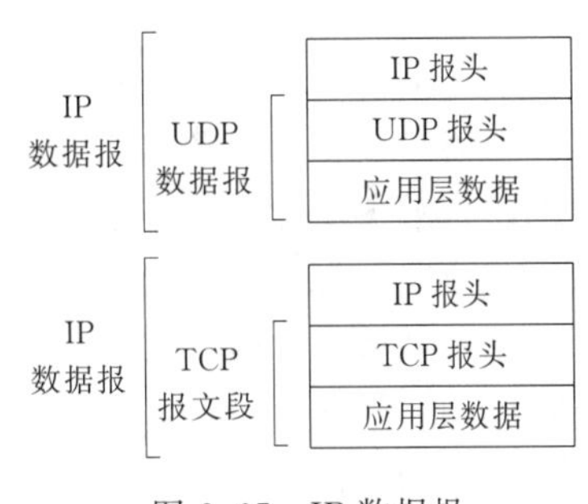

图2.67 IP数据报

在IP报头中，源和目标IP地址标识发送和接收计算机。网络中每个使用IP地址的计算机必须拥有该网络中或发送计算机可以通信的网络中唯一的地址。通过互联网通信的计算机所拥有的地址必须不同于互联网上其他计算机的地址，ICANN（Internet Corporation for Assigned Names and Numbers，域名和端口号分配互联网公司）将地址段分配给互联网服务提供商以及其他会依次向用户分配地址段的人或机构。

常与IP协议一起使用、用于分配和获取IP地址的3个协议分别是：DHCP协议（Dynamic Host Configuration Protocol，动态主机配置协议）、DNS协议（Domain Name System，域名系统）以及ARP（Address Resolution Protocol，地址解析协议）。用作DHCP服务器的计算机可使用DHCP协议来为局域网中的计算机分配地址；如果计算机想获取某个域名的IP地址，则可使用DNS协议请求来自用作DNS服务器的计算机的信息；如果计算机想获取局域网中对应IP地址的以太网硬件地址，则可通过ARP协议广播其请求。

（4）嵌入式TCP/IP

通过软件方式或硬件方式将TCP/IP嵌入到节点模块，这就是目前很流行的嵌入式

TCP/IP 技术。前一种采用实时操作系统 RTOS，用软件方式直接处理网络协议；后一种采用固化了 TCP/IP 协议的硬件芯片，通过外部硬件电路处理 TCP/IP 协议。

① 硬件方式。硬件方式是用网络芯片实现 TCP/IP，形成独立于各种微处理器的专用芯片，直接用作网络接口。目前市面上已有这种结构的芯片出售，如韩国 WIZnet 公司生产的全硬接线式（Full Hardwired）TCP/IP 芯片 W3100A、W5100、W5500，美国 SeikoInstruments 公司生产的 S7600 和 NetSilicon 芯片等，都是常用的芯片，这类芯片具有速度快、使用方便的特点。但对于现在只实现简单应用的嵌入式设备来说，要连接完整协议无疑会增加硬件的成本，造成浪费。随着技术的成熟以及应用市场的广泛，它必将是今后的发展方向。

② 软件方式。软件方式是将 TCP/IP 嵌入到微处理器的 ROM 中，它是目前最经济、最易实现的方法。在软件方式具体实现时，又有以下两类不同设计思想：对于高档 MCU 片上系统，如 ARM 或 386EX 等，可运行嵌入式实时操作系统（RTOS），实现较完整的 TCP/IP 协议；对于低档的 8/16 位 MCU 的嵌入式系统，如 51 等，考虑到其系统速度和内存的限制，不可能实现完整的 TCP/IP 协议，只能实现精简的 TCP/IP 协议。

2.6.3 现场总线通信接口

2.6.3.1 控制器局域网接口（CAN）

CAN 网络（Controller Area Network）是现场总线技术的一种，它是一种架构开放、广播式的新一代网络通信协议，称为控制器局域网现场总线。CAN 网络原本是德国 Bosch 公司为欧洲汽车市场开发的。CAN 推出之初是用于汽车内部测量和执行部件之间的数据通信，例如汽车刹车防抱死系统、安全气囊等。对机动车辆总线和对现场总线的需求有许多相似之处，即能够以较低的成本、较高的实时处理能力在强电磁干扰环境下可靠地工作。因此 CAN 总线可广泛应用于离散控制领域中的过程监测和控制，特别是工业自动化的底层监控，以实现控制与测试之间的可靠性和实时数据交换。

（1）CAN 总线工作原理

CAN 总线属于现场总线之一，是一种多主方式的串行通信总线。总线使用串行数据传输方式，可以 1Mb/s 的传输速度在 40m 双绞线上运行，也可以使用光缆连接，而且这种协议支持多主控器。

在 CAN 总线中，每一个节点都是以 AND 方式连接到总线的驱动器和接收器上的，CAN 总线使用差分电压传送信号，两条信号线分别为 CAN_H 和 CAN_L，静态时均是 2.5V，此时状态被称为逻辑 1，也被称为隐性。用 CAN_H 比 CAN_L 高表示逻辑 0，称为显性，此时 CAN_H 的电压为 3.5V，CAN_L 的电压为 1.5V。当所有节点都传送 1 时，总线被称为隐性状态；当一个节点传送 0 时，总线处于显性状态。数据以数据帧的形式在网络上传送。

CAN 总线是一种同步总线，所有的发送器必须同时发送，节点通过监听总线上位传输的方式使自己与总线保持同步，数据帧的第一位提供了帧中的第一个同步机会。数据帧以 1 个“1”开始，以 7 个“0”结束（在 2 个数据帧之间至少有 3 个位的域）。分组中的第一个域包含目标地址，该域被称为仲裁域，目标标识符长度是 11 位。数据帧用来从标识符指定的设备请求数据时，后面的远程传输请求（RTR）位被设置为 0，当 RTR=1 时，分组被用来向目标标识符写入数据。控制域提供一个标识符扩展和 4 位的数据域长度，但在它们之间要有 1 个“1”。数据域的范围是 0～8B，这取决于控制域中给定的值。数据域后发送一个循环冗余校验（CRC）用于错误检测。确认域用于发出一个是否帧被正确接收的标识信号，发送端把一个隐性位（1）放到确认域的 ACK 中，如果接收端检测到了错误，它强制该位变为显性的 0 值。如果发送端在 ACK 中发现了一个 0 在总线上，就必须重发。CAN 总线的标准数据帧结构如图 2.68 所示。

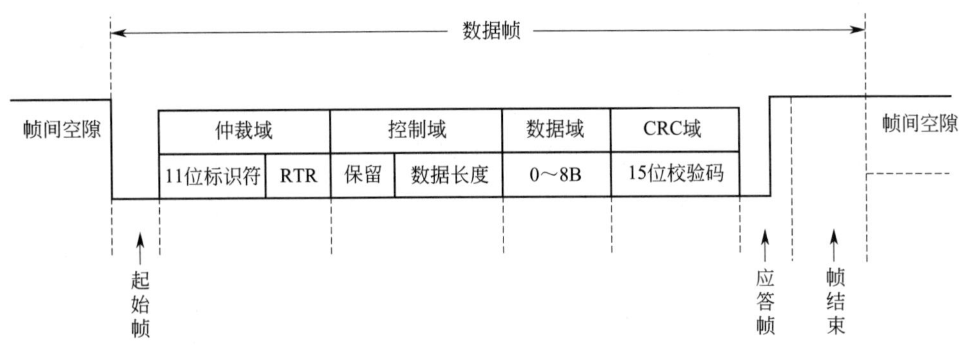

图 2.68 CAN 总线的标准数据帧结构

CAN 总线有如下基本特点。

① CAN 协议最大的特点是废除了传统的站地址编码，代之以对数据通信数据块进行编码，可以多主方式工作。

② CAN 采用非破坏性仲裁技术，当两个节点同时向网络上传送数据时，优先级低的节点主动停止数据发送，而优先级高的节点可不受影响地继续传输数据，有效避免了总线冲突。

③ CAN 采用短帧结构，每一帧的有效字节数为 8 个（CAN 技术规范 2.0A），数据传输时间短，受干扰的概率低，重新发送的时间短。

④ CAN 的每帧数据都有 CRC 校验及其他检错措施，保证了数据传输的高可靠性，适于在高干扰环境中使用。

⑤ CAN 节点在错误严重的情况下，具有自动关闭总线的功能，切断它与总线的联系，以使总线上其他操作不受影响。

⑥ CAN 可以点对点、一点对多点（成组）及全局广播集中的方式传送和接收数据。

⑦ CAN 总线直接通信距离最远可达 10km，通信速率为 5Kb/s；通信速率最高可达 1Mb/s，距离为 40m。

⑧ 采用不归零码（NRZ-Non-Return-to-Zero）编码/解码方式，并采用位填充（插入）技术。

（2）CAN 总线特点及组成结构

CAN 总线具有传送速度快、网络带宽利用率高、纠错能力强、低成本、传输距离远（长达 10km）、数据传输速率高（高达 1Mb/s）等特点，还具有可以根据报文的 ID 决定接收或屏蔽该报文、可靠的错误处理和检错机制、发送的信息遭到破坏后可自动重发、节点在错误严重的情况下具有自动退出总线的功能。CAN 总线协议执行非集中化总线控制，所有信息传输在系统中分几次完成，从而实现高可靠性通信。

CAN 总线也存在时延不确定的现象，由于每一帧信息包括 0～8 字节的有效数据，只有具有最高优先权的传输帧的延时是确定的，其他帧只能根据一定的模型估算。另外，CAN 总线的数据传输方式单一，这限制了它的功能。例如，CAN 总线从网上下载程序就比较困难。CAN 总线的网络规模一般在 50 个节点以下。CAN 总线控制器体系结构如图 2.69 所示。

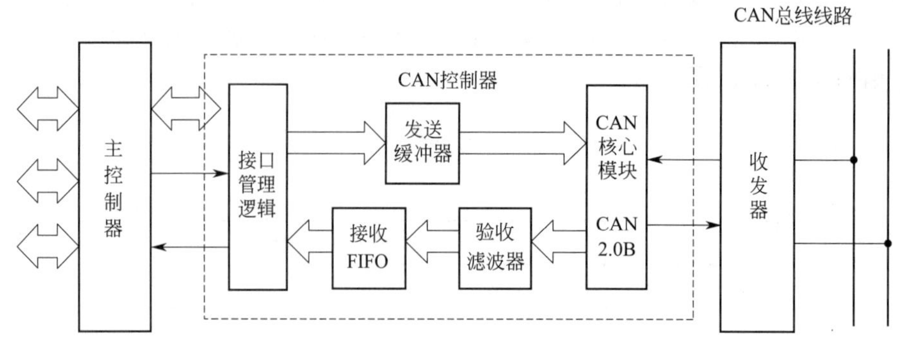

图 2.69　CAN 总线控制器的体系结构

(3) CAN 总线接口的设计

无论是在微处理器中内嵌 CAN 总线控制器（如 LPC2294 微处理器），还是在系统中采用独立的 CAN 总线控制器，都需要通过 CAN 总线收发器（CAN 驱动器）连接到 CAN 物理总线。国内常用的 CAN 总线收发器是 82C250（全称为 PCA82C250），它是 Philips 公司的 CAN 总线收发器产品，其作用是增加通信距离、提高系统的瞬间抗干扰能力、保护总线、降低射频干扰和实现热防护，该收发器至少可挂接 110 个节点。另外还有 TJA1050、TJA1040 可以替代 PCA82C250 产品，而且它们的电磁辐射更低，无待机模式。为了进一步提高系统的抗干扰能力，往往还会在 CAN 总线控制器和 CAN 总线收发器之间增加一个光电隔离器件。

在实际应用中，也可以使用由 Philips 公司生产的 CAN 总线控制器芯片 SJA1000T 替代 PCA82C250。ARM 微处理器和 SJA1000T 以总线方式连接，其中，SJA1000T 的复用总线和 ARM 微处理器的数据总线连接。SJA1000T 的片选、读写信号均采用 ARM 微处理器总线信号，地址锁存 ALE 信号由读写信号和地址信号通过 GAL 产生。在写 SJA1000T 寄存器时，首先往总线的一个地址写数据，此时读写信号无效，ALE 变化产生锁存信号，然后写另一个数据，读写信号有效。控制 CAN 总线时，首先初始化各寄存器；发送数据时，首先置位命令寄存器，然后写发送缓冲区，最后置位请求发送。接收端通过查询状态寄存器，读取接收缓冲区可获得信息。

CAN 总线每次可以发送 10 字节的信息（CAN2.0A)。发送的第 1 字节和第 2 字节的前 3 位为 ID 号，第 4 位为远程帧标记，后 4 位为有效字节长度。软件设置时可以根据 ID 号选择是否屏蔽上述信息，也可以通过设置硬件产生自动验收滤波器。8 个有效字节代表什么参数，可以自行定义内部标准，也可以参照 DeviceNet 等应用层协议。

(4) bxCAN 的工作模式

STM32 的 CAN 控制器是 bxCAN，bxCAN 是基本扩展 CAN（Basic Extended CAN）的缩写，它支持 CAN 协议 2.0A 和 2.0B。它的设计目标是，以最小的 CPU 负荷来高效处理收到的大量报文。它也支持报文发送的优先级（优先级特性可软件配置)。在当今的 CAN 应用中，CAN 网络的节点在不断增加，并且多个 CAN 常常通过网关连接起来，因此整个 CAN 网络中的报文数量（每个节点都需要处理）急剧增加。除了应用层报文外，网络管理和诊断报文也被引入。CAN 的拓扑结构如图 2.70 所示。

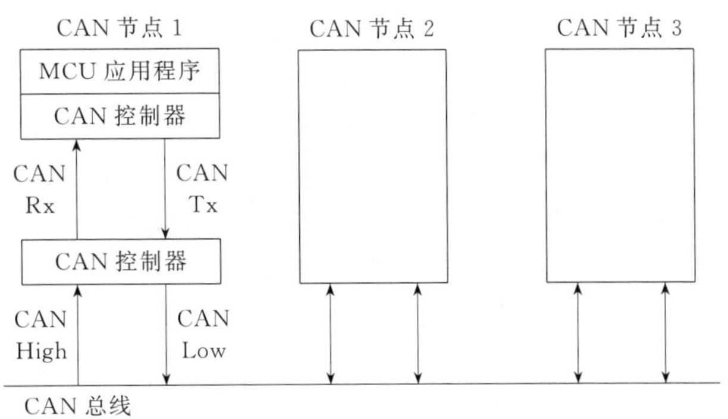

图 2.70 CAN 的拓扑结构

引入的网络管理和诊断的报文功能为：

① 需要一个增强的过滤机制来处理各种类型的报文，此外，应用层任务需要更多 CPU 时间，因此报文接收所需的实时响应程度需要降低。

② 接收 FIFO 的方案允许 CPU 花很多时间处理应用层任务而不会丢失报文。构筑在底层 CAN 驱动程序上的高层协议软件，要求跟 CAN 控制器之间有高效的接口。

bxCAN 有 3 个主要的工作模式（如图 2.71 所示）：初始化、正常和睡眠模式。在硬件复位后，bxCAN 工作在睡眠模式以节省电能，同时 CANTX 引脚的内部上拉电阻被激活。软件通过对 CAN_MCR 寄存器的 INRQ 或 SLEEP 位置“1”，可以请求 bxCAN 进入初始化或睡眠模式。一旦进入了初始化或睡眠模式，bxCAN 就对 CAN_MSR 寄存器的 INAK 或 SLAK 位置“1”来进行确认，同时内部上拉电阻被禁用。当 INAK 和 SLAK 位都为“0”时，bxCAN 就处于正常模式。在进入正常模式前，bxCAN 必须跟 CAN 总线取得同步；为取得同步，bxCAN 要等待 CAN 总线达到空闲状态，即在 CANRX 引脚上监测到 11 个连续的隐性位。

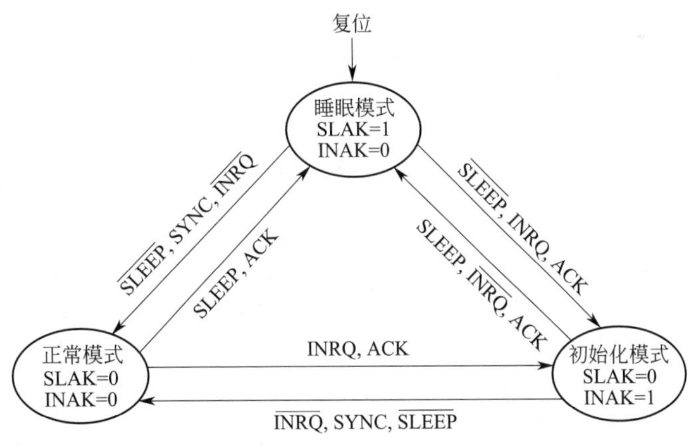

图 2.71 bxCAN 工作模式

① 初始化模式。软件初始化应该在硬件处于初始化模式时进行。设置 CAN_MCR 寄存器的 INRQ 位为 1，请求 bxCAN 进入初始化模式，然后等待硬件对 CAN_MSR 寄存器的 INAK 位置 1 来进行确认。清除 CAN_MCR 寄存器的 INRQ 位为 0，请求 bxCAN 退出初始化模式，当硬件对 CAN_MSR 寄存器的 INAK 位清 0，就确认了初始化模式的退出。当 bxCAN 处于初始化模式时，禁止报文的接收和发送，并且 CANTX 引脚输出隐性位（高电平）。初始化模式的进入，不会改变配置寄存器。软件对 bxCAN 的初始化，至少包括位时间特性（CAN_BTR）和控制（CAN_MCR）这两个寄存器。在对 bxCAN 的过滤器组（模式、位宽，FIFO 关联、激活和

过滤器值）进行初始化前，软件要对 CAN_FMR 寄存器的 FINIT 位设置 1。对过滤器的初始化可以在非初始化模式下进行（当 FINIT=1 时，报文的接收被禁止。）。可以先对过滤器激活位清 0（在 CAN_FAIR 中），然后修改相应过滤器的值。如果过滤器组没有使用，那么就应该让它处于非激活状态（保持其 FACT 位为清 0 状态）。

② 正常模式。在初始化完成后，软件应该让硬件进入正常模式，以便正常接收和发送报文。软件可以通过对 CAN_MCR 寄存器的 INRQ 位清 0，来请求从初始化模式进入正常模式，然后要等待硬件对 CAN_MSR 寄存器的 INAK 位置 1 的确认。在跟 CAN 总线取得同步，即在 CANRX 引脚上监测到 11 个连续的隐性位（等效于总线空闲）后，bxCAN 才能正常接收和发送报文。不需要在初始化模式下进行过滤器初值的设置，但必须在它处于非激活状态下完成（相应的 FACT 位为 0）。而过滤器的位宽和模式的设置，则必须在初始化模式中进入正常模式前完成。

③ 睡眠模式。bxCAN 可工作在低功耗的睡眠模式。软件通过对 CAN_MCR 寄存器的 SLEEP 位置 1，来请求进入这一模式。在该模式下，bxCAN 的时钟停止了，但软件仍然可以访问邮箱寄存器。当 bxCAN 处于睡眠模式时，软件必须对 CAN_MCR 寄存器的 INRQ 位置 1，并且同时对 SLEEP 位清 0，才能进入初始化模式。有两种方式可以唤醒（退出睡眠模式）bxCAN：通过软件对 SLEEP 位清 0，或硬件检测到 CAN 总线的活动。如果 CAN_MCR 寄存器的 AWUM 位为 1，一旦检测到 CAN 总线的活动，硬件就自动对 SLEEP 位清 0 来唤醒 bxCAN。如果 CAN_MCR 寄存器的 AWUM 位为 0，软件必须在唤醒中断里对 SLEEP 位清 0 才能退出睡眠状态。如果唤醒中断被允许（CAN_IER 寄存器的 WKUIE 位为 1），那么一旦检测到 CAN 总线活动就会产生唤醒中断，而不管硬件是否会自动唤醒 bxCAN。

（5）CAN 总线接口的寄存器

CAN 总线接口的相关寄存器的名称及描述如表 2.28 所列。

表 2.28　CAN 总线接口的相关寄存器

寄存器	描述	寄存器	描述
CAN_MCR	CAN 主控制寄存器	TDHR	发送邮箱高字节数据寄存器
CAN_MSR	CAN 主状态寄存器	RIR	接收 FIFO 邮箱标识符寄存器
CAN_TSR	CAN 发送状态寄存器	RDTR	接收 FIFO 邮箱低字节数据寄存器
CAN_RF0R	CAN 接收 FIFO0 寄存器	RDHR	接收 FIFO 邮箱高字节数据寄存器
CAN_RF1R	CAN 接收 FIFO1 寄存器	CAN_FMR	CAN 过滤器主控寄存器
CAN_IER	CAN 中断允许寄存器	CAN_FM0R	CAN 过滤器模式寄存器
CAN_ESR	CAN 错误状态寄存器	CAN_FSC0R	CAN 过滤器位宽寄存器
CAN_BTR	CAN 位时间特性寄存器	CAN_FFA0R	CAN 过滤器 FIFO 关联寄存器
TIR	发送邮箱标识符寄存器	CAN_FA0R	CAN 过滤器激活寄存器
TDTR	发送邮箱数据长度和时间戳寄存器	CAN_FR0	过滤器组 0 寄存器
TDLR	发送邮箱低字节数据寄存器	CAN_FR1	过滤器组 1 寄存器

2.6.3.2　串行通信协议（Modbus）

Modbus 协议是由 MODICON（现为施耐德电气公司的一个品牌）在 1979 年开发的，是全球第一个真正用于工业现场的总线协议。之后为了更好地普及和推动 Modbus 基于以太网的分布式应用，施耐德公司已将 Modbus 协议的所有权移交给 IDA（Interface for Distributed Automation，分布式自动化接口）组织，并成立了 Modbus-IDA 组织，此组织的成立和发展，进一步推动了 Modbus 协议的广泛应用。

（1） Modbus 概述

Modbus 协议是应用于电子控制器上的一种通用语言。通过此协议，可以实现控制器相互之间、控制器经由网络和其他设备之间的通信。它已经成为一种通用的工业标准。有了它，不同厂商生产的控制设备可以连接成工业网络，进行集中监控。此协议定义了一个控制器不用管它们是经过何种网络进行通信的就能够认识并且使用的消息结构；同时也描述了控制器请求访问其他设备的过程，描述了如何应答来自其他设备的请求，以及怎样侦测错误并记录，并制定了统一的消息域的结构和内容。

当在 Modbus 网络上通信时，此协议决定了每个控制器必须要知道它们的设备地址，识别按地址发来的消息，决定要产生何种行为。如果需要回应，控制器将生成反馈信息并通过 Modbus 协议发送。

（2） Modbus 通信协议的特点

① Modbus 协议标准开放、公开发表并且无版税要求。用户可以免费获取并使用 Modbus 协议，不需要交纳许可证费，也不会侵犯知识产权。

② Modbus 协议可以支持多种电气接口，如 RS-232、RS-485、TCP/IP 等，还可以在各种介质上传输，如双绞线、光纤、红外、无线等。

③ Modbus 协议消息帧格式简单、紧凑、通俗易懂，用户理解和使用简单，厂商容易开发和集成，方便形成工业控制网络。

（3） Modbus 模型

Modbus 是 OSI 模型第 7 层之上的应用层报文传输协议，它在不同类型总线或网络设备之间提供主站设备/从站设备（或客户机/服务器）通信。

自从 1979 年发布并成为工业串行链路通信的事实标准以来，Modbus 使成千上万的自动化设备能够通信。目前，为了继续增加对 Modbus 通信协议的支持，国际互联网组织规定并保留了 TCP/IP 协议栈上的系统 502 端口，专门用于访问 Modbus 设备。Modbus 协议栈模型如图 2.72 所示。

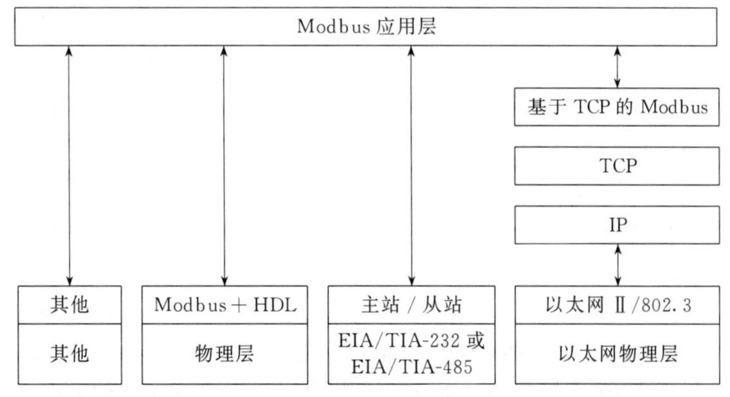

图 2.72　Modbus 协议栈模型

（4） Modbus 接口

Modbus 通信协议目前存在用于串行链路、TCP/IP、以太网以及其他支持互联网协议的网络版本。大多数 Modbus 设备通信通过串口（RS-232/RS-485）或 TCP/IP 物理层进行连接。如图 2.73 所示。

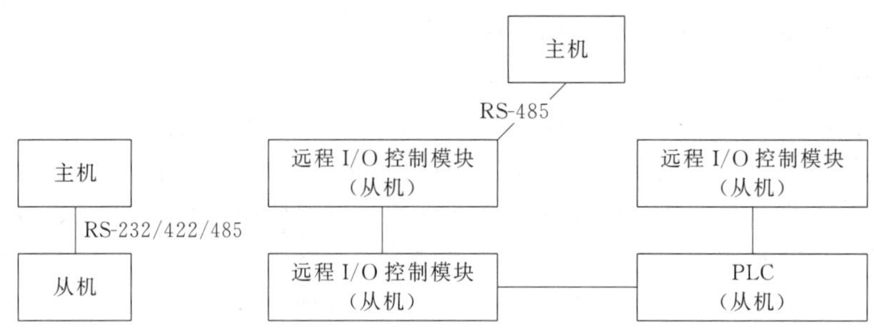

图 2.73　Modbus 串行网络结构

对于 Modbus 串行链路连接，存在两个变种，它们在协议细节上略有不同，主要区别是传输数据的字节表示上的不同。这两个变种包括 RTU 模式和 ASCII 模式。Modbus RTU 模式是一种紧凑的，采用二进制表示数据的方式；Modbus ASCII 模式是一种人类可读的、冗长的表示方式。这两个变种都使用串行链路通信（Serial Communication）方式。为了确保数据传输的完整性和准确性，RTU 模式下消息格式命令和数据带有循环冗余校验的校验和，而 ASCII 模式下消息格式采用纵向冗余校验的校验和，而且被配置为 RTU 模式的节点不能与配置为 ASCII 模式的节点通信，反之亦然。

对于通过 TCP/IP 物理层的连接，存在多个 Modbus TCP 变种，这种方式不需要校验和的计算。

对于以上这 3 种通信模式，在数据模型和功能调用上都是相同的，只有传输报文封装方式是不同的，当前，Modbus 协议有一个扩展版本 Modbus PLUS（Modbus＋或者 MB＋），不过此协议是 MODICON 专有的，和 Modbus 不同，它需要一个专门的协处理器来处理类似 HDLC 的高速令牌旋转。它使用 1Mb/s 的双绞线，并且每个节点都有转换隔离装置，是一种采用转换/边缘触发，而不是电压/水平触发的装置。连接 Modbus PLUS 到计算机需要特别的接口，通常是支持 ISA（SA85）、PCI 或者 PCMCIA 总线的板卡。

（5）Modbus 工作原理

Modbus 协议允许在各种网络体系结构内进行简单通信，每种设备（包括 PLC、HMI、控制面板、驱动程序、动作控制、输入/输出设备）都能使用 Modbus 协议来启动远程操作。在基于串行链路和以太网（TCP/IP）的 Modbus 上可以进行相同通信。

Modbus 是一个请求/应答协议，并且提供统一的功能码用于数据传输服务。Modbus 功能码是 Modbus 请求/应答 PDU（即 Protocol Data Unit，协议数据单元）的元素之一，所谓的 PDU 是 Modbus 协议定义的一个与基础通信层无关的简单协议数据单元。而在特定总线或网络上，Modbus 协议则通过 ADU（即 Application Data Unit，应用数据单元）引入一些附加域，以实现完整而准确的数据传输。

为了寻求一种简洁的通信格式，Modbus 协议定义了 PDU 模型，即功能码＋数据的格式；为了适应多种传输模式，在 PDU 的基础上增加了必要的前缀（如地址域）和后缀（如差错校验），形成了 ADU 模型。ADU 与 PDU 之间的关系如图 2.74 所示。

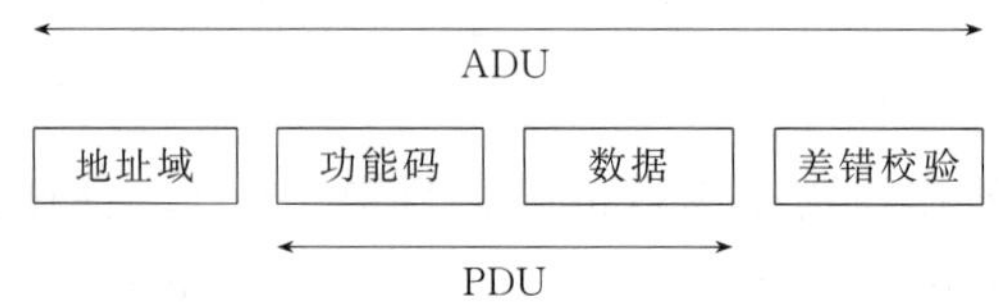

图 2.74　ADU 和 PDU 之间的关系

Modbus 事务处理的过程如下：

主机设备（或客户端）创建 Modbus 应用数据单元形成查询报文，其中功能码标识了向从机设备（或服务器端）指示将执行哪种操作。功能码占用一个字节，有效的码字范围是十进制 1～255（其中 128～255 为异常响应保留）。查询报文创建完毕，主机设备（或客户端）向从机设备（或服务器端）发送报文，从机设备（或服务器端）接收报文后，根据功能码做出相应的动作，并将响应报文返回给主机设备（或客户端），如图 2.75 所示。

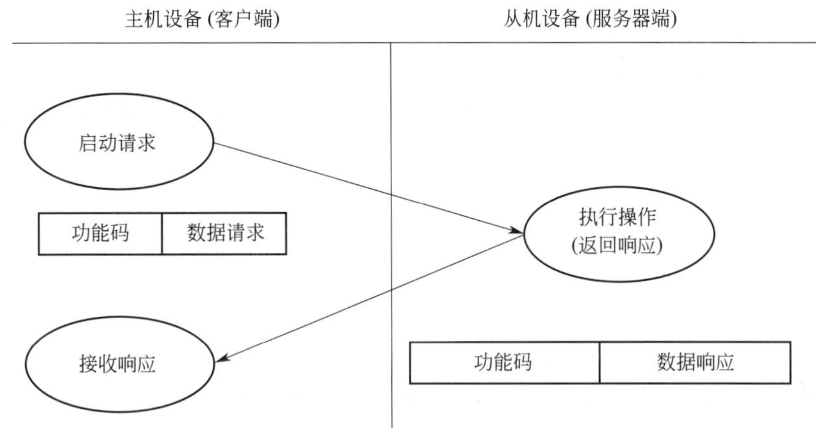

图 2.75　Modbus 事务处理（正常）的过程

如果在一个正确接收的 Modbus ADU 中，不出现与请求 Modbus 功能有关的差错；那么从机设备（或服务器端）将返回正常的响应报文。如果出现与请求 Modbus 功能有关的差错，那么响应报文的功能码域将包括一个异常码，主机设备（或客户端）能够根据异常码确定下一个执行的操作。

如图 2.76 所示，对于异常响应，从机设备（或服务器端）将返回一个与原始功能码等同的码值，但设置该原始功能码的最高有效位为逻辑 1，用于通知主机设备（或客户端）。

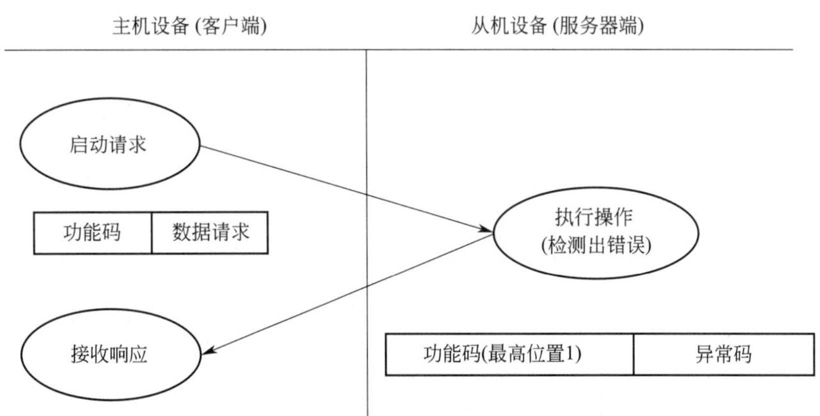

图 2.76　Modbus 事务处理（异常）的过程

2.7　习题

（1）（单选）MCU 内部程序定义 MCU 的一个引脚为 GPIO 输出，意味着（　　）。

A. 程序无法获得该引脚的电平

B. 程序可以获得该引脚的状态

C. 程序可以干预该引脚的电平

D. 程序既可以干预该引脚的电平，也可以获得该引脚的外部状态

(2)（单选）MCU 的 GPIO 引脚外接上拉电阻，目的是（　　）。

A. 使得该引脚为输入

B. 使得该引脚平时为高电平

C. 使得该引脚为输出

D. 使得该引脚平时为低电平

(3)（单选）如果微控制器的一个引脚接一个按键开关到电源，那么该引脚应该配置为什么输入模式？（　　）

A. 下拉输入

B. 上拉输入

C. 浮空输入

D. 模拟输入

(4)（判断）开漏输出能够方便地实现“线与”的逻辑功能，也就是可以将多个开漏输出的引脚，连接到一条线上，通过一只上拉电阻，在不增加任何器件的情况下，形成“与逻辑”关系。（　　）

(5)（判断）不管是向上边沿计数模式还是向下边沿计数模式，当计数值与匹配值相等时，计数器都会自动停止计数。（　　）

(6) 请简述 STM32 微控制器的特点与优势。

(7) GPIO 共有几种工作模式？请分别简述。

第3章 基本I/O口控制

嵌入式系统的输入/输出端口简称I/O端口，是嵌入式系统与外界联系的重要通道。在数据的传输过程中，CPU需要对接口电路中输入/输出数据的寄存器进行读/写操作，因此在嵌入式系统中，需要对这些寄存器进行编址。通常把接口电路中这些已编址并能进行读/写操作的寄存器称为端口（PORT），或简称“口”。本章就STM32系列中的通用输入输出端口进行具体介绍。

3.1 STM32 GPIO简介

GPIO是通用输入输出端口的英文缩写，简单来说就是STM32可控制的引脚。将STM32芯片的GPIO引脚与外部设备连接起来，即可实现与外部通信、控制以及数据采集的功能。STM32 芯片的 GPIO 被分成很多组，每组有 16 个引脚。如型号为STM32F103VET6的芯片有GPIOA至GPIOE共5组GPIO，芯片一共有100个引脚，其中GPIO就占了一大部分；型号为STM32F103ZET6的芯片有GPIOA至GPIOG共7组GPIO，芯片一共144个引脚，其中GPIO同样占了一大部分。

而AT89S51单片机则有4个I/O端口，即P0～P3，每个端口都是8位双向口，共占用32个引脚。比较来看，AT89S51单片机I/O脚数量较少，且高电平时无输出能力；STM32端口不仅数量众多，操作方便，还能复用为不同功能。STM32所有的GPIO引脚都有基本的输入输出功能。

最基本的输出功能是由STM32控制引脚输出高、低电平，实现开关控制，如把GPIO引脚接入LED灯，就可以控制LED灯的亮灭；引脚接入继电器或三极管，就可以通过继电器或三极管控制外部大功率电路的通断。

最基本的输入功能是检测外部输入电平，如把GPIO引脚连接到按键，然后通过电平高低判断按键是否被按下。

3.1.1 I/O基本情况

STM32不同的系列有不同的GPIO资源，以STM32F103系列为例，STM32F103Rx有51个GPIO端口，STM32F103Vx有80个GPIO端口，STM32F103Zx有112个GPIO端口。

每个GPIO端口有：

① 两个32位配置寄存器（GPIOx_CRL和GPIOx_CRH）；

② 两个32位数据寄存器（GPIOx_IDR和GPIOx_ODR）；

③ 一个32位置位/复位寄存器（GPIOx_BSRR）；

④ 一个16位复位寄存器（GPIOx_BRR）；

⑤ 一个32位锁定寄存器（GPIOx_LCKR）。

根据数据手册中列出的每个I/O端口的特定硬件特征，GPIO端口的每个位可以由软件分别配置成多种模式。

STM32的I/O端口可以由软件配置成如下8种模式（详细介绍见2.3.4小节）：

① 浮空输入；

② 上拉输入；

③ 下拉输入；

④ 模拟输入；

⑤ 开漏输出；

⑥ 推挽输出；

⑦ 开漏复用输出；

⑧ 推挽复用输出。

每个I/O端口可以自由编程，但I/O端口寄存器必须要按32位访问。STM32的很多I/O端口都是兼容5V的，这些I/O端口在与5V电压的外设连接时很有优势。具体哪些I/O端口是兼容5V的，可以从该芯片的数据手册引脚描述章节查到。

STM32的每个I/O端口都有7个寄存器来控制。常用的I/O端口寄存器只有4个，分别为CRL、CRH、IDR、ODR。CRL和CRH控制着每个I/O端口的模式及输出速率。STM32的I/O端口位配置如表3.1所示。

表3.1 STM32的I/O端口位配置表

<table>
<tr><th colspan="2">配置模式</th><th>CNF1</th><th>CNF0</th><th>MODE1</th><th>MODE0</th><th>PxODR寄存器</th></tr>
<tr><td rowspan="2">通用输出</td><td>推挽输出</td><td>0</td><td>0</td><td rowspan="4" colspan="2">01(最大输出速率10MHz)
10(最大输出速率2MHz)
11(最大输出速率50MHz)</td><td>0或1</td></tr>
<tr><td>开漏输出</td><td>0</td><td>1</td><td>0或1</td></tr>
<tr><td rowspan="2">复用功能输出</td><td>推挽输出</td><td>1</td><td>0</td><td>不使用</td></tr>
<tr><td>开漏输出</td><td>1</td><td>1</td><td>不使用</td></tr>
<tr><td rowspan="4">输入</td><td>模拟输入</td><td>0</td><td>0</td><td rowspan="4" colspan="2">00(保留)</td><td>不使用</td></tr>
<tr><td>浮空输入</td><td>0</td><td>1</td><td>不使用</td></tr>
<tr><td>下拉输入</td><td>1</td><td>0</td><td>0</td></tr>
<tr><td>上拉输入</td><td>1</td><td>0</td><td>1</td></tr>
</table>

3.1.2 GPIO配置寄存器描述

（1）端口配置低寄存器

GPIOx_CRL(x=A,B,C,…,E)，如图3.1所示。各位对应关系如表3.2所示。

31	30	29	28	27	26	25	24	23	22	21	20	19	18	17	16
CNF7[1:0]		MODE7[1:0]		CNF6[1:0]		MODE6[1:0]		CNF5[1:0]		MODE5[1:0]		CNF4[1:0]		MODE4[1:0]	
rw	rw	rw	rw	rw	rw	rw	rw	rw	rw	rw	rw	rw	rw	rw	rw
15	14	13	12	11	10	9	8	7	6	5	4	3	2	1	0
CNF3[1:0]		MODE3[1:0]		CNF2[1:0]		MODE2[1:0]		CNF1[1:0]		MODE1[1:0]		CNF0[1:0]		MODE0[1:0]	
rw	rw	rw	rw	rw	rw	rw	rw	rw	rw	rw	rw	rw	rw	rw	rw

图 3.1 端口配置低寄存器格式

表 3.2 GPIO 端口配置低寄存器配置方式

寄位器位数	寄存器在不同模式配置下的描述	
位 31:30 27:26 23:22 19:18 15:14 11:10 7:6 3:2	CNFy[1:0]:端口 x 配置位(y=0,…,7)。 软件通过这些位配置相应的 I/O 端口。 在输入模式(MODE[1:0]=00): 00:模拟输入模式; 01:浮空输入模式(复位后的状态); 10:上拉/下拉输入模式; 11:保留	在输出模式(MODE[1:0]>00): 00:通用推挽输出模式; 01:通用开漏输出模式; 10:复用功能推挽输出模式; 11:复用功能开漏输出模式
位 29:28 25:24 21:20 17:16 13:12 9:8 5:4 1:0	MODEy[1:0]:端口 x 模式位(y=1,…,7)。 软件通过这些位配置相应的 I/O 端口; 00:输入模式(复位后的状态); 01:输出模式,最大速度 10MHz; 10:输出模式,最大速度 2MHz; 11:输出模式,最大速度 50MHz	

(2) 端口配置高寄存器

GPIOx_CRH(x=A,B,…,E),如图 3.2 所示。各位对应关系如表 3.3 所示。

31	30	29	28	27	26	25	24	23	22	21	20	19	18	17	16
CNF15[1:0]		MODE15[1:0]		CNF14[1:0]		MODE14[1:0]		CNF13[1:0]		MODE13[1:0]		CNF12[1:0]		MODE12[1:0]	
rw	rw	rw	rw	rw	rw	rw	rw	rw	rw	rw	rw	rw	rw	rw	rw
15	14	13	12	11	10	9	8	7	6	5	4	3	2	1	0
CNF11[1:0]		MODE11[1:0]		CNF10[1:0]		MODE10[1:0]		CNF9[1:0]		MODE9[1:0]		CNF8[1:0]		MODE8[1:0]	
rw	rw	rw	rw	rw	rw	rw	rw	rw	rw	rw	rw	rw	rw	rw	rw

图 3.2 端口配置高寄存器格式

表 3.3 GPIO 端口配置高寄存器配置方式

寄位器位数	寄存器在不同模式配置下的描述	
位 31:30 27:26 23:22 19:18 15:14 11:10 7:6 3:2	CNFy[1:0]:端口 x 配置位(y=8,…,15)。 软件通过这些位配置相应的 I/O 端口。 在输入模式(MODE[1:0]=00): 00:模拟输入模式; 01:浮空输入模式(复位后的状态); 10:上拉/下拉输入模式; 11:保留	在输出模式(MODE[1:0]>00): 00:通用推挽输出模式; 01:通用开漏输出模式; 10:复用功能推挽输出模式; 11:复用功能开漏输出模式

续表

寄位器位数	寄存器在不同模式配置下的描述
位 29:28 25:24 21:20 17:16 13:12 9:8 5:4 1:0	MODEy[1:0]:端口 x 模式位(y=8,…,15)。 软件通过这些位配置相应的 I/O 端口。 00:输入模式(复位后的状态); 01:输出模式,最大速度 10MHz; 10:输出模式,最大速度 2MHz; 11:输出模式,最大速度 50MHz

例如，控制的是 LED 小灯，可以选择通用推挽输出模式，设置速度为 2 MHz，实现代码为：

```
GPIO->CRH=0X22222222
```

3.1.3 端口输出数据寄存器

端口输出数据寄存器(GPIOx_ODR)(x=A,B,…,E)，如图 3.3 所示。各位对应关系如表 3.4 所示。

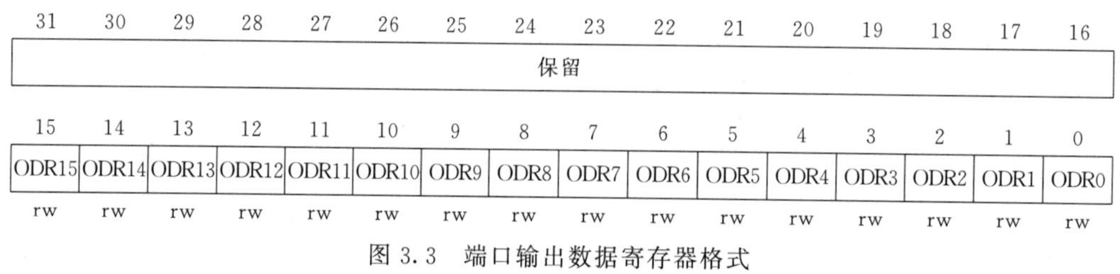

图 3.3 端口输出数据寄存器格式

表 3.4 端口输出数据寄存器的各位含义

位	描述
位 31:16	保留,始终读为 0
位 15:0	ODRy[15:0]:端口输出数据(y=0,1,…,15),这些位可读可写并只能以字节(16 位)的形式操作。 注:对 GPIOx_BSRR(x=A,B,…,E),可以分别对各个 ODR 位进行独立地设置/清除

例如：

```
GPIOB->ODR = 0x0000;        //灯灭
GPIOB->ODR = 0xFFFF;        //灯亮
```

3.2 寄存器操作

STM32 编程主要有两种方法：寄存器法和库函数法。寄存器法利用单片机内部寄存器直接控制单片机，库函数法直接调用 ST 公司提供的标准库控制单片机，两种方法各有千秋。以流水灯设计为例，其中发光二极管接到 STM32 的 GPIOB 口的 8～15 号引脚如图 3.4 所示。

在 main.c 文件里输入以下代码，实现流水灯的闪烁。主要涉及几个寄存器：RCC->APB2ENR，GPIOB->CRH 和 GPIOB->ODR。STM32 普通 I/O 端口的使用配置过程大致是：

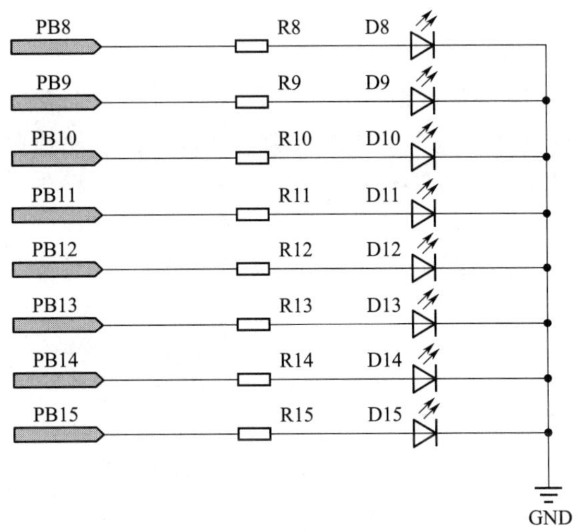

图 3.4 流水灯电路

① 先开启对应 I/O 端口时钟（RCC->APB2ENR）；

② 配置 I/O 端口（GPIOB->CRH）；

③ 给 I/O 端口赋值（GPIOB->ODR）。

这 3 步完成一个 I/O 端口的最基本操作，代码如下。

```
#include"stm32f10x.h"
void Delay(_I u32 nCount);
int main(void)
{
    RCC->APB2ENR |=(1 <<3 );
    GPIOB->CRH = 0x22222222;
    while(1)
    {
        GPIOB->ODR = 0x0000;
        Delay(0x0FFFEF);
        GPIOB->ODR = 0xFFFF;
        Delay(0x0FFFEF);
    }
}
void Delay(_IO u32 nCount)
{
    for(; nCount ! = 0; nCount--);
}
```

3.3 时钟配置

STM32 的时钟系统功能完善，但是十分复杂，目的是降低功耗。普通的微处理器一般简单配置好时钟，其他的寄存器就可以使用，但是 STM32 针对不同的功能，要相应地设置其时钟。

3.3.1 时钟树

在使用 51 单片机时，时钟速度取决于外部晶振或内部 RC 振荡电路的频率，是不可以改变的。而 ARM 的出现打破了这个传统的法则，可以通过软件随意改变时钟速度。这让设计更加灵活，但也给设计增加了复杂性。在使用某一功能前，要先对其时钟进行初始化。图 3.5 是它的时钟树，不同的外设对应不同的时钟。在 STM32 中有 5 个时钟源，分别为 HSI、HSE、LSI、LSE、PLL。PLL 是由锁相环电路倍频得到 PLL 时钟。

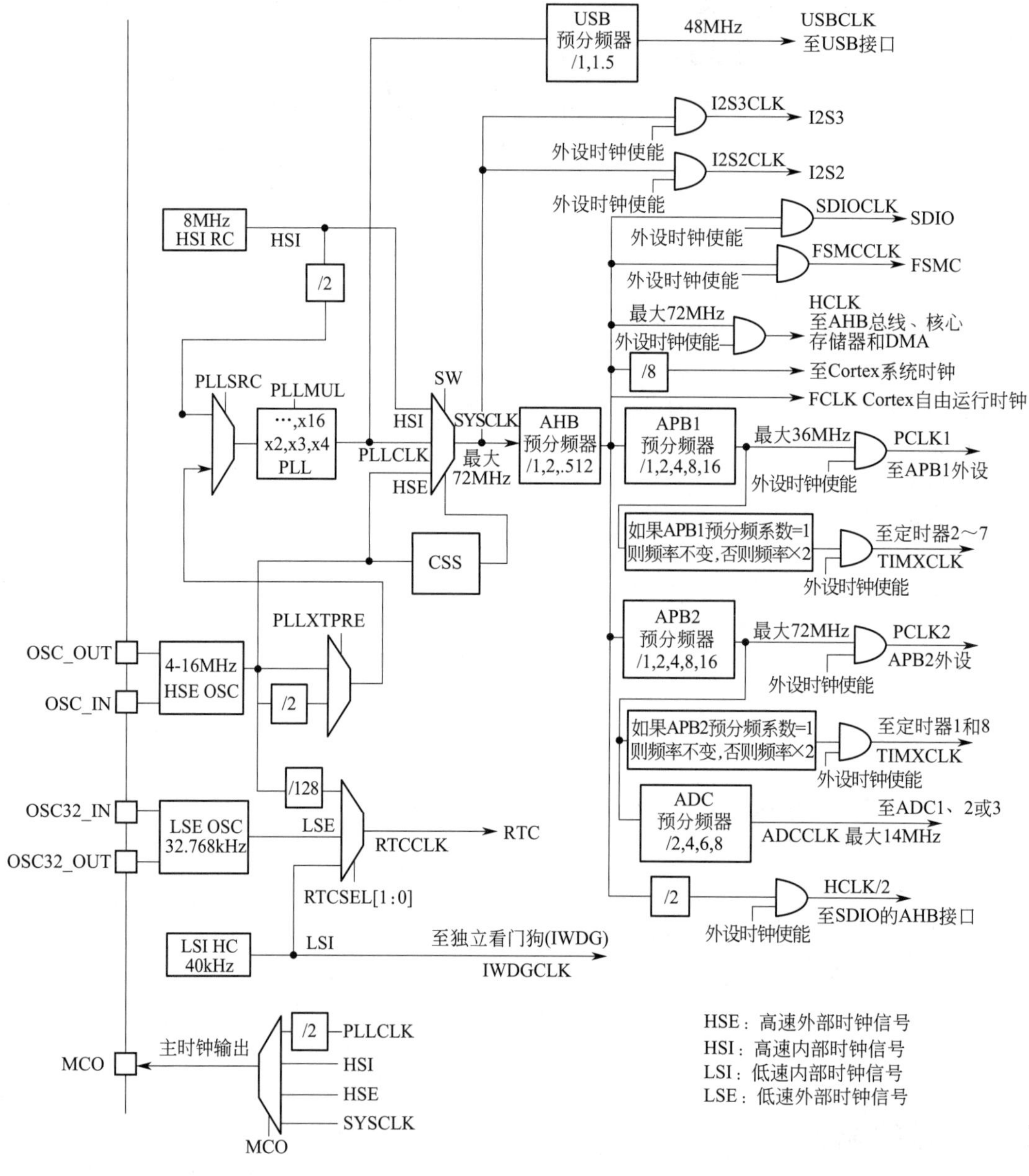

图 3.5 时钟树

① HSI 是高速内部时钟，RC 振荡器，频率为 8MHz。

② HSE 是高速外部时钟，可接石英/陶瓷谐振器，或者接外部时钟源，频率范围为

4～16MHz。

③ LSI是低速内部时钟，RC振荡器，频率为40kHz。

④ LSE是低速外部时钟，接频率为32.768kHz的石英晶体。

⑤ PLL为锁相环倍频输出，其时钟输入源可选择为HSI/2、HSE或者HSE/2。倍频可选择为2～16倍，但是其输出频率最高不得超过72MHz。

其中，40kHz的LSI供独立看门狗IWDG使用，另外它还可以选择为实时时钟RTC的时钟源。另外，实时时钟RTC的时钟源还可以选择LSE，或者是HSE的128分频。RTC的时钟源通过RTCSEL[1:0]来选择。

STM32中有一个全速功能的USB模块，其串行接口引擎需要一个频率为48MHz的时钟源。该时钟源只能从PLL输出端获取，可以选择为1.5分频或者1分频。也就是，当需要使用USB模块时，PLL必须使能，并且时钟频率配置为48MHz或72MHz。

另外，STM32还可以选择一个时钟信号输出到MCO引脚（PA8）上，可以选择为PLL输出的2分频、HSI、HSE或者系统时钟。

3.3.2 时钟源

系统时钟SYSCLK是供STM32中绝大部分部件工作的时钟源。系统时钟可选择为PLL输出、HSI或者HSE，系统时钟最大频率为72MHz，通过AHB分频器分频后送给各模块使用，AHB分频器可选择1、2、4、8、16、64、128、256、512分频。其中，AHB分频器输出的时钟送给五大模块使用。

① 送给AHB总线、内核、内存和DMA使用的HCLK时钟。

② 通过8分频后送给Cortex的系统定时器时钟。

③ 直接送给Cortex的空闲运行时钟FCLK。

④ 送给APB1分频器。APB1分频器可选择1、2、4、8、16分频，其输出一路供APB1外设使用（PCLK1，最大频率36MHz），另一路送给定时器2、3、4倍频器使用，该倍频器可选择1或者2倍频，时钟输出供定时器2、3、4使用。

⑤ 送给APB2分频器。APB2分频器可选择1、2、4、8、16分频，其输出一路供APB2外设使用（PCLK2，最大频率72MHz），另一路送给定时器1倍频器使用。该倍频器可选择1或者2倍频，时钟输出供定时器1使用。另外，APB2分频器还有一路输出供ADC分频器使用，分频后送给ADC模块使用。ADC分频器可选择为2、4、6、8分频。

在以上的时钟输出中，有很多是带使能控制的，例如AHB总线时钟、内核时钟、各种APB1外设、APB2外设等。当需要使用某模块时，一定要先使能对应的时钟。

需要注意定时器的倍频器，当APB的分频为1时，它的倍频值为1；否则它的倍频值就为2。连接在APB1（低速外设）上的设备有电源接口、备份接口、CAN、USB、I^2C1、I^2C2、UART2、UART3，SPI2、窗口看门狗、Timer2、Timer3、Timer4。注意USB模块虽然需要一个单独的48MHz时钟信号，但它不是供USB模块工作的时钟，只是提供给串行接口引擎（SIE）使用的时钟。USB模块工作的时钟应该是由APB1提供的。

连接在APB2（高速外设）上的设备有UART1、SPI1、Timer1、ADC1、ADC2、所有普通I/O端口（PA～PE）、第二功能I/O端口。

通过对时钟树的简单了解，知道了普通I/O端口连接在APB2设备上，需要初始化APB2的时钟，即时钟控制（RCC）的APB2的对应使能寄存器。

3.3.3 APB2外设时钟使能寄存器（RCC_APB2ENR）

外设通常无访问等待周期。但在APB2总线上的外设被访问时，将插入等待状态直到APB2的外设访问结束。它的寄存器格式如图3.6所示。各位对应含义如表3.5所示。

31	30	29	28	27	26	25	24	23	22	21	20	19	18	17	16
保留															

15	14	13	12	11	10	9	8	7	6	5	4	3	2	1	0
ADC3 EN	USART1 EN	TIM8 EN	SPI1 EN	TIM1 EN	ADC2 EN	ADC1 EN	IOPG EN	IOPF EN	IOPE EN	IOPD EN	IOPC EN	IOPB EN	IOPA EN	保留	AFIO EN
rw	rw	rw	rw	rw	rw	rw	rw	rw	rw	rw	rw	rw	rw		rw

图3.6 APB2外设时钟使能寄存器格式

表3.5 使能寄存器位置功能表

位	描述
位31:16	保留位，始终读为0
位14 USART1EN	USART1时钟使能，由软件置“1”或清“0”。 0:USART1时钟关闭。 1:USART1时钟开启
位13	始终读为0
位12 SPI1EN	SPI1时钟使能，由软件置“1”或清“0”。 0:SPI1时钟关闭。 1:SPI1时钟开启
位11 TIM1EN	TIM1定时器时钟使能，由软件置“1”或清“0”。 0:TIM1定时器时钟关闭。 1:TIM1定时器时钟开启
位10 ADC2EN	ADC2接口时钟使能，由软件置“1”或清“0”。 0:ADC2接口时钟关闭。 1:ADC2接口时钟开启
位9 ADC1EN	ADC1接口时钟使能，由软件置“1”或清“0”。 0:ADC1接口时钟关闭。 1:ADC1接口时钟开启
位8:7	始终读为0
位6 IOPEEN	I/O端口E时钟使能，由软件置“1”或清“0”。 0:I/O端口E时钟关闭。 1:I/O端口E时钟开启
位5 IOPDEN	I/O端口D时钟使能，由软件置“1”或清“0”。 0:I/O端口D时钟关闭。 1:I/O端口D时钟开启
位4 IOPCEN	I/O端口C时钟使能，由软件置“1”或清“0”。 0:I/O端口C时钟关闭。 1:I/O端口C时钟开启
位3 IOPBEN	I/O端口B时钟使能，由软件置“1”或清“0”。 0:I/O端口B时钟关闭。 1:I/O端口B时钟开启

续表

位	描述
位 2 IOPAEN	I/O 端口 A 时钟使能，由软件置“1”或清“0”。 0：I/O 端口 A 时钟关闭。 1：I/O 端口 A 时钟开启
位 1	保留位，始终读为 0
位 0 AFIOEN	辅助功能 I/O 时钟使能，由软件置“1”或清“0”。 0：辅助功能 I/O 时钟关闭。 1：辅助功能 I/O 时钟开启

例如，开启 PB 口（详细介绍见 2.3.4 小节）时钟的寄存器操作为：

```
RCC->APB2ENR |=(1 << 3);            //开启 PB 口的时钟
```

3.4 库函数操作

采用库函数控制流水灯，程序的可读性增强，代码维护方便，且操作简便。在主程序中输入以下代码。

```
#include "stm32f10x.h"
void Delay(_IO u32 nCount);
int main(void)
{
    GPIO_InitTypeDef GPIO_InitStructure;
    RCC_APB2PeriphClockCmd(RCC_APB2Periph_GPIOB,ENABLE);
    GPIO_InitStructure.GPIO_Pin = GPIO_Pin_1;
    GPIO_InitStructure.GPIO_Mode = GPIO_Mode_Out_PP;
    GPIO_InitStructure.GPIO_Speed = GPIO_Speed_50MHz;
    GPIO_Init(GPIOB,&GPIO_InitStructure);
    while(1)
    {
        GPIO_Write(GPIOA,0xFFFF);
        Delay(0x0FEFEF);
        GPIO_Write(GPIOA,0x0000);
        Delay(0x0FFFEF);
    }
}
void Delay(_IO u32 nCount);
{
    for(; nCount ! = 0; nCount--);
}
```

这段代码在完成了 LED 初始化后［LED_GPIO_Config()］实现了小灯的闪烁。LED 初始化实际是库函数操作的核心，采用库函数来配置始终、工作模式等。

3.4.1 GPIO_Init 函数

在上述代码中，第 10 行代码调用了 GPIO_Init 函数。通过《STM32F101xx 和 STM32F103xx 固件库函数库》手册找到该库函数的原型，表 3.6 为 GPIO_Init 函数。

表 3.6　函数 GPIO_Init

函数名	GPIO_Init
函数原型	void GPIO_Init(GPIO_TypeDef * GPIOx,GPIO_InitTypeDef * GPIO_InitStruct)
功能描述	根据 GPIO_InitStruct 中指定的参数初始化外设 GPIOx 寄存器
输入参数 1	GPIOx:x 可以是 A、B、C、D 或者 E,来选择 GPIO 外设
输入参数 2	GPIO_InitStruct:指向结构 GPIO_InitTypeDef 的指针,包含了外设 GPIO 的配置信息
输出参数	无
返回值	无
先决条件	无
被调用函数	无

第 5 行代码利用库定义了一个 GPIO_InitStruct 的结构体，结构体的类型为 GPIO_InitTypeDef，它是利用 typedef 定义的新类型。追踪其定义原型，知道它位于 stm32f10x _ gpio. h 文件中。代码为：

```
typedef struct
{
    uint16_t GPIO_Pin;
    GPIOSpeed_TypeDef GPIO_Speed;
    GPIOMode_TypeDef GPIO_Mode;
} GPIO_InitTypeDef;
```

通过这段代码可知，GPIO_InitTypeDef 类型的结构体有 3 个成员，分别为 uint16_t 类型的 GPIO_Pin，GPIOSpeed_TypeDef 类型的 GPIO_Speed 及 GPIOMode_TypeDef 类型的 GPIO_Mode。

(1) GPIO_Pin

该参数选择待设置的 GPIO 引脚，使用操作符“|”可以一次选中多个引脚。可以使用表 3.7 中的任意组合。

表 3.7　GPIO_Pin 值

GPIO_Pin	描述
GPIO_Pin_None	无引脚被选中
GPIO_Pin_0	选中引脚 0
GPIO_Pin_1	选中引脚 1
GPIO_Pin_2	选中引脚 2
GPIO_Pin_3	选中引脚 3
GPIO_Pin_4	选中引脚 4
GPIO_Pin_5	选中引脚 5
GPIO_Pin_6	选中引脚 6
GPIO_Pin_7	选中引脚 7
GPIO_Pin_8	选中引脚 8
GPIO_Pin_9	选中引脚 9
GPIO_Pin_10	选中引脚 10
GPIO_Pin_11	选中引脚 11
GPIO_Pin_12	选中引脚 12
GPIO_Pin_13	选中引脚 13
GPIO_Pin_14	选中引脚 14
GPIO_Pin_15	选中引脚 15
GPIO_Pin_All	选中全部引脚

这些宏的值，就是允许给结构体成员 GPIO_Pin 赋的值，例如给 GPIO_Pin 赋值为宏

GPIO_Pin_0，表示选择了GPIO端口的第0个引脚，在后面会通过一个函数把这些宏的值进行处理，设置相应的寄存器，实现对GPIO端口的配置。

（2）GPIO_Speed

GPIOSpeed_TypeDef库定义的新类型，GPIOSpeed_TypeDef原型如下：

```
typedef_enum
{
    GPIO_Speed_10MHz=1,
    GPIO_Speed_2MHz,
    GPIO_Speed_50MHz,
} GPIOSpeed_TypeDef;
```

这是一个枚举类型，定义了3个枚举常量，GPIO _ Speed值如表3.8所示。

表3.8 GPIO_Speed值

GPIO_Speed	描述
GPIO_Speed_10MHz	最高输出速率10MHz
GPIO_Speed_2MHz	最高输出速率2MHz
GPIO_Speed_50MHz	最高输出速率50MHz

这些常量可用于标识GPIO引脚可以配置成的各自最高速度。所以在为结构体中的GPIO_Speed赋值的时候，就可以直接用这些含义清晰地枚举标识符。

（3）GPIO_Mode

GPIOMode_TypeDef也是一个枚举类型定义符，分量值如表3.9所示，其原型如下：

```
typedef enum
{
    GPIO_Mode_ANT = 0x0,
    GPIO_Mode_IN_FLOATING = 0x04,
    GPIO_Mode_IPD = 0x28,
    GPIO_Mode_IPU = 0x48,
    GPIO_Mode_OUT_OD = 0x14,
    GPIO_Mode_OUT_PP = 0x10,
    GPIO_Mode_AF_OD = 0x1C,
    GPIO_Mode_AF_PP = 0x18,
} GPIOMode_TypeDef;
```

表3.9 GPIO_Mode值

GPIO_Mode	描述
GPIO_Mode_AIN	模拟输入
GPIO_Mode_IN_FLOATING	浮空输入
GPIO_Mode_IPD	下拉输入
GPIO_Mode_IPU	上拉输入
GPIO_Mode_OUT_OD	开漏输出
GPIO_Mode_OUT_PP	推挽输出
GPIO_Mode_AF_OD	复用开漏输出
GPIO_Mode_AF_PP	复用推挽输出

这个枚举类型也定义了很多含义清晰的枚举常量，用来帮助配置GPIO引脚的模式，例如GPIO_Mode_AIN为模拟输入，GPIO_Mode_IN_FLOATING为浮空输入模式，由此可

以明白 GPIO_InitTypeDef 类型结构体的作用。整个结构体包含 GPIO_Pin、GPIO_Speed、GPIO_Mode 3 个成员，对这 3 个成员赋予不同的数值就可以对 GPIO 端口进行不同的配置，这些可配置的数值已经由 ST 的库文件封装成见名知义的枚举常量，这使编写代码变得非常简便。

3.4.2 RCC_APB2PeriphClockCmd

GPIO 所用的时钟 PCLK2 采用默认值，为 72MHz。采用默认值可以不修改分频器，但外设时钟默认处在关闭状态，所以外设时钟一般会在初始化外设时设置为开启。开启和关闭外设时钟可使用封装好的库函数 RCC_APB2PeriphClockCmd()，该函数描述如表 3.10 所示。

表 3.10 RCC_APB2PeriphClockCmd()库函数描述

函数名	RCC_APB2PeriphClockCmd()
函数原型	void RCC_APB2PeriphClockCmd(u32 RCC_APB2Periph,FunctionalState NewState)
功能描述	使能或者失能 APB2 外设时钟
输入参数 1	RCC_APB2Periph:门控 APB2 外设时钟
输入参数 2	NewState:指定外设时钟的新状态,这个参数可以取 ENABLE 或者 DISABLE
输出参数	无
返回值	无
先决条件	无
被调用函数	无

参数 RCC_APB2Periph 控制 APB2 的外设时钟，可以取表 3.11 中的一个或者多个值的组合作为该参数的值。

表 3.11 APB2 外设时钟的取值参数

RCC_APB2Periph	描述
RCC_APB2Periph_AFIO	功能复用
RCC_APB2Periph_ GPIOA	GPIOA
RCC_APB2Periph_GPIOB	GPIOB
RCC_APB2Periph_GPIOC	GPIOC
RCC_APB2Periph_GPIOD	GPIOD
RCC_APB2Periph_GPIOE	GPIOE
RCC_APB2Periph_ ADC1	ADC1
RCC_APB2Periph_ADC2	ADC2
RCC_APB2Periph_TIM1	TIM1
RCC_APB2Periph_SPI1	SPI1
RCC_APB2Periph_USART1	USART1
RCC_APB2Periph_ALL	全部

例如，使能 GPIOA、GPIOB 和 SPI1 时钟，代码为：

```
RCC_APB2PeriphClockCmd(RCC_APB2Periph_GPIOA | RCC_APB2Periph_GPIOB | RCC_APB2Periph_SPI1,ENABLE);
```

3.4.3 控制 I/O 输出电平

前面选择好了引脚，配置了其功能及开启了相应的时钟，则可以正式控制 I/O 端口的电平高低，从而实现控制 LED 灯的亮与灭。

前面提到过，要控制GPIO引脚的电平高低，只要在GPIOx_BSRR寄存器相应的位写入控制参数即可。ST库也提供了具有这样功能的函数，可以分别用GPIO_SetBits()（见表3.12）控制输出高电平和用GPIO_ResetBits()（见表3.13）控制输出低电平。GPIO_Write() 可以向指定GPIO数据端口写入数据，如表3.14所示。

表3.12 函数GPIO_SetBits

函数名	GPIO_SetBits
函数原型	void GPIO_SetBits(GPIO_TypeDef * GPIOx,u16 GPIO_Pin)
功能描述	设置指定的数据端口位
输入参数1	GPIOx:x可以是A、B、C、D或者E,来选择GPIO外设
输入参数2	GPIO_Pin:待设置的端口位,该参数可以取GPIO_Pin_x(x可以是0～15)的任意组合
输出参数	无
返回值	无
先决条件	无
被调用函数	无

表3.13 函数GPIO_ResetBits

函数名	GPIO_ResetBits
函数原型	void GPIO_ResetBits(GPIO_TypeDef * GPIOx,u16 GPIO_Pin)
功能描述	清除指定的数据端口位
输入参数1	GPIOx:x可以是A、B、C、D或者E,来选择GPIO外设
输入参数2	GPIO_Pin:待设置的端口位,该参数可以取GPIO_Pin_x(x可以是0～15)的任意组合
输出参数	无
返回值	无
先决条件	无
被调用函数	无

表3.14 函数GPIO_Write

函数名	GPIO_Write
函数原型	void GPIO_Write(GPIO_TypeDef * GPIOx,u16 PortVal)
功能描述	向指定GPIO数据端口写入数据
输入参数1	GPIOx:x可以是A、B、C、D或者E,来选择GPIO外设
输入参数2	PortVal:待写入端口数据寄存器的值
输出参数	无
返回值	无
先决条件	无
被调用函数	无

例如，设置GPIOA端口pin 10和pin 15为高电平，代码为：

```
GPIO_SetBits(GPIOA,GPIO_Pin | GPIO_Pin_15);
```

例如，设置GPIOA端口pin 10和pin 15为低电平，代码为：

```
GPIO_ResetBits(GPIOA,GPIO_Pin_10 | GPIO_Pin_15);
```

例如，设置GPIOA口，代码为：

```
GPIO_Write(GPIOA,0x1101);
```

3.5 实例: GPIO按键点灯实验

3.5.1 使用STM32CubeMX配置基础参数

通常新手在入门STM32的时候，对寄存器底层的操作方法了解有限，使用寄存器的编程方式往往会带来很多困难。标准库和 HAL（Hardware Abstraction Layer，抽象印象层）库编程是一种简化的方法。

从前文可以得知 STM32 有很多寄存器，难以记忆，开发时需要不停地翻阅芯片数据手册，这有助于理解运行原理，但增加了开发难度。为此，ST 公司为每一款芯片都制定了库文件，其中封装了许多常用宏定义，但标准库文件仍然很多。而 HAL 库是 ST 公司目前主推的开发方式，如果说标准库把实现功能所需要配置的寄存器进行了集成，那么 HAL 库的一些函数甚至可以做到某些特定功能的集成。

也就是说，实现相同的功能，使用寄存器方法需要编写几段代码，使用标准库可能只用几行代码，而 HAL 库可能只用一行代码。HAL 库顺应了代码简洁、模块化的潮流，近年来发展迅速，对嵌入式编程新手更加友好。以下是运用 HAL 库进行开发的实例。

（1）新建项目

① 打开 STM32CubeMX 软件，单击左上角 File，选择 New Project 新建工程项目。

② 在 MCU/MPU Selecter 列表里选择芯片型号，可以直接输入型号搜索，也可以按类型依次选择，如本例中依次选择 Arm Cortex-M3、STM32F103、F103ZET6。

③ 选择好芯片型号后单击右上角 Start Project 开始配置项目。

（2）配置时钟树

① 在 Pinout & Configuration 界面左侧列表 System Core 中选择 RCC，将 High Speed Clock 选项从 Disable 改为 Crystal/Ceramic Resonator（晶体/陶瓷谐振器）。

② 单击上方选项栏中 Clock Configuration，进入时钟配置界面。勾选 HSE，并在 PLL（锁相环）一栏里选择“×9”的倍频系数。

③ 再勾选 PLLCLK。并将 APB1 Prescaler（APB1 预分频器）的分频系数从/1 改成/2。此时 APB1 总线频率被设置为 36MHz。

至此所有时钟树的配置操作完成。

（3）配置 GPIO

打开开发板的电路原理图，找到 LED 和按键的具体接线位置。

① 黄色灯 LED1 的一端连接 STM32 芯片的 PE5 引脚，另一端接 3.3V 电压，只要 PE5 引脚输出低电位，LED 就能形成通路，点亮黄色灯。所以可以确认：点亮 LED 需要将 PE5 引脚设置为输出模式，此时输出低电平可以点亮灯，输出高电平可以熄灭灯，且需要将 PE5 引脚的初始输出电位设置为高电平（刚开始保持灯不亮）。

② 按键 KEY0 的一端连接 STM32 芯片的 PE4 引脚，另一端接地 GND。在按下按键时，PE4 引脚就会和 GND 连通，若在 PE4 引脚处检测到了 GND 电位，就说明按键已经被按下了。所以可以确认：检测 KEY0 按键需要将 PE4 引脚设置为输入状态，读取到低电平说明按键被按下。

③ 重新回到 Pinout & Configuration 界面，在右侧芯片引脚图上找到 PE4 和 PE5 引脚，单击 PE4 引脚，选择 GPIO_Input，再单击 PE5 引脚，选择 GPIO_Output。

④ 继续在 Pinout & Configuration 界面左侧菜单栏里找到 GPIO，单击后可以看到所有配置过的 GPIO 接口信息。

⑤ 单击 PE4 引脚所在的一行，下方会弹出 PE4 引脚所有的配置信息，PE4 引脚设置为 Pull-up 上拉输入模式，可以保证 PE4 引脚顺利检测到低电平的输入。设置了上拉输入后，在无信号输入时，PE4 引脚端为高电平。而在信号输入为低电平时，PE4 引脚端也为低电平。如果没有上拉电阻，在没有外界输入的情况下 PE4 引脚一端是悬空的状态，电平是未

知且无法保证的，设置上拉电阻就是为了保证无信号输入时输入端的电平为高电平。

⑥ 单击 PE5 引脚所在的一行，可以设置 PE5 引脚的输入模式，将 GPIO output level 设置为 High，这样 PE5 引脚在初始化之后会自动输出高电平，保证 LED 灯不会亮。

（4）配置 Debug

① 在 Pinout & Configuration 界面左侧列表中选中 SYS，在 Debug 选项里配置程序烧录协议。

② 选用 SW（Serial Wire）作为烧录协议。

（5）生成工程文件

所有配置完成，开始生成工程文件。

① 单击上方选项栏中的 Project Manager，进入工程文件配置界面。

② 在配置界面里为工程命名，选择生成路径，选择 IDE 的种类（MDK-ARM V5）。需要格外注意，工程名和路径名都必须是全英文，任何地方出现了中文或中文符号都会导致生成失败。

③ 点击 Project Manager 界面左侧的 Code Generator 选项，在 Code Generator 里将“Generate peripheral initialization……”勾选上，这样 STM32CubeMX 软件会在生成工程文件的时候自动配置好所有的 . c 文件和 . h 文件。

④ 单击右上角 GENERATE CODE，输出工程文件。

⑤ 等待一段时间后生成完毕，单击 Open Folder 打开文件夹，单击 Open Project 直接打开工程文件（使用 Keil 平台打开），单击 Close 关闭对话框。

⑥ 工程文件生成好之后，可以在之前配置好的路径下找到工程文件夹，打开 MDK-ARM 文件夹中的绿色图标文件，就可以打开嵌入式工程。

3.5.2　使用 Keil MDK 补充程序代码

（1）GPIO 操作函数

GPIO 有三种电平输出语句：上拉输出、下拉输出、反转输出。

① 上拉输出：HAL_GPIO_WritePin(GPIOE,GPIO_PIN_5,GPIO_PIN_SET)。此时 LED1 灯熄灭。

② 下拉输出：HAL_GPIO_WritePin(GPIOE,GPIO_PIN_5,GPIO_PIN_RESET)。此时 LED1 灯点亮。

③ 反转输出：HAL_GPIO_TogglePin(GPIOE,GPIO_PIN_5)。此时 PE5 引脚的输出电平发生反转，如果之前是上拉输出则改变为下拉输出，反之亦然。

上述三个语句都是针对 PE5 引脚的操作，也可以修改成别的引脚，如需要对 PA9 引脚进行操作：HAL_GPIO_TogglePin(GPIOA,GPIO_PIN_9)。

读取电平只有一种操作：HAL_GPIO_ReadPin(GPIOE,GPIO_PIN_4)。

返回值为 0 说明是下拉输出，返回 1 说明是上拉输出，一般都和 if 判断语句一起用，如：

```
if(HAL_GPIO_ReadPin(GPIOE,GPIO_PIN_4) == 1   //读取到 PE4 的上拉输出
```

（2）设置按键消抖

在“/* USER CODE BEGIN WHILE */”区域补充如下代码：

```
static int Key0_Trigger_Time = 0;   //使用静态变量声明消抖时间
```

static 是一种声明关键字，可以将 Key0_Trigger_Time 声明为静态变量，静态变量一旦

声明出来，就不会自动被清为 0。

在实际项目中，往往有多个按键需要检测，有时还会出现多个按键同时被按下的情况，所以消抖使用的时间变量基本都需要声明成静态变量。在本程序中只有一个按键，情况比较简单，不声明成静态变量也可以保证程序顺利运行。

（3）添加闪灯程序

在 while(1) 循环中添加按键 GPIO 检测和电平反转输出程序，如下：

```
//检测到按键已被按下
if(HAL_GPIO_ReadPin(GPIOE,GPIO_PIN_4) == 0 && Key0_Trigger_Time == 0 )
{
    //设置消抖间隔
    Key0_Trigger_Time = 300;
    HAL_GPIO_TogglePin(GPIOE,GPIO_PIN_5);
}
//按键未被按下
if(HAL_GPIO_ReadPin(GPIOE,GPIO_PIN_4) == 1 && Key0_Trigger_Time >0 )
{
    Key0_Trigger_Time--;
}
```

所有代码编写完毕。

此外，根据静态变量多次声明不影响数值的特性，将 Key0_Trigger_Time 声明在 while(1) 循环内部，也不会出现错误。使用静态变量可以直接将变量声明在相关的函数内部，避免将很多变量都集中声明在开头处，这一特性非常有利于程序模块化设计，使程序更加整洁有序。

3.5.3 烧录代码

编程完成后需要对芯片进行烧录，将 ST-Link 仿真器和电源线都连接在开发板上，修改烧录配置。

（1）配置烧录参数

① 单击 Keil MDK 的“魔术棒”按钮，打开配置界面。

② 选择 Debug 选项卡，将仿真器型号改为 ST-Link Debugger。

③ 设置好 ST-Link Debugger 之后单击右侧的 Settings，进行进一步配置。在弹出的窗口中选择 SW 烧录协议。

④ 将 Connect 选项修改为 Normal，Reset 选项修改为 Autodetect。

⑤ 在 Flash Download 选项卡中，勾选 Reset and Run，这样烧录好程序之后芯片会自动运行程序，不需要手动按 Reset 按钮。

⑥ 配置好之后，单击编译按钮，生成 hex 机器码，等待一段时间。

（2）程序烧录

接好仿真器，开启开发板电源，单击烧录按钮完成程序烧录。按下 KEY0，可以看到黄色灯亮起，再次按下黄色灯熄灭。

3.6 习题

（1）（单选）图 3.7 为 STM32 GPIO 端口 A 的部分功能寄存器配置描述，在 GPIO-A14

控制 LED 程序设计中，想要设置其最大输出速度为 50MHz，应该设置（　　）。

31 30	29 28	27 26	25 24	23 22	21 20	19 18	17 16
CNF15[1:0]	MODE15[1:0]	CNF14[1:0]	MODE14[1:0]	CNF13[1:0]	MODE13[1:0]	CNF12[1:0]	MODE12[1:0]
rw rw	rw rw	rw rw	rw rw	rw rw	rw rw	rw rw	rw rw

15 14	13 12	11 10	9 8	7 6	5 4	3 2	1 0
CNF11[1:0]	MODE11[1:0]	CNF10[1:0]	MODE10[1:0]	CNF9[1:0]	MODE9[1:0]	CNF8[1:0]	MODE8[1:0]
rw rw	rw rw	rw rw	rw rw	rw rw	rw rw	rw rw	rw rw

位 31:30 27:26 23:22 19:18 15:14 11:10 7:6 3:2	CNFy[1:0]:端口 x 配置位(y=8…15)(Port x configuration bits)。 软件通过这些位配置相应的 I/O 端口。 在输入模式(MODE[1:0]=00): 00:模拟输入模式; 01:浮空输入模式(复位后的状态); 10:上拉/下拉输入模式; 11:保留。 在输出模式(MODE[1:0]>00): 00:通用推挽输出模式; 01:通用开漏输出模式; 10:复用功能推挽输出模式; 11:复用功能开漏输出模式
位 29:28 25:24 21:20 17:16 13:12 9:8 5:4 1:0	MODEy[1:0]:端口 x 的模式位(y=8…15)(Port x mode bits)。 软件通过这些位配置相应的 I/O 端口。 00:输入模式(复位后的状态); 01:输出模式,最大速度 10MHz; 10:输出模式,最大速度 2MHz; 11:输出模式,最大速度 50MHz

图 3.7　习题（1）

A. MODE14[1:0]

B. CNF14[1:0]

C. MODE15[1:0]

D. CNF15[1:0]

（2）（单选）每组 I/O 端口有（　　）个 I/O 口线。

A. 16

B. 1

C. 8

D. 15

（3）（单选）“void GPIO_SetBits(GPIO_TypeDef * GPIOx,uint16_t GPIO_Pin);”函数的含义是（　　）。

A. 输出低电平

B. GPIO 初始化

C. 输出高电平

D. 读取输入电平

（4）（单选）“GPIO_InitStructure.GPIO_Mode = GPIO_Mode_Out_PP;”表示（　　）。

A. 设置模拟输入

B. 设置浮空输入
C. 设置开漏输出
D. 设置推挽输出
(5)(单选)如果 GPIO 引脚用于 ADC 电压采集的输入通道，需要将 GPIO 设置为(　　)。
A. 浮空输入
B. 模拟输入
C. 下拉输入
D. 上拉输入
(6)(判断)从表 3.15 可以看出 PB6 可以与 TIM4 _ CH1 端口重映射。(　　)

表 3.15　习题(6)

<table>
<tr><th colspan="6">封装</th><th rowspan="2">引脚名称</th><th rowspan="2">类型</th><th rowspan="2">I/O 电平</th><th rowspan="2">主功能(复位后)</th><th colspan="2">可选的复用功能</th></tr>
<tr><th>BGA144</th><th>BGA100</th><th>WLCSP64</th><th>LQFP64</th><th>LQFP100</th><th>LQFP144</th><th>默认</th><th>重定义</th></tr>
<tr><td>C6</td><td>B5</td><td>B5</td><td>58</td><td>92</td><td>136</td><td>PB6</td><td>I/O</td><td>FT</td><td>PB6</td><td>I2C1_SCL/
TIM4_CH1</td><td>USART1_TX</td></tr>
<tr><td>D6</td><td>A5</td><td>C5</td><td>59</td><td>93</td><td>137</td><td>PB7</td><td>I/O</td><td>FT</td><td>PB7</td><td>I2C1_SDA/
FSMC_NADV/
TIM4_CH2</td><td>USART1_RX</td></tr>
</table>

(7)(判断)端口复用的功能是为了最大限度地利用端口资源。(　　)

(8)(判断)开漏输出开关速度快、负载能力强，适合做电流型驱动。(　　)

(9)(判断)“RCC_APB2PeriphColckCmd(RCC_APB2Periph_GPIOA,ENABLE)”表示初始化 GPIOA 口时钟。(　　)

(10)(判断)复用推挽输出表示外设模块控制 I/O 的推挽输出，比如串口就需要设置为复用推挽输出。(　　)

(11)直接库函数操作和寄存器操作有哪些区别?

(12)分析 STM32 的时钟树结构。

(13)通用 GPIO 的初始化过程是什么?

(14)采用查询法编写按键识别代码。

(15)编写音乐流水灯程序，流水灯的循环频率对应于采样得到的所选歌曲的声音强度。

第 4 章 数据的转换与读/写访问

数据转换（Data Transfer）是将数据从一种表示形式变为另一种表示形式的过程。在 STM32 嵌入式系统的实际应用中，往往需要对大量数据和信号进行处理，STM32 微控制器提供了便捷有效的数据访问、传输和存储方法，并可以实现模拟信号和数据信号之间的灵活转换。本章详细介绍了 STM32 微控制器中数据和各种信号的访问、传输、存储和转换操作，包括 DMA 数据访问与传输、A/D 转换、D/A 转换。

4.1 ADC 的编程应用

ADC（Analog to Digital Converter）即模拟/数字（A/D）转换器，其主要功能是将连续的模拟信号转换为离散的数字信号。由于 CPU 只能处理数字信号，因此在对外部的模拟信号进行分析、处理的过程中，必须使用 ADC 模块将外部的模拟信号转换成 CPU 所能处理的数字信号。STM32F10x 系列微控制器芯片上集成有 12 位的 A/D 转换器，它是一种逐次逼近型 A/D 转换器，有 18 个通道，可测量 16 个外部信号源和 2 个内部信号源。各通道的 A/D 转换可以单次、连续、扫描和间断模式执行，ADC 的转换结果可以左对齐或右对齐方式存储在 16 位数据寄存器中。

4.1.1 ADC 的原理、参数及类型

4.1.1.1 ADC 的原理

ADC 能将电压信号转换为一定比例电压值的数字信号。物理世界中的模拟量如声音、水温、颜色、速度、力量、化学成分、输入的热电偶、传感器、话筒、温控电阻上产生一路变化的电压，ADC 按照预定位数、频率，把这些变化的模拟量量化成一串 0、1 字符串，然后交给嵌入式处理器进行处理。ADC 存在于今日众多日常设备中，如数码相机、手机、电脑、录音笔、汽车上的数百个传感器、安检门、雷达等。

AD 模块即模数转换模块，又可以称作 AD 转换模块，功能是将电压信号转换为相应的

数字信号。实际应用中，这个电压信号可能由温度、湿度、压力等实际物理量经过传感器和相应的变换电路转化而来。经过 AD 转换后，MCU 就可以处理这些物理量。

ADC 进行模数转换一般包含三个关键步骤：采样、量化、编码。

① 采样。采样是在间隔为 T 的 T、$2T$、$3T$ 时刻抽取被测模拟信号幅值，相邻两个采样时刻之间的间隔 T 也被称为采样周期。

② 量化。对模拟信号进行采样后，得到一个时间上离散的脉冲信号序列，但每个脉冲的幅度仍然是连续的。然而，CPU 所能处理的数字信号不仅在时间上是离散的，而且数值大小的变化也是不连续的，因此，必须把采样后每个脉冲的幅度进行离散化处理，得到能被 CPU 处理的离散数值，这个过程就称为量化。

③ 编码。把量化的结果用二进制表示出来称为编码。而且，一个 n 位量化的结果值恰好用一个 n 位二进制数表示。这个 n 位二进制数就是 ADC 转换完成后的输出结果。

4.1.1.2 ADC 的通用基础知识

① 转换精度。转换精度就是指数字量变化一个最小量时模拟信号的变化量，也称为分辨率，一般用 ADC 模块的位数来表示。通常，ADC 模块的位数有 8 位、10 位、12 位、16 位等。设采样位数为 n，则最小的能检测到的模拟量变化值为 $1/2^n$。某一 AD 转换模块是 12 位，若参考电压为 5V，那么这个 AD 模块可检测到的模拟量变化最小值为 $5/2^{12}=1.22(\text{mV})$，就是这个 AD 转换器的转换精度了。

② 转换速度。用完成一次 AD 转换所要花费的时间的倒数来表示 AD 转换器的转换速度，其特征为纳秒级。

③ 单端输入和差分输入。单端输入指的是 AD 采集只有一个输入引脚，使用公共地 GND 作为参考电平。这种输入方式的优点是简单，缺点是容易受到干扰。由于 GND 电位始终是 0V，因此 AD 值也会随着干扰而变化。差分输入比单端输入多了一个引脚，AD 采样值是两个引脚的电平差值，优点是降低了干扰，缺点是多了个引脚。通常两根差分线会布在一起，因此受到的干扰程度接近。

④ AD 参考电压。在进行 AD 转换时，需要一个参考电压，比如要把一个电压分成 1024 份，每份的基准必须是稳定的，这个电平来自基准电压，就是 AD 参考电压。在要求不是很精确的情况下，AD 参考电压使用给芯片功能供电的电源电压。有更为精确的要求时，AD 参考电压使用单独电源，要求功率小、波动小。

⑤ 滤波问题。通常我们使用中值滤波和均值滤波来提高采样精度。所谓中值滤波，就是将 M 次连续采样值按大小进行排序，取中间值为滤波输出。而均值滤波，是把 N 次采样结果值相加，然后再除以采样次数 N，得到的平均值就是滤波结果。若要得到更高的精度，可以通过建立其他的误差分析方式来实现。

⑥ 物理量回归。AD 转换的目的是把模拟信号转化为数字信号，供计算机进行处理，但必须知道 AD 转换后的数值所代表的实际物理量的值，这样才有实际意义。例如，利用 MCU 采集室内温度，AD 转换后的数值是 126，实际它代表多少温度呢？如果当前室内温度是 25.1℃，则 AD 值 126 就代表实际温度为 25.1℃。设 AD 值为 x，实际物理量为 y，物理量回归就是需要寻找它们之间的函数关系 $y=f(x)$。

4.1.1.3 ADC 性能参数

① 量程。量程（Full Scale Range，FSR）是指 ADC 所能转换的模拟输入电压的范围，

分为单极性和双极性两种类型。

② 分辨率。分辨率（Resolution）是指 ADC 所能分辨的最小模拟输入量，反映 ADC 对输入信号微小变化的响应能力。常以输出二进制码的位数来表示分辨率的高低。位数越多，转换的分辨率越高。A/D 转换结果通常用二进制数来存储，因此分辨率经常以位（bit）作为单位，且这些离散值的个数是 2 的幂指数。例如，一个具有 8 位分辨率的 ADC 可以将模拟信号编码成 2^8 个不同的离散值，0～255 或－128～127，至于使用哪一种，则取决于具体的应用。例如，一个 10 位 ADC 满量程输入模拟电压为 5V，该 ADC 能分辨的最小电压为 $5/2^{10}=4.88$mV，14 位 ADC 能分辨的最小电压为 $5/2^{14}=0.31$mV。

③ 精度。精度（Accuracy）是指对于 ADC 的数字输出（二进制代码），其实际需要的输出值与理论上要求的输入值之差。精度是偏移误差、增益误差、积分线性误差、微分线性误差、温度漂移等综合因素引起的总误差。

精度和分辨率是两个不同的概念。精度是指转换器实际值与理论值之间的偏差，分辨率是指转换器所能分辨的模拟信号的最小变化值。ADC 分辨率的高低取决于位数的多少。一般来讲，分辨率越高，精度越高。但是影响转换器精度的因素有很多，分辨率高的 ADC，并不一定具有较高的精度。精度是偏移误差、增益误差、积分线性误差、微分线性误差、温度漂移等综合因素引起的总误差。量化误差是模拟输入量在量化取整过程中引起的，因此分辨率直接影响量化误差的大小，量化误差是一种原理性误差，只与分辨率有关，与信号的幅度、转换速率无关，它只能减小而无法完全消除，只能使其控制在一定的范围之内（±LSB/2）。

④ 转换时间。转换时间（Conversion Time）是 ADC 完成一次 A/D 转换所需要的时间，是指从启动 ADC 开始到获得相应数据所需要的总时间。

⑤ 转换速度。转换速度指从接收到转换控制信号开始，到输出端得到稳定的数字输出信号所需时间的倒数。通常用完成一次 A/D 转换操作所需时间的倒数来表示转换速度。

例如，某 ADC 的转换时间 T 为 0.1ms，则该 ADC 的转换速度为 $1/T=10000$ 次/s。

4.1.1.4　ADC 主要类型

（1）逐次逼近型 ADC

逐次逼近型 ADC 是应用非常广泛的模/数转换方法，它包括 1 个比较器、1 个数模转换器、1 个逐次逼近寄存器（SAR）和 1 个逻辑控制单元。它是将采样输入信号与已知电压不断进行比较，1 个时钟周期完成位转换，N 位转换需要 N 个时钟周期，转换完成，输出二进制数。这一类型 ADC 的分辨率和采样速率是相互矛盾的，分辨率低时采样速率较高，要提高分辨率，采样速率就会受到限制。

优点：分辨率低于 12 位时，价格较低，采样速率可达 1MSPS[❶]；与其他 ADC 相比，功耗相当低。

缺点：在高于 14 位分辨率的情况下，其价格较高；传感器产生的信号在进行模/数转换之前需要进行调理，包括增益级和滤波，这样会明显增加成本。

（2）积分型 ADC

积分型 ADC 又称为双斜率或多斜率 ADC，它的应用也比较广泛。

它由 1 个带有输入切换开关的模拟积分器、1 个比较器和 1 个计数单元构成，通过两次

❶ SPS 即 Sample Per Second，每秒采样次数，下同。

积分将输入的模拟电压转换成与其平均值成正比的时间间隔。与此同时，在此时间间隔内利用计数器对时钟脉冲进行计数，从而实现 A/D 转换。

积分型 ADC 两次积分的时间都是利用同一个时钟发生器和计数器来确定的，因此所得到的 D 表达式与时钟频率无关，其转换精度只取决于参考电压 V_R。此外，由于输入端采用了积分器，所以对交流噪声的干扰有很强的抑制能力。能够抑制高频噪声和固定的低频干扰（如 50Hz 或 60Hz），适合在嘈杂的工业环境中使用。

这类 ADC 主要应用于低速、精密测量等领域，如数字电压表。

优点：分辨率高，可达 22 位；功耗低、成本低。

缺点：转换速率低，转换速率在 12 位时为 100～300SPS。

（3）并行比较 ADC

并行比较 ADC 的主要特点是速度快，它是所有的 A/D 转换器中速度最快的，现代发展的高速 ADC 大多采用这种结构，采样速率能达到 1GSPS 以上。但受到功率和体积的限制，并行比较 ADC 的分辨率难以提高。

这种结构的 ADC 所有位的转换同时完成，其转换时间主要取决于比较器的开关速度、编码器的传输时间延迟等。增加输出代码对转换时间的影响较小，但随着分辨率的提高，需要高密度的模拟设计以实现转换所必需的数量很大的精密分压电阻和比较器电路。输出数字增加一位，精密电阻数量就要增加一倍，比较器也近似增加一倍。并行比较 ADC 的分辨率受管芯尺寸、输入电容、功率等限制。结果重复的并联比较器如果精度不匹配，还会造成静态误差，如会使输入失调电压增大。同时，由于比较器的亚稳压、编码气泡，这一类型的 ADC 还会产生离散的、不精确的输出，即所谓的“火花码”。

优点：模/数转换速度最高。

缺点：分辨率不高，功耗大，成本高。

（4）压频变换型 ADC

压频变换型 ADC 是间接型 ADC，它先将输入模拟信号的电压转换成频率与其成正比的脉冲信号，然后在固定的时间间隔内对此脉冲信号进行计数，计数结果即为正比于输入模拟电压信号的数字量。从理论上讲，这种 ADC 的分辨率可以无限增加，只要采用时间长到累积脉冲宽度即可，其中脉冲满足输出频率分辨率要求。

优点：精度高、价格较低、功耗较低。

缺点：类似于积分型 ADC，其转换速率受到限制，12 位时为 100～300SPS。

（5）Σ-Δ 型 ADC

Σ-Δ 型 ADC 转换器又称为过采样转换器，它采用增量编码方式即根据前一量值与后一量值的差值的大小来进行量化编码。Σ-Δ 型 ADC 包括模拟 Σ-Δ 调制器和数字抽取滤波器。模拟 Σ-Δ 调制器主要完成信号抽样及增量编码，它给数字抽取滤波器提供增量编码即 Σ-Δ 码；数字抽取滤波器完成对 Σ-Δ 码的抽取滤波，把增量编码转换成高分辨率的线性脉冲编码调制的数字信号。因此抽取滤波器实际上相当于一个码型变换器。

优点：分辨率较高，高达 24 位；转换速率高，高于积分型和压频变换型 ADC；价格低；内部利用高倍频过采样技术，实现了数字滤波，降低了对传感器信号进行滤波的要求。

缺点：高速 Σ-Δ 型 ADC 的价格较高；在转换速率相同的条件下，比积分型和逐次逼近型 ADC 的功耗高。

（6）流水线型 ADC

流水线型 ADC，又称为子区式 ADC，它是一种高效和强大的模数转换器。它能够提供高速、高分辨率的模数转换，并且具有令人满意的低功率消耗和很小的芯片尺寸；经过合理设计，还可以提供优异的动态特性。

流水线型ADC由若干级级联电路组成，每一级包括一个采样/保持放大器、一个低分辨率的ADC和DAC以及一个求和电路，其中求和电路还包括可提供增益的级间放大器。快速精确的n位转换器分成两段以上的子区（流水线）来完成。首级电路的采样/保持器对输入信号取样后先由一个m位分辨率粗A/D转换器对输入进行量化，接着用一个至少n位精度的乘积型数模转换器（MDAC）产生一个对应于量化结果的模/拟电平并送至求和电路。求和电路从输入信号中扣除此模拟电平，并将差值精确放大某一固定增益后交下一级电路处理。经过各级这样的处理后，最后由一个较高精度的K位细A/D转换器对残余信号进行转换。将上述各级粗、细A/D的输出组合起来即构成高精度的n位输出。

优点：有良好的线性和低失调；可以同时对多个采样进行处理，有较高的信号处理速度，典型的为$T_{conv}<100ns$；低功率；高精度；高分辨率；可以简化电路。

缺点：基准电路和偏置结构过于复杂；输入信号需要经过特殊处理，以便穿过数级电路造成流水延迟；对锁存定时的要求严格；对电路工艺要求很高，电路板设计得不合理会影响增益的线性、失调及其他参数。

目前，这种新型的ADC结构主要应用于对THD和SFDR及其他频域特性要求较高的通信系统，对噪声、带宽和瞬态相应速度等时域特性要求较高的CCD成像系统，以及对时域和频域参数都要求较高的数据采集系统。

4.1.2 ADC的主要操作与特征

4.1.2.1 ADC的特征与结构

STM32F10x系列微控制器芯片上的ADC的主要特征如下。

① ADC供电电源为2.4～3.6V，模拟输入范围为0～3.6V。

② 转换分辨率为12位。

③ 内嵌数据对齐方式。

④ 通道采样间隔时间可编程。

⑤ 每次ADC开始转换前进行一次自校准。

⑥ 可设置为单次、连续扫描和间断模式。

⑦ 带两个或以上A/D转换器，有8种转换方式。

⑧ 转换结束、注入转换结束和发生看门狗事件时产生中断。

⑨ 规则通道转换期间有DMA请求产生。

⑩ 对于不同的STM32微控制器，ADC转换时间约为1μs。

STM32微控制器的ADC内部结构主要由模拟输入通道、A/D转换器、模拟看门狗、ADC时钟、通道采样时间编程外部触发转换、DMA请求、温度传感器、ADC的上电控制和中断电路等组成。ADC模块结构如图4.1所示。值得注意的是，在外部电路连接中，V_{DDA}和V_{SSA}应该分别连接V_{DD}和V_{SS}。

4.1.2.2 ADC寄存器

ADC寄存器说明如表4.1所示，ADC寄存器每位的详细介绍可以参考《STM32F10x中文参考手册》。

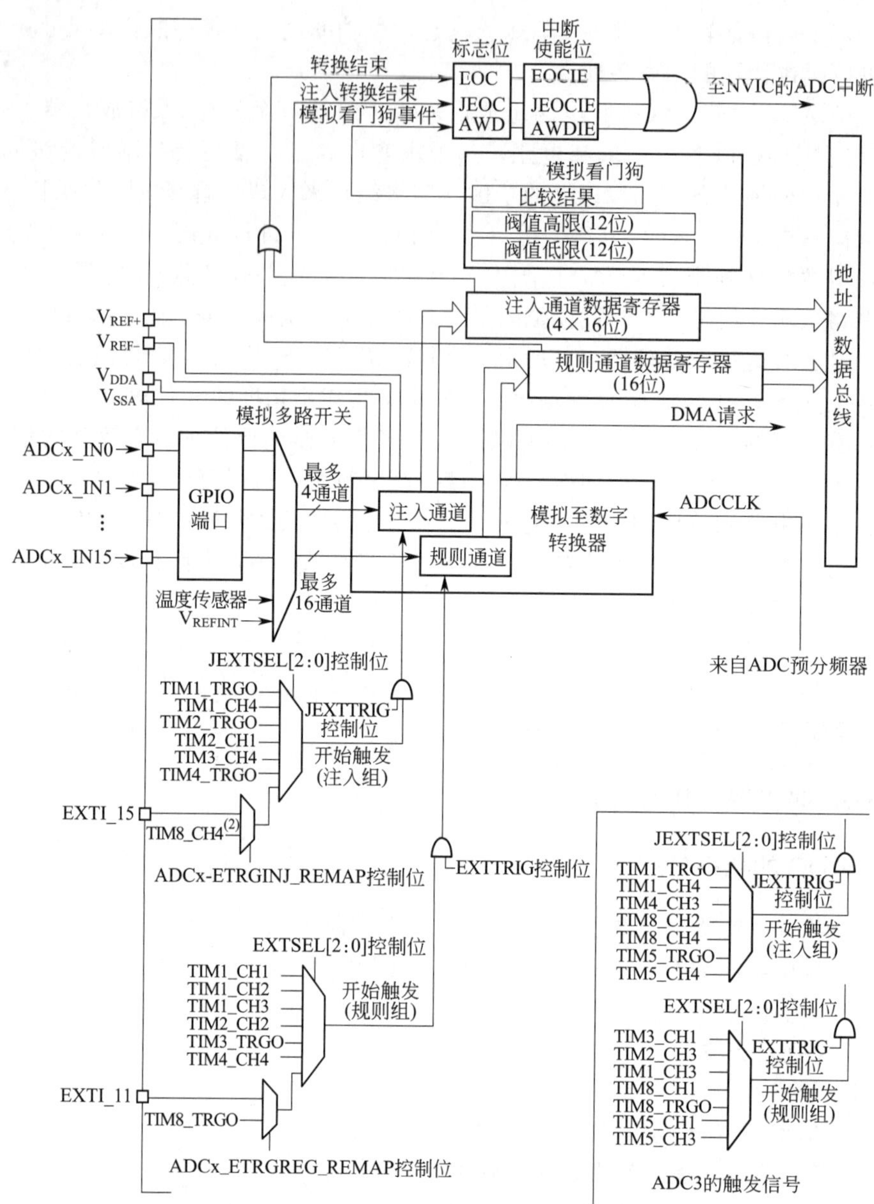

图 4.1　ADC 模块结构

表 4.1　ADC 寄存器说明

ADC 寄存器	功能描述
状态寄存器(ADC_SR)	获取当前 ADC 的状态
控制寄存器 1(ADC_CR1)	控制 ADC
控制寄存器 2(ADC_CR2)	控制 ADC
采样时间寄存器 1(ADC_SMPR1)	独立选择每个通道(通道 10～18)的采样时间
注入通道数据偏移寄存器 x (ADC_JOFRx,x=1,2,3,4)	定义注入通道的数据偏移量,转换所得的原始数据减去相应偏移量
规则序列寄存器 1(ADC_SQR1)	定义规则转换的序列,包括长度和次序(第 13～16 个转换)
注入序列寄存器(ADC_JSQR)	定义注入转换的序列,包括长度和次序
注入数据寄存器 x (ADC_JDRx,x=1,2,3,4)	保存注入转换所得到的结果
规则数据寄存器(ADC_DR)	保存规则转换所得到的结果

(1) 电源引脚

ADC 的各个电源引脚的功能定义如表 4.2 所示。V_{DDA} 和 V_{SSA} 是模拟电源引脚，在实际使用过程中需要和数字电源进行一定的隔离，防止数字信号干扰模拟电路。参考电压 V_{REF+} 可以由专用的参考电压电路提供，也可以直接和模拟电源连接在一起，需要满足 $V_{DDA}-V_{REF-}<1.2V$ 的条件。V_{REF-} 引脚一般连接在 V_{SSA} 引脚上。一些小封装的芯片没有 V_{REF+} 和 V_{REF-} 这两个引脚，这时，它们在内部分别连接在 V_{DDA} 引脚和 V_{SSA} 引脚上。

表 4.2 ADC 引脚介绍

名称	信号类型	注解
V_{REF+}	模拟参考输入电压正极	ADC 使用的正极参考电压，$2.4V \leqslant V_{REF+} \leqslant V_{DDA}$
V_{REF-}	模拟参考输入电压负极	ADC 使用的负极参考电压，$V_{REF-}=V_{SSA}$
V_{DDA}	模拟输入电源	等效于 V_{DD} 的模拟电源，$2.4V \leqslant V_{DDA} \leqslant V_{DDA}$(3.6V)
V_{SSA}	模拟输入电源地	等效于 V_{SS} 的模拟电源地
ADC_IN[15:0]	模拟输入信号	16 个模拟输入模拟通道(ADC_IN0～ ADC_IN15)

(2) 模拟电压输入引脚

STM32F103ZET6 的 ADC1 可以转换 18 路模拟信号，相较于 80C51 单片机的 8 路模拟信号，STM32F103 系列芯片的转换精度、分辨率、精度更高。其中 ADCx_IN[15:0] 是 16 个外部模拟输入通道，另外两路分别是内部温度传感器和内部参考电压 V_{REFINT}。ADC 各个输入通道与 GPIO 引脚对应关系如表 4.3 所示。

表 4.3 ADC 各个输入通道与 GPIO 引脚对应关系

ADC1	GPIO 引脚	ADC2	GPIO 引脚	ADC3	GPIO 引脚
通道 0	PA0	通道 0	PA0	通道 0	PA0
通道 1	PA1	通道 1	PA1	通道 1	PA1
通道 2	PA2	通道 2	PA2	通道 2	PA2
通道 3	PA3	通道 3	PA3	通道 3	PA3
通道 4	PA4	通道 4	PA4	通道 4	PF6
通道 5	PA5	通道 5	PA5	通道 5	PF7
通道 6	PA6	通道 6	PA6	通道 6	PF8
通道 7	PA7	通道 7	PA7	通道 7	PF9
通道 8	PB1	通道 8	PB0	通道 8	PF10
通道 9	PB2	通道 9	PB1	通道 10	PC0
通道 10	PC1	通道 10	PC0	通道 11	PC1
通道 11	PC2	通道 11	PC1	通道 12	PC2
通道 12	PC3	通道 12	PC2	通道 13	PC3
通道 13	PC4	通道 13	PC3		
通道 14	PC5	通道 14	PC4		
通道 15	PC6	通道 15	PC5		
通道 16	连接内部 VREFINT 引脚				
通道 17	连接内部温度传感器				

(3) ADC 转换时钟源

STM32F10 系列微控制器的 ADC 是逐次比较逼近型，因为必须使用驱动时钟。所有 ADC 共用时钟 ADCCLK，它来自经可编程预分频器分频的 APB2 时钟，该预分频器允许 ADC 在 $f_{PCK2}/2$、$f_{PCK2}/4$、$f_{PCK2}/6$ 或 $f_{PCK2}/8$ 等频率下工作。ADCCLK 最大频率为 36MHz。

(4) ADC 转换通道

ADC 内部把输入信号分成两路进行转换，分别为规则组和注入组。注入组最多可以转换 4 路模拟信号，规则组最多可以转换 16 路模拟信号。

规则组通道和它的转换顺序在 ADC_SQRx 中选择，规则组转换的总数写入 ADC_SQR1 的 L[3:0] 位中。在 ADC_SQR1～ ADC_SQR3 的 SQ1[4:0]～SQ16[4:0] 位域可以设置规则组输入通道转换的顺序。SQ1[4:0] 位用于定义规则组中第一个转换的通道编号（0～18)，SQ2[4:0] 位用于定义规则组中第 2 个转换的通道编号，依此类推。

例如，规则组转换 3 个输入通道的信号，分别是输入通道 0、输入通道 3 和输入通道 6，并定义输入通道 3 第一个转换、输入通道 6 第二个转换、输入通道 0 第三个转换。那么相关寄存器中的设定如下：

ADC_SQR1 的 L[4:0]=3，规则组转换总数。

ADC_SQR3 的 SQ1[4:0]=3，规则组中第一个转换输入通道编号。

ADC_SQR3 的 SQ2[4:0]=6，规则组中第二个转换输入通道编号。

ADC_SQR3 的 SQ3[4:0]=0，规则组中第三个转换输入通道编号。

注入组和它的转换顺序在 ADC_JSQR 中选择。注入组里转换的总数应写入 ADC_JSQR 的 JL[1:0] 位中。ADC_ JSQR 的 SQR1[4:0]～ SQR4[4:0] 位域设置规则组输入通道转换的顺序。SQR[4:0] 位用于定义规则组中第一个转换的通道编号（0～18)，SQR2[4:0] 位用于定义规则组中第 2 个转换的通道编号，依此类推。

注入组转换总数、转换通道和顺序定义方法与规则组一致。

当规则组正在转换时，启动注入组的转换会中断规则组的转换过程。

(5) ADC 转换触发源

触发 ADC 转换的可以是软件触发方式，也可以由 ADC 以外的事件源触发。如果 EXTEN 控制位（对于规则组转换）或 JEXTEN 位（对于注入组转换）不等于 0B00，则可使用外部事件触发转换。例如，定时器捕获、EXTI 线。

(6) ADC 转换结果存储寄存器

注入组有 4 个转换结果寄存器（ADC_JDRx)，分别对应每一个注入组通道。而规则组只有一个数据寄存器（ADC_DR)，所有规则组通道转换结果共用一个数据寄存器，因此，在使用规则组转换多路模拟信号时，多使用 DMA 配合。

(7) 中断

ADC 在规则组和注入组转换结束、模拟看门狗状态位和溢出状态位位置时可能会产生中断。ADC 中断事件如表 4.4 所示。

表 4.4 ADC 中断事件

中断事件	事件标志	使能控制位
结束规则组的转换	EOC	EOCIE
结束注入组的转换	JEOC	JEOCIE
模拟看门狗状态位置 1	AWD	AWDIE
溢出(Overrun)	OVR	OVRIE

(8) 模拟看门狗

使用看门狗功能，可以限制 ADC 转换模拟电压的范围（低于阈值下限或高于阈值上限)。它用于监控高低电压阈值，可作用于一个、多个或全部转换通道。当检测到的电压低于或高于设定电压阈值时，模拟看门狗的状态位被置位。

(9) 通道采样时间编程

ADC 使用若干个 ADC_CLK 周期对输入电压采样，采样周期数可以通过 ADC_SMPR1 和 ADC_SMPR2 寄存器中的 SMP[2:0] 位更改，每个通道可以以不同的时间采样。

总转换时间可按如下公式计算：

$$T_{conv}=\text{采样时间}+12.5\text{ 个周期}$$

例如，ADCCLK=14MHz，采样时间为 1.5 个周期，则

$$T_{conv}=1.5+12.5=14\text{ 个周期}=1\mu s$$

(10) 外部触发转换

转换可以由外部事件触发（如定时器捕获和 EXTI 线等）。表 4.5 和表 4.6 描述了 ADC1 与 ADC2 用于不同通道（规则通道和注入通道）的外部触发。如果设置了 EXTTRIG 控制位，则外部事件可以触发转换。EXTSEL［2：0］控制位允许应用选择 8 个可能的事件中的某一个触发规则和注入组的采样。

表 4.5　ADC1 与 ADC2 用于规则通道的外部触发

触发源	类型	EXTSEL[2:0]
定时器 1 的 CC1 输出	片上定时器的内部信号	000
定时器 1 的 CC2 输出		001
定时器 1 的 CC3 输出		010
定时器 2 的 CC2 输出		011
定时器 3 的 TRGO 输出		100
定时器 4 的 CC4 输出		101
EXTI 线路 11	外部引脚	110
SWSTART	软件控制位	111

表 4.6　ADC1 与 ADC2 用于注入通道的外部触发

触发源	类型	EXTSEL[2:0]
定时器 1 的 TRGO 输出	片上定时器的内部信号	000
定时器 1 的 CC4 输出		001
定时器 2 的 TRGO 输出		010
定时器 2 的 CC1 输出		011
定时器 3 的 CC1 输出		100
定时器 4 的 TRGO 输出		101
EXTI 线路 15	外部引脚	110
SWSTART	软件控制位	111

(11) DMA 请求

因为规则通道转换的值储存在一个唯一的数据寄存器中，所以当转换多个规则通道时，需要使用 DMA 请求，这样可以避免丢失已经存储在 ADC_DR 寄存器中的数据。

只有在规则通道转换结束时，才产生 DMA 请求，并将转换的数据从 ADC_DR 寄存器传输到指定的目的地址。

(12) 温度传感器

温度传感器可以用来测量器件内部的温度，在内部与 ADCx_IN16 输入通道连接，该通道将传感器输出的电压转换成数字值。温度传感器的模拟输入推荐采样时间是 17.1μs。

温度传感器的测量范围是−40～125℃，测量精度为±1.5℃，读取温度的步骤如下。

① 选择 ADCx_IN16 输入通道。

② 选择采样时间大于 2.2μs。

③ 设置 ADC 控制寄存器 2(ADC_CR2) 的 TSVREFE 位，以唤醒断电模式下的温度传感器。

(13) ADC 的上电控制

通过设置 ADC_CR1 寄存器的 ADON 位可使 ADC 上电。当第一次设置 ADON 位时，它将 ADC 从断电状态下唤醒。通过调用库函数 ADC_Cmd (ADC1, ENABLE) 可以实现 ADON 位置位。ADC 上电延迟一段时间后，再次设置 ADON 位时开始转换。

通过消除 ADON 位可以停止转换，并将 ADC 置于断电模式。在这种模式下，ADC 几乎不耗电 (仅几微安)。

4.1.2.3 ADC 通道选择与工作模式

(1) ADC 通道选择

STM32 微控制器的每个 ADC 模块都有 16 个模拟输入通道，可分成 2 组转换，即规则通道和注入通道。注入通道最多可以转换 4 路模拟信号，规则组最多可以转换 16 路模拟信号。

① 规则通道。划分到规则通道组 (Group of Regular Channel) 中的通道称为规则通道。一般情况下，如果仅是一般模拟输入信号的转换，那么将该模拟输入信号的通道设置为规则通道即可。

② 注入通道。划分到注入通道组 (Group of Injected Channel) 中的通道称为注入通道。如果需要转换的模拟输入信号的优先级较其他的模拟输入信号要高，那么可以将该模拟输入信号的通道归入注入通道组中。

规则通道相当于正常运行的程序，而注入通道就相当于中断。在程序正常执行的时候，中断是可以打断执行的。同这个类似，注入通道的转换可以打断规则通道的转换，在注入通道被转换完成之后，规则通道才得以继续转换。

在任意多个通道上以任意顺序进行的一系列转换构成组转换。规则组由多达 16 个转换组成，规则通道和它们的转换顺序可在 ADC_SQRx 寄存器中选择，规则组中转换的总数应写入 ADC_SQR1 寄存器的 L[3:0] 位中；注入组由多达 4 个转换组成，注入通道和它们的转换顺序在 ADC_JSQR 寄存器中选择，注入组中的转换总数必须写入 ADC_JSQR 寄存器的 L[1:0] 位中。

如果 ADC_SQRx 或 ADC_JSQR 寄存器在转换期间被更改，则当前的转换被消除，一个新的转换将会启动。温度传感器与 ADCx_IN16 输入通道相连接，内部参照电压 V_{REFINT} 与 ADCx_IN17 输入通道相连接。ADC 可以按注入通道或规则通道对这两个内部通道进行转换。

对于注入通道需要注意的是：

① 触发注入。消除 ADC_CR1 寄存器的 JAUTO 位，并且设置 SCAN 位，即可使用触发注入功能。利用外部触发或通过设置 ADC_CR2 寄存器的 ADON 位，启动一组规则通道的转换。如果在规则通道转换期间产生外部触发注入，当前转换被复位，则注入通道序列以单次扫描模式被转换。

② 自动注入。如果设置了 JAUTO 位，在规则组通道之后，注入组通道被自动转换，这可以用来转换在 ADC_SQRx 寄存器和 ADC_JSQR 寄存器中设置的多达 20 个转换序列。在该模式下，必须禁止注入通道的外部触发。

（2）ADC 工作模式

STM32 微控制器的每个 ADC 模块可以通过内部的模拟多路开关切换到不同的输入通道并进行转换。按照工作模式划分，ADC 主要有 4 种转换模式，即单次转换模式、连续转换模式、扫描模式和间断模式。

① 单次转换模式。ADC 只执行一次转换的模式称为单次转换模式。该模式既可通过设置 ADC_CR2 寄存器的 ADON 位（只适用于规则通道）启动，也可通过外部触发启动（适用于规则通道或注入通道），这时 CONT 位为 0。

② 连续转换模式。前面的 ADC 转换一结束马上就启动另一次转换的模式称为连续转换模式。该模式通过外部触发启动或通过设置 ADC_CR2 寄存器上的 ADON 位启动。

对于以上两种转换模式，一旦被选通道转换完成，转换结果就会被储存在 16 位的 ADC_DR 寄存器中，EOC（转换结束）标志被设置，如果设置了 EOCIE 位，则会产生中断。ADC 转换时序图如图 4.2 所示。ADC 在开始转换前需要一个稳定时间 tSTAB。在开始 ADC 转换和 14 个时钟周期后，EOC 标志被设置，ADC 转换结果存于 16 位 ADC 数据寄存器中。

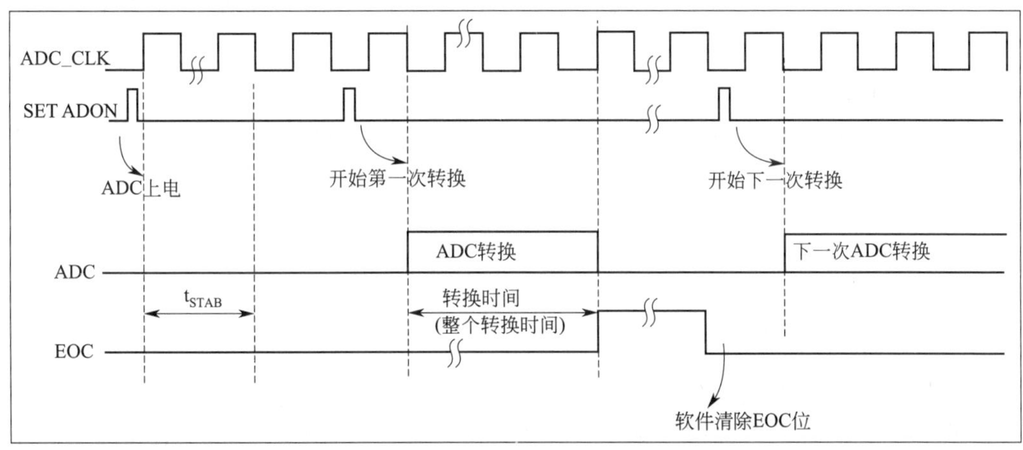

图 4.2 ADC 转换时序图

③ 扫描模式。扫描模式用来扫描一组模拟通道，可通过设置 ADC_CR1 寄存器的 SCAN 位来选择。一旦 SCAN 位被设置，ADC 扫描就可以启动。在每个组的每个通道上执行单次转换，当每次转换结束时，同一组的下一个通道被自动转换。如果设置了 CONT 位，转换不会在选择组的最后一个通道上停止，而是再次从选择组的第一个通道继续转换。如果设置了 DMA 位，在每次转换结束后，DMA 控制器会将规则组通道的转换数据传输到 SRAM 中，而注入通道转换的数据总是存储在 ADC_JDRx 寄存器中。

④ 间断模式。

a. 规则组 通过设置 ADC_CR1 寄存器上的 DISCEN 位激活。它可以用来执行一个短序列的 n 次转换（$n \leqslant 8$），此转换是 ADC_SQRx 寄存器所选择的转换序列的一部分。数值 n 由 ADC_CR1 寄存器的 DISCNUM[2:0] 位给出。一个外部触发信号可以启动 ADC_SQRx 寄存器中描述的下一轮 n 次转换，直到此序列所有的转换完成为止。总的序列长度由 ADC_SQR1 寄存器的 L[3:0] 定义。

b. 注入组 通过设置 ADC_CR1 寄存器的 JDISCEN 位激活。在一个外部触发事件发生后，该模式按通道顺序逐个转换 ADC_JSQR 寄存器中选择的序列。一个外部触发信号可以启动 ADC_JSQR 寄存器选择的下一个通道序列的转换，直到序列中所有的转换完成为止。

总的序列长度由 ADC_JSQR 寄存器的 JL[1:0] 位定义。

需要注意的是：当以间断模式转换一个规则组时，转换序列结束后不自动从头开始；当所有子组被转换完成，下一次触发启动第一个子组的转换；当完成所有注入通道转换，下一个触发启动第一个注入通道的转换；不能同时使用自动注入和间断模式；应避免同时为规则和注入组设置间断模式，间断模式只能作用于一组转换。

4.1.2.4　ADC 的校准与数据对齐

（1）校准

ADC 有一个内置校准模式，校准可大幅度减小因内部电容器的变化而造成的精准度误差。在校准期间，每个电容器都会计算出一个误差修正码（数字值），该码用于消除在随后的转换中每个电容器上产生的误差。通过设置 ADC_CR2 寄存器的 CAL 位可启动校准。一旦校准结束，CAL 位被硬件复位，即可开始正常转换。建议在上电时执行一次 ADC 校准。校准阶段结束后，校准码储存在 ADC_DR 寄存器中。

值得注意的是，启动校准前，ADC 必须保持关电状态（ADCON=0）超过至少两个 ADC 时钟周期。

（2）数据对齐

ADC_CR2 寄存器中的 ALICN 位用于选择转换后数据存储的对齐方式。数据既可以左对齐，也可以右对齐。注入组通道转换的数据值已经减去了在 ADC_JOFRx 寄存器中定义的偏移值，因此结果可能是个负值。SEXT 位是扩展的符号值，对于规则组通道，不需要减去偏移值，因此只有 12 个有效位。

4.1.3　ADC 相关库函数概述

ADC 是一种提供可选择多通道输入、逐次逼近型的 A/D 转换器，分辨率为 12 位，有 18 个通道，可测量 16 个外部信号源和 2 个内部信号源。常用的 ADC 库函数如表 4.7 所示。

表 4.7　常用的 ADC 库函数

函数名	功能描述
ADC_DeInit	将外设 ADCx 的全部寄存器重设为默认值
ADC_Init	根据 ADC_Init Struct 中指定的参数初始化外设 ADCx 的寄存器
ADC_StructInit	把 ADC_Init Struct 中的每个参数按默认值填入
ADC_Cmd	使能或失能指定的 ADC
ADC_DMA_Cmd	使能或失能指定的 ADC 的 DMA 请求
ADC_ITConfig	使能或失能指定的 ADC 中断
ADC_ResetCalibration	重置指定 ADC 的校准寄存器
ADC_GetResetCalibrationStatus	获取 ADC 重置校准寄存器的状态
ADC_StartCalibration	开始指定 ADC 的校准程序
ADC_GetCalibrationStatus	获取指定 ADC 的校准状态
ADC_SofwarestartConvCmdrounieial	使能或失能指定 ADC 的软件转换启动功能
ADC_GetofiwareStartConStaus	获取 ADC 软件转换启动状态
ADC_DiscModeChannelCountConfig	对 ADC 规则组通道配置间断模式
ADC_DiscModedeCmd	使能或失能指定 ADC 规则组通道的间断模式
ADC_RegularChannelConfig	设置指定 ADC 规则组通道的转化顺序和采样时间
ADC_ExtermalTrigConvConfg	返回最近一次 ADCx 规则组的转换结果
ADC_GetConversionValue	返回最近一次双 ADC 模式下的转换结果
ADC_GetDuelModeConversionValue	使能或失能指定 ADC 在规则组转化后自动开始注入组转换

续表

函数名	功能描述
ADC_AutoInjectedConvCmd	使能或失能指定 ADC 的注入组间断模式
ADC_InjectedDiscModeCmd	配置 ADCx 的外部触发启动注入组转换功能
ADC_ExtermalTrignjectedConvConfig	使能或失能 ADCx 的经外部触发启动注入组转换功能
ADC_ExternalTrigInjectedConvCmd	使能或失能 ADCx 软件启动注入组转换功能
ADC_GetSoftwareStartInjectedConvStatus	获取指定 ADC 的软件启动注入组转换状态
ADC_InjectedChannelConfig	设置指定 ADC 注入组通道的转化顺序和采样时间
ADC_InjectedSequencerLengthConfig	设置注入组通道的转换顺序长度
ADC_SetInjectedOffset	设置注入组通道的转换偏移值
ADC_GetInjectedConversionValue	返回 ADC 指定注入通道的转换结果
ADC_AnalogWatchdogCmd	使能或失能指定(单个或全体)规则/注入组通道上的模拟看门狗
ADC_AnalogWatchdogThresholdsConfig	设置模拟看门狗的高/低阈值
ADC_AnalogWatchdogSingleChannelConfig	对单个 ADC 通道设置模拟看门狗
ADC_TampSensorVrefintCmd	使能或失能温度传感器和内部参考电压通道
ADC_GetFlagStatus	检查指定 ADC 标志位设置与否
ADC_ClearFlag	清除 ADCx 的待处理标志位
ADC_GetITStatus	检查指定的 ADC 中断是否发生
ADC_ClearITPendingBit	清除 ADCx 的中断处理位

下面简要介绍一些常用的 ADC 库函数。

4.1.3.1 ADC 初始化与使能类函数

(1) ADC_DeInit 函数

该函数将外设 ADCx 的全部寄存器重设为默认值。

函数原型	void ADC_DeInit(ADC_TypeDef* ADCx)						
功能描述	将外设 ADCx 的全部寄存器重设为默认值						
输入参数	ADCx:x 可以取值为 1、2 或 3,用来选择 ADC 外设						
输出参数	无	返回值	无	先决条件	无	被调用函数	RCC_APB2PeriphClockCmd()

(2) ADC_Init 函数

该函数根据 ADC _ InitStruct 中指定的参数初始化外设 ADCx 的寄存器。

函数原型	void ADC_Init(ADC_TypeDef* ADCx,ADC_InitTypeDef* ADC_InitStruct)						
功能描述	根据 ADC_InitStruct 中指定的参数初始化外设 ADCx 的寄存器						
输入参数 1	ADCx:x 可以取值为 1、2 或 3,用来选择 ADC 外设						
输入参数 2	ADC_InitStruct:指向结构体 ADC_InitTypeDef 的指针,包含指定外设 ADC 的配置信息						
输出参数	无	返回值	无	先决条件	无	被调用函数	无

ADC_InitTypeDef 结构体定义在 STM32 标准函数库文件中的 stm32f10x_adc.h 头文件下，具体定义如下。

```
typedef   struct
{
    uint32_t  ADC_Mode;                              //工作模式
    FunctionalState   ADC_ScanConvMode;              //扫描模式
    FunctionalState   ADC_ContinuousConvMode;        //连续转换
    uint32_t  ADC_ExternalTrigConv;                  //外部触发
    uint32_t  ADC_DataAlign;                         //数据对齐方式
    uint8_t  ADC_NbrOfChannel;
}ADC InitTypeDef;
```

每个 ADC_InitTypeDef 结构体成员的功能和相应的取值如下：

① ADC_Mode。该成员用来设置 ADC 工作在独立模式还是双 ADC 模式（有 2 个及以上 ADC 模块的产品可以使用双 ADC 模式），其取值定义如表 4.8 所示。

表 4.8　ADC_Mode 取值定义

ADC_Mode 取值	功能描述
ADC_Mode_Independent	ADC1 和 ADC2 工作在独立模式
ADC_Mode_RegInjecSimult	ADC1 和 ADC2 工作在同步规则模式和同步注入模式
ADC_Mode_RegSimult_AlterTrig	ADC1 和 ADC2 工作在同步规则模式和交替触发模式
ADC_Mode_InjecSimult_FastInterl	ADC1 和 ADC2 工作在同步注入模式和快速交替模式
ADC_Mode_InjecSimult_SlowInterl	ADC1 和 ADC2 工作在同步注入模式和慢速交替模式
ADC_Mode_InjecSimult	ADC1 和 ADC2 工作在同步注入模式
ADC_Mode_RegSimult	ADC1 和 ADC2 工作在同步规则模式
ADC_Mode_FastInterl	ADC1 和 ADC2 工作在快速交替模式
ADC_Mode_SlowInterl	ADC1 和 ADC2 工作在慢速交替模式
ADC_Mode_AlterTrig	ADC1 和 ADC2 工作在交替触发模式

② ADC_ScanConvMode。该成员用来设置 ADC 工作在扫描（多通道）模式还是单次（单通道）模式，可取 ENABLE 或 DISABLE。

③ ADC_ContinuousConvMode。该成员用来设置 ADC 工作在连续转换模式还是单次转换（一次转换后停止，再次触发后进行下一次转换）模式下，可取 ENABLE 或 DISABLE。

④ ADC_ExternalTrigConv。该成员用来设定使用外部触发启动规则通道的 AD 转换，其取值定义如表 4.9 所示。

表 4.9　ADC_ExternalTrigConv 取值定义

ADC_ExternalTrigConv 取值	功能描述
ADC_ExternalTrigConv_T1_CC1	选择定时器 1 的捕获/比较 1 作为转换外部触发
ADC_ExtemalTrigConv_T1_CC2	选择定时器 1 的捕获/比较 2 作为转换外部触发
ADC_ExtemalTrigConv_T1_CC3	选择定时器 1 的捕获/比较 3 作为转换外部触发
ADC_ExtemalTrigConv_T2_CC2	选择定时器 2 的捕获/比较 2 作为转换外部触发
ADC_ExtemalTrigConv_T3_TRGO	选择定时器 3 的 TRGO 作为转换外部触发
ADC_ExtermalTrigConv_T4_CC4	选择定时器 4 的捕获/比较 4 作为转换外部触发
ADC_ExtermalTrigConv_Ext_IT11	选择外部中断线 11 作为转换外部触发
ADC_ExternalTrigConv_None	转换由软件而不是外部触发启动

⑤ ADC_DataAlign。该成员用来设定 ADC 数据是向左对齐还是向右对齐，其取值定义如表 4.10 所示。

表 4.10　ADC_DataAlign 取值定义

ADC_DataAlign 取值	功能描述
ADC_DataAlign_Right	ADC 数据右对齐
ADC_DataAlign_Left	ADC 数据左对齐

⑥ ADC_NbrOfChannel。该成员用来设定顺序进行规则转换的 ADC 通道数目，其数目的取值范围是 1～16。

例如，初始化 ADC1，工作在独立模式，扫描（多通道）模式开启，单次转换，选择外部中断线 11 作为转换外部触发，ADC 数据右对齐，顺序进行规则转换的 ADC 通道数为 16，代码如下。

```
ADC_InitTypeDef ADC_InitStructure;                  //定义结构体
ADC_InitStructure.ADC_Mode = ADC_Mode;              //工作在独立模式
```

```
ADC_InitStructure.ADC_ScanConvMode = ENABLE;                    //工作在扫描模式
ADC_Ini tStructure.ADC_ContinuousConvMode = DISABLE;            //单次转换
//选择外部中断线 11 作为转换外部触发
ADC_InitStructure.ADC_ExternalTrigConv=ADC_ExternalTrigConv_Ext_IT11;
ADC_InitStructure.ADC_DataAlign= ADC_DataAlign_Right;           //ADC 数据右对齐
ADC_InitStructure.ADC_NbrOfChannel= 16;                         //通道数为 16
ADC_Init(ADC1,&ADC_InitStructure);                              //初始化 ADC1
```

(3) ADC_StructInit 函数

该函数把 ADC_InitStruct 中的每个参数按默认值填入。

函数原型	void_ADC_StructInit(ADC_InitTypeDef* ADC_InitStruct)						
功能描述	把 ADC_InitStruct 中的每个参数按默认值填入						
输入参数	ADC_InitStruct:指向结构体 ADC_InitTypeDef 的指针,待初始化						
输出参数	无	返回值	无	先决条件	无	被调用函数	无

(4) ADC_Cmd 函数

该函数使能或失能指定的 ADC。

函数原型	void ADC_Cmd(ADC_TypeDef* ADCx,FunctionalState NewState)				
功能描述	使能或失能指定的 ADC				
输入参数 1	ADCx:x 可以取值为 1、2 或 3,用来选择 ADC 外设				
输入参数 2	NewState:指定 ADCx 的新状态(可取 ENABLE 或 DISABLE)				
输出参数	无	返回值	无	被调用函数	无
先决条件	ADC_Cmd 函数只能在其他 ADC 设置函数之后被调用				

(5) ADC_DMACmd 函数

该函数使能或失能指定 ADC 的 DMA 请求。

函数原型	void ADC_DMACmd(ADC_TypeDef* ADCx,FunctionalState NewState)						
功能描述	使能或失能指定 ADC 的 DMA 请求						
输入参数 1	ADCx:x 可以取 1 或 3,用来选择 ADC 外设,这里需要注意的是,ADC2 没有 DMA 功能						
输入参数 2	NewState:指定 ADC_DMA 请求的新状态(可取 ENABLE 或 DISABLE)						
输出参数	无	返回值	无	先决条件	无	被调用函数	无

(6) ADC_SoftwareStartConvCmd 函数

该函数使能或失能指定 ADC 的软件转换启动功能。

函数原型	void ADC_SoftwareStartConvCmd(ADC_TypeDef* ADCx,FunctionalState NewState)						
功能描述	使能或失能指定 ADC 的软件转换启动功能						
输入参数 1	ADCx:x 可以取 1、2 或 3,用来选择 ADC 外设						
输入参数 2	NewState:指定 ADC 软件转换启动的新状态(可取 ENABLE 或 DISABLE)						
输出参数	无	返回值	无	先决条件	无	被调用函数	无

(7) ADC_DiscModeCmd 函数

该函数使能或失能指定 ADC 规则组通道的间断模式。

函数原型	void ADC_DiscModeCmd(ADC_TypeDef* ADCx,FunctionalState NewState)						
功能描述	使能或失能指定 ADC 规则组通道的间断模式						
输入参数 1	ADCx:x 可以取 1、2 或 3,用来选择 ADC 外设						
输入参数 2	NewState:指定 ADC 规则组通道上间断模式的新状态(可取 ENABLE 或 DISABLE)						
输出参数	无	返回值	无	先决条件	无	被调用函数	无

(8) ADC_AutoInjectedConvCmd 函数

该函数使能或失能指定 ADC 在规则组转化后自动开始注入。

函数原型	void ADC_AutoInjectedConvCmd(ADC_TypeDef * ADCx,FunctionalState NewState)						
功能描述	使能或失能指定 ADC 在规则组转化后自动开始注入组转换						
输入参数 1	ADCx:x 可以取 1、2 或 3,用来选择 ADC 外设						
输入参数 2	NewState:指定 ADC 自动注入转化的新状态(可取 ENABLE 或 DISABLE)						
输出参数	无	返回值	无	先决条件	无	被调用函数	无

例如,使能 ADC2 在规则组转换后自动开始注入转换:

```
ADC_AutoInjectedConvCmd(ADC2,ENABLE);
```

(9) ADC_InjectedDiscModeCmd 函数

该函数使能或失能指定 ADC 的注入组间断模式。

函数原型	void ADC_InjectedDiscModeCmd(ADC_TypeDef * ADCx,FunctionalState NewState)						
功能描述	使能或失能指定 ADC 的注入组间断模式						
输入参数 1	ADCx:x 可以取 1、2 或 3,用来选择 ADC 外设						
输入参数 2	NewState:指定 ADC 注入组通道上间断模式的新状态(可取 ENABLE 或 DISABLE)						
输出参数	无	返回值	无	先决条件	无	被调用函数	无

(10) ADC_SoftwareStartInjectedConvCmd 函数

该函数使能或失能 ADCx 软件启动注入组转换功能。

函数原型	void ADC_SoftwareStartInjectedConvCmd(ADC_TypeDef * ADCx,FunctionalState NewState)						
功能描述	使能或失能 ADCx 软件启动注入组转换功能						
输入参数 1	ADCx:x 可以取 1、2 或 3,用来选择 ADC 外设						
输入参数 2	NewState:指定 ADC 软件触发启动注入转换的新状态(可取 ENABLE 或 DISABLE)						
输出参数	无	返回值	无	先决条件	无	被调用函数	无

4.1.3.2 ADC 设置获取类函数

(1) ADC_ResetCalibration 函数

该函数重置指定 ADC 的校准寄存器。

函数原型	void ADC_ResetCalibration(ADC_TypeDef * ADCx)						
功能描述	重置指定 ADC 的校准寄存器						
输入参数	ADCx:可以取值为 1、2 或 3,用来选择 ADC 外设						
输出参数	无	返回值	无	先决条件	无	被调用函数	无

(2) ADC_GetResetCalibrationStatus 函数

该函数获取 ADC 重置校准寄存器的状态。

函数原型	FlagStatus ADC_GetResetCalibrationStatus(ADC_TypeDef * ADCx)		
功能描述	获取 ADC 重置校准寄存器的状态		
输入参数	ADCx:x 可以取值为 1、2 或 3,用来选择 ADC 外设		
输出参数	无	返回值	ADC 重置校准寄存器的新状态(可取 SET 或 RESET)
先决条件	无	被调用函数	无

例如,获取 ADC2 重置校准寄存器的状态:

```
FlagStatus Status;
Status = ADC_GetResetCalibrationStatus(ADC2);
```

（3） ADC_StartCalibration 函数

该函数开始指定 ADC 的校准程序。

函数原型	void ADC_StartCalibration(ADC_TypeDef* ADCx)						
功能描述	开始指定 ADC 的校准程序						
输入参数	ADCx：x 可以取值为 1、2 或 3，用来选择 ADC 外设						
输出参数	无	返回值	无	先决条件	无	被调用函数	无

（4） ADC_GetCalibrationStatus 函数

该函数获取指定 ADC 的校准状态。

函数原型	FlagStatus ADC_GetCalibrationStatus(ADC_TypeDef* ADCx)		
功能描述	获取指定 ADC 的校准状态		
输入参数	ADCx：x 可以取值为 1、2 或 3，用来选择 ADC 外设		
输出参数	无	返回值	ADC 校准的新状态（可取 SET 或 RESET）
先决条件	无	被调用函数	无

（5） ADC_GetSoftwareStartConvStatus 函数

该函数获取 ADC 软件转换启动状态。

函数原型	FlagStatus ADC_GetSoftwareStartConvStatus(ADC_TypeDef* ADCx)		
功能描述	获取 ADC 软件转换启动状态		
输入参数	ADCx：x 可以取值为 1、2 或 3，用来选择 ADC 外设		
输出参数	无	返回值	ADC 软件转换启动的新状态（可取 SET 或 RESET）
先决条件	无	被调用函数	无

（6） ADC_RegularChannelConfig 函数

该函数设置指定 ADC 规则组通道的转化顺序和采样时间。

函数原型	void ADC_RegularChannelConfig(ADC_TypeDef * ADCx，uint8_t ADC_Channel，uint8_t Rank，uint8_t ADC_SampleTime)						
功能描述	设置指定 ADC 规则组通道的转化顺序和采样时间						
输入参数 1	ADCx：x 可以取值为 1、2 或 3，用来选择 ADC 外设						
输入参数 2	ADC_Channel：被设置的 ADC 通道，其取值定义如表 4.11 所示						
输入参数 3	Rank：规则组采样顺序，取值范围为 1～16						
输入参数 4	ADC_SampleTime：指定 ADC 通道的采样时间值，其取值定义如表 4.12 所示						
输出参数	无	返回值	无	先决条件	无	被调用函数	无

表 4.11　ADC_Channel 取值定义

ADC_Channel 取值	功能描述
ADC_Channel 0	选择 ADC 通道 0
ADC_Channel 1	选择 ADC 通道 1
ADC_Channel 2	选择 ADC 通道 2
ADC_Channel 3	选择 ADC 通道 3
ADC_Channel 4	选择 ADC 通道 4
ADC_Channel 5	选择 ADC 通道 5
ADC_Channel 6	选择 ADC 通道 6
ADC_Channel 7	选择 ADC 通道 7
ADC_Channel 8	选择 ADC 通道 8
ADC_Channel 9	选择 ADC 通道 9
ADC_Channel 10	选择 ADC 通道 10

续表

ADC_Channel 取值	功能描述
ADC_Channel 11	选择 ADC 通道 11
ADC_Channel 12	选择 ADC 通道 12
ADC_Channel 13	选择 ADC 通道 13
ADC_Channel 14	选择 ADC 通道 14
ADC_Channel 15	选择 ADC 通道 15
ADC_Channel 16	选择 ADC 通道 16
ADC_Channel 17	选择 ADC 通道 17

表 4.12　ADC_SampleTime 取值定义

ADC_SampleTime 取值	功能描述
ADC_SampleTime_1Cyeles5	采样时间为 1.5 倍时钟周期
ADC_SampleTime_7Cyeles5	采样时间为 7.5 倍时钟周期
ADC_SampleTime_13Cyeles5	采样时间为 13.5 倍时钟周期
ADC_SampleTime_28Cyeles5	采样时间为 28.5 倍时钟周期
ADC_SampleTime_41Cyeles5	采样时间为 41.5 倍时钟周期
ADC_SampleTime_55Cyeles5	采样时间为 55.5 倍时钟周期
ADC_SampleTime_71Cyeles5	采样时间为 71.5 倍时钟周期
ADC_SampleTime_239Cyeles5	采样时间为 239.5 倍时钟周期

例如，设置 ADC1 的通道 8 的采样时间为 1.5 倍的时钟周期，从第 2 个周期开始转换：

```
ADC_RegularChannelConfig(ADC1,ADC_Channel_8,2,ADC_SampleTine_1Cyeles5)
```

(7) ADC_InjectedChannelConfig 函数

该函数设置指定 ADC 注入组通道的转化顺序和采样时间。

函数原型	void ADC_InjectedChannelConfig(ADC_TypeDef * ADCx,uint8_t ADC_Channel,uint8_t Rank,uint8_t ADC_SampleTime)						
功能描述	设置指定 ADC 注入组通道的转化顺序和采样时间						
输入参数 1	ADCx:x 可以取值为 1、2 或 3，用来选择 ADC 外设						
输入参数 2	ADC_Channel:被设置的 ADC 通道						
输入参数 3	Rank:规则组采样顺序，取值范围为 1～16						
输入参数 4	ADC_SampleTime:指定 ADC 通道的采样时间值						
输出参数	无	返回值	无	先决条件	无	被调用函数	无

例如，设置 ADC1 通道 12 的采样时间为 28.5 倍的时钟周期，第 2 个周期开始转换：

```
ADC_InjectedChannelConfig(ADC1,ADC_Channel_12,2,ADC_SampleTime_28Cycles5);
```

4.1.3.3 ADC 转换结果类函数

(1) ADC_GetConversionValue 函数

该函数返回最近一次 ADCx 规则组的转换结果。

函数原型	uint16_t ADC_GetConversionValue(ADC_TypeDef* ADCx)						
功能描述	返回最近一次 ADCx 规则组的转换结果						
输入参数	ADCx:x 可以取值为 1、2 或 3，用来选择 ADC 外设						
输出参数	无	返回值	无	先决条件	无	被调用函数	无

例如，返回 ADC1 上一次的转换结果：

```
uint16_t DataValue;
DataValue = ADC_GetConversionValue(ADC1);
```

(2) ADC_GetDuelModeConversionValue 函数

该函数返回最近一次双 ADC 模式下的转换结果。

函数原型	uint32_t ADC_GetDuelModeConversionValue(void)						
功能描述	返回最近一次双 ADC 模式下的转换结果						
输入参数	无						
输出参数	无	返回值	无	先决条件	无	被调用函数	无

例如，返回 ADC1 和 ADC2 最近一次的转换结果：

```
uint32_t DataValue;
DataValue=ADC_GetDuelModeConversionValue();
```

(3) ADC_GetInjectedConversionValue 函数

该函数返回 ADC 指定注入通道的转换结果。

函数原型	uint16_t ADC_GetInjectedConversionValue(ADC_TypeDef* ADCx,uint8_t ADC_InjectedChannel)						
功能描述	返回 ADC 指定注入通道的转换结果						
输入参数 1	ADCx:x 可以取值为 1、2 或 3,用来选择 ADC 外设						
输入参数 2	ADC_InjectedChannel 转换后的 ADC 注入通道,其取值定义如表 4.13 所示						
输出参数	无	返回值	转换结果	先决条件	无	被调用函数	无

表 4.13 ADC_InjectedChannel 取值定义

ADC_InjectedChannel 取值	功能描述
ADC_InjectedChannel_1	注入通道 1
ADC_InjectedChannel_2	注入通道 2
ADC_InjectedChannel_3	注入通道 3
ADC_InjectedChannel_4	注入通道 4

例如，返回 ADC1 指定注入通道 1 的转换结果：

```
uint16_t InjectedDataValue;
InjectedDataValule =ADC_GetInjectedConversionValue(ADC1,ADC_InjectedChannel_1);
```

4.1.3.4 ADC 标志与中断类函数

(1) ADC _ GetFlagStatus 函数

该函数检查指定 ADC 标志位设置与否。

函数原型	FlagStatus ADC_GetFlagStatus(ADC_TypeDef* ADCx, uint8_t ADC_FLAG)		
功能描述	检查指定 ADC 标志位设置与否		
输入参数 1	ADCx:x 可以取值为 1、2 或 3,用来选择 ADC 外设		
输入参数 2	ADC_FLAG:待检查的指定 ADC 标志位,其取值定义如表 4.14 所示		
输出参数	无	返回值	指定 ADC 标志位的新状态(可取 SET 或 RESET)
先决条件	无	被调用函数	无

表 4.14 ADC _ FLAG 取值定义

ADC_FLAG 取值	功能描述
ADC_FLAG_AWD	模拟看门狗标志位
ADC_FLAG_JEOC	注入组转换结束标志位
ADC FLAG_STRT	规则组转换开始标志位
ADC_FLAG_EOC	转换结束标志位
ADC_FLAG_JSTRT	注入组转换开始标志位

例如，检查 ADC1 转换结束标志位是否置位：

```
FlagStatus status;
status= ADC_GetFlagStatus (ADC1,ADC_FLAG_EOC);
```

(2) ADC _ ClearFlag 函数

该函数清除 ADCx 的待处理标志位。

函数原型	FlagStatus ADC_ClearFlag(ADC_TypeDef* ADCx, uint8_t ADC_FLAG)		
功能描述	清除 ADCx 的待处理标志位		
输入参数 1	ADCx：x 可以取值为 1、2 或 3，用来选择 ADC 外设		
输入参数 2	ADC_FLAG：待清除的指定 ADC 标志位		
输出参数	无	返回值	无
先决条件	无	被调用函数	无

(3) ADC _ ITConfig 函数

该函数使能或失能指定的 ADC 的中断。

函数原型	void ADC_ITConfig(ADC_TypeDef* ADCx, uint16_t ADC_IT,FunctionalState NewState)		
功能描述	使能或失能指定的 ADC 的中断		
输入参数 1	ADCx：x 可以取值为 1、2 或 3，用来选择 ADC 外设		
输入参数 2	ADC_IT：待使能或失能指定的 ADC 的中断源，其取值定义如表 4.15 所示		
输入参数 3	NewState：指定 ADC 中断的新状态(可取 ENABLE 或 DISABLE)		
输出参数	无	返回值	无
先决条件	无	被调用函数	无

表 4.15 ADC _ IT 取值定义

ADC_IT 取值	功能描述
ADC_IT_EOC	EOC 中断屏蔽
ADC_IT_JEOC	JEOC 中断屏蔽
ADC_IT_AWD	AWD 中断屏蔽

(4) ADC _ GetITStatus 函数

该函数检查指定的 ADC 中断是否发生。

函数原型	ITStatus ADC_GetITStatus(ADC_TypeDef* ADCx, uint16_t ADC_IT)		
功能描述	检查指定的 ADC 中断是否发生		
输入参数 1	ADCx：x 可以取值为 1、2 或 3，用来选择 ADC 外设		
输入参数 2	ADC_IT：待检查的指定 ADC 中断源		
输出参数	无	返回值	指定 ADC 中断的新状态(可取 ENABLE 或 DISABLE)
先决条件	无	被调用函数	无

(5) ADC _ ClearITPendingBit 函数

该函数清除 ADCx 的中断待处理位。

函数原型	void ADC_ClearITPendingBit(ADC_TypeDef* ADCx, uint16_t ADC_IT)		
功能描述	清除 ADCx 的中断待处理位		
输入参数 1	ADCx：x 可以取值为 1、2 或 3，用来选择 ADC 外设		
输入参数 2	ADC_IT：待清除的 ADC 中断源		
输出参数	无	返回值	无
先决条件	无	被调用函数	无

4.2 DAC 的编程应用

DAC (Digital to Analog Converter) 即数字/模拟 (D/A) 转换器，其主要功能是将输

入的数字信号转换为模拟信号输出。DAC 可以配置为 8 位或 12 位模式，也可以与 DMA 控制器配合使用。DAC 工作在 12 位模式时，数据可以设置成左对齐或右对齐。DAC 模块有 2 个输出通道，每个通道都有单独的转换器。在双 DAC 模式下，2 个通道既可以独立地进行转换，也可以同时进行转换并同步更新 2 个通道的输出。DAC 可以通过引脚输入参考电压 V_{REF+}，以获得更精确的转换结果。STM32F103 系列只有大容量芯片才内置有 DAC 功能。

4.2.1 DAC 的原理、参数及类型

（1）DAC 的原理

把枯燥的数字转换成现实中的、模拟的增量。DAC 是个黑盒，输进去一串 01 字符串，DAC 内部按照预定的位数，6 位、8 位、24 位量化结果，输出端给出持续变化的电压或电流，参考另外一路电压或电流，则那组持续变化的电压/电流就有了意义。驱动 LED 则会闪烁，驱动电机则会停停走走，驱动喇叭会发出声音，于是 DAC 就有了意义。

（2）DAC 的性能参数

① 满量程范围（*FSR*）。满量程范围（*FSR*）是 DAC 输出模拟量最小值到最大值的范围。

② 分辨率。DAC 分辨率是指最小输出电压与最大输出电压之比，也就是模拟 *FSR* 被 2_n-1 分割所对应的模拟值。模拟 *FSR* 一般指的就是参考电压 V_{REF}。

例如，模拟 *FSR* 为 3.3V 的 12 位 DAC，其分辨率：3.3/($2_{12}-1$)V。

最高有效位（MSB）是指二进制中最高值的比特位。

最低有效位（LSB）是指二进制中最低值的比特位。

LSB 这一术语有着特定的含义，它表示数字流中的最后一位，也表示 DAC 转换的最小电压值。

③ 线性度。用非线性误差的大小表示 D/A 转换的线性度，并且将理想的输入/输出特性的偏差与满刻度输出之比的百分数定义为非线性误差。

④ 转换精度。DAC 的转换精度与 DAC 的集成芯片的结构和接口电路配置有关。如果不考虑其他 D/A 转换误差，D/A 转换精度就是分辨率的大小，因此要获得高精度的 D/A 转换结果，首先要保证选择有足够分辨率的 DAC。同时 D/A 转换精度还与外接电路的配置有关，当外部电路器件或电源误差较大时，会造成较大的 D/A 转换误差，当这些误差超过一定程度时，D/A 转换就产生错误。在 D/A 转换过程中，影响转换精度的主要因素有失调误差、增益误差、非线性误差和微分非线性误差。

⑤ 转换速度。转换速度一般由建立时间决定。从输入由全 0 突变为全 1 时开始，到输出电压稳定在 $FSR+LSB/2$ 范围内为止，这段时间称为建立时间，它是 DAC 的最大响应时间，所以用它来衡量转换速度的快慢。

（3）DAC 的主要类型

根据位权网络的不同，将 DAC 分为权电阻网络 DAC、R-2R 倒 T 形电阻网络 DAC 和电流型网络 DAC 等。

① 权电阻网络 DAC。权电阻网络 DAC 的转换精度取决于基准电压 V_{REF}、模拟电子开关、运算放大器和各权电阻值的精度。权电阻网络的缺点是各权电阻的阻值都不相同，位数多时，其阻值相差甚远，这给保证高精度带来很大困难，特别是对集成电路的制作很不利，因此在集成的 DAC 中很少单独使用权电阻网络电路。权电阻网络 DAC 特点：结构简单，使用电阻元件数少；但电阻种类多，且电阻阻值差别大，很难集成，精度不易保证。

② R-2R 倒 T 形电阻网络 DAC。R-2R 倒 T 形电阻网络由若干相同的 R、2R 网络节组

成，每节对应一个输入位。节与节之间串接成倒T形网络。R-2R倒T形电阻网络DAC是工作速度较快、应用较多的一种DAC。由于R-2R倒T形电阻网络DAC只有R、2R两种阻值，因此它克服了权电阻阻值多且阻值差别大的缺点。R-2R倒T形电阻网络DAC特点：既具有T形网络的优点，又避免了它的缺点，转换精度和转换速度都得到提高。

③ 电流型网络DAC。电流型网络DAC是将恒流源切换到电阻网络，因恒流源内阻极大，相当于开路，所以连同电子开关在内，对它的转换精度影响都比较小，又因电子开关大多采用非饱和型的ECL开关电路，所以这种DAC可以实现高速转换，且转换精度较高。电流型网络DAC特点：引入了恒流源，减少了由模拟开关导通电阻、导通压降引起的非线性误差，且电流直接流入运放输入端，传输时间小，转换速度快，但其电路较复杂。

4.2.2 DAC的主要操作与特征

4.2.2.1 DAC的特征与结构

STIN32F10x微控制器的DAC主要特征如下：

① 2个D/A转换器，每个转换器对应1个输出通道。

② 8位或12位单调输出。

③ 12位模式下数据左对齐或右对齐。

④ 同步更新功能。

⑤ 生成噪声波形或三角波形。

⑥ 双DAC通道同时或分别转换。

⑦ 每个通道都有DMA功能。

⑧ 外部触发转换。

⑨ 输入参考电压 V_{REF+}。

单个DAC通道的结构如图4.3所示，框图的边缘分别是DAC的各个引脚。DAC引脚介绍如表4.16所示。

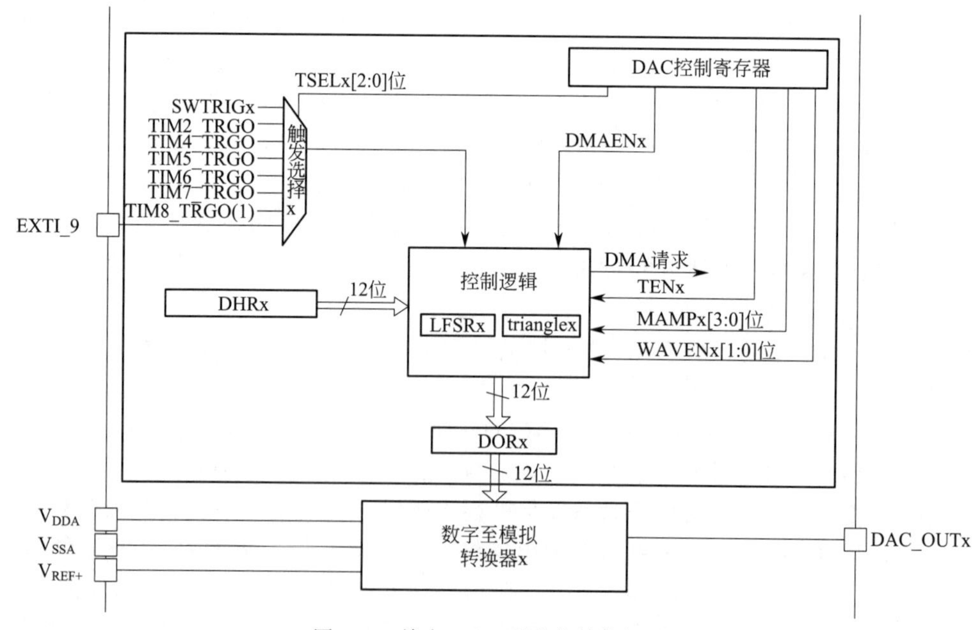

图4.3 单个DAC通道的结构框图

表 4.16 DAC 引脚介绍

名称	信号类型	注解
V_{REF+}	模拟参考输入电压正极	DAC 使用的正极参考电压，2.4V≤V_{REF+}≤V_{DDA}(3.3V)
V_{DDA}	模拟输入电源	模拟电源
V_{SSA}	模拟输入电源地	模拟电源的地线
DAC_OUTx	模拟输出信号	DAC 通道 x 的模拟输出

一旦使能 DACx 通道，相应的 GPIO 端口就会自动与 DAC 的模拟输出相连（DAC _ OUTx）。STM32F103ZET6 只有 2 个 DAC _ OUTx 引脚，分别为 DAC _ OUT1（PA4）和 DAC _ OUT2（PA5）。为了避免寄生的干扰和额外的功耗，在 DACx 通道使能之前，对应的 GPIO 端口应当设置成模拟输入。DAC 寄存器说明如表 4.17 所示。

DAC 寄存器中每位的详细介绍可参考《STM32F10x 中文参考手册》。

表 4.17 DAC 寄存器说明

DAC 寄存器	功能描述
控制寄存器(DAC_CR)	控制 DAC
软件触发寄存器(DAC_SWTRIGR)	配置 DAC 通道软件触发使能
DAC 通道 1 的 12 位右对齐数据保持寄存器(DAC_DHR12R1)	保持 DAC 通道 1 的 12 位数据右对齐
DAC 通道 1 的 12 位左对齐数据保持寄存器(DAC_DHR12L1)	保持 DAC 通道 1 的 12 位数据左对齐
DAC 通道 1 的 8 位右对齐数据保持寄存器(DAC_DHR8R1)	保持 DAC 通道 1 的 8 位数据右对齐
DAC 通道 2 的 12 位右对齐数据保持寄存器(DAC_DHR12R2)	保持 DAC 通道 2 的 12 位数据右对齐
DAC 通道 2 的 12 位左对齐数据保持寄存器(DAC_DHR12L2)	保持 DAC 通道 2 的 12 位数据左对齐
DAC 通道 2 的 8 位右对齐数据保持寄存器(DAC_DHR8R2)	保持 DAC 通道 2 的 8 位数据右对齐
双 DAC 的 12 位右对齐数据保持寄存器(DAC_DHR12RD)	保持双 DAC 的 12 位数据右对齐
双 DAC 的 12 位左对齐数据保持寄存器(DAC_DHR12LD)	保持双 DAC 的 12 位数据左对齐
双 DAC 的 8 位右对齐数据保持寄存器(DAC_DHR8RD)	保持双 DAC 的 8 位数据右对齐
DAC 通道 1 数据输出寄存器(DAC_DOR1)	DAC 通道 1 输出数据
DAC 通道 2 数据输出寄存器(DAC_DOR2)	DAC 通道 2 输出数据

4.2.2.2 DAC 的相关操作

（1）使能 DAC 通道

将 DAC _ CR 寄存器的 ENx 位置 1 即可实现对 DACx 通道供电，经过一段启动时间 t_{WAKEUP} 后，DACx 通道被使能。另外，ENx 位只会使能或失能 DACx 通道的模拟部分，即使该位被置 0 后，DACx 通道的数字部分也工作。在 STM32 中，DAC 集成了 2 个输出缓存，用来减少输出阻抗，无须外部运放即可直接驱动外部负载。每个 DAC 通道的输出缓存可以通过设置 DAC _ CR 寄存器的 BOFFx 位，以使能或关闭。

（2）DAC 数据格式

根据选择的配置模式，数据按照如下所述情况写入指定的寄存器。

单 DAC 通道模式的数据寄存器如图 4.4 所示。单 DACx 通道有如下 3 种情况。

① 8 位数据右对齐：将数据写入寄存器 DAC _ DHR8Rx[7：0] 位（实际上存入寄存器 DHRx[11：4] 位）。

② 12 位数据左对齐：将数据写入寄存器 DAC _ DHR12Lx[15：4] 位（实际上存入寄存器 DHRx[11：0] 位）。

③ 12 位数据右对齐：将数据写入寄存器 DAC _ DHR12Rx[11：0] 位（实际上存入寄存器 DHRx[11：0] 位）。

根据对 DACx 通道的数据保持寄存器的操作，经过相应的移位后，写入的数据被转存到 DHRx 寄存器中（DHRx 是内部的数据保存寄存器 x）。随后，DHRx 寄存器中的内容被自动地传送到 DORx 寄存器，或者通过软件触发或外部事件触发传送到 DORx 寄存器。

双 DAC 通道模式的数据寄存器如图 4.5 所示。双 DAC 通道也有如下 3 种情况。

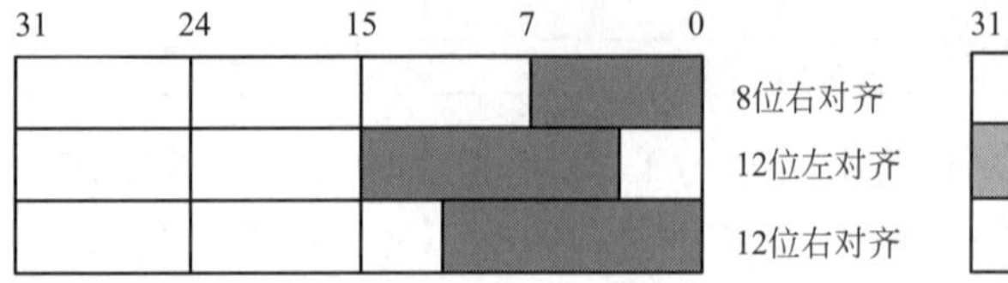

图 4.4　单 DAC 通道模式的数据寄存器

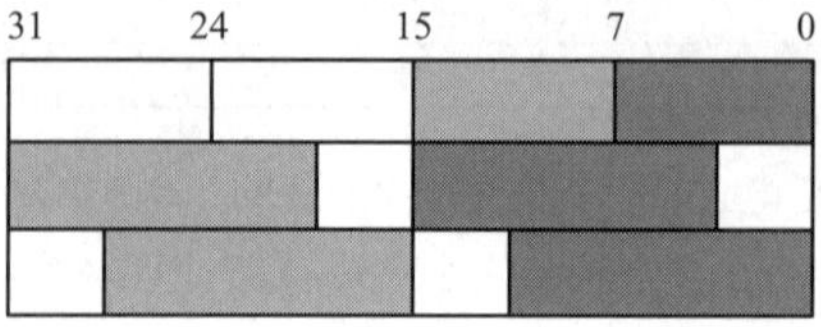

图 4.5　双 DAC 通道模式的数据寄存器

① 8 位数据右对齐：将 DAC 通道 1 数据写入寄存器 DAC _ DHR8RD［7:0］位（实际上存入寄存器 DHR1［11:0］位），将 DAC 通道 2 数据写入寄存器 DAC _ DHR8RD［15:8］位（实际上存入寄存器 DHR2［11:4］位）。

② 12 位数据左对齐：将 DAC 通道 1 数据写入寄存器 DAC _ DHR12LD［15:4］位（实际上存入寄存器 DHR1［11:0］位），将 DAC 通道 2 数据写入寄存器 DAC _ DHR12LD［31:20］位（实际上存入寄存器 DHR2［11:0］位）。

③ 12 位数据右对齐：将 DAC 通道 1 数据写入寄存器 DAC _ DHR12RD［11:0］位（实际上存入寄存器 DHR1［11:0］位），将 DAC 通道 2 数据写入寄存器 DAC _ DHR12RD［27:16］位（实际上存入寄存器 DHR2［11:0］位）。

根据对双 DAC 保持寄存器的操作，经过相应的移位后，写入的数据被转存到 DHR1 和 DHR2 寄存器中（DHR1 和 DHR2 是内部的数据保存寄存器 x）。随后，DHR1 和 DHR2 的内容被自动地传送到 DORx 寄存器，或者通过软件触发或外部事件触发被传送到 DORx 寄存器。

（3）DAC 转换

从 DAC 结构框图可以看出，DAC 是由 DORx 寄存器直接控制的，但是不能直接往 DORx 寄存器写入数据，而是通过 DHRx 寄存器间接传给 DORx 寄存器，实现对 DAC 的输出控制，即任何输出到 DAC 通道 x 的数据都必须先写入 DAC _ DHRx 寄存器（数据实际写入 DAC _ DHR8Rx、DAC _ DHR12Lx、DAC _ DHR12RX、DAC _ DHR8RD、DAC _ DHR12LD 或 DAC _ DHR12RD 寄存器）。

如果没有选中外部事件触发，即寄存器 DAC _ CRI 的 TENx 位置 0，则存入寄存器 DAC _ DHRx 的数据会在一个 APB1 时钟周期后自动传至 DAC _ DORx 寄存器；如果选中外部事件触发，即寄存器 DAC _ CR1 的 TENx 位置 1，则数据传输会在触发事件发生之后的 3 个 APB1 时钟周期后完成。

一旦数据从 DAC _ DHRx 寄存器传至 DAC _ DORx 寄存器，在经过时间 $t_{SETLING}$ 之后，输出即有效，这段时间的长短因电源电压和模拟输出负载的不同而有所变化。当 TEN 位置 0，触发失能时，转换的时间框图如图 4.6 所示。

当 DAC 的参考电压为 V_{REF+} 时，数字输入经过 DAC 被线性地转换为模拟电压输出，其范围为 0～V_{REF+}。任一 DAC 通道引脚上的输出电压满足以下关系：

$$\text{DAC 输出} = V_{REF+} \times (DOR/4095)$$

（4）选择 DAC 触发

当 TENx 位被设置为 1 时，DAC 转换可以通过某些外部事件触发，如定时器计数器和

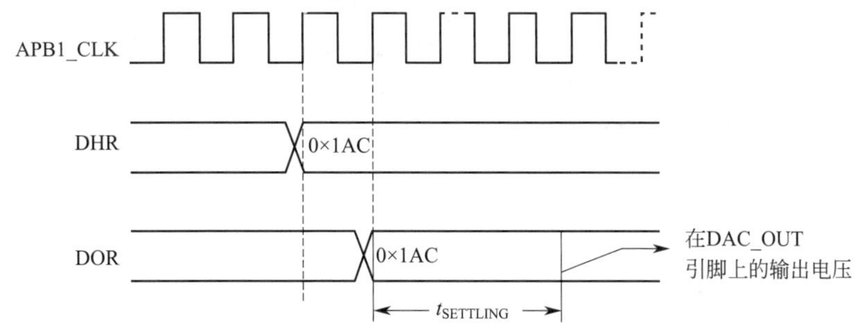

图 4.6 转换的时间框图

外部中断线等。配置控制位 TSELx [2:0] 可以选择 8 个触发事件之一来触发 DAC 转换。DAC 外部触发如表 4.18 所示。每次 DAC 接口检测到来自选中的定时器 TRGO 输出或外部中断线 9 的上升沿时，最近存放在寄存器 DAC _ DHRx 中的数据就会被传送到寄存器 DAC _ DORx 中，数据传输会在触发事件发生之后的 3 个 APB1 时钟周期内完成，使寄存器 DAC _ DORx 更新为新值。

注意：不能在 ENx 位置 1 时改变 TSELx [2: 0] 位。

表 4.18 DAC 外部触发

触发源	类型	EXTSEL[2:0]
定时器 6 的 TRGO 输出	片上定时器的内部信号	000
互联型产品为定时器 3 的 TRGO 输出或大容量产品为定时器 8 的 TRGO 输出		001
定时器 6 的 TRGO 输出		010
定时器 5 的 TRGO 输出		011
定时器 2 的 TRGO 输出		100
定时器 4 的 TRGO 输出		101
EXTI 线路 9	外部引脚	110
SWSTART	软件控制位	111

如果选择为软件触发，那么一旦 SWTRIG 位被置 1，就会开始转换。在数据从 DAC _ DHRx 寄存器传送到 DAC _ DORx 寄存器后，SWTRIG 位由硬件自动清零，而且数据从寄存器 DAC _ DHRx 传送到寄存器 DAC _ DORx 只需一个 APB1 时钟周期。

（5）DMA 请求

STM32 的任一 DAC 通道都具有 DMA 功能，2 个 DMA 通道可分别用于 2 个 DAC 通道的 DMA 请求。若 DMA _ ENx 位被置 1，则一旦发生外部事件触发，就会产生一个 DMA 请求，之后 DAC _ DHRx 寄存器的数据会被传送到 DAC _ DORx 寄存器。

在双 DAC 模式下，如果 2 个通道的 DMA _ ENx 位都置 1，则会产生 2 个 DMA 请求。如果只需要一个 DMA 传输，则应只选择其中 1 个 DMA _ ENx 位置 1。这样，程序可以在只使用 1 个 DMA 通道的情况下，处理工作在双 DAC 模式的 2 个 DAC 通道。

DAC 的 DMA 请求不会累计，因此如果第 2 个外部触发发生在响应第 1 个外部触发之前，则不能处理第 2 个 DMA 请求，而且也不会报告错误。

（6）噪声波形与三角波形的生成

DAC 可以利用线性反馈移位寄存器 LFSR（Linear Feedback Shift Register）产生幅度变化的伪噪声。首先将 WAVE [1:0] 位设置为“01”，选择 DAC 噪声波形生成功能，并在 LFSR 寄存器中预装入值 0xAAA；按照特定算法，在每次触发事件发生之后的 3 个 APB1

时钟周期后更新该寄存器的值，LFSR 寄存器算法如图 4.7 所示。设置 DAC _ CR 寄存器的 MAMPx [3:0] 位可以屏蔽部分或全部的 LFSR 数据，将 LSFR 的值与 DAC _ DHRx 的值相加，去掉溢出位之后即被传输到 DAC _ DORx 寄存器中，从而获得噪声波形。如果 LFSR 的值为 0x000，则会装入 1（防锁定机制），将 WAVEx [1:0] 位全部置 0 可以复位 LFSR 波形的生成算法。

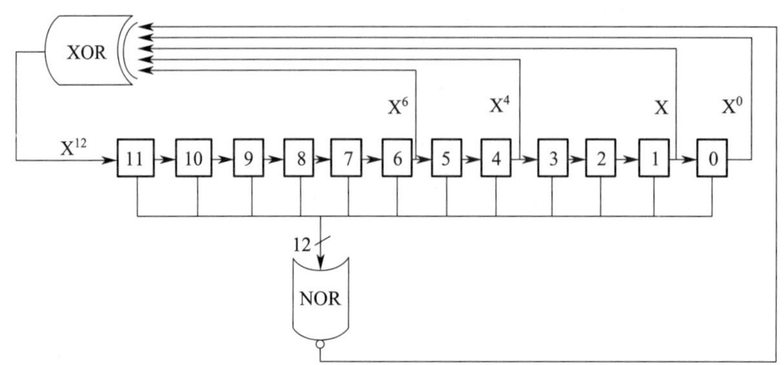

图 4.7　LFSR 寄存器算法

带 LFSR 波形生成的 DAC 转换如图 4.8 所示。

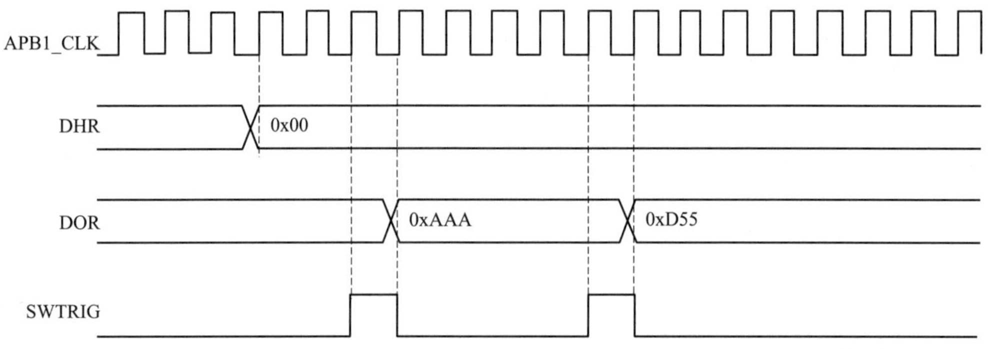

图 4.8　带 LFSR 波形生成的 DAC 转换

利用 DAC 也可以在直流电流或慢变信号上叠加一个小幅度的三角波形。首先设置 WAELx[1:0] 位为“10”，选择 DAC 的三角波形生成功能，并设置 DAC _ CR 寄存器的 MAMPx[3:0] 位，以选择三角波形的幅度。内部三角波计数器会在每次触发事件发生之后的 3 个 APB1 时钟周期后累加 1，其值与 DAC _ DHRx 寄存器的值相加并丢弃溢出位后，被写入 DAC _ DORx 寄存器中。当传入 DAC _ DORx 寄存器的数值小于 MAMPx[3:0] 位定义的最大幅度时，三角波计数器逐步累加，一旦达到设置的最大幅度，计数器就会开始递减，达到 0 后再开始累加，周而复始，从而产生三角波形。DAC 三角波形生成示意图如图 4.9 所示。将 WAVEx[1:0] 位全部置 0 可以复位三角波形的生成。

需要注意的是，为了产生三角波形，必须使能 DAC 的外部时间触发，即将 DAC _ CR 寄存器的 TENx 位置 1。另外，MAMPx [3:0] 位必须在使能 DAC 之前进行设置，否则其值不能修改。

（7）双 DAC 通道转换

在需要 2 个 DAC 同时工作的情况下，为了更有效地利用总线带宽，DAC 集成了 3 个供双 DAC 模式使用的寄存器，即 DHR8RD、DHR12RD 和 DHR12LD，这样，只需要访问 1

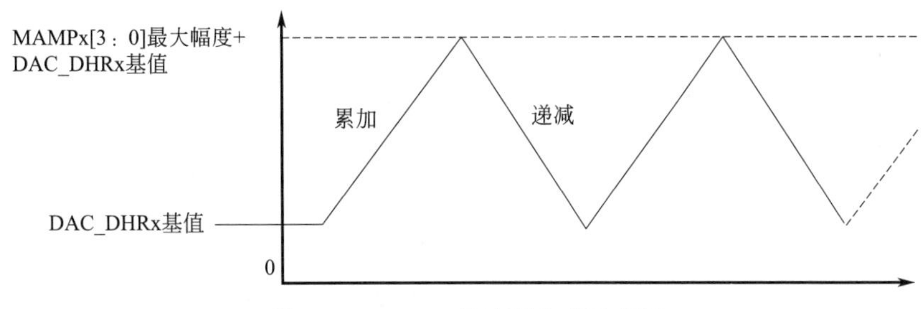

图 4.9　DAC 三角波形生成示意图

个寄存器即可同时驱动 2 个 DAC 通道。通过 2 个 DAC 通道和这 3 个双 DAC 专用寄存器可以实现 11 种 DAC 转换模式，而且这 11 种转换模式在只使用 1 个 DAC 通道的情况下，仍然可通过独立的 DHRx 寄存器操作来实现。基于前面对于单 DAC 通道相关操作的介绍，读者可参照《STM32F10x 中文参考手册》对这 11 种双 DAC 转换模式进行解读。

4.2.3　常用的 DAC 库函数

通过上一小节的讲解，我们已经基本了解了 DAC。在实际应用中，通过相关库函数实现 DAC 的相关操作。常用的 DAC 库函数如表 4.19 所示。

表 4.19　常用的 DAC 库函数

函数名	功能描述
DAC_DeInit	将外设 DAC 寄存器重设为默认值
DAC_Init	根据 DAC_InitStruct 中指定的参数初始化外设 DAC 寄存器
DAC_StructInit	把 DAC_InitStruct 中的每个参数按默认值填入
DAC_ITConfig	使能或失能指定的 DAC 中断
DAC_Cmd	使能或失能指定的 DAC 通道
DAC_DMACmd	使能或失能指定 DAC 通道的 DMA 请求
DAC_SoftwareTriggerCmd	使能或失能指定 DAC 通道的软件触发
DAC_DualSoftwareTriggerCmd	使能或失能双 DAC 通道的软件触发
DAC_WaveGenerationCmd	使能或失能指定 DAC 通道的波形产生
DAC_SetChannel1Date	设置 DAC 的通道 1 数据
DAC_SetChannel2Date	设置 DAC 的通道 2 数据
DAC_SetDualChannelData	设置双 DAC 通道数据
DAC_GetDataOutputValue	返回指定 DAC 通道最近一次的数据输出值
DAC_GetFlagStatus	检查指定 DAC 标志位设置与否
DAC_ClearFlag	清除指定 DAC 的待处理标志位
DAC_GetITStatus	检查指定的 DAC 中断是否发生
DAC_ClearITPendingBit	清楚指定 DAC 的中断待处理位

下面简要介绍一些常用的 DAC 库函数。

4.2.3.1　DAC 初始化与使能类函数

（1）DAC _ DeInit 函数

该函数将外设 DAC 寄存器重新设为默认值。

函数原型	void DAC_DeInit(void)						
功能描述	将外设 DAC 寄存器重设为默认值						
输入参数	无	输出参数	无	返回值	无	先决条件	无
被调用函数	RCC_APB1PeriphClockCmd()						

(2) DAC _ Init 函数

该函数根据 DAC _ InitStruct 中指定的参数初始化外设 DAC 寄存器。

函数原型	void DAC_Init(unit32_t DAC_Channel,DAC_InitTypeDef* DAC_InitStruct)						
功能描述	根据 DAC_InitStruct 中指定的参数初始化外设 DAC 寄存器						
输入参数 1	DAC_Channel:选择 DAC 通道,可取值为 DAC_Channel_1 或 DAC_Channel_2						
输入参数 2	DAC_InitStruct:指向结构体 DAC_InitTypeDef 的指针,包含指定外设 DAC 的配置信息						
输出参数	无	返回值	无	先决条件	无	被调用函数	无

DAC _ InitTypeDef 结构体定义在 STM32 标准函数库文件中的 stm32f10x _ dac. h 头文件下，具体定义如下：

```
typedef struct
{
uint32_t DAC_Trigger;                        //外部触发器
uint32_t DAC_WaveGeneration;                 //产生波形设置
uint32_t DAC_LFSRUnmask_TriangleAmplitude; //屏蔽与幅值设置
uint32_t DAC_OutputBuffer;          //输出缓存区
}DAC_InitTypeDef;
```

每个 DAC _ InitTypeDef 结构体成员的功能和相应的取值如下：

① DAC _ Trigger。该成员用来指定所选 DAC 通道的外部触发器，其取值定义如表 4.20 所示。

表 4.20　DAC _ Trigger 取值定义

DAC_Trigger 取值	功能描述
DAC_Trigger_None	不需要外部触发
DAC_Trigger_T6_TRGO	TIM6 定时器输出信号触发
DAC_Trigger_T8_TRGO	TIM8 定时器输出信号触发
DAC_Trigger_T3_TRGO	TIM3 定时器输出信号触发
DAC_Trigger_T7_TRGO	TIM7 定时器输出信号触发
DAC Trigger_T5_TRGO	TIM5 定时器输出信号触发
DAC_Trigger_T15_TRGO	TIM15 定时器输出信号触发
DAC_Trigger_T2_TRGO	TIM2 定时器输出信号触发
DAC_Trigger_T4_TRGO	TIM4 定时器输出信号触发
DAC_Trigger_Ext_IT9	外部中断 9 触发
DAC_Trigger_Software	转换开始由软件触发 DAC 通道

② DAC _ WaveGeneration。该成员用来设定所生成的 DAC 通道波形是噪声波形还是三角波形，或者设定不产生波形，其取值定义如表 4.21 所示。

表 4.21　DAC _ WaveGeneration 取值定义

DAC_WaveGeneration 取值	功能描述
DAC_WaveGeneration_None	不产生波形
DAC_WaveGeneration_Noise	产生噪声波形
DAC_WaveGeneration_Triangle	产生三角波形

③ DAC _ LFSRUnmask _ TriangleAmplitude。如果选择了产生噪声波形或三角波形，那么通过该成员可以选择噪声波形的 LFSRUnmask 屏蔽位或三角波的最大幅值，其取值定义如表 4.22 所示。

表 4.22　DAC _ LFSRUnmask _ TriangleAmplitude 取值定义

DAC_LFSRUnmask_TriangleAmplitude 取值	功能描述
DAC_LFSRUnmask_Bit0	对噪声波屏蔽 DAC 通道 LFSR 位 0
DAC_LFSRUnmask Bits1_0	对噪声波屏蔽 DAC 通道 LFSR 位[1:0]
DAC_LFSRUnmask Bits2_0	对噪声波屏蔽 DAC 通道 LFSR 位[2:0]
DAC_LFSRUnmask_Bits3_0	对噪声波屏蔽 DAC 通道 LFSR 位[3:0]
DAC_LFSRUnmask_Bits4_0	对噪声波屏蔽 DAC 通道 LFSR 位[4:0]
DAC LFSRUnmask_Bits5_0	对噪声波屏蔽 DAC 通道 LFSR 位[5:0]
DAC_TiangleAmplitude_1	设置三角波幅值为 1
DAC_TiangleAmplitude_3	设置三角波幅值为 3
DAC_TiangleAmplitude_7	设置三角波幅值为 7
DAC_TiangleAmplitude_15	设置三角波幅值为 15
DAC_TiangleAmplitude_31	设置三角波幅值为 31
DAC_TiangleAmplitude_63	设置三角波幅值为 63

④ DAC _ OutputBuffer。该成员用来使能或失能 DAC 通道的输出缓冲区，可以取 DAC _ OutputBuffer _ Enable 或 DAC _ OutputBuffer _ Disable。

例如，初始化 DAC 通道 1，不需要外部触发，不产生波形，输出缓存区失能：

```
DAC_InitTypeDef   DAC_InitStructure; //定义结构体
DAC_InitStructure. DAC_Trigger=DAC Trigger_None;//不需要外部触发
DAC_InitStructure . DAC_WaveGeneration=DAC_WaveGeneration_None; //不产生波形
//屏蔽/幅值设置
DAC_InitStructure . DAC_ LFSRUnmask_TriangleAmpInitude=DAC_LFSRUnmask_Bit0;
DAC_InitStructure. DAC_OutputBuffer=DAC_OutputBuffer_Disable; //失能输出缓冲区
DAC_Init(DAC_Channel_1, &DAC_InitStructure);                    //初始化 DAC 通道
```

(3) DAC _ StructInit 函数

该函数把 DAC _ InitStruct 中的每个参数按默认值填入。

函数原型	void DAC_StructInit(DAC_InitTypeDef* DAC_InitStruct)						
功能描述	把 DAC_InitStruct 中的每个参数按默认值填入						
输入参数	DAC_InitStruct:指向结构体 DAC_InitTypeDef 的指针,待初始化						
输出参数	无	返回值	无	先决条件	无	被调用函数	无

(4) DAC _ Cmd 函数

该函数使能或失能指定的 DAC 通道。

函数原型	void DAC_Cmd(uint32_t DAC_Channel, FunctionalState NewState)						
功能描述	使能或失能指定的 DAC 通道						
输入参数 1	DAC_Channel:选择 DAC 通道,可取值为 DAC_Channel_1 或 DAC_Channel_2						
输入参数 2	NewState:指定 DAC 通道的新状态(可取 ENABLE 或 DISABLB)						
输出参数	无	返回值	无	先决条件	无	被调用函数	无

(5) DAC _ DMACmd 函数

该函数使能或失能指定 DAC 通道的 DMA 请求。

函数原型	void DAC_DMACmd(uint32_t DAC_Channel,FunctionalState NewState)						
功能描述	使能或失能指定 DAC 通道的 DMA 请求						
输入参数 1	DAC_Channel:选择 DAC 通道,可取值为 DAC_Channel_1 或 DAC_Channel_2						
输入参数 2	NewState:指定 DAC 通道的新状态(可取 ENABLE 或 DISABLB)						
输出参数	无	返回值	无	先决条件	无	被调用函数	无

(6) DAC _ SoftwareTriggerCmd 函数

该函数使能或失能指定 DAC 通道的软件触发。

函数原型	void DAC_SoftwareTriggerCmd(uint32_t DAC_Channel,FunctionalState NewState)						
功能描述	使能或失能指定 DAC 通道的软件触发						
输入参数 1	DAC_Channel:选择 DAC 通道,可取值为 DAC_Channel_1 或 DAC_Channel_2						
输入参数 2	NewState:指定 DAC 通道的新状态(可取 ENABLE 或 DISABLB)						
输出参数	无	返回值	无	先决条件	无	被调用函数	无

(7) DAC _ DualSoftwareTriggerCmd 函数

该函数使能或失能双 DAC 通道的软件触发。

函数原型	void DAC_DualSoftwareTriggerCmd(FunctionalState NewState)						
功能描述	使能或失能双 DAC 通道的软件触发						
输入参数	NewState:指定 DAC 通道的新状态(可取 ENABLE 或 DISABLB)						
输出参数	无	返回值	无	先决条件	无	被调用函数	无

4.2.3.2 DAC 设置获取类函数

(1) DAC _ SetChannel1Data 函数

该函数设置 DAC 的通道 1 数据。

函数原型	void DAC_SetChannel1Data(unit32_t DAC_Align, uint16_t Data)						
功能描述	设置 DAC 的通道 1 数据						
输入参数 1	DAC_Align:指定的数据对齐方式,其取值定义如表 4.23 所示						
输入参数 2	Data:装入指定数据,保持寄存器中的数值						
输出参数	无	返回值	无	先决条件	无	被调用函数	无

表 4.23 DAC _ Align 取值定义

DAC_Align 取值	功能描述
DAC_Align_8b_R	8 位数据右对齐
DAC_Align_12b_L	12 位数据左对齐
DAC_Align_12b_R	12 位数据右对齐

(2) DAC _ SetChannel2Data 函数

该函数设置 DAC 的通道 2 数据。

函数原型	void DAC_SetChannel2Data(unit32_t DAC_Align, uint16_t Data)						
功能描述	设置 DAC 的通道 2 数据						
输入参数 1	DAC_Align:指定的数据对齐方式						
输入参数 2	Data:装入指定数据,保持寄存器中的数值						
输出参数	无	返回值	无	先决条件	无	被调用函数	无

(3) DAC _ SetDualChannelData 函数

该函数设置双 DAC 通道数据。

函数原型	void DAC_SetDualChannelData(unit32_t DAC_Align, uint16_t Data2, uint16_t Data1)						
功能描述	设置双 DAC 的通道数据						
输入参数 1	DAC_Align:指定的数据对齐方式						
输入参数 2	Data2:DAC 通道 2 装入指定数据,保持寄存器中的数值						
输入参数 3	Data1:DAC 通道 1 装入指定数据,保持寄存器中的数值						
输出参数	无	返回值	无	先决条件	无	被调用函数	无

(4) DAC _ GetDataOutputValue 函数

该函数返回指定 DAC 通道最近一次的数据输出值。

函数原型	uint16_t DAC_GetDataOutputValue(unit32_t DAC_Channel)		
功能描述	返回指定 DAC 通道最近一次的数据输出值		
输入参数	DAC_Channel:选择 DAC 通道,可取值为 DAC_Channel_1 或 DAC_Channel_2		
输出参数	无	返回值	指定 DAC 通道的数据输出值
先决条件	无	被调用函数	无

4.2.3.3 DAC 标志与中断类函数

(1) DAC _ GetFlagStatus 函数

该函数检查指定 DAC 标志位设置与否。

函数原型	FlagStatus DAC_GetFlagStatus(unit32_t DAC_Channel,unit32_t DAC_FlAG)		
功能描述	检查指定 DAC 标志位设置与否		
输入参数 1	DAC_Channel:选择 DAC 通道,可取值为 DAC_Channel_1 或 DAC_Channel_2		
输入参数 2	DAC_FLAG:待检查的指定 DAC 标志位,可取值为 DAC_Flag_DMAUDR ,即 DMA 欠载标志位		
输出参数	无	返回值	指定 DAC 标志位的新状态(SET 或 RESET)
先决条件	无	被调用函数	无

(2) DAC _ ClearFlag 函数

该函数清除指定 DAC 的待处理标志位。

函数原型	void DAC_ClearFlag(uint32_t DAC_Channel,uint32_t DAC_FLAG)						
功能描述	清除指定 DAC 的待处理标志位						
输入参数 1	DAC_Channel:选择 DAC 通道,可取值为 DAC_Channel_1 或 DAC_Channel_2						
输入参数 2	DAC_FLAG:待检查的指定 DAC 标志位,可取值为 DAC_FLAG_DMAUDR						
输出参数	无	返回值	无	先决条件	无	被调用函数	无

(3) DAC _ ITConfig 函数

该函数使能或失能指定的 DAC 中断。

函数原型	void DAC_ITConfig(uint32__t DAC_Channel, uint32_t DAC_IT, FunctionalState NewState)						
功能描述	使能或失能指定的 DAC 中断						
输入参数 1	DAC_Channel:选择 DAC 通道,可取值为 DAC_Channel_1 或 DAC_Channel_2						
输入参数 2	DAC_IT: 待使能或失能的指定 DAC 中断源,可取值为 DAC_FLAG_DMAUDR,即 DMA 欠载中断屏蔽						
输入参数 3	NewState: 指定 DAC 中断的新状态(可取 ENABLE 或 DISABLE)						
输出参数	无	返回值	无	先决条件	无	被调用函数	无

(4) DAC _ GetITStatus 函数

该函数检查指定的 DAC 中断是否发生。

函数原型	ITStatus DAC_GetITStatus(uint32_t DAC_Channel, uint32_t DAC_IT)		
功能描述	检查指定的 DAC 中断是否发生		
输入参数 1	DAC_Channel:选择 DAC 通道,可取值为 DAC_Channel_1 或 DAC_Channel_2		
输入参数 2	DAC_IT:待检查的指定 DAC 中断源,可取值为 DAC_FLAG_DMAUDR		
输出参数	无	返回值	指定 DAC 标志位的新状态(SET 或 RESET)
先决条件	无	被调用函数	无

(5) DAC _ ClearITPendingBit 函数

该函数清除指定 DAC 的中断待处理位。

函数原型	void DAC_ClearITPendingBit(uint32_t DAC_Channel, uint32_t DAC_IT)						
功能描述	清除指定 DAC 的中断待处理位						
输入参数 1	DAC_Channel:选择 DAC 通道,可取值为 DAC_Channel_1 或 DAC_Channel_2						
输入参数 2	DAC_IT:待清除的指定 DAC 中断待处理位,可取值为 DAC_FLAG_DMAUDR						
输出参数	无	返回值	无	先决条件	无	被调用函数	无

4.3 DMA数据访问与传输

直接存储器访问（Direct Memory Access，DMA）用来提供外设和存储器之间、存储器和存储器之间的高速数据传输，这里的存储器可以是SRAM或Flash。数据传输不需要占用CPU，首先由CPU初始化传输动作，而传输动作本身则是由DMA控制器实行和完成的，DMA传输对于高效能嵌入式系统算法和网络是非常重要的。STM32微控制器最多可以配置2个独立的DMA控制器，分别为DMA1和DMA2（DMA2仅存在于大容量产品中），DMA1有7个通道，DMA2有5个通道，每个通道专门用来管理来自一个或多个外设对存储器的访问请求。

4.3.1 DMA控制器概述

在很多的实际应用中，有进行大量数据传输的需求，这时如果CPU参与数据的转移，则在数据传输过程中CPU不能进行其他工作。如果找到一种可以不需要CPU参与的数据传输方式，则可解放CPU，让其去进行其他操作。特别是在大量数据传输的应用中，这一需求显得尤为重要。

直接存储器访问（Direct Memory Access，DMA）就是基于以上设想设计的，它的作用就是解决大量数据转移过度消耗CPU资源的问题。DMA是一种可以大大减轻CPU工作量的数据转移方式，用于在外设与存储器之间及存储器与存储器之间提供高速数据传输。DMA操作可以在无需任何CPU操作的情况下快速移动数据，从而解放CPU资源以用于其他操作。DMA使CPU专注于更加实用的操作、计算、控制等。

DMA传输方式无需CPU直接控制传输，也没有中断处理方式那样保留现场和恢复现场的过程，而是通过硬件为RAM和外设开辟一条直接传输数据的通道，使得CPU的效率大大提高。

DMA的作用就是实现数据的直接传输，虽然去掉了传统数据传输需要CPU寄存器参与的环节，但本质上是一样的，都是从内存的某一区域传输到内存的另一区域（外设的数据寄存器本质上就是内存的一个存储单元）。在用户设置好参数（主要涉及源地址、目标地址、传输数据量）后，DMA控制器就会启动数据传输，传输结束的标志就是剩余传输数据量为0（循环传输不是这样的）。

基于复杂的总线矩阵架构，STM32F10系列微控制器的DMA控制器将功能强大的双AHB主总线架构与独立的FIFO结合在一起，优化了系统带宽。STM32F10系列微控制器集成了2个DMA控制器，总共有16个数据流，每一个DMA控制器都用于管理一个或多个外设的存储器访问请求。每个数据流总共可以有8个通道（或称请求）。每个通道都有一个仲裁器，用于处理DMA请求的优先级。

4.3.2 DMA结构与数据配置

（1）DMA控制器主要特性

DMA控制器主要特性如下。

① 双AHB主总线架构，一个用于存储器访问，另一个用于外设访问。

② 每个DMA控制器有8个数据流，每个数据流有8个通道，每个通道都连接到专用硬件DMA通道。

③ 每个数据流有单独的四级 32 位先进先出存储器缓冲区（FIFO），可用于 FIFO 模式或直接模式。

④ DMA 请求会立即启动对存储器的传输操作。在直接模式（禁止 FIFO）下，将 DMA 配置为以存储器到外设模式传输数据时，DMA 仅会将一个数据从存储器预加载到内部 FIFO，从而确保一旦外设触发 DMA 请求就立即传输数据。

⑤ DMA 支持外设到存储器、存储器到外设和存储器到存储器传输的常规通道，也支持在存储器方双缓冲的双缓冲区通道。

⑥ DMA 数据流请求之间的优先级可用软件编程，在软件优先级相同的情况下可以通过硬件决定优先级。

⑦ 每个数据流支持通过软件触发存储器到存储器的传输（仅限 DMA2 控制器）。

⑧ 独立的源和目标传输宽度（字节、半字、字）。当源和目标的数据宽度不相等时，DMA 自动封装/解封必要的传输数据来优化宽带。这个特性仅在 FIFO 模式下可用。

（2）DMA 控制器的框图剖析

每个 DMA 控制器有两个 AHB 主总线，一个用于存储器访问，另一个用于外设访问。两个 AHB 主端口：存储器端口（用于连接存储器）和外设端口（用于连接外设）。但是要

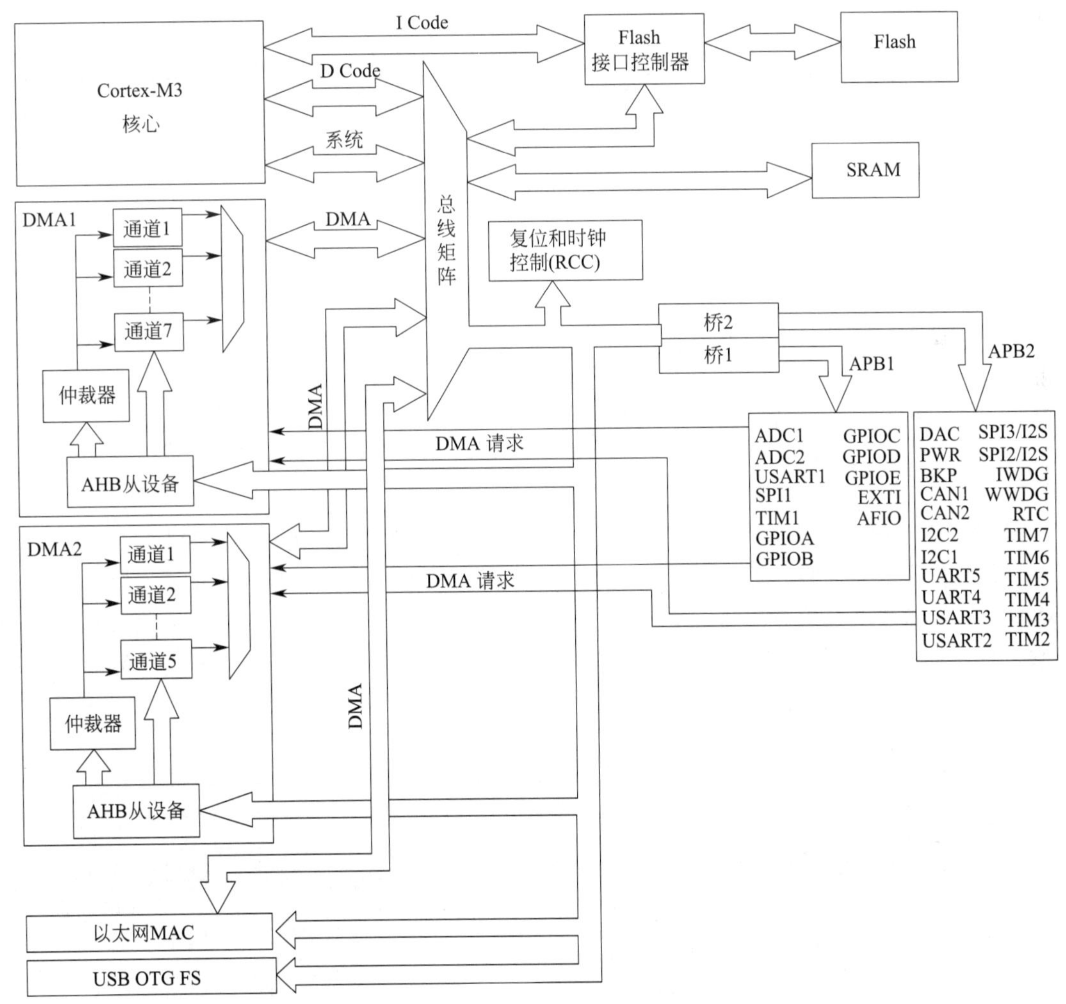

图 4.10　DMA 的功能结构框图

执行存储器到存储器的传输，AHB外设端口必须也能访问存储器，只有DMA2控制器可以实现这一功能。

DMA控制器独立于内核，是一个单独的外设，其特点是在脱离CPU的情况下能直接利用数据总线在外设和存储器之间进行数据传输，降低了CPU在数据传输过程中的消耗。DMA的功能结构框图如图4.10所示。

从编程的角度看，需要掌握框图中的三部分内容。

① DMA请求。如果外设想要通过DMA传输数据，必须先向DMA控制器发送DMA请求，DMA控制器收到请求信号后，会给外设一个应答信号，当DMA控制器收到应答信号且外设应答之后，会启动DMA传输，直到传输完毕。DMA控制器有DMA1和DMA2两个控制器，不同DMA控制器的通道对应不同的外设请求，这决定了软件编程应该如何设置。

外设TIMx(x=1,2,3,4)、ADC1、SPI1、SPI/I^2S2、I^2Cx(x=1,2)或USARTx(x=1,2,3)等产生的请求可以通过逻辑"或"输入DMA1控制器，同一时间只能有一个请求有效。外设的DMA请求可以通过设置相应外设寄存器中的控制位被独立地开启或关闭。DMA1通道请求如表4.24所示。

表4.24 DMA1通道请求一览表

外设	通道1	通道2	通道3	通道4	通道5	通道6	通道7
ADC1	ADC1						
SPI/I^2S		SPI1-RX	SPI1-TX	SPI/I^2S2-RX	SPI/I^2S2-TX		
USART		USART3-TX	USART3-RX	USART1-TX	USART1-RX	USART2-RX	USART2-TX
I^2C				I^2C2-TX	I^2C2-RX	I^2C1-TX	I^2C1-RX
TIM1		TIM1-CH1	TIM1-CH2	TIM1-CH4 TIM1-TRIG TIM1-COM	TIM1-UP	TIM1-CH3	
TIM2	TIM2-CH3	TIM2-UP			TIM2-CH1		TIM2-CH2 TIM2-CH4
TIM3		TIM3-CH3	TIM3-CH4 TIM3-UP			TIM3-CH1 TIM3-TRIG	
TIM4	TIM4-CH1			TIM4-CH2	TIM4-CH3		TIM4-UP

外设TIMx(x=5,6,7,8)、ADC3、SPI/I^2S3、USART4、DAC1、DAC2、DAC3或SDIO产生的请求经逻辑"或"输入DMA2控制器，同一时间只能有一个请求有效。外设的DMA请求可以通过设置相应外设寄存器中的DMA控制位被独立地开启或关闭。这里需要明确，DMA2控制器和相关请求仅存在于大容量产品和互联型产品中，并且DAC3、SDIO和TIM8的DMA请求只存在于大容量产品中。DMA2通道请求如表4.25所示。

表4.25 DMA2通道请求一览表

外设	通道1	通道2	通道3	通道4	通道5
ADC3					ADC3
SPI/I^2S3	SPI/I^2S3	SPI/I^2S3			
USART4			USART4-RX		USART4-TX
SDIO				SDIO	
TIM5	TIM5-CH4 TIM5-TRIG	TIM5-CH3 TIM5-UP		TIM5-CH2	TIM5-CH1
TIM6/ADC通道1			TIM6-UP/ ADC通道1		

续表

外设	通道1	通道2	通道3	通道4	通道5
TIM6/ADC通道2				TIM7-UP/ ADC通道2	
TIM8	TIM8-CH3 TIM8-UP	TIM8-CH4 TIM8-TRIG TIM8-COM	TIM8-CH1		TIM8-CH2

② 通道。DMA控制器具有12个独立可编程的通道，DMA1控制器有7个通道，DMA2控制器有5个通道，每个通道对应不同外设的DMA请求。虽然每个通道可以接收多个外设的请求，但同一时间只能接收一个请求，不可同时接收多个请求。

③ 仲裁器。当同时有多个DMA请求时，会有先后响应顺序的问题，这就需要由仲裁器进行管理。仲裁器管理DMA请求分为两个阶段。第1阶段属于软件阶段，通过设置DMA _ CCRx寄存器中的PL[1:0] 将DMA请求划分为四个等级，即低（00）、中（01）、高（10）、最高（11）；第2阶段属于硬件阶段，当两个或两个以上的DMA请求设置的优先级一样时，它们的优先级取决于通道编号，编号越低，其优先级越高，如通道0的优先级高于通道1的优先级。在大容量产品和互联型产品中，DMA1控制器拥有高于DMA2控制器的优先级。

（3）DMA相关寄存器

DMA寄存器说明如表4.26所示。

表4.26 DMA寄存器说明

DMA寄存器	功能描述
中断状态寄存器(DMA_ISR)	获取当前DMA中断或DMA传输的状态
中断标志清除寄存器(DMA_IFCR)	清除寄存器DMA_ISR中相应的标志位
通道x传输数量寄存器(DMA_CNDTRx,x=1,2,…,7)	指示通道x待传输的字节数目,范围为0～65535
通道x配置寄存器(DMA_CCRx,x=1,2,…,7)	配置DMA通道x
通道x外设地址寄存器(DMA_CPARx,x=1,2,…,7)	配置DMA通道x的外设地址
通道x存储器地址寄存器(DMA_CMARx,x=1,2,…,7)	配置DMA通道x的存储器地址

（4）DMA数据配置

使用DMA时，核心的问题就是配置要传输的数据，包括数据的传输方向、传输单位、传输的量和传输模式（是一次传输还是循环传输）等。

DMA传输数据的方向有三个，即从外设到存储器、从存储器到外设、从存储器到存储器，其方向可以由DMA _ CCR中的第4位（DIR）进行配置，0表示从外设到存储器，1表示从存储器到外设。这里涉及的外设地址则由DMA _ CPAR配置，存储器地址由DMA _ CMAR配置。

① 从外设到存储器。以ADC采集为例，DMA外部寄存器的地址对应的就是ADC数据寄存器地址，DMA存储器的地址就是自定义变量的地址（用来接收、存储ADC采集的数据），设置外设为源地址。

② 从存储器到外设。以串口向计算机发送数据为例，DMA外部寄存器的地址对应的就是串口数据寄存器的地址，DMA存储器的地址就是自定义变量的地址（相当于一个缓冲区，用来存储通过串口发送到计算机的数据），设置外设为目的地址。

③ 从存储器到存储器。以内部Flash存储器向内部SRAM复制数据为例，DMA外部寄存器的地址对应的就是内部Flash存储器的地址（这里把内部Flash存储器当作一个外设），DMA存储器的地址就是自定义变量的地址（相当于一个缓冲区，用来存储来自内部Flash

存储器的数据），设置外设（内部 Flash 存储器）为源地址。与前面两例不同的是，这里还需要把 DMA _ CCR 寄存器中的第 14 位（MEM2MEM，存储器到存储器模式）配置为 1，启动 M2M 模式。

当配置好数据的传输方向后，还需要知道要传输的数据量是多少，数据的单位是什么。以串口向计算机发送数据为例，可以一次性给计算机发送很多数据，具体传输多少需要由 DMA _ CNDTR 寄存器配置，这是一个 32 位寄存器，一次最多能传输 65535 个数据。为了使数据正确传输，源地址和目的地址存储的数据宽度必须一致，串口数据寄存器是 8 位的，所以待发送数据也必须是 8 位。外设的数据宽度由 DMA _ CCRx 寄存器的 PSIZE [1:0] 配置，可以是 8 位、16 位或 32 位；而存储器的数据宽度则由 DMA _ CCRx 中的 MSIZE [1:0] 配置，也可以是 8 位、16 位或 32 位。

在 DMA 控制器的控制下，要想使数据有条不紊地从一个地方传输到另一个地方，还必须正确设置两边数据指针的增量模式。外设的地址指针由 DMA _ CCRx 寄存器的 PINC 配置，存储器的地址指针由 MINC 配置。以串口向计算机发送数据为例，要发送的数据很多，每发送完一个数据，存储器的地址指针就加 1。如果串口数据寄存器只有一个，外设的地址指针就固定不变，具体的数据指针的增量模式需要根据实际情况决定。

数据的传输是否完成可以通过查询标志位或通过中断的方式来判断。每个 DMA 通道在 DMA 传输过半、传输完成或传输错误时都会有相应的标志位，如果使能了该类型的中断，则会在相应的情况下产生中断。有关各个标志位的详细描述可以参考《STM32F10x 中文参考手册》中 DMA 中断状态寄存器 DMAISR 的相关资料。

数据传输分为两种模式，即一次传输和循环传输。一次传输在传输一次之后就停止，要想再进行传输，必须关闭 DMA，使能后再重新配置，才能继续传输。循环传输则是在一次传输完成之后又恢复第一次传输时的配置进行循环传输，不断重复。具体模式可通过 DMA _ CRRx 寄存器中的 CIRC 循环模式位配置。

4.3.3 DMA 控制器相关库函数

DMA 控制器可以提供 12 个数据通道的访问，由于外设实现了向存储器的映射，因此对来自或发向外设的数据传输可以像内存之间的数据传输一样进行管理，在实际操作中可以通过相关库函数实现。常用的 DMA 库函数如表 4.27 所示。

表 4.27 常用的 DMA 库函数

函数名	功能描述
DMA_DeInit	将 DMA 的通道 x 寄存器重设为默认值
DMA_Init	根据 DMA_InitStruct 中指定的参数初始化 DMA 的通道 x 寄存器
DMA_StructInit	把 DMA_InitStruct 中的每个参数按默认值填入
DMA_Cmd	使能或失能指定的 DMA 通道 x
DMA_ITConfig	使能或失能指定的 DMA 通道 x 中断
DMA_GetCurrDataCounte	返回当前 DMA 通道 x 剩余的待传输数据数目
DMA_GetFlagStatus	检查指定的 DMA 通道 x 标志位设置与否
DMA_ClearFlag	清除 DMA 通道 x 的待处理标志位
DMA_GetITStatus	检查指定的 DMA 通道 x 中断发生与否
DMA_ClearITPendingBit	清除 DMA 通道 x 的中断待处理位

下面简要介绍一些常用的 DMA 库函数。

（1）DMA _ DeInit 函数

该函数将 DMA 的通道 x 寄存器重设为默认值。

函数原型	void DMA_DeInit(DMA_Channel_TypeDef* DMA_Channelx)						
功能描述	将 DMA 的通道 x 寄存器重设为默认值						
输入参数	DMA_Channelx：x 可以取值为 1,2,…,7,用来选择 DMA 通道 x						
输出参数	无	返回值	无	先决条件	无	被调用函数	RCC_APB2PeriphResetCmd()

例如，重置 DMA 的通道 2 为初始值：

DMA_DeInit (DMA_Channel2)；

（2）DMA _ Init 函数

该函数根据 DMA _ InitStruct 中指定的参数初始化 DMA 的通道 x 寄存器。

函数原型	void DMA_Init(DMA_Channcel_TypeDeft * DMA_Channelx,DMA_IintTypeDe* DMA_InitStuet)						
功能描述	根据 DMA_InitStruct 中指定的参数初始化 DMA 的通道 x 寄存器						
输入参数 1	DMA_Channelx：x 可以取值为 1,2,…,7,用来选择 DMA 通道 x						
输入参数 2	DMA_InitStruct:指向结构体 DMA_InitTypeDef 的指针,包含外设 DMA 通道 x 的配置信息						
输出参数	无	返回值	无	先决条件	无	被调用函数	无

DMA _ InitTypeDef 结构体定义在 STM32 标准函数库文件中的 stm32f10x _ dma. h 头文件下，具体定义如下。

```
uint32_t DMA_PeripheralBaseAddr;//定义外设基地址
uint32_t DMA_MemoryBaseAddr;//定义内存基地址
uint32_t DMA_DIR;//定义外设作为数据传输的目的地或来源
uint32_t DMA_Buffersize://指定 DMA 缓存的大小
uint32_t DMA_PeripheralInc://设定外设地址寄存器递增与否
uint32_t DMA_MemoryInc //设定内存地址寄存器递增与否
uint32_t DMA_PeripheralDatasize;//设定外设数据宽度
uint32_t DMA_MemoryDataSize;//设定内存数据宽度
uint32_t DMA_Mode;//设定工作模式
uint32_t DMA_Priority;//设定软件优先级
uint32_t DMA_M2M;//使能或失能内存到内存传输
}DMA_InitTypeDef;
```

每个 DMA _ InitTypeDef 结构体成员的功能和相应的取值如下：

① DMA _ PeripheralBaseAdd 与 DMA _ MemoryBaseAddr。DMA _ PeripheralBaseAddr 用来定义 DMA 外设基地址，而 DMA _ MemoryBaseAddr 则用来定义 DMA 内存基地址。

② DMA _ DIR。该成员用来定义外设是作为数据传输的目的地还是来源，其取值定义如表 4.28 所示。

表 4.28 DMA _ DIR 取值定义

DMA_DIR 取值	功能描述
DMA_DIR_PeripheralDST	外设作为数据传输的目的地
DMA_DIR_PeripheralSRC	外设作为数据传输的来源

③ DMA _ BufferSize。该成员用来定义指定 DMA 通道的 DMA 缓存的大小，单位为数据单位。根据数据传输的方向，数据单位等于结构体中参数 DMA _ PeripheralDataSize 或参数 DMA _ MemoryDataSize。

④ DMA _ PeripheralInc 与 DMA _ MemoryInc。DMA _ PeripheralInc 用来设定外设地址寄存器递增与否，其取值定义如表 4.29 所示；DMA _ MemoryInc 用来设定内存地址寄存

器递增与否，其取值定义如表 4.30 所示。

表 4.29　DMA _ PeripheralInc 取值定义

DMA_PeripheralInc 取值	功能描述
DMA_PeripheralInc_Enable	外设地址寄存器递增
DMA_PeripheralInc_Disable	外设地址寄存器不变

表 4.30　DMA _ MemoryInc 取值定义

DMA_MemoryInc 取值	功能描述
DMA_MemoryInc_Enable	内存地址寄存器递增
DMA_MemoryInc_Disable	内存地址寄存器不变

⑤ DMA _ PeripheralDataSize 与 DMA _ MemoryDataSize。DMA _ PeripheralDataSize 用来设定外设数据宽度，其取值定义如表 4.31 所示；DMA _ MemoryDataSize 用来设定内存数据宽度，其取值定义如表 4.32 所示。

表 4.31　DMA _ PeripheralDataSize 取值定义

DMA_PeripheralDataSize 取值	功能描述
DMA_PeripheralDataSize_Byte	数据宽度为 8 位
DMA_PeripheralDataSize_HalfWord	数据宽度为 16 位
DMA_PeripheralDataSize_Word	数据宽度为 32 位

表 4.32　DMA _ MemoryDataSize 取值定义

DMA_MemoryDataSize 取值	功能描述
DMA_MemoryDataSize_ Byte	数据宽度为 8 位
DMA_MemoryDataSize_HalfWord	数据宽度为 16 位
DMA_MemoryDataSize_Word	数据宽度为 32 位

⑥ DMA _ Mode。该成员用来设定 DMA 的工作模式，其取值定义如表 4.33 所示。

表 4.33　DMA _ Mode 取值定义

DMA_Mode 取值	功能描述
DMA_Mode_Circular	工作在循环缓存模式
DMA_Mode_Normal	工作在正常缓存模式

⑦ DMA _ Priority。该成员用来设定 DMA 通道 x 的软件优先级，其取值定义如表 4.34 所示。

表 4.34　DMA _ Priority 取值定义

DMA_Priority 取值	功能描述
DMA_Priority_VeryHigh	DMA 通道 x 拥有非常高的优先级
DMA_Priority_High	DMA 通道 x 拥有高优先级
DMA_Priority_Medium	DMA 通道 x 拥有中优先级
DMA_Priority_Low	DMA 通道 x 拥有低优先级

⑧ DMA _ M2M。该成员用来使能 DMA 通道的内存到内存传输，其取值定义如表

4.35 所示。

表 4.35　DMA _ M2M 取值定义

DMA_M2M 取值	功能描述
DMA_M2M_Enable	DMA 通道 x 设置为内存到内存传输
DMA_M2M_Disable	DMA 通道 x 没有设置为内存到内存传输

例如，根据 DMA _ InitStruct 的成员初始化 DMA 的通道 1：

```
DMA_InitTypeDef DMA_InitStructure;
DMA_InitStructure. DMA_PeripheralBaseAddr=0x40005400;//定义外设基地址
DMA_InitStructure. DMA_MemoryBaseAddr=0x20000100;//定义内存基地址
DMA_InitStructure. DMA_DIR=DMA_DIR_PeripheralSRC;//定义外设作为数据传
DMA_InitStructure. DMA_BufferSize=256;  //指定 DMA 缓存 256 个数据单位
//设定外设地址寄存器不变
DMA_InitStructure. DMA_PeripheralInc=DMA_PeripheralInc_Disable;
DMA_InitStructure. DMA_MemoryInc = DMA_MemoryInc_Enable;
//设定内存地址寄存器递增
//设定外设数据宽度为 16 位
DMA_InitStructure. DMA_PeripheralDataSize= DMA_PeripheralDataSize_HalfWord;//设定内存数据宽度为 16 位
DMA_InitStructure . DMA_MemoryDataSize = DMA_MemoryDataSize_HalfWord;
DMA_InitStructure. DMA_Mode = DMA_Mode_Normal;//工作在正常缓存模式
DMA_InitStructure. DMA_Priority= DMA_Priority_Medium; //软件优先级为中级
DMA_InitStructure. DMA_M2M = DMA_M2M_Disable;//失能内存到内存传输
DMA_Init (DMA_Channel1. &DMA_InitStructure) ;//根据上述参数初始化 DMA 通道
```

(3) DMA _ Cmd 函数

该函数使能或失能指定的 DMA 通道 x。

函数原型	void DMA_Cmd(DMA_Channel_TypeDef* DMA_Channelx, FunctionalState NewState)						
功能描述	使能或失能指定的 DMA 通道 x						
输入参数 1	DMA_Channelx：x 可以取值为 1,2,…,7,用来选择 DMA 通道 x						
输入参数 2	NewState：DMA 通道 x 的新状态(可取 ENABLE 或 DISABLE)						
输出参数	无	返回值	无	先决条件	无	被调用函数	无

例如，使能 DMA 的通道 7：

```
DMA_Cmd (DMA_Channel7, ENABLE) ;
```

(4) DMA _ ITConfig 函数

该函数使能或失能指定的 DMA 通道 x 中断。

函数原型	void DMA_ITConfig(DMA__Channel_TypeDef* DMA_Channelx,uint32__t DMA_IT,FunctionalState NewState)						
功能描述	使能或失能指定的 DMA 通道 x 中断						
输入参数 1	DMA_Channelx：x 可以取值为 1,2,…,7,用来选择 DMA 通道 x						
输入参数 2	DMA_IT：待使能或失能的 DMA 中断源,其取值定义如表 4.36 所示						
输入参数 3	NewState：DMA 通道 x 中断的新状态(可取 ENABLE 或 DISABLE)						
输出参数	无	返回值	无	先决条件	无	被调用函数	无

表 4.36　DMA _ IT 取值定义

DMA_IT 取值	功能描述
DMA_IT_TC	传输完成中断屏蔽
DMA_IT_HT	传输过半中断屏蔽
DMA_IT_TE	传输错误中断屏蔽

例如，使能 DMA 通道 3 完整的传输中断：

```
DMA_ITConfig（DMA_Channel3，DMA_IT_TC，ENABLE）；
```

4.4　实例 1：ADC 单通道数模转换器实验

4.4.1　使用 STM32CubeMX 配置基础参数

（1）新建项目

① 打开 STM32CubeMX 软件，单击左上角 File，选择 New Project 新建工程项目。

② 在 MCU/MPU Selecter 列表里选择芯片型号，可以直接输入型号搜索，也可以按类型依次选择，如本例中依次选择 Arm Cortex-M3、STM32F103、F103ZET6。

③ 选择好芯片型号后单击右上角 Start Project 开始配置项目。

（2）配置时钟树

① 在 Pinout & Configuration 界面左侧列表 System Core 中选择 RCC，将 High Speed Clock 选项从 Disable 改为 Crystal/Ceramic Resonator（晶体/陶瓷谐振器）。

② 单击上方选项栏中 Clock Configuration，进入时钟配置界面。勾选 HSE，并在 PLL（锁相环）一栏里选择“×9”的倍频系数。

③ 再勾选 PLLCLK。并将 APB1 Prescaler（APB1 预分频器）的分频系数从/1 改成/2。此时 APB1 总线频率被设置为 36MHz。

至此所有时钟树的配置操作完成。

（3）开启 ADC 通道

① 在 Pinout & Configuration 界面左侧列表 Analog 中选择 ADC1。在右侧出现的列表中选择需要开启的 ADC1 通道，勾选 IN1 通道，可以看到芯片上的 PA1 引脚变为绿色，标识变为 ADC1 _ IN1。

② 在 Configuration 框中选择 Parameter Settings，设置 ADC 参数。需要注意的是：

a. ADC 采样得到的是 12 位二进制数据，存在 16 位的寄存器里，所以会有 4 位空闲（默认为 0）。右对齐是指将寄存器的前 4 位置 0，用后 12 位存储数据，左对齐是前 12 位存储数据，后 4 位置 0。一般使用右对齐，这样使用 ADC 读取函数获取到的数据就是实际值，不需要进行位操作。

b. 扫描模式：启用扫描模式后，若开启了多路 ADC 通道，芯片会按照通道序号依次读取 ADC 的值。若不启用扫描模式，芯片只会读取第一个 ADC 通道的值。（在开启了多通道的 ADC 后，扫描模式会自动变为 Enable。）

c. 循环模式：开启循环模式后，ADC 两个通道的数值读取完后，会进行下一轮的读取。若不开启循环模式，芯片只会读取一轮数据。

在单通道 ADC 采样实例中，将扫描模式和循环模式都设置为 Disable。

在开启 ADC 之后，可以发现时钟树出现错误报警。打开时钟树，可以看到原本默认关闭的 APB2 _ ADC 总线被启用。由于这条总线最大频率为 12MHz，所以需要将分频系数改为/6。

d. ADC 采样时间的计算公式为：

$$转换时间(T_{CONV}) = 采样周期数(自行设置) + 12.5 个周期(默认常数)$$

12MHz 的 ADC 频率，代表 1s 进行 12×10^6 个周期，也就是 1μs 进行 12 个周期。假设设置采样时间为 239.5 个周期，总转换时间就是：

$$T_{CONV} = 239.5 + 12.5 = 252 \text{ (个周期)}$$

一次采集用时 21μs。

(4) 配置仿真与开启串口

① 找到 SYS，在 Debug 选项里配置程序烧录协议。

② 这里选用 SW 作为烧录协议。

③ 开启 USART1，将串口设置为异步模式。

(5) 输出 Keil MDK 工程文件。

4.4.2　使用 Keil MDK 补充代码

(1) 添加转换变量

开启工程文件，在 main.c 中添加 ADC 转换变量：

```
uint32_t ADC_Value;
//uint16_t int
```

uint32 _ t 是一个 32 位整数型变量。在不同的编译环境中，int 的实际位数是不同的。在 STM32 的环境中，int 就是 32 位（int 等价于 uint32 _ t），但是在 STM16 环境中，一个 int 相当于 uint16 _ t。使用 uintx _ t 的变量格式有利于不同平台的程序移植。

(2) 添加 ADC 读取与输出函数

在 while (1) 中，添加转换函数：

```
HAL_Delay(1000);
HAL_ADC_Start(&hadc1);
HAL_ADC_PollForConversion(&hadc1,50);
if(HAL_IS_BIT_SET(HAL_ADC_GetState(&hadc1), HAL_ADC_STATE_REG_EOC))
{
ADC_Value = HAL_ADC_GetValue(&hadc1);
}
printf("\r\n******** ADC DMA Example********\r\n");
printf("ADC1_Value = %d \r\n", ADC_Value);
printf("Voltage_Value = %1.3fV \r\n", ADC_Value* 3.3f/4095);
HAL_ADC_PollForConversion(&hadc1,50);
```

等待 ADC 转换，“&hadc1”代表对 ADC1 采样得到的电压进行模数转换，“50”代表超时时间 50ms，超过 50ms 没有得到转换值则自动终止。

在 PollForConversion 函数执行之后，若转换成功，转换标志位会被置为 1，HAL _ IS _ BIT _ SET () 函数用于读取转换标志位，若转换成功（标志位为 1），则将转换的数值 HAL _ ADC _ GetValue (&hadc1) 赋给变量 ADC _ Value。

由于 ADC 采样电压范围是 0～3.3V，采样值呈线性分布，假设 ADC 转换值为 A，那么实际电压就等于 $A\times3.3/2^{12}$，即 $A\times3.3/4096$。在 main.c 顶部添加 printf 函数的引用：

```
#include "stdio.h"
```

（3）添加串口重定向函数

在 usart.c 的底部补充 printf 函数的重定向：

```
#ifdef__GNUC__
/* With GCC/RAISONANCE, small printf (option LD Linker->Libraries->Small printf set to 'Yes')
calls_io_putchar() */
  #define PUTCHAR_PROTOTYPE int_io_putchar(int ch)
#else
  #define PUTCHAR_PROTOTYPE int fputc(int ch, FILE *f)
#endif
/* _GNUC_ */
PUTCHAR_PROTOTYPE
{
  /* Place your implementation of fputc here */
  /* e.g. write a character to the EVAL_COM1 and Loop until the end of transmission */
  HAL_UART_Transmit(&huart1, (uint8_t *)&ch, 1, 0xFFFF);
  return ch;
}
```

在 usart.c 的顶部补充 printf 函数的引用：

```
#include "stdio.h"
```

4.4.3 烧录与测试

（1）硬件接线与烧录

连接串口转 USB 转换器，Tx 连 PA10 引脚，Rx 连 PA9 引脚。连接仿真器并开启开发板的电源输入。

（2）电压值输出测试

使用一根杜邦线，将 PA1 引脚连接在开发板自带的 3.3V 引脚和 GND 引脚上，可以看到 ADC 转换值测出了实际的电压值。

4.5 实例 2：ADC+ DMA 多通道输出实验

4.5.1 DMA 介绍

DMA 英文全称 Direct Memory Access（存储器直接访问），是一种高速的数据传输操作，允许在外部设备和存储器之间直接读写数据，既不通过 CPU，也不需要 CPU 干预。整个数据传输操作在一个称为“DMA 控制器”的控制下进行。

在使用 ADC 读取多路数据的时候，所有的 ADC 入口（IN）读取的数据都需要借助 CPU 的运算能力将数据转存入相应的内存地址中。若开启的 ADC _ IN 数量过多，不同入口的数据同时进入 CPU，在前一个数据被 CPU 处理的时候，后面的数据就有可能形成数据重复和数据覆盖。一般情况下，当 ADC≥3 个的时候就需要启用 DMA 技术，保证所有的数据都可以安全地进入内存。

即便是挂载了 DMA 功能，单一的 ADC 同时使用超过 5 路就有处理错误的危险，若需要使用超过 5 路 ADC 通道，建议在 ADC1 和 ADC3 中分别开启小于等于 5 个的 DMA 通道，可以避免错误的发生。另外需要注意的是，F103 系列的 ADC2 是不支持 DMA 功能的，只有 ADC1 和 ADC3 可以使用 DMA 功能。

4.5.2　使用 STM32CubeMX 配置基础参数

（1）新建项目并配置时钟树

（2）配置双通道 ADC

开启 ADC1 的 IN1 通道和 IN2 通道，对应的引脚为 PA1 和 PA2。

① 在 Parameter Settings 界面中，配置两路 ADC 的具体参数。首先，将规则通道的数量由 1 改为 2。

② 将扫描模式和循环模式都改为 Enable。

扫描模式：启用扫描模式后，若开启了多路 ADC 通道，芯片会按照通道序号依次读取 ADC 的值。若不启用扫描模式，芯片只会读取第一个 ADC 通道的值。

循环模式：开启循环模式后，ADC 两个通道的数值读取完后，会再一次进行下一轮读取。若不开启循环模式，芯片只会读取一轮数据。

③ 将规则通道的 Rank1 和 Rank2 配置好，尤其需要注意两个 Rank 的 Channel 必须对应开启的 ADC 两个通道。

④ ADC 的采样周期与单路 ADC 采样周期公式相同。

$$\text{转换时间}(T_{\text{CONV}}) = \text{采样周期数(自行设置)} + 12.5\ \text{个周期(默认常数)}$$

12MHz 的 ADC 频率，代表 1s 进行 12×10^6 个周期，也就是 1μs 进行 12 个周期。假设我们设置采样时间为 239.5 个周期，总转换时间就是：

$$T_{\text{CONV}} = 239.5 + 12.5 = 252\ (\text{个周期})$$

一次采集用时 21μs。

（3）配置 DMA 传输功能

开启对应的 DMA 功能。在 DMA Settings 功能中，单击 Add 按钮，添加 DMA1 Channel1。DMA1 的通道 1 对应 ADC1 的数据传输功能。DMA1、DMA2 的通道请求如表 4.37、表 4.38 所示。

表 4.37　DMA1 通道请求一览表

外设	通道 1	通道 2	通道 3	通道 4	通道 5	通道 6	通道 7
ADC1	ADC1						
SPI/I^2S		SPI1-RX	SPI1-TX	SPI/I^2S2-RX	SPI/I^2S2-TX		
USART		USART3-TX	USART3-RX	USART1-TX	USART1-RX	USART2-RX	USART2-TX
I^2C				I^2C2-TX	I^2C2-RX	I^2C1-TX	I^2C1-RX
TIM1		TIM1-CH1	TIM1-CH2	TIM1-CH4 TIM1-TRIG TIM1-COM	TIM1-UP	TIM1-CH3	
TIM2	TIM2-CH3	TIM2-UP			TIM2-CH1		TIM2-CH2 TIM2-CH4
TIM3		TIM3-CH3	TIM3-CH4 TIM3-UP			TIM3-CH1 TIM3-TRIG	
TIM4	TIM4-CH1			TIM4-CH2	TIM4-CH3		TIM4-UP

表 4.38 DMA2 通道请求一览表

外设	通道 1	通道 2	通道 3	通道 4	通道 5
ADC3					ADC3
SPI/I^2S3	SPI/I^2S3	SPI/I^2S3			
USART4			USART4-RX		USART4-TX
SDIO				SDIO	
TIM5	TIM5-CH4 TIM5-TRIG	TIM5-CH3 TIM5-UP		TIM5-CH2	TIM5-CH1
TIM6/ADC 通道 1			TIM6-UP/ADC 通道 1		
TIM6/ADC 通道 2				TIM7-UP/ADC 通道 2	
TIM8	TIM8-CH3 TIM8-UP	TIM8-CH4 TIM8-TRIG TIM8-COM	TIM8-CH1		TIM8-CH2

将开启的 DMA 改为循环采样模式，字节长度设置为整字（Word）。在 STM32 体系中，一个字节是 8 比特，一个 Half Word 是 16 比特，一个 Word 是 32 比特。

（4）配置仿真与开启串口

找到 SYS，在 Debug 选项里配置程序烧录协议。这里选用 SW 作为烧录协议。开启 USART1，将串口设置为异步模式。

（5）输出工程文件，输出 Keil MDK 工程文件

4.5.3 使用 Keil MDK 补充代码

（1）补充 DMA 求均值代码

在 dma.c 中找到 Code 0，添加如下变量：

```
// 存储 5 次循环的数组 共 10 个数据
uint32_t ADC1_Value[10];
// ADC 总循环次数
uint16_t ADC1_DMA1_cnt = 0;
// 2 通道采集
int ADC1_CHANNEL_CNT = 2;
// 每通道采集 5 次求均值
int ADC1_CHANNEL_FRE = 5;
// 平均值存储数组
uint32_t adc1_aver_val[2] = {0};
// 运算次数指针
uint16_t DMA1_i;
```

在 dma.h 文件中声明两个全局变量：

```
extern uint32_t ADC1_Value[10];
extern uint16_t ADC1_DMA1_cnt;
```

在 main.c 的 ADC 初始化函数后面，开启 DMA 通道，补充语句：

```
HAL_ADC_Start_DMA(&hadc1,(uint32_t *)&ADC1_Value,10); HAL_Delay(500);
```

在 adc.c 文件中添加转换次数记录函数，使用 ADC 中断回调实现。

```
void HAL_ADC_ConvCpltCallback(ADC_HandleTypeDef* hadc){
  if(hadc==(&hadc1)){
```

```
  ADC1_DMA1_cnt++;
  }
}
```

在 dma. c 文件中添加转换函数 void ADC1 _ DMA1 _ fetch (void) { }，实现双通道五次采样求平均值操作。

```
void ADC1_DMA1_fetch(void){
        /* 清除 ADC 采样平均值变量（上一次计算的数值还保留在此数组中）*/
        for (DMA1 _ i=0; DMA1 _ i<ADC1 _ CHANNEL _ CNT; DMA1 _ i++) {
            adc1 _ aver _ val [DMA1 _ i] = 0;
        }
        /* 在采样值数组中分别取出每个通道的采样值并求和 */
        for(DMA1_i=0;DMA1_i<ADC1_CHANNEL_FRE;DMA1_i++){
            adc1_aver_val[0] += ADC1_Value[DMA1_i*2+0];
            adc1_aver_val[1] += ADC1_Value[DMA1_i*2+1];
        }
        /* 依次对每个通道采样值求平均值 */
        for(DMA1_i=0;DMA1_i<ADC1_CHANNEL_CNT;DMA1_i++){
            // adc1_aver_val 数组的值会复位
            adc1_aver_val[DMA1_i] /= ADC1_CHANNEL_FRE;
        }
        /* 打印计算出的平均值 */
        printf("\n\r ***** START PRINTF ADC1 INFO ******** \r\n\n");
        for(DMA1_i=0;DMA1_i<ADC1_CHANNEL_CNT;DMA1_i++){
            printf("ADC1[%02d] Sampling voltage=%1.3f V Sampling value=%04d\r\n"
            ,DMA1_i,adc1_aver_val[DMA1_i]*3.30f/4095,adc1_aver_val[DMA1_i]);
        }
        printf("DMA1 CNT = %06d\r\n",ADC1_DMA1_cnt);
        printf("\n\r***** END PRINTF ADC1 INFO ******** \r\n\n");
        /* 指示位复位 */
        DMA1_i = 0;
        ADC1_DMA1_cnt = 0;
        }
```

在 dma. c 文件的顶部补充 printf 函数的引用文件 #include " stdio. h"，在 dma. h 文件中将函数声明为全局：

```
extern void ADC1_DMA1_fetch(void);
```

在 main. c 文件中开启转换循环：

```
ADC1_DMA1_fetch();
HAL_Delay(2000);
```

(2) 补充 printf 重定向代码

在程序中，STM32 输出的信息是指向内存的，并不直接输出到串口，所以需要重新定义 printf 函数输出的具体外设，这时就要用到 printf 重定向操作。在 usart. c 的顶部补充上 #include " stdio. h"。使用 printf 重定向函数，直接将以下代码复制在 usart. c 的底部：

```
#ifdef __GNUC__
/* With GCC/RAISONANCE, small printf (option LD Linker->Libraries->Small printf set to 'Yes')
```

```
calls __io_putchar() */
    #define PUTCHAR_PROTOTYPE int __io_putchar(int ch)
  #else
    #define PUTCHAR_PROTOTYPE int fputc(int ch, FILE *f)
  #endif
  /* __GNUC__ */
  PUTCHAR_PROTOTYPE
  {
    /* Place your implementation of fputc here* /
    /* e.g. write a character to the EVAL_COM1 and Loop until the end of transmission */
    HAL_UART_Transmit(&huart1, (uint8_t *)&ch, 1, 0xFFFF);
    return ch;
  }
```

4.5.4 烧录代码与测试

（1）硬件接线与烧录

连接串口转 USB 转换器，Tx 连 PA10 引脚，Rx 连 PA9 引脚。连接仿真器并开启开发板的电源输入。

（2）电压值输出测试

使用一根杜邦线，将 PA1 和 PA2 引脚分别连接在开发板自带的 3.3V 引脚和 GND 引脚上，可以看到 ADC 和 DMA 配合得到了实际的电压值。

4.6 习题

（1）（单选）下面关于 ADC 模块基础知识中描述错误的是（　　）。

A. ADC 模块的功能是将电压信号转换为相应的数字信号

B. 使用芯片供电的电源电压和独立电源作为 AD 参考电压对采样精度无影响

C. 转换精度就是指数字量变化一个最小量时模拟信号的变化量，也称为分辨率，一般用 ADC 模块的位数来表示

D. 单端输入采集模式的优点是简单，缺点是容易受到干扰

（2）（单选）使用 DAC 转换器时的主要问题不包括以下哪项？（　　）

A. 分辨率

B. 转换精度

C. 转换速度

D. 滤波问题

（3）（多选）对于嵌入式（控制）系统而言，承担 A/D 转换功能的器件称为 ADC，其选择需要考虑的因素有（　　）。

A. 输入范围

B. 转换速度

C. 转换精度

D. 输出范围

（4）（多选）对于采用闭环控制结构的嵌入式控制系统而言，需要采样被控量以计算偏

差和控制量，以下关于采样和 A/D 转换的观点正确的有（　　）。

A. 为了提高系统的控制精度，对于被控量采样值需要进行必要的滤波处理，以提高信噪比

B. 为了提高系统的控制性能，对于被控量的采样频率越高越好

C. 为了提高系统的控制性能，对于被控量的采样频率应满足香农定理的要求

D. 为了提高系统的控制精度，对于被控量采样值的 A/D 转换精度应尽可能提高

（5）ADC 全称为________。

（6）进行指标参数采集时，需要将采集到的模拟量转换为数字量，调用 ADC 模块。请简述在采用构件化开发程序时，使用 ADC 模块的步骤有哪几步？

第5章 STM32定时器/计数器

定时器和计数器在嵌入式系统中有着重要的作用。定时器和计数器的差别仅限于用途不同，正在执行定时功能的计数器被称为定时器。定时器或计数器的逻辑电路本质上是相同的。每接收到一个脉冲，计数器就会加/减1，如果脉冲的周期固定，那么脉冲数和时间成正比，这样就可以根据脉冲的固定周期将计数器作为定时器使用。在嵌入式系统里，晶振每隔固定的周期就会产生一次脉冲，根据脉冲的数量就可以计算出时间。本章就STM32中的定时器/计数器做详细介绍。

5.1 STM32定时器/计数器概述

STM32的定时器分很多类，各类功能作用都大不相同，主要有高级定时器、通用定时器、基本定时器、RTC定时器、看门狗定时器、SysTick定时器。比如大容量的STM32F103系列产品（如STM32F103ZET6）主要包含4个通用定时器、2个高级控制定时器、2个基本定时器、1个实时时钟、1个系统时基定时器（SysTick时钟）和2个看门狗定时器。下面对定时器进行具体介绍。

5.1.1 TIMx定时器的区别与联系

TIMx定时器主要可以分为TIMx通用定时器（TIM2、TIM3、TIM4和TIM5）、高级定时器（TIM1和TIM8）和基本定时器（TIM6和TIM7）三类。在4个可同步运行的通用定时器中，每个定时器都配备1个16位自动加载计数器、1个16位可编程预分频器和4个独立通道，可以用于使用外部信号控制定时器、产生中断或DMA、触发输入作为外部时钟或按周期的电流管理等；2个高级控制定时器也都配备1个16位自动加载计数器、1个16位可编程预分频器和4个独立通道，其结构与通用定时器的结构有许多共同之处，但其功能更加强大，适合更加复杂的应用场合；2个基本定时器各配备1个16位自动装载计数器，由各自的可编程预分频器驱动，主要用于产生DAC触发信号，也可当作通用的16位时基计数器。

TIM1～TIM8 定时器的比较如表 5.1 所示。

表 5.1　TIM1～TIM8 定时器的比较

定时器	计数器分辨率	计数器类型	预分频系数	产生 DMA 请求	捕获/比较通道	互补输出
TIM1/TIM8	16 位	向上、向下、向上/向下	1～65535	可以	4	有
TIM2～TIM5	16 位	向上、向下、向上/向下	1～65535	可以	4	有
TIM6/TIM7	16 位	向上	1～65535	可以	0	无

下面对 TIMx 定时器的相关寄存器进行简要对比。TIM1/TIM8 高级定时器的寄存器说明如表 5.2 所示，TIM2～TIM5 通用定时器的寄存器说明如表 5.3 所示，TIM6/TIM7 基本定时器的寄存器说明如表 5.4 所示。从上述三个表可以看出，这三类定时器拥有许多功能相同的寄存器，但有些寄存器存在差异，高级定时器所拥有的寄存器数量最多，从而决定了其功能最强大。

表 5.2　TIM1/TIM8 高级定时器的寄存器说明

TIM1/TIM8 寄存器	说明	TIM1/TIM8 寄存器	说明
TIMx_CR1	控制寄存器 1	TIMx_PSC	预分频器
TIMx_CR2	控制寄存器 2	TIMx_ARR	自动重装载寄存器
TIMx_SMCR	从模式控制寄存器	TIMx_RCR	重复计数寄存器
TIMx_DIER	DMA/中断使能寄存器	TIMx_CCR1	捕获/比较寄存器 1
TIMx_SR	状态寄存器	TIMx_CCR2	捕获/比较寄存器 2
TIMx_EGR	事件产生寄存器	TIMx_CCR3	捕获/比较寄存器 3
TIMx_CCMR1	捕获/比较模式寄存器 1	TIMx_CCR4	捕获/比较寄存器 4
TIMx_CCMR2	捕获/比较模式寄存器 2	TIMx_BDTR	刹车和死区寄存器
TIMx_CCER	捕获/比较使能寄存器	TIMx_DCR	DMA 控制寄存器
TIMx_CNT	计数器	TIMx_DMAR	连续模式的 DMA 地址

表 5.3　TIM2～TIM5 通用定时器的寄存器说明

TIM2～TIM5 寄存器	说明	TIM2～TIM5 寄存器	说明
TIMx_CR1	控制寄存器 1	TIMx_PSC	预分频器
TIMx_CR2	控制寄存器 2	TIMx_ARR	自动重装载寄存器
TIMx_SMCR	从模式控制寄存器	保留	
TIMx_DIER	DMA/中断使能寄存器	TIMx_CCR1	捕获/比较寄存器 1
TIMx_SR	状态寄存器	TIMx_CCR2	捕获/比较寄存器 2
TIMx_EGR	事件产生寄存器	TIMx_CCR3	捕获/比较寄存器 3
TIMx_CCMR1	捕获/比较模式寄存器 1	TIMx_CCR4	捕获/比较寄存器 4
TIMx_CCMR2	捕获/比较模式寄存器 2	保留	
TIMx_CCER	捕获/比较使能寄存器	TIMx_DCR	DMA 控制寄存器
TIMx_CNT	计数器	TIMx_DMAR	连续模式的 DMA 地址

注：“保留”指在 TIMx 的所有寄存器映射到一个 16 位可寻址空间时，没有被使用的位。

表 5.4　TIM6/TIM7 基本定时器的寄存器说明

TIM6/TIM7 寄存器	说明	TIM6/TIM7 寄存器	说明
TIMx_CR1	控制寄存器 1	保留	
TIMx_CR2	控制寄存器 2	保留	
保留		保留	
TIMx_DIER	DMA/中断使能寄存器	TIMx_CNT	计数器
TIMx_SR	状态寄存器	TIMx_PSC	预分频器
TIMx_EGR	事件产生寄存器	TIMx_ARR	自动重装载寄存器

由于通用定时器应用较为广泛，其结构与高级定时器和基本定时器的结构也存在较多的相通之处，故这里将对通用定时器做主要介绍。

5.1.2 通用定时器

通用定时器 TIMx（TIM2～TIM5）的核心为可编程预分频器驱动的 16 位自动重装载计数器，主要由时钟源、时基单元、捕获/比较通道等组成。

通用 TIMx（TIM2、TIM3、TIM4 和 TIM5）定时器功能包括：

① 16 位向上、向下、向上/向下自动装载计数器。

② 16 位可编程（可以实时修改）预分频器，计数器时钟频率的分频系数为 1～65536 之间的任意数值。

③ 4 个独立通道：输入捕获、输出比较、PWM 生成（边缘或中间对齐模式）、单脉冲模式输出。

④ 使用外部信号控制定时器和定时器互连的同步电路。

⑤ 如下事件发生时产生中断/DMA：更新（计数器向上溢出/向下溢出、计数器初始化）、触发事件（计数器启动、停止、初始化或者由内部/外部触发计数）、输入捕获、输出比较。

⑥ 支持针对定位的增量（正交）编码器和霍尔传感器电路。

⑦ 触发输入作为外部时钟或者按周期的电流管理。

通用定时器结构框图如图 5.1 所示。

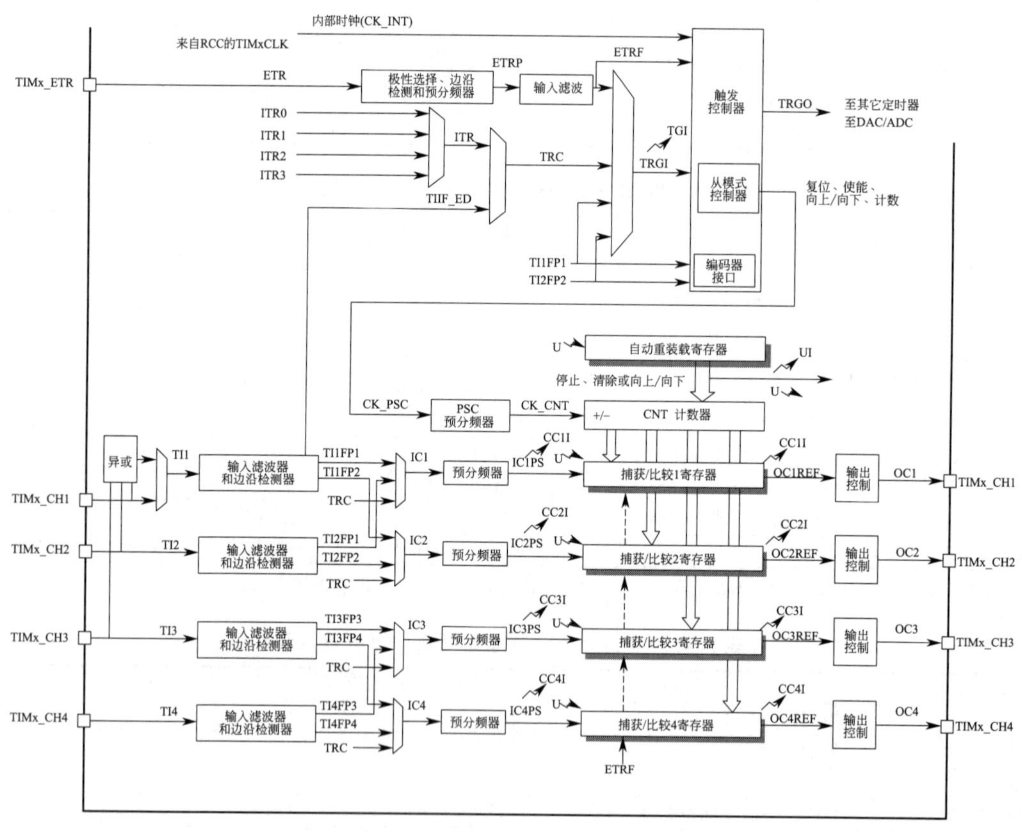

图 5.1 通用定时器结构框图

（1）时钟源的选择

通用定时器的时钟可由多种时钟输入源构成，除了内部时钟源，其他三种时钟源均通过 TRGI（触发）输入。通用定时器的时钟输入源如下：

① 内部时钟源（CK _ INT）。

② 在外部时钟模式 1 选择下，外部输入引脚（TIx）包括外部比较/捕获引脚 TI1F _ ED、TI1FP1 和 TI2FP2，计数器在选定引脚的上升沿或下降沿开始计数。

③ 在外部时钟模式 2 选择下，外部触发输入引脚（ETR），计数器在 ETR 引脚的上升沿或下降沿开始计数。

④ 内部触发输入（ITRx，x = 0，1，2，3），一个定时器作为另一个定时器的预分频器，如可以配置定时器 TIM1 作为定时器 TIM2 的预分频器。

这里定时器的内部时钟源并不是直接来自 APB1 或 APB2，而是来源于输入为 APB1 或 APB2 的一个倍频器。当 APB1 的预分频系数为 1 时，这个倍频器不起作用，定时器的时钟频率等于 APB1 的频率。当 APB1 的预分频系数为其他数值（预分频系数为 2、4、8 或 16）时，这个倍频器才能够发挥作用，定时器的时钟频率等于 APB1 频率的 2 倍。

例如，当 AHB 为 72MHz 时，APB1 的预分频系数必须大于 2，因为 APB1 的最大输出频率只能为 36MHz。如果 APB1 的预分频系数为 2，则由于这个倍频器 2 倍的作用，使得 TIM2～TIM5 仍然能够得到 72MHz 的时钟频率。若 APB1 的输出为 72MHz，则直接取 APB1 的预分频系数为 1 就可以保证 TIM2～TIM5 的时钟频率为 72MHz，但是这样就无法为其他外设提供低频时钟。当设置内部的倍频器时，应保证其他外设能够使用较低时钟频率的同时，使 TIM2～TIM5 仍能得到较高的时钟频率。

外部时钟源作为通用定时器的时钟时，包括外部时钟模式 1 和外部时钟模式 2 两种。当从模式控制寄存器 TIMx _ SMCR 的 SMS = 111 时，外部时钟源模式 1 被选定，计数器可以在选定输入引脚的每个上升沿或下降沿计数。外部时钟源模式 1 示意如图 5.2 所示。当上升沿出现在 TI2 时，计数器计数一次，且 TIF 标志被设置，在 TI2 的上升沿和计数器实际时钟之间的延时取决于 TI2 输入端的重新同步电路。

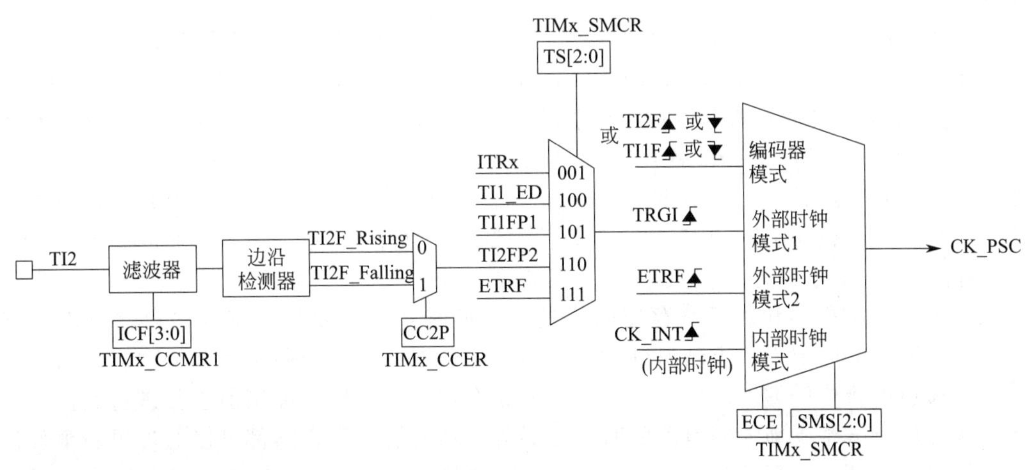

图 5.2　外部时钟源模式 1 示意图

当从模式控制寄存器 TIMx _ SMCR 的 ECE = 1 时，外部时钟源模式 2 被选定，计数器在 ETR 引脚的上升沿或下降沿开始计数。外部时钟源模式 2 示意如图 5.3 所示。ETR 信号可以直接作为时钟输入，也可以将触发输入 TRGI 作为时钟输入，二者效果是一样的。

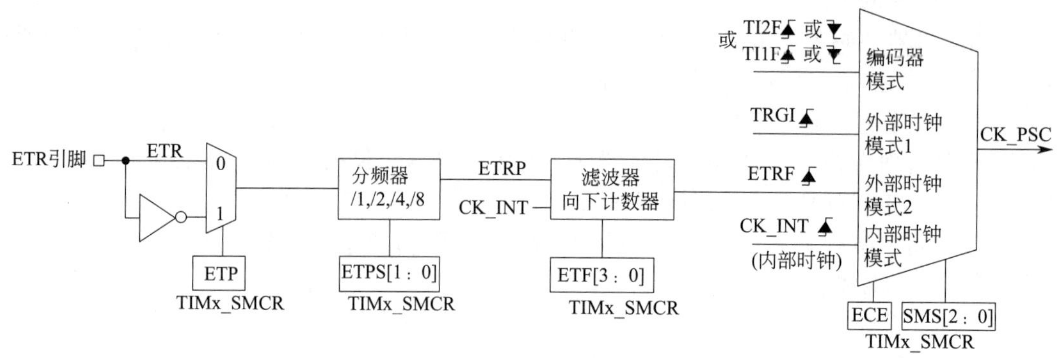

图 5.3　外部时钟源模式 2 示意图

（2）定时器的时基单元

STM32 微控制器的定时器的时基单元可以根据图 5.1 进行解读，从时钟源送来的时钟信号经过预分频器的分频，降低频率后输出信号 CK _ CNT，送入计数器计数。预分频器的分频取值可以是 1～65536 之间的任意数值，一个 72MHz 的输入信号经过分频后，最小可以产生接近 100Hz 的信号。

可编程通用定时器的主要部分是一个 16 位计数器和与其相关的自动重装载寄存器。计数器的计数时钟（CK _ CNT）由计数器时钟源（CK _ PSC）经预分频器分频得到。计数器寄存器、自动装载寄存器和预分频器寄存器可通过软件进行读写，在计数器运行时也可执行读写操作。其时基单元包括：计数器寄存器（TIMx _ CNT）、预分频寄存器（TIMx _ PSC）、自动重装载寄存器（TIMx _ ARR）。

该计数器可以在时钟控制单元的控制下，进行递增计数、递减计数或中央对齐计数（先递增计数，达到自动重装载寄存器的数值后再递减计数）。通过对时钟控制单元的控制，可以实现直接被清零或在计数值达到自动重装载寄存器的数值后被清零，也可以直接被停止或在计数值达到自动重装载寄存器的数值时被停止，还能够实现暂停一段时间计数后在时钟控制单元的控制下恢复计数等操作。

计数器计满溢出后，自动重装载寄存器 TIMx _ ARR 将所保存的初值重新赋给计数器，以实现继续计数。从图 5.1 可以看出，自动重装载寄存器、预分频器和捕获/比较寄存器下面有一个阴影，这表示在物理上这个寄存器对应两个寄存器，一个是程序员可以读/写的寄存器，称为预装载寄存器（Preload Register）；另一个是程序员无法读/写，但是在实际操作中真正起作用的寄存器，称为影子寄存器（Shadow Register）。根据 TIMx _ CR1 寄存器中 ARPE 位的设置，当 ARPE=0 时，预装载寄存器的内容可以随时传送到影子寄存器，即两者是连通的；当 ARPE=1 时，只有在每次更新事件时，才把预装载寄存器的内容传送到影子寄存器。

采用预装载寄存器和影子寄存器的好处是，所有真正需要起作用的寄存器（影子寄存器）可以在同一时间（发生更新事件时）被更新为所对应的预装载寄存器的内容，这样可以保证多个通道的操作能够准确同步。设置影子寄存器后，可以保证当前正在进行的操作不受干扰，也可以十分精确地控制电路的时序。另外，所有影子寄存器都可以通过更新事件被刷新，这样可以保证定时器的各个部分能够在同一时刻改变配置，从而实现所有 I/O 通道的同步。例如，STM32 的高级定时器利用这个特性实现三路互补 PWM 信号的同步输出，从而能够完成三相变频电动机的精确控制。

（3）捕获/比较通道

通用定时器上的每一个 TIMx 的捕获/比较通道都有一个捕获/比较寄存器（包含影子寄存

器），包括捕获的输入部分（数字滤波、多路复用和预分频器）和输出部分（比较器和输出控制）。当一个通道基于 STM32 的嵌入式系统工作在捕获模式时，该通道的输出部分会自动停止工作；反之，当一个通道工作在比较模式时，该通道的输入部分也会自动停止工作。

① 捕获通道。当一个通道工作于捕获模式时，输入信号会从引脚经输入滤波、边沿检测和预分数电路后，控制捕获寄存器的操作。当检测到 ICx 信号上相应的边沿后，计数器的当前值会被锁存到捕获/比较寄存器（TIMx _ CCRx）中。在捕获事件发生时，相应的 CCxIF 标志位（TIMx _ SR 寄存器）被置 1。如果使能中断或 DMA 操作，则将产生中断或 DMA 操作。读取捕获寄存器的内容，可以知道信号发生变化的准确时间。捕获通道主要用来测量脉冲宽度。STM32 的定时器输入通道有一个滤波单元，分别位于每个输入通路和外部触发输入通路上，其作用是滤除输入信号上的高频干扰，它对应 TIMx _ CR1 寄存器中的位 8～9，即 CKD[1:0]。

② 比较通道。当一个通道工作于比较模式时，程序将比较数值写入比较寄存器，定时器会不停地将该寄存器的内容与计数器的内容进行比较，一旦比较条件成立，就会产生相应的输出。如果使能中断或 DMA 操作，则将产生中断或 DMA 操作；如果使能引脚输出，则会按照控制电路的设置，即按照输出比较模式（TIMx _ CCMRx 寄存器中的 OCxM 位）和输出极性（TIMx _ CCER 寄存器中的 CCxP 位）的相关定义输出相应的波形。这个通道的重要应用是输出 PWM（Pulse Width Modulation）波形，PWM 控制即脉冲宽度调制技术，通过对一系列脉冲的宽度进行控制而获得所需波形（包含形状和幅值）。

（4）计数器与定时时间的计算

① 计数器工作模式。

a. 向上计数模式。在向上计数模式中，计数器从 0 计数到自动装载值（TIMx _ ARR 计数器的内容），然后重新从 0 开始计数，并产生一个计数器溢出事件，每次计数器溢出都可以产生一个更新事件，在 TIMx _ EGR 寄存器中设置 UG 位也可以产生一个更新事件。当发生一个更新事件时，所有寄存器都会被更新，同时硬件会依据 URS 位来设置更新标志位（TIMx _ SR 寄存器中的 UIF 位），预分频器的缓冲区被置入预装载值（TIMx _ PSC 寄存器的内容），当前的自动重装载寄存器也会被重新置入预装载值（TIMx _ ARR）。当 TIMx _ ARR = 0x36 时，计数器在内部时钟分频因子为 1 的动作如图 5.4 所示。

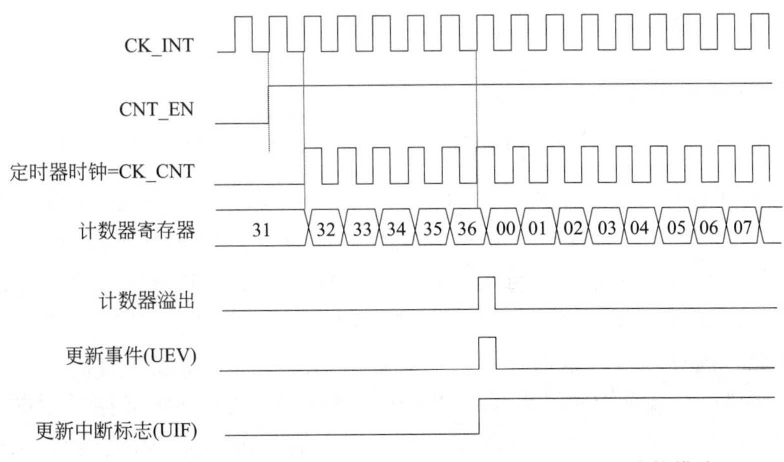

图 5.4　计数器在内部时钟分频因子为 1 的动作（向上计数模式）

设置 TIMx _ CRI 寄存器中的 UDIS 位，可以禁止事件更新，这样可以避免在向预装载寄存器中写入新值时更新影子寄存器，在 UDIS 位被清零之前，不会产生更新事件，但是在应该产生更新事件时，计数器仍会被清零，同时预分频器的计数也被清零（但预分频系数不变）。此外，如果设置了寄存器中的 URS 位（选择更新请求），设置 UG 位将产生一个更新事件 UEV，但硬件不设置 UIF 标志，即不产生中断或 DMA 请求，这是为了避免在捕获模式下清除计数器时产生更新和捕获中断。

b. 向下计数模式。在向下计数模式中，计数器从自动装载值（TIMx _ ARR 计数器的值）开始向下计数到 0，然后从自动装载值重新开始计数，并且产生一个计数器向下溢出事件。每次计数器溢出时都可以产生更新事件，在 TIMx _ EGR 寄存器中设置 UG 位，也可以产生一个更新事件。当发生一个更新事件时，所有寄存器都会被更新，同时硬件会依据 URS 位来设置更新标志位（TIMx _ SR 寄存器中的 UTF 位），预分频器的缓冲区被置入预装载值（TIMx _ PSC 寄存器的内容），当前的自动重装载寄存器也会被重新置入预装载值（TIMx _ ARR 寄存器的内容）。当 TIMx _ ARR = 0x36 时，计数器在内部时钟分频因子为 1 的动作如图 5.5 所示。设置 TIMx _ CR1 寄存器的 UDIS 位可以禁止 UEV 事件，这样可以避免在向预装载寄存器中写入新值时更新影子寄存器，在 UDIS 位被清零之前不会产生更新事件。和向上计数模式一样，计数器会从当前自动重装载值重新开始计数，同时预分频器的计数器也会重新从 0 开始计数（但预分频系数不变）。同样，如果设置了 TIMx _ CR1 寄存器的 URS 位（选择更新请求），设置 UG 位将产生一个更新事件 UEV，但硬件不设置 UIF 标志，也不产生中断或 DMA 请求，这也是为了避免发生捕获事件并清除计数器时产生更新和捕获中断。

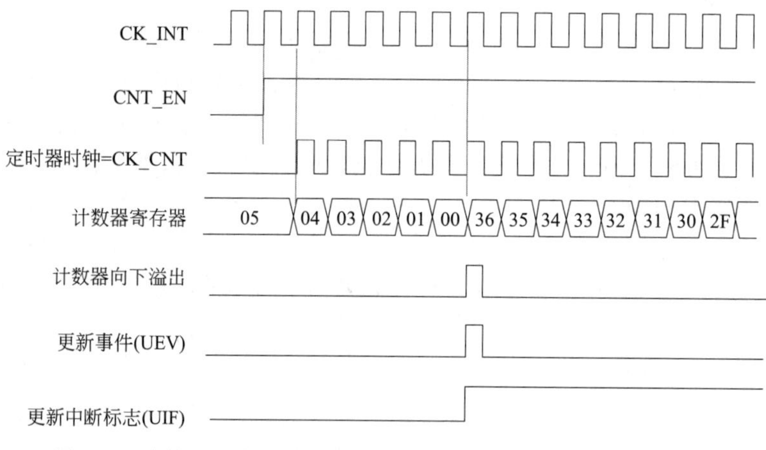

图 5.5　计数器在内部时钟分频因子为 1 的动作（向下计数模式）

c. 中央对齐计数模式。在中央对齐计数模式中，计数器从 0 开始计数到自动重装载值（TIMx _ ARR 寄存器）减 1，产生一个计数器溢出事件，然后向下计数到 1，并且产生一个计数器下溢事件，之后再从 0 开始重新计数。在每次计数上溢和每次计数下溢时都产生一个更新事件，也可以通过设置 TIMx _ EGR 寄存器中的 UG 位产生更新事件，然后计数器重新从 0 开始计数，预分频器也重新从 0 开始计数。当发生一个更新事件时，所有寄存器都会被更新，同时硬件会依据 URS 位来设置更新标志位（TIMx _ SR 寄存器中的 UIF 位），预分频器的缓冲区被置入预装载值（TIMx _ PSC 寄存器的内容），当前的自动重装载寄存器也会被重新置入预装载值（TIMx _ ARR 寄存器的内容）。当 TIMx _ ARR = 0x06 时，计数器在内部时钟分频因子为 1 的动作如图 5.6 所示。

在中央对齐计数模式中，不能写入 TIMx _ CR1 寄存器中的 DIR 方向位，该位由硬件更新并指示当前的计数方向。设置 TIMx _ CR1 寄存器的 UDIS 位可以禁止 UEV 事件，这样可以避免当向预装载寄存器中写入新值时更新影子寄存器，在 UDIS 位被清零之前不会产生更新事件，但计数器仍会根据当前自动重装载值，继续向上或向下计数。同样，如果设置了 TIMx _ CR1 寄存器中的 URS 位（选择更新请求），设置 UG 位将产生一个更新事件 UEV，但硬件不设置 UIF 标志，即不产生中断或 DMA 请求，这也是为了避免当发生捕获事件并清除计数器时产生更新和捕获中断。如果因为计数器溢出而产生更新，自动重装载寄存器将在计数器重载入之前被更新，因此下一个周期是预期的值。

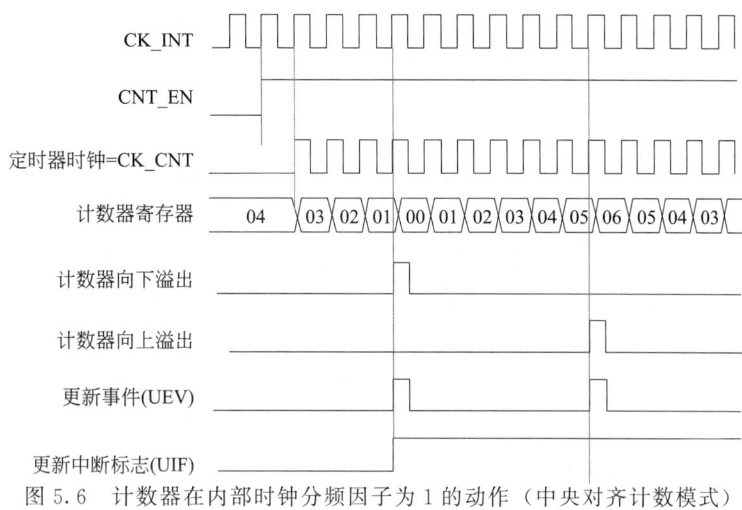

图 5.6　计数器在内部时钟分频因子为 1 的动作（中央对齐计数模式）

② 定时时间的计算。定时时间由 TIM _ TimeBaseInitTypeDef 中的 TIM _ Prescaler 和 TIM _ Period 进行设定。TIM _ Period 表示需要经过 TIM _ Period 次计数后才会发生一次更新或中断，而 TIM _ Prescaler 表示时钟预分频数。

设脉冲频率为 TIMx _ CLK，定时公式为

$$T=(TIM\_Period+1)\times(TIM\_Prescaler+1)/TIMx\_CLK$$

假设系统时钟频率是 72MHz，系统时钟部分的初始化程序为

```
TIM_TimeBaseStructure. TIM_ Prescaler = 35999;  //分频 35999
TIM_TimeBaseStructure. TIM_Period = 999; //计数值 999
```

则可以计算其定时时间为

$$\begin{aligned}T &=(TIM\_Period+1)\times(TIM\_Prescaler+1)/TIMx\_CLK\\ &=(999+1)\times(35999+1)/(72\times10^{6})=0.5\end{aligned}$$

5.1.3　基本定时器

基本定时器 TIM6 和 TIM7 各包含一个 16 位自动装载计数器，由各自的可编程预分频器驱动。TIM6 和 TIM7 可以作为通用定时器提供时间基准，特别地，也可以为数模转换器（DAC）提供时钟。实际上，它们在芯片内部直接连接到 DAC 并通过触发输出直接驱动 DAC。这两个定时器互相独立，不共享任何资源。

TIM6 和 TIM7 定时器的主要功能包括：

① 16 位自动重装载累加计数器。

② 16 位可编程（可实时修改）预分频器，用于对输入的时钟按系数为 1～65536 之间的

任意数值分频。

③ 触发 DAC 的同步电路。

④ 在更新事件（计数器溢出）时产生中断/DMA 请求。

基本定时器结构框图如图 5.7 所示。

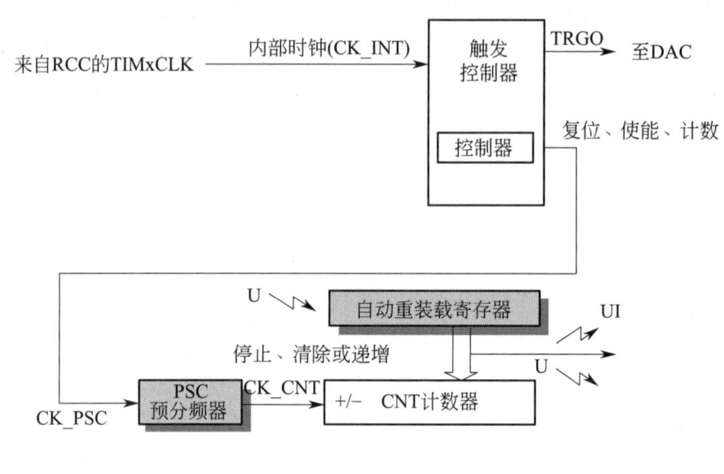

图 5.7 基本定时器结构框图

基本定时器的主要部分是一个带有自动重装载的 16 位累加计数器，计数器的时钟通过一个预分频器得到。软件可以读写计数器、自动重装载寄存器和预分频寄存器，即使计数器运行时也可以操作。它与通用定时器不同，只能向上计数。

基本计数器的时钟由内部时钟（CK _ INT）提供，经过 PSC 预分频器后得到 CK _ CNT。PSC 是一个 16 位的预分频器，可以对定时器时钟 TIMx _ CLK 进行 1～65536 之间的任何一个数进行分频。分频后的 CK_CNT ＝ CK_PSC/(PSC[15:0]＋1)。

其时基单元包含：计数器寄存器（TIMx _ CNT）、预分频寄存器（TIMx _ PSC）、自动重装载寄存器（TIMx _ ARR）。

5.1.4 高级控制定时器

高级控制定时器（TIM1 和 TIM8）由一个 16 位的自动装载计数器组成，由一个可编程的预分频器驱动。它适合多种用途，包含测量输入信号的脉冲宽度（输入捕获），或者产生输出波形（输出比较、PWM、嵌入死区时间的互补 PWM 等）。使用定时器预分频器和 RCC 时钟控制预分频器，可以实现脉冲宽度和波形周期从几个微秒到几个毫秒的调节。

高级控制定时器（TIM1 和 TIM8）和通用定时器（TIMx）是完全独立的，它们不共享任何资源，但也可以同步操作。TIM1 和 TIM8 定时器的功能包括：

① 16 位向上、向下、向上/下自动装载计数器。

② 16 位可编程（可以实时修改）预分频器，计数器时钟频率的分频系数为 1～65535 之间的任意数值。

③ 多达 4 个独立通道（输入捕获、输出比较、PWM 生成、单脉冲模式输出）。

④ 死区时间可编程的互补输出。

⑤ 使用外部信号控制定时器和定时器互联的同步电路。

⑥ 允许在指定数目的计数器周期之后，更新定时器寄存器的重复计数器。

⑦ 刹车输入信号可以将定时器输出信号置于复位状态或者一个已知状态。

⑧ 如下事件发生时产生中断/DMA：

a. 更新：计数器向上溢出/向下溢出，计数器初始化（通过软件或者内部/外部触发）。

b. 触发事件（计数器启动、停止、初始化或者由内部/外部触发计数）。

c. 输入捕获。

d. 输出比较。

e. 刹车信号输入。

⑨ 支持针对定位的增量（正交）编码器和霍尔传感器电路。

⑩ 触发输入作为外部时钟或者按周期的电流管理。

高级控制定时器结构框图如图 5.8 所示。

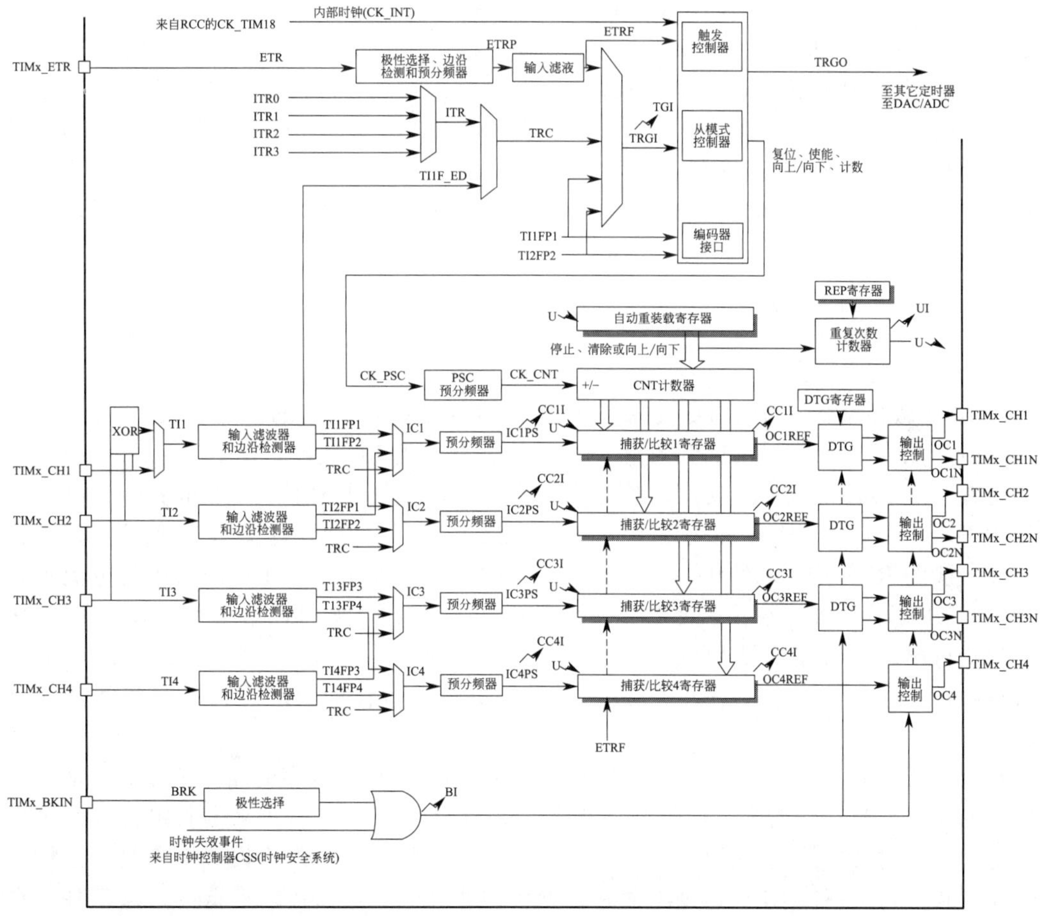

Reg　根据控制位的设定，在U(更新)事件时传送预加载寄存器的内容至工作寄存器

事件

中断和DMA输出

图 5.8　高级控制定时器结构框图

高级控制定时器的主要部分是一个16位计数器和与其相关的自动装载寄存器。这个计数器可以向上计数、向下计数或者向上向下双向计数。此计数器时钟由预分频器分频得到。计数器、自动装载寄存器和预分频器寄存器可以由软件读写，即使计数器还在运行读写仍然有效。

高级控制计数器时钟源的选择与通用定时器相似，可由下列时钟源提供：

① 内部时钟（CK _ INT)。

② 外部时钟模式1：外部输入引脚。

③ 外部时钟模式2：外部触发输入ETR。

④ 内部触发输入（ITRx)：使用一个定时器作为另一个定时器的预分频器。

其时基单元包含：计数器寄存器（TIMx _ CNT)、预分频器寄存器（TIMx _ PSC)、自动装载寄存器（TIMx _ ARR)、重复次数寄存器（TIMx _ RCR)。

5.1.5 RTC定时器的功能与操作

实时时钟（RTC）是一个独立的定时器，该模块有一组连续计数的计数器。在相应软件配置下，能提供日历/时钟和数据存储等功能。

RTC具有计时准确、耗电量小和体积小等特点，在各种嵌入式系统中常用于记录事件发生的时间和相关信息。RTC模块和时钟配置系统（RTC _ BDCR寄存器）处于后备区域，即在系统复位或从待机模式唤醒后，RTC的设置和时间是维持不变的，修改计数器的值可以重新设置系统当前的时间和日期。需要RTC的系统一般不允许时钟停止，所以即使在系统停电时，RTC也必须能够正常工作，因此RTC一般需要电池供电来维持运行。

5.1.5.1 RTC的功能简介

（1）RTC的工作特点

STM32微控制器中的RTC是一个独立的定时器，可使用的时钟源主要为：独立的32.768kHz晶振（LSE)，内部低频率（40kHz)、低功耗RC电路（LSI)，HSE经过128分频的时钟。STM32启动后先使用的是LSI振荡，在确认HSE振荡可用的情况下，才可以转而使用HSE振荡。若HSE振荡出现问题，则STM32可以自动切换回LSI振荡，以维持工作。在一般的RTC应用系统中，人们希望在系统主电源关闭后，能够用最小的电流消耗来维持RTC的运行。如果选择内部LSI作为RTC的时钟源，则可以节省一个外部LSE振荡器，但所付出的代价是需要更大的电流消耗和计时的不准确，因此一般会选择使用外部32.768kHz晶振作为RTC的专供时钟，为系统提供非常精确的时间计时和非常低的电流消耗。

目前，常用的32.768kHz晶振有两种，一种是12pF负载电容的晶振，另一种是6pF负载电容的晶振。当选用晶振时，需要注意电容的搭配。RTC可以用来定时报警（闹钟）和时间计时，通过必要的设置就可以利用RTC闹钟事件将系统从停止模式下唤醒，这样能够在停止模式下，使系统CPU的所有时钟都处于停止状态，从而实现最低的电流消耗。在没有RTC唤醒功能的系统中，如果系统要实现定期唤醒功能，则需要有一个定时器运行或外部给一个信号，这样不仅达不到低功耗的目的，还会增加系统成本。

（2）RTC的结构

RTC主要由两部分组成，其功能结构如图5.9所示。第一部分为APB1接口，由APB1总线时钟驱动，用来和APB1总线相连，实现CPU和RTC的通信，以设置RTC寄存器；

此部分还包含 1 组 16 位寄存器，可通过 APB1 总线对其进行读/写操作。第二部分为 RTC 的核心部分，由 1 组可编程计数器组成。可编程计数器分为两个主要模块，一个模块是 RTC 预分频模块，包含 1 个 20 位可编程分频器（RTC 预分频器），它可编程产生最长为 1s 的 RTC 时间基准 TR _ CLK，如果 RTC _ CR 寄存器设置了相应的允许位，则会在每个 TR _ CLK 周期中产生 1 个中断（秒中断）；另一个模块是 1 个 32 位可编程计数器，它可被初始化为当前的系统时间，系统时间按 TR _ CLK 周期进行累加并与存储在 RTC _ ALR 寄存器中的可编程时间进行比较，如果 RTC _ CR 寄存器设置了相应的允许位，则比较匹配时将会产生一个闹钟中断。

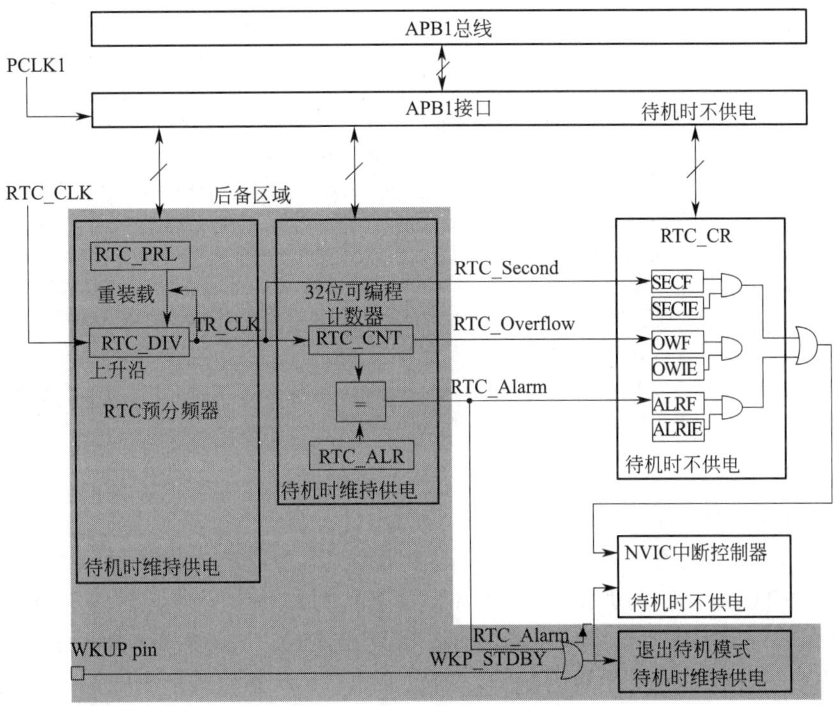

图 5.9　RTC 功能结构框图

5.1.5.2　RTC 的基本操作

（1）RTC 寄存器的读操作

RTC 完全独立于 APB1 接口，软件可以通过 APB1 接口读取 RTC 的预分频值、计数器值和闹钟值，但相关的可读寄存器只有在与 APB1 时钟进行重新同步的 RTC 时钟的上升沿才被更新，RTC 标志位也是如此。这意味着，如果 APB1 接口曾经被关闭，而读操作又是在新开启的 APB1 之后进行，则在第一次的内部寄存器更新之前，从 APB1 接口上读出的 RTC 寄存器数值可能已经被破坏了（通常会读到 0）。

下述几种情况会发生这种情形。

① 发生系统复位或电源复位。

② 系统刚从待机模式唤醒。

③ 系统刚从停机模式唤醒。

RTC 的 APB1 接口不受 WFI 和 WFE 等低功耗模式的影响，在所有以上情况（复位、无时钟或断电）中，APB1 接口被禁止时，RTC 仍然保持运行状态。因此，若在读取 RTC

寄存器数值时，RTC 的 APB1 接口处于禁止状态，则软件必须等待 RTC _ CRL 寄存器中的 RSF 位（寄存器同步标志位）被硬件置 1 后，才能读取相关内容。RTC 的相关寄存器及其功能描述如表 5.5 所示。有关 RTC 寄存器的详细说明，读者可以自行查阅《STM32F10x 中文参考手册》中 RTC 寄存器描述部分的内容，这里不再详述。

表 5.5　RTC 的相关寄存器及其功能描述

RTC 寄存器	功 能 描 述
RTC 控制寄存器高/低位（RTC_CRH/RTC_CRL）	用于屏蔽相关中断请求。系统复位后，所有中断都被屏蔽，因此可通过写 RTC 寄存器，以确保在初始化后没有中断请求被挂起
RTC 预分频装载寄存器（RTC_PRLH/RTC_PRLL）	用于保存 RTC 预分频器周期计数值。它们受 RTC_CR 寄存器中的 RTOFF 状态位写保护，仅当 RTOFF 状态位的值为 1 时，允许进行写操作
RTC 预分频器余数寄存器（RTC_DIVH/RTC_DIVL）	在 TR_CLK 的每个周期里，RTC 预分频器中计数器的值会被重新设置为 RTC_PRL 寄存器的值。通过读取 RTC_DIV 寄存器，获得预分频计数器的当前值，而不停止预分频计数器的工作，从而获得精确的测量时间。此寄存器是制度寄存器，该寄存器的值在 RTC_PRL 或 RTC_CNT 寄存器的值发生改变后，由硬件重新装载
RTC 计数器寄存器（RTC_CNTH/RTC_CNTL）	RTC 核心部分有一个 32 位可编程计数器，可通过两个 16 位的寄存器访问；该计数器以预分频器产生的 TR_CLK 时间基准为参考进行计数。RTC_CNT 寄存器用于存放计数器的计数值，它们受 RTC_CR 寄存器中的 RTOFF 状态位写保护，仅当 RTOFF 状态位的值为 1 时，允许写操作。在 RTC_CNTH 或 RTC_CNTL 寄存器上的写操作能够直接装载到相应的可编程计数器上，并且重新装载 RTC 预分频器。当进行读操作时，直接返回计数器内的计数值（系统时间）
RTC 闹钟寄存器（RTC_ALRH/RTC_ALRL）	当可编程计数器的值与 RTC_ALR 寄存器中的 32 位值相等时，即触发一个闹钟事件，并且产生 RTC 闹钟中断，此寄存器受 RTC_CR 寄存器中的 RTOFF 状态位写保护，仅当 RTOFF 状态位的值为 1 时，允许写操作

（2）配置 RTC 寄存器

设置 RTC _ CRL 寄存器中的 CNF 位，使 RTC 寄存器进入配置模式之后，才可以对 RTC _ PRL、RTC _ CNT 利 RIC _ ALR 寄存器进行写操作。另外，任何 RTC 寄存器的写操作都必须在前一次写操作结束后才能进行。通过查询 RTC _ CR 寄存器中的 RTOFF 状态位，判断 RTC 寄存器是否处于更新状态，仅当 RTOFF 状态位的值为 1 时，才可以对 RTC 寄存器进行写操作。

配置 RTC 寄存器的过程如下。

① 查询 RTC _ CR 寄存器中的 RTOFF 状态位，直到该位的值变为 1。

② 将 RTC _ CRL 寄存器中的 CNF 标志位置 1，进入配置模式。

③ 对一个或多个 RTC 寄存器进行写操作。

④ 清除 CNF 标志位，退出配置模式。

⑤ 再次查询 RTC _ CR 寄存器中的 RTOFF 状态位，直至该位的值变为 1，以确认写操作已经完成。

5.1.5.3　RTC 的供电与唤醒

（1）RTC 的供电电源

STM32 微控制器有一个 V_{BAT} 引脚，该引脚可外接 3V 干电池，为 RTC、LSE 振荡器和 PC13、PC14、PC15 供电。当 V_{DD} 断电时，该引脚可以保护备份寄存器中的内容并维持 RTC 的功能，保证主电源被切断后，RTC 可以继续工作。由复位模块中的掉电复位功能控制是否切换到 V_{BAT} 供电，如果实际应用中没有使用外部电池，则 V_{BAT} 必须连接到 V_{DD} 引脚上。

当使用 V_{DD} 供电时，为了保护 V_{BAT} 引脚，建议在外部 V_{BAT} 引脚和电源之间连接一个低压降二极管，如果应用电路没有外接电池，则建议在 V_{BAT} 引脚上外接一个 100nF 的陶瓷电容与 V_{DD} 相连。一般在嵌入式系统设计时，经常会把 RTC 的主电源电路和后备电源电路设计成能够自动切换的形式，即系统上电时由主电源供电，而系统断电时自动切换成由后备电源供电。

当由 V_{DD} 供电（内部模拟开关连到 V_{DD} 上）时，以下功能可用。

① PC14 和 PC15 可用于通用 I/O 端口或 LSE 引脚。

② PC13 可作为通用 I/O 端口、TAMPER 引脚、RTC 校准时钟、RTC 闹钟或秒输出。

因为模拟开关只能通过较小的电流（3mA），使用 PC13～PC15 的 I/O 端口功能是有限制的，在同一时间内只有一个 I/O 端口可以作为输出，其速率必须限制在 2MHz 以下，最大负载为 30pF，而且这些 I/O 端口不能当作电流源使用（如驱动 LED）。

当由 V_{BAT} 供电（V_{DD} 断电后模拟开关连到 V_{BAT} 上）时，以下功能可用：

① PC14 和 PC15 只能用于 LSE 引脚。

② PC13 可以作为 TAMPER 引脚、RTC 闹钟或秒输出。

（2）低功耗模式下的自动唤醒

RTC 可以在不依靠外部中断的情况下，自动唤醒低功耗模式下的控制器（自动唤醒模式，AWU）。RTC 提供了一个可编程的时间基数，用于周期性从停止或待机模式下唤醒。通过对备份域控制寄存器（RCC _ BDCR）的 RTCSEL[1:0] 位的设置，可以选择如下两个时钟源来实现此功能。

① 低功耗 32.768kHz 外部晶振（LSE）。该时钟源能够提供一个低功耗且精确的时间基准，在典型情形下功耗小于 1μA。

② 低功耗内部 RC 振荡器（LSIRC）。使用该时钟源可节省一个 32.768kHz 晶振成本，但会增加一定的功耗。

为了利用 RTC 闹钟事件将系统从停止模式下唤醒，必须进行如下操作（如果将系统从待机模式中唤醒，则不必配置外部中断线 17）。

① 配置外部中断线 17 为上升沿触发。

② 配置 RTC，使其可产生 RTC 闹钟事件。

5.1.5.4　备份寄存器与侵入检测

（1）备份寄存器功能

备份寄存器（BKP）由 42 个 16 位寄存器组成，可用来存储 84 字节的应用程序数据，它们处在后备区域中，在 V_{DD} 电源被切断后，仍然可以由 V_{BAT} 引脚外接电池来维持供电。当系统从待机模式下被唤醒、系统复位或电源复位时，BKP 也不会被复位，并且在系统复位后，后备区域被写保护，以防止可能存在的意外写操作。此外，BKP 还可以用来管理侵入检测和 RTC 校准（在 PC13 引脚上，可输出 RTC 校准时钟、RTC 闹钟脉冲或秒脉冲信号）。

（2）侵入检测

当用电池维持 BKP 中的内容时，如果在侵入引脚 TAMPER（PC13）上检测到电平变化（信号从 0 变成 1 或从 1 变成 0 取决于 BKP _ CR 的 TPAL 位），则会产生一个侵入检测事件，侵入检测事件能够将 BKP 中的所有内容清除，以保护重要的数据不被非法窃取。

为了避免侵入事件丢失，侵入检测信号是边沿检测信号与侵入检测允许位的逻辑与关系，因此，在侵入检测引脚被允许前发生的侵入事件也可以被检测到。当 TPAL=0 时，如果在启动侵入检测引脚 TAMPER 前（TPE 位置 1）该引脚已经为高电平，则一旦启动侵入检测功能，即使在 TPE 位置 1 后没有出现上升沿，也会产生一个额外的侵入事件；当 TPAL=1 时，如果在启动侵入检测引脚 TAMPER 前（TPE 位置 1）该引脚已经为低电平，则一旦启动侵入检测功能，即使在 TPE 位置 1 后没有出现下降沿，也会产生一个额外的侵入事件。

当 V_{DD} 断开时，侵入检测功能仍然有效，为了避免不必要的复位数据备份寄存器，TAMPER 引脚应该在片外连接到正确的电平上，即当 TPAL=0 时，应该将 TAMPER 引脚拉低；当 TPAL=1 时，应该将 TAMPER 引脚拉高。

设置 BKP _ CSR 寄存器的 TPE 位为 1 后，当检测到侵入事件时，会产生一个中断，在一个侵入事件被检测到并被清除后，侵入检测引脚 TAMPER 应该被禁止，在再次写入备份寄存器前重新用 TPE 位启动侵入检测功能。这样，可以阻止软件在侵入检测引脚上仍有侵入事件时对备份寄存器进行写操作。

5.1.6 SysTick 时钟功能介绍

系统节拍定时器为 SysTick，也叫系统嘀嗒定时器。它是一个非常基本的 24 位倒计时定时器。它存在的意义是为系统提供一个时基，能够给操作系统提供一个硬件上的中断。SysTick 位于 STM32 微控制器的内核中，将其设定初值并使能后，每经过 1 个系统时钟周期，计数值减 1。当计数到 0 时，SysTick 计数器会从 RELOAD 寄存器中自动重装初值并继续向下计数，同时内部的 COUNTFLAG 标志位会置位，从而触发中断（中断响应属于 NVIC 异常，异常号为 15）。在 STM32 的应用中，主要使用内核的 SysTick 作为定时时钟，用于实现延时，而且通过 STM32 的内部 SysTick 实现延时，不会占用中断，也不会占用系统定时器，延时相对精准。

（1） SysTick 内部结构

SysTick 时钟的主要优点在于精确定时，如果外部晶振为 8MHz，则通过 PLL 进行 9 倍频后得到的系统时钟频率为 72MHz，将 SysTick 时钟设置为 HCLK 的 8 分频，则系统时基定时器的递减频率为 9MHz。在这个条件下，把系统定时器的初始值设置成 9000，能够产生 1ms 的时间基值，如果开启中断，则能够产生 1ms 的中断。

嵌入式操作系统一般需要 SysTick 定时器产生周期性定时中断，以此作为整个系统的时基，从而为多个任务分配时间段，或者在每个定时器周期的某个时间范围内赋予特定的任务等。此外，操作系统提供的各种定时功能都与 SysTick 定时器有关，因此，在编写程序时最好不要随意访问 SysTick 寄存器，以免扰乱系统工作的正常节拍。

（2） SysTick 寄存器解析

SysTick 定时器有 4 个寄存器，它们分别为控制和状态寄存器（SysTick _ CTRL）、重装载数值寄存器（SysTick _ LOAD）、当前数值寄存器（SysTick _ VAL）和校准数值寄存器（SysTick _ CALIB），具体内容如表 5.6～表 5.9 所示。在使用 SysTick 定时器产生定时的时候，只需要配置前 3 个寄存器，校准数值寄存器不需要用到。需要配置的内容如下：

① SysTick 时钟源选择。

② 异常请求设置。

③ 时钟使能。

④ 初始化 SysTick 重装数值。

⑤ 清零 SysTick 当前数值寄存器。

SysTick _ CTRL 的各位定义如表 5.6 所示。

表 5.6 SysTick _ CTRL 的各位定义

位段	名称	类型	复位值	说明
16	COUNTFLAG	R	0	如果在上次读取本寄存器后，SysTick 已经数到了 0，则该位为 1；如果读取该位，则该位自动清零
2	CLKSOURCE	R/W	0	时钟源选择位，0 = HCLK/8（外部时钟源 STCLK），1=内核时钟（FCLK）
1	TICKINT	R/W	0	1=SysTick 表示倒数到 0 时产生 SysTick 异常请求；0 = SysTick 表示倒数到 0 时无动作，也可以通过读取 COUNTFLAG 标志位来确定计数器是否倒数到 0
0	ENABLE	R/W	0	SysTick 定时器的使能位

SysTick _ LOAD 的各位定义如表 5.7 所示。需要注意的是，计数最大值是 0xFFFFFF，设置的重装值不能大于这个数值。

表 5.7 SysTick _ LOAD 的各位定义

位段	名称	类型	复位值	说明
23:0	RELOAD	R/W	0	当倒数到 0 时，将被重装载的值

SysTick _ VAL 的各位定义如表 5.8 所示。

表 5.8 SysTick _ VAL 的各位定义

位段	名称	类型	复位值	说明
23:0	CURRENT	R/W	0	读取时返回当前倒计数的值，写它则使之清零，还会清除 SysTick_CTRL 中的 COUNTFLAG 标志位

SysTick _ CALIB 的各位定义如表 5.9 所示。

表 5.9 SysTick _ CALIB 的各位定义

位段	名称	类型	复位值	说明
31	NOREF	R	—	1=没有外部参考时钟 0=外部参考始终可用
30	SKEW	R	—	1=校准值不是准确的 10ms 0=校准值是准确的 10ms
23:0	TENMS	R/W	0	10ms 的时间内倒计数的格数。若该值读回零，则表示无法使用校准功能

5.1.7 看门狗定时器基本操作

在嵌入式应用中，微控制器必须可靠工作。但系统由于种种原因（包括环境干扰等），程序运行时有时会不按指令执行，导致死机，系统无法继续工作下去，这时必须使系统复位才能使程序重新投入运行。这个能使系统定时复位的硬件称为看门狗定时器 WDT，简称看门狗或 WDG。WDG 就如同看着自己的家门一样，监视着程序的运行状态。

看门狗是保证系统长期、可靠和稳应运行的有效措施，目前大部分嵌入式芯片的内部都集成了看门狗定时器，以提高系统运行的可靠性。STM32 微控制器内置了两个看门狗，即独立看门狗（IWDG）和窗口看门狗（WWDG），这两个看门狗提供了更安全、时间更精确和使用更灵活的控制技术，可用来检测和解决由软件错误引起的故障，当计数器达到给定的超时值时，触发一个中断（仅适用于 WWDG）或产生系统复位。

IWDG 有一个 12 位的递减计数器和一个 8 位的预分频器，由 V_{DD} 供电，并由专用的 40kHz 低速内部时钟源（LSI）驱动，即使主时钟发生故障也仍然有效，能够在停机模式或待机模式下运行，可以用于在发生问题时复位整个系统或作为一个自由定时器为应用程序提供超时管理。WWDG 也有一个递减计数器，由 APB1 时钟分频后得到的时钟驱动，通过可配置的时间窗口检测应用程序的非正常行为。因此，IWDG 适合应用于需要看门狗在主程序之外能够完全独立工作，并且对时间精度要求较低的场合；而 WWDG 适合应用于要求看门狗在精确计时窗口起作用的应用程序中。

5.1.7.1 IWDG 定时器

IWDG 最适合应用于那些需要看门狗作为一个在主程序之外，能够完全独立工作，并且对时间精度要求较低的场合。IWDG 可以作为系统抗干扰的一个重要措施。

（1）结构框图

IWDG 定时器的功能结构框图如图 5.10 所示，它主要由预分频寄存器（IWDG _ PR）、状态寄存器（IWDG _ SR）、重装载寄存器（IWDG _ RLR）、键寄存器（IWDG _ KR）和递减计数器等部分组成，其主要部分是 12 位递减计数器，该计数器的最大值为 0xFFF。当该计数器从某个值递减到 0 时，系统会产生一个复位信号，即 IWDG _ RESET；如果在计数器减到 0 之前刷新了计数器值，则不会产生复位信号，这个动作就是人们经常说的“喂狗”。

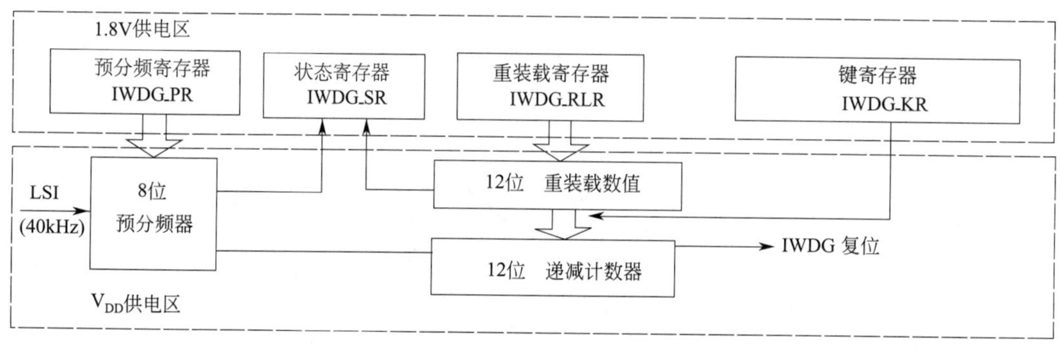

图 5.10 IWDG 定时器的功能结构框图

IWDG 时钟由独立的内部 RC 振荡器（LSIRC）提供，即使主时钟发生故障仍然有效。LSI 的时钟频率一般为 30～60kHz，根据温度和工作场合情况会有一定的漂移，一般取 40kHz，所以 IWDG 的定时时间不是非常精确，只适用于对时间精度要求比较低的场合。12 位递减计数器的时钟由 LSI 经过一个 8 位预分频器得到，可以通过预分频寄存器（IWDG _ PR）设置分频因子，分频因子可以是 4、8、16、32、64、128 或 256。12 位递减计数器的时钟频率可以表示为 $40/(4\times2^{prv})$，其中 prv 表示预分频寄存器的值，每过一个计数器时钟周期，该计数器的值就会减 1。

重装载寄存器（IWDG _ RLR）是一个 12 位寄存器，存放着需要重装载到计数器的值，这个值的大小决定着 IWDG 的溢出时间，超时时间可以表示为 $[(4\times2^{prv})/40]\times rlv$，其中 rlv 表示重装载寄存器的值。

键寄存器（IWDG _ KR）是 IWDG 的一个控制寄存器，主要有三种控制方式。通过在键寄存器中写入 0xCCCC 启动 IWDG，从而开始递减计数，该启动方式属于软件启动，一旦 IWDG 自动后，就只能通过复位才能关掉它。无论何时，只要在键寄存器中写入 0xAAAA，就能够实现将重装载寄存器（IWDG _ RLR）中的值重新加到计数器中，从而避免产生看门狗复位。预分频寄存器（IWDG _ PR）和重装载寄存器（IWDG _ RLR）具有写保护功能，如果要修改这两个寄存器，必须先向键寄存器（IWDG _ KR）中写入 0x5555。

状态寄存器（IWDG _ SR）只有位 1（RVU）和位 0（PVU）有效，这两个位只能由硬件操作，软件操作不了。RVU 用来表示看门狗计数器重装载值的更新状态，硬件置 1 表示重装载值的更新正在进行中，更新完毕后由硬件清零；PVU 则用来表示看门狗预分频值的更新状态，硬件置 1 表示预分频值的更新正在进行中，更新完毕后由硬件清零。因此，只有当 RVU、PVU 的值都为 0 时，才可以更新预分频寄存器（IWDG _ PR）和重装载寄存器（IWDG _ RLR）。

（2）配置时间

IWDG 定时器可根据程序的复杂程度配置监控时间。表 5.10 所示为 IWDG 在 40kHz 输入时间下配置的时间。

表 5.10 IWDG 在 40kHz 输入时间下配置的时间

预分频系数	PR[2:0]	最短时间/ms RU[11:0]=0x000	最长时间/ms RL[11:0]=0xFFF
4	0	0.1	409.6
8	1	0.2	819.2
16	2	0.4	1638.4
32	3	0.8	3276.8
64	4	1.6	6553.6
128	5	3.2	13107.2
256	6(或 7)	6.4	26214.4

IWDG 的溢出时间由下列公式决定：

$$T_{IWDG} = 4 \times 2^{IWDG\_PR} \times (1 + IWDG\_RLR) / 40\text{kHz}$$

当 $IWDG\_PR=4$，$IWDG\_RLR=625$ 时，$T_{IWDG}= 64\times625/40000=1\text{s}$。由上式可知，可以根据看门狗溢出时间来确定 $IWDG\_RLR$ 的值。假设 $IWDG\_PR$ 为 4，则 $IWDG\_RLR=T_{IWDG}/ 64\times40\text{kHz}=T_{IWDG}\times625$，需要 0.2s 溢出时间时，$IWDG\_RLR=125$；需要 1s 时，$IWDG\_RLR=625$；需要 2s 时，$IWDG\_RLR=1250$；需要 4s 时，$IWDG\_RLR=2500$。

对 IWDG 的操作步骤如下：

① 向 IWDG _ KR 写入 0x5555 允许写 IWDG _ PR 和 IDWG _ RLR。将 0x5555 写入 IWDG _ KR 之后，将写保护打开，允许写预分频寄存器 IWDG _ PR 和重装载寄存器 IWDG _ RLR。

② 写 IWDG _ PR 和 IWDG _ RLR 确定独立看门狗溢出时间。根据溢出时间来初始化 IDWG _ PR 和 IDWG _ RLR 的值。

③ 向 IWDG _ KR 写入 0xAAAA 对看门狗进行喂狗操作。

④ 向 IWDG _ KR 写入 0xCCCC 开始启用看门狗。

应该注意的是，一旦启用看门狗（使能看门狗），就不能停止，必须在程序中周期性喂狗，否则每隔一段 IWDG 溢出时间就会复位，且喂狗周期不能大于溢出周期。

5.1.7.2 WWDG定时器

使用常用的看门狗时，程序可以在它产生复位前的任意时刻刷新看门狗，但在使用中存在一些问题和隐患：有可能程序跑乱了又跑回到正常的地方；或跑乱的程序正好执行了刷新看门狗操作；程序没按照正确的流程运行，会出现延时退出或提前完成。使用常用的看门狗（如前面的IWDG）无法监控这些问题，这时就需要一个特殊看门狗来监控此类现象。

WWDG通常用来监测由外部干扰或不可预见的逻辑条件造成的应用程序背离正常的运行轨迹而产生的软件故障，它和IWDG类似，也通过递减计数器不断地递减计数，当减到一个固定值0x40时若还不进行“喂狗”，就会产生一个MCU复位。0x40即窗口的下限，是一个固定值，不可改变。与IWDG不同的是，WWDG计数器的值在减到某一个特定数值之前出现“喂狗”也会产生复位，这个值称为窗口的上限，可自主设置。只有在WWDG计数器的值在窗口上限和下限之间时进行“喂狗”才有效，这也是WWDG中“窗口”二字的含义。

WWDG定时器的功能结构框图如图5.11所示，它主要由看门狗配置寄存器（WWDG_CFR）、看门狗控制寄存器（WWDG_CR）、看门狗预分频器（WDGTB）、计数器和比较器等部分组成。

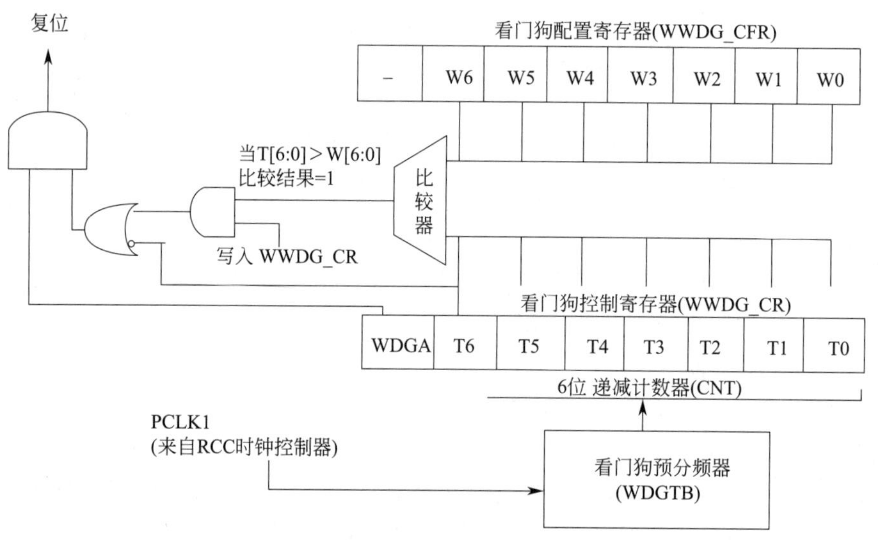

图5.11 WWDG定时器的功能结构框图

WWDG时钟来源于PCLK1，由RCC时钟控制器开启。计数器时钟由CK计时器时钟经过预分频后得到。分频系数由WWDG_CFR的位8～7，即WDGTB［1:0］进行配置，可以是［0,1,2,3］。其中，CK计时器时钟为PCLK1/4096，所以计数器时钟频率可以表示为PCLK1/(4096×2^{WDGTB})，每经过一个计数器时钟周期，该计数器中的数值就会减1。WWD_CFR中的窗口寄存器包含窗口的上限值，递减计数器必须在数值小于窗口寄存器中的窗口上限值并且大于0x3F时被重新装载才可以避免系统产生复位。因此，应用程序在正常的运行过程中，必须定期将特定数据写入WWDG_CR中，以防止系统产生复位。

在系统复位后，WWDG总是处于关闭状态，设置WWDG_CR的WDGA位能够开启WWDG。一旦WWDG启动后，就只能通过再次复位才能将它关掉。递减计数器处于自动运行状态，即使WWDG被禁止，递减计数器仍然会继续递减计数。计数器的值存放在

WWDG _ CR 的位 6～0 中，即 T[6:0]。当位 6～0 全部为 1 时，T[6:0] 为 0x7F，这是计数器的最大值；当计数器递减到 T6 位变成 0 时，就会从 0x40 变为 0x3F，此时会产生一个看门狗复位。前面已经介绍过，0x40 为 WWDG 的窗口下限值，所以递减计数器的数值只能是 0x40～0x7F。

实际上，真正包含看门狗产生复位之前的计数值的是 T[5:0]。当 WWDG 被启用时，T6 位必须被设置，用来防止计数器递减到 0x40 时立即产生复位。如果使能了提前唤醒中断（WWDG _ CFR 的位 9，即 EWI 位置 1），当递减计数器到达 0x40 时，会产生此中断，可以通过相应的中断服务程序来加载计数器，防止 WWDG 复位，在 WWDG _ CR 中写 0 可以清除该中断。

WWDG 计数器的值必须在一个范围内才可以进行“喂狗”，其窗口上限值是随时改变的，上限值具体设置为多少是由所监控程序的执行时间决定的。一般将计数器的值设置为最大，而将窗口上限值设置为比所监控程序的执行时间稍大一些即可，这样在执行完所需要监控的程序段之后，就需要进行“喂狗”。如果在窗口时间内没有“喂狗”，那么程序肯定是出问题了，这样就起到了监控的作用。

对 WWDG 操作主要包括：

① 使能 WWDG 时钟。

② 设置 WWDG 预分频系数。

③ 设置 WWDG 窗口值。

④ 使能 WWDG。

⑤ 清除 WWDG 标志。

⑥ 初始化 WWDG 中断 NVIC。

⑦ 开启 WWDG 中断。

WWDG 的时序图如图 5.12 所示，从图中可以看出 WWDG 的超时时间计算公式如下：

$$T_{WWDG}=T_{PCLK1}\times 4096\times 2^{WDGTB}(T[5:0]+1)$$

式中，T_{WWDG} 为 WWDG 超时时间，ms；T_{PCLK1} 为 APB1 以 ms 为单位的时钟间隔。PCLK1 = 36MHz 时的最小/最大超时值如表 5.11 所示。

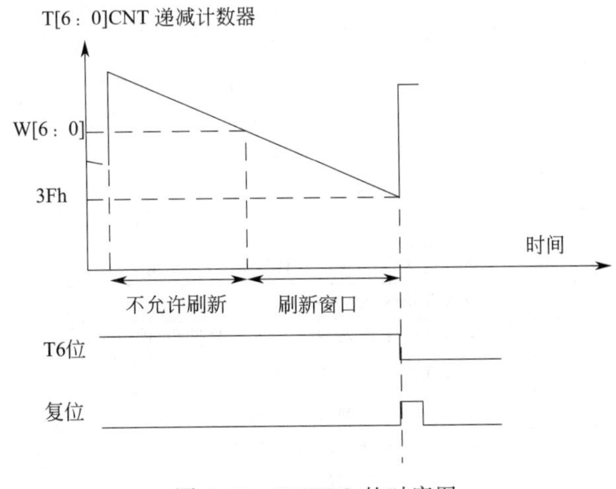

图 5.12　WWDG 的时序图

表 5.11 PCLK1=36MHz 时的最小/最大超时值

WDGTB	最小超时值/μs	最大超时值/μs
0	114	7.28
1	227	14.56
2	455	29.12
3	910	58.25

下面讲解一下 *WDGTB* 取不同值时最小和最大超时时间的计算方法。以 *WDGTB*=0 为例，当递减计数器 T[6:0] 的位 6 变为 0 时，WWDG 会产生复位。而实际上由于 T[6:0]的位 6 必须先置 1，因此有效的基数位是 T[5:0]，如果 T[5:0] 全部为 0，那么递减计数器再减一次就会产生复位，而这个减 1 的时间等于计数器的周期，即 $T_{PCLK1} \times 4096 \times 2^{WDGTB} = 1/36 \times 4096 \times 2^0 \times 1 = 113.7(\mu s)$，这个就是 *WDGTB*=0 时最短的超时时间；如果 T[5:0] 全部为 1（十进制数的 63），那么需要在 T[5:0] 全部递减为 0 后，递减计数器再减一次就会产生复位，而这段时间等于计数器的周期，即 $T_{PCLK1} \times 4096 \times 2^{WDGTB} = 1/36 \times 4096 \times 2^0 \times (63+1) = 7.2768(ms)$，这个就是 *WDGTB*=0 时最长的超时时间。

WDGTB 取其他值时的最小和最大超时时间的计算方法与上述方法相同，不再详述。

5.2 定时器库函数及其应用

5.2.1 TIMx 定时器相关函数

通用定时器是一个通过可编程预分频器驱动的 16 位自动装载计数器。它适用于多种场合，如测量输入信号的脉冲长度（输入采集）或产生输出波形（输出比较和 PWM）。使用定时器预分频器和 RCC 时钟控制预分频器，脉冲长度和波形周期可以在几微秒到几毫秒之间调整。常用的 TIMx 库函数如表 5.12 所示。

表 5.12 常用的 TIMx 库函数

函数名	功能描述
TIM_DeInit	将外设 TIMx 寄存器重设为默认值
TIM_TimeBaseInit	根据 TIM_TimeBaseInitStruct 中指定的参数初始化 TIMx 的时间基数单位
TIM_OCInit	根据 TIM_OCInitStruct 中指定的参数初始化外设 TIMx
TIM_ICInit	根据 TIM_ICInitStruct 中指定的参数初始化外设 TIMx
TIM_TimeBaseStructInit	把 TIM_TimeBaseInitStruct 中的每一个参数按默认值填入
TIM_OCStructInit	把 TIM_OCInitStruct 中的每一个参数按默认值填入
TIM_ICStructInit	把 TIM_ICInitStruct 中的每一个参数按默认值填入
TIM_Cmd	使能或失能 TIMx 外设
TIM_ITConfig	使能或失能指定的 TIM 中断
TIM_DMAConfig	设置 TIMx 的 DMA 接口
TIM_DMACmd	使能或失能指定的 TIMx 的 DMA 请求
TIM_InternalClockConfig	设置 TIMx 内部时钟
TIM_ITRxExternalClockConfig	设置 TIMx 内部触发为外部时钟模式
TIM_TIxExternalClockConfig	设置 TIMx 触发为外部时钟
TIM_ETRClockMode1Config	配置 TIMx 外部时钟模式 1
TIM_ETRClockMode2Config	配置 TIMx 外部时钟模式 2
TIM_ETRConfig	配置 TIMx 外部触发
TIM_SelectInputTrigger	选择 TIMx 输入触发源

续表

函 数 名	功 能 描 述
TIM_PrescalerConfig	设置 TIMx 预分频
TIM_CounterModeConfig	设置 TIMx 计数器模式
TIM_ForcedOC1Config	置 TIMx 输出 1 为活动或非活动电平
TIM_ForcedOC2Config	置 TIMx 输出 2 为活动或非活动电平
TIM_ForcedOC3Config	置 TIMx 输出 3 为活动或非活动电平
TIM_ForcedOC4Config	置 TIMx 输出 4 为活动或非活动电平
TIM_ARRPreloadConfig	使能或失能 TIMx 在 ARR 上的预装载寄存器
TIM_SelectCCDMA	选择 TIMx 外设的捕获/比较 DMA 源
TIM_OC1PreloadConfig	使能或失能 TIMx 在 CCR1 上的预装载寄存器
TIM_OC2PreloadConfig	使能或失能 TIMx 在 CCR2 上的预装载寄存器
TIM_OC3PrcloadConfig	使能或失能 TIMx 在 CCR3 上的预装载寄存器
TIM_OC4PreloadConfig	使能或失能 TIMx 在 CCR4 上的预装载寄存器
TIM_OC1FastConfig	设置 TIMx 捕获/比较 1 快速特征
TIM_OC2FastConfig	设置 TIMx 捕获/比较 2 快速特征
TIM_OC3FastConfig	设置 TIMx 捕获/比较 3 快速特征
TIM_OC4FastConfig	设置 TIMx 捕获/比较 4 快速特征
TIM_ClearOC1Ref	在一个外部事件时清除或保持 OCREF1 信号
TIM_ClearOC2Ref	在一个外部事件时清除或保持 OCREF2 信号
TIM_ClearOC3Ref	在一个外部事件时清除或保持 OCREF3 信号
TIM_ClearOC4Ref	在一个外部事件时清除或保持 OCREF4 信号
TIM_UpdateDisableConfig	使能或失能 TIMx 更新事件
TIM_EncoderInterfaceConfig	设置 TIMx 编码界面
TIM_GenerateEvent	设置 TIMx 事件由软件产生
TIM_OCIPolarityConfig	设置 TIMx 通道 1 极性
TIM_OC2PolarityConfig	设置 TIMx 通道 2 极性
TIM_OC3PolarityConfig	设置 TIMx 通道 3 极性
TIM_OC4PolarityConfig	设置 TIMx 通道 4 极性
TIM_UpdateRequestConfig	设置 TIMx 更新请求源
TIM_SelectHallSensor	使能或失能 TIMx 霍尔传感器接口
TIM_SelectOnePulseMode	设置 TIMx 单脉冲模式
TIM_SelectOutputTrigger	选择 TIMx 触发输出模式
TIM_SelectSlaveMode	选择 TIMx 从模式
TIM_SelectMasterSlaveMode	设置或重置 TIMx 主/从模式
TIM_SetCounter	设置 TIMx 计数器寄存器值
TIM_SetAutoreload	设置 TIMx 自动重装载寄存器值
TIM_SetCompare1	设置 TIMx 捕获/比较 1 寄存器值
TIM_SetCompare2	设置 TIMx 捕获/比较 2 寄存器值
TIM_SetCompare3	设置 TIMx 捕获/比较 3 寄存器值
TIM_SetCompare4	设置 TIMx 捕获/比较 4 寄存器值
TIM_SetIC1Prescaler	设置 TIMx 输入捕获 1 预分频
TIM_SetIC2Prescaler	设置 TIMx 输入捕获 2 预分频
TIM_SetIC3Prescaler	设置 TIMx 输入捕获 3 预分频
TIM_ SetIC4Prescaler	设置 TIMx 输入捕获 4 预分频
TIM_SetClockDivision	设置 TIMx 的时钟分割值
TIM_GetCapture1	设置 TIMx 输入捕获 1 的值

续表

函数名	功能描述
TIM_GetCapture2	设置 TIMx 输入捕获 2 的值
TIM_GetCapture3	设置 TIMx 输入捕获 3 的值
TIM_GetCapture4	设置 TIMx 输入捕获 4 的值
TIM_GetCounter	获得 TIMx 计数器的值
TIM_GetPrescaler	获得 TIMx 预分频值
TIM_GetFlagStatus	检查指定的 TIM 标志位设置与否
TIM_ClearFlag	清除 TIMx 的待处理标志位
TIM_GetITStatus	检查指定的 TIM 中断发生与否
TIM_ClearITPendingBit	清除 TIMx 的中断待处理位

下面讲解一些常用的 TIMx 库函数，由于 TIMx 库函数较多，这里不对每一个函数都举例说明，仅对个别重要的 TIMx 库函数进行实例讲解。

5.2.1.1 定时器初始化使能函数

(1) TIM_DeInit 函数

该函数将外设 TIMx 寄存器重设为默认值。

函数原型	void TIM_DeInit(TIM_TypeDef* TIMx)				
功能描述	将外设 TIMx 寄存器重设为默认值				
输入参数	TIMx:x 可以取值为 2,3,…,7,用来选择 TIM 外设				
输出参数	无	返回值	无	先决条件	无
被调用函数	RCC_APB1PeriphClockCmd()				

(2) TIM_TimeBaseInit 函数

该函数根据 TIM_TimeBaseInitStruct 中指定的参数初始化 TIMx 的时间基数单位。

函数原型	void TIM_TimeBaseInit(TIM_TypeDef* TIMx,TIM_TimeBaseInitTypeDef* TIM_TimeBaseInitStruct)						
功能描述	根据 TIM_TimeBaseInitStruct 中指定的参数初始化 TIMx 的时间基数单位						
输入参数 1	TIMx:x 可以取值为 1,2,…,8,用来选择 TIM 外设						
输入参数 2	TIM_TimeBaseInitStruct:指向结构体 TIM_TimeBaseInitTypeDef 的指针,包含了 TIMx 时间基数单位的配置信息						
输出参数	无	返回值	无	先决条件	无	被调用函数	无

TIM_TimeBaseInitTypeDef 结构体定义在 STM32 标准文件库中的 stm32f10x_tim.h 头文件下，具体定义如下。

```
typedef struct
{
uint16_t TIM_Prescaler;
uint16_t TIM_CounterMode;
uint16_t TIM_Period;
uint16_t TIM_ClockDivision;
uint8_t TIM_RepetitionCounter;
}
TIM_TimeBaseInitTypeDef;
```

每个 TIM_TimeBaseInitTypeDef 结构体成员的功能和相应的取值如下：

① TIM_Prescaler。该成员用来设置 TIMx 时钟频率的预分频值，其取值必须在 0x0000 和 0xFFFF 之间。

② TIM _ CounterMode。该成员用来设置计数器的模式，其取值定义如表 5.13 所示。

表 5.13　TIM _ CounterMode 取值定义

TIM_CounterMode 取值	功 能 描 述
TIM_CounterMode_Up	TIMx 向上计数模式
TIM_CounterMode_Down	TIMx 向下计数模式
TIM_CounterMode_CenterAligned1	TIMx 中央对齐模式 1 计数模式
TIM_CounterMode_CenterAligned2	TIMx 中央对齐模式 2 计数模式
TIM_CounterMode_CenterAligned3	TIMx 中央对齐模式 3 计数模式

③ TIM _ Period。该成员用来设置在下一个更新事件时加载到自动重新加载寄存器的周期值，其取值必须在 0x0000 和 0xFFFF 之间。

④ TIM _ ClockDivision。该成员用来设置时钟分割，其取值定义如表 5.14 所示。

表 5.14　TIM _ ClockDivision 取值定义

TIM_ClockDivision 取值	功 能 描 述
TIM_CKD_DIV1	TDTS=Tck_tim
TIM_CKD_DIV2	TDTS=2Tck_tim
TIM_CKD_DIV4	TDTS=4Tck_tim

⑤ TIM _ RepetitionCounter。该成员只适用于高级定时器（TIM1 和 TIM8），用来设置重复计数器的值。每次重复计数寄存器 TIMx _ RCR 的向下计数器达到零时，都会生成更新事件，并从 TIMx _ RCR 值（N）重新开始计数，这意味着在 PWM 模式下（$N+1$）对应于边沿对齐模式下的 PWM 周期数或中心对齐模式下半 PWM 周期的数量。该成员只有 8 位，其取值必须在 0x00 和 0xFF 之间。

例如，配置 TIM2 为向上计数模式，并设置重装载寄存器的值为 0xFFFF，预分频值为 16。

```
TIM_TimeBaseStructure.TIM_Prescaler =0xF;  //设置预分频值
TIM_TimeBaseStructure.TIM_CounterMode = TIM_CounterMode_Up;  //选择向上计数模式
TIM_TimeBaseStructure.TIM_Period=0xFFFF; //设置重装载寄存器的值为 0xFFFF
TIM_TimeBaseStructure.TIM_ClockDivision =0x0; //不进行时钟分割
TIM_TimeBaseInit(TIM2, &TIM_TimeBaseStructure);  //根据上述参数初始化 TIM2 时间基数
```

（3）TIM _ TimeBaseStructInit 函数

该函数把 TIM _ TimeBaseInitStruct 中的每一个参数按默认值填入。

函数原型	void TIM_TimeBaseStructInit(TIM_TimeBaseInitTypeDef* TIM_TimeBaseInitStruct)						
功能描述	把 TIM_TimeBaseInitStruct 中的每一个参数按默认值填入						
输入参数	TIM_TimeBaseInitStruct:指向结构体 TIM_TimeBaseInitTypeDef 的指针						
输出参数	无	返回值	无	先决条件	无	被调用函数	无

（4）TIM _ OCInit 函数

该函数根据 TIM _ OCInitStruct 中指定的参数初始化外设 TIMx。

函数原型	void TIM_OCInit(TIM_TypeDef* TIMx,TIM_OCInitTypeDef* TIM_OCInitStruct)						
功能描述	根据 TIM_OCInitStruct 中指定的参数初始化外设 TIMx						
输入参数 1	TIMx:x 可以取值为 1,2,…,5,8,用来选择 TIM 外设						
输入参数 2	TIM_OCInitStruct:指向结构体 TIM_OCInitTypeDef 的指针,包含了 TIMx 的配置信息						
输出参数	无	返回值	无	先决条件	无	被调用函数	无

TIM _ OCInitTypeDef 结构体定义在 STM32 标准文件库中的 stm32f10x _ tim.h 头文件

下，具体定义如下。

```
typedef struct
{
uint16_t TIM_OCMode;
uint16_t TIM_OutputState;
uint16_t TIM_OutputNState;
uint16_t TIM_Pulse;
uint16_t TIM_OCPolarity;
uint16_t TIM_OCNPolarity;
uint16_t TIM_OCIdleState;
uint16_t TIM_OCNIdleState;
}
TIM_OCInitTypeDef;
```

每个 TIM _ OCInitTypeDef 结构体成员的功能和相应的取值如下：

① TIM _ OCMode。该成员用来选择定时器的比较输出模式，它设定的是捕获/比较模式寄存器中 OCxM[2:0] 位的值，其取值定义如表 5.15 所示。

表 5.15 TIM _ OCMode 取值定义

TIM_OCMode 取值	功能描述	TIM_OCMode 取值	功能描述
TIM_OCMode_Timing	TIMx 输出比较时间模式	TIM_OCMode_Toggle	TIMx 输出比较触发模式
TIM_OCMode_Active	TIMx 输出比较主动模式	TIM_OCMode_PWM1	TIMx 脉冲宽度调制模式 1
TIM_OCMode_Inactive	TIMx 输出比较非主动模式	TIM_OCMode_PWM2	TIMx 脉冲宽度调制模式 2

② TIM _ OutputState。该成员用来设置 TIMx 的比较输出状态，它设定的是捕获/比较使能寄存器 TIMx _ CCER 中 CCxE 位的值。当取值为 TIM _ OutputState _ Disable 时，禁止比较输出通道 OCx 输出到外部引脚；当取值为 TIM _ OutputState _ Enable 时，开启比较输出通道 OCx 输出到对应的外部引脚。

③ TIM _ OutputNState。该成员只适用于高级定时器（TIM1 和 TIM8），用来设置 TIMx 的比较互补输出状态。它设定的是捕获/比较使能寄存器 TIMx _ CCER 中 CCxNE 位的值，当取值为 TIM _ OutputNState _ Disable 时，禁止比较互补输出通道 OCxN 输出到外部引脚；当取值为 TIM _ OutputNState _ Enable 时，开启比较互补输出通道 OCxN 输出到对应的外部引脚。

④ TIM _ Pulse。该成员用来设置待装入捕获/比较寄存器的脉冲值，即比较输出脉冲宽度，它的取值必须在 0x0000 和 0xFFFF 之间。

⑤ TIM _ OCPolarity。该成员用来设置输出极性，它设定的是捕获/比较使能寄存器 TIMx _ CCER 中 CCxP 位的值。当取值为 TIM _ OCPolarity _ High 时，TIMx 输出比较极性高，即 OCx 为高电平有效；当取值为 TIM _ OCPolarity _ Low 时，TIMx 输出比较极性低，即 OCx 为低电平有效。

⑥ TIM _ OCNPolarity。该成员只适用于高级定时器（TIM1 和 TIM8），用来设置比较互补输出极性。它设定的是捕获/比较使能寄存器 TIMx _ CCER 中 CCxNP 位的值。当取值为 TIM _ OCNPolarity _ High 时，OCxN 为高电平有效；当取值为 TIM _ OCNPolarity _ Low 时，OCxN 为低电平有效。

⑦ TIM _ OCIdleState。该成员只适用于高级定时器（TIM1 和 TIM8），用来设置空闲状态下通道输出的电平。它设定的是 TIMx _ CR2 寄存器中 OISx 位的值，在空闲状态

(TIMx _ DBTR 寄存器的 MOE 位为 0) 下，当取值为 TIM _ OCIdleState _ Set 时，经过死区时间后定时器通道输出高电平；当取值为 TIM _ OCIdleState _ Reset 时，输出低电平。

⑧ TIM _ OCNIdleState。该成员只适用于高级定时器 (TIM1 和 TIM8)，用来设置空闲状态下互补通道输出的电平。它设定的是 TIMx _ CR2 寄存器中 OISxN 位的值，在空闲状态 (TIMx _ DBTR 寄存器的 MOE 位为 0) 下，当取值为 TIM _ OCNIdleState _ Set 时，经过死区时间后定时器互补通道输出高电平；当取值为 TIM _ OCNIdleState _ Reset 时，输出低电平。

(5) TIM _ OCStructInit 函数

该函数把 TIM _ OCInitStruct 中的每一个参数按默认值填入。

函数原型	void TIM_OCStructInit(TIM_OCInitTypeDef* TIM_OCInitStruct)						
功能描述	把 TIM_OCInitStruct 中的每一个参数按默认值填入						
输入参数	TIM_OCInitStruct:指向结构体 TIM_OCTypeDef 的指针						
输出参数	无	返回值	无	先决条件	无	被调用函数	无

(6) TIM _ ICInit 函数

该函数根据 TIM _ ICInitStruct 中指定的参数初始化外设 TIMx。

函数原型	void TIM_ICInit(TIM_TypeDef* TIMx,TIM_ICInitTypeDef* TIM_ICInitStruct)						
功能描述	根据 TIM_ICInitStruct 中指定的参数初始化外设 TIMx						
输入参数 1	TIMx:x 可以取值为 1,2,…,8,用来选择 TIM 外设						
输入参数 2	TIM_ICInitStruct:指向结构体 TIM_ICInitTypeDef 的指针,包含了 TIMx 的配置信息						
输出参数	无	返回值	无	先决条件	无	被调用函数	无

TIM _ ICInitTypeDef 结构体也定义在 STM32 标准文件库中的 stm32f10x _ tim. h 头文件下，具体定义如下。

```
typedef struct
{
uint16_t TIM_Channel;
uint16_t TIM_ICPolarity;
uint16_t TIM_ICSelection;
uint16_t TIM_ICPrescaler;
uint16_t TIM_ICFilter;
}
TIM_ICInitTypeDef;
```

每个 TIM _ ICInitTypeDef 结构体成员的功能和相应的取值如下：

① TIM _ Channel。该成员用来选择定时器的捕获通道 ICx，它设定的是捕获/比较模式寄存器中 CCxS 位的值，其取值定义如表 5.16 所示。

表 5.16 TIM _ Channel 取值定义

TIM_Channel 取值	功 能 描 述	TIM_Channel 取值	功 能 描 述
TIM_Channel_1	使能 TIMx 通道 1	TIM_Channel_3	使能 TIMx 通道 3
TIM_Channel_2	使能 TIMx 通道 2	TIM_Channel_4	使能 TIMx 通道 4

② TIM _ ICPolarity。该成员用来选择输入捕获的触发边沿，其取值定义如表 5.17 所示。

表 5.17 TIM _ ICPolarity 取值定义

TIM_ICPolarity 取值	功 能 描 述
TIM_ICPolarity_Rising	TIMx 输入捕获上升沿
TIM_ICPolarity_Falling	TIMx 输入捕获下降沿

③ TIM _ ICSelection。该成员用来选择捕获通道 ICx 的信号输入通道，有 3 个选择，分别为 TIM _ ICSelection _ DirectTI、TIM _ ICSelection _ IndirectTI 和 TIM _ ICSelection _ TRC 的触发边沿。输入通道与捕获通道 ICx 的映射图如图 5.13 所示。如果定时器工作在普通输入捕获模式，则 4 个输入通道都可以使用；如果是 PWM 输入，则只能使用输入通道 1 和输入通道 2。

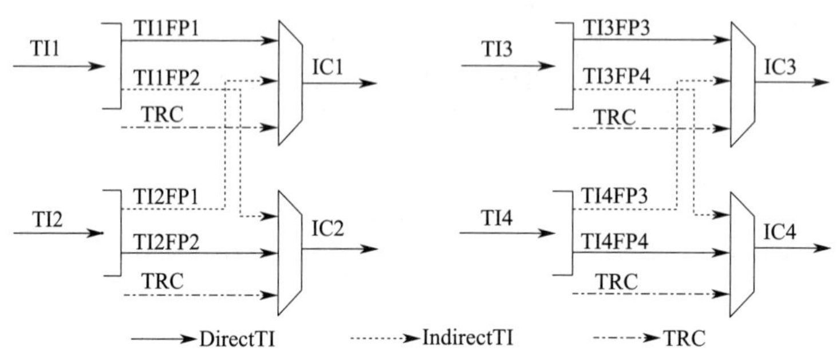

图 5.13　输入通道与捕获通道 ICx 的映射图

④ TIM _ ICPrescaler。该成员用来确定输入捕获预分频器，其取值定义如表 5.18 所示。如果需要捕获输入信号的每一个有效边沿，则设置 1 分频即可。

表 5.18　TIM _ ICPrescaler 取值定义

TIM_ICPrescaler 取值	功能描述
TIM_ICPSC_DIV1	TIM 每捕获 1 个事件就执行一次
TIM_ICPSC_DIV2	TIM 捕获每 2 个事件执行一次
TIM_ICPSC_DIV3	TIM 捕获每 3 个事件执行一次
TIM_ICPSC_DIV4	TIM 捕获每 4 个事件执行一次

⑤ TIM _ ICFilter。该成员用来选择输入比较滤波器，它的取值在 0x0 和 0xF 之间。一般不使用滤波器，即将该成员设置为 0。

(7) TIM _ ICStructInit 函数

该函数把 TIM _ ICInitStruct 中的每一个参数按默认值填入。

函数原型	void TIM_ICStructInit(TIM_ICInitTypeDef* TIM_ICInitStruct)						
功能描述	把 TIM_ICInitStruct 中的每一个参数按默认值填入						
输入参数	TIM_ICInitStruct：指向结构体 TIM_ICTypeDef 的指针						
输出参数	无	返回值	无	先决条件	无	被调用函数	无

(8) TIM _ Cmd 函数

该函数使能或失能 TIMx 外设。

函数原型	void TIM_Cmd(TIM_TypeDef* TIMx,FunctionalState NewState)						
功能描述	使能或失能 TIMx 外设						
输入参数 1	TIMx：x 可以取值为 1,2,…,8,用来选择 TIM 外设						
输入参数 2	NewState：指定外设 TIMx 的新状态(可取 ENABLE 或 DISABLE)						
输出参数	无	返回值	无	先决条件	无	被调用函数	无

5.2.1.2　定时器时钟设置类函数

(1) TIM _ InternalClockConfig 函数

该函数设置 TIMx 内部时钟。

函数原型	void TIM_InternalClockConfig(TIM_TypeDef* TIM)						
功能描述	设置 TIMx 内部时钟						
输入参数	TIMx:x 可以取值为 1,2,…,8,用来选择 TIM 外设						
输出参数	无	返回值	无	先决条件	无	被调用函数	无

(2) TIM_SelectInputTrigger 函数

该函数选择 TIMx 输入触发源。

函数原型	void TIM_SelectInputTrigger(TIM_TypeDef* TIMx,uint16_t TIM_InputTriggerSource)						
功能描述	选择 TIMx 输入触发源						
输入参数 1	TIMx:x 可以取值为 1,2,…,8,用来选择 TIM 外设						
输入参数 2	TIM_InputTriggerSource:输入触发源,其取值定义如表 5.19 所示						
输出参数	无	返回值	无	先决条件	无	被调用函数	无

表 5.19 TIM_InputTriggerSource 取值定义

输入源取值	功能描述	输入源取值	功能描述
TIM_TS_ITR0	TIM 内部触发 0	TIM_TS_TI1F_ED	TIM TI1 边沿探测器
TIM_TS_ITR1	TIM 内部触发 1	TIM_TS_TI1FP1	TIM 经滤波定时器输入 1
TIM_TS_ITR2	TIM 内部触发 2	TIM_TS_TI1FP2	TIM 经滤波定时器输入 2
TIM_TS_ITR3	TIM 内部触发 3	TIM_TS_ETRF	TIM 外部触发输入

(3) TIM_PrescalerConfig 函数

该函数设置 TIMx 预分频。

函数原型	void TIM_PrescalerConfig(TIM_TypeDef* TIMx,uint16_t Prescaler,uint16_t TIM_PSCReloadMode)						
功能描述	设置 TIMx 预分频						
输入参数 1	TIMx:x 可以取值为 1,2,…,8,用来选择 TIM 外设						
输入参数 2	TIM_PSCReloadMode:设置预分频重载模式,其取值定义如表 5.20 所示						
输出参数	无	返回值	无	先决条件	无	被调用函数	无

表 5.20 TIM_PSCReloadMode 取值定义

TIM_PSCReloadMode 取值	功能描述
TIM_PSCReloadMode_Update	TIMx 预分频值再更新事件装入
TIM_PSCReloadMode_Immediate	TIMx 预分频值即时装入

5.2.1.3 定时器配置类函数

(1) TIM_CounterModeConfig 函数

该函数设置 TIMx 计数器模式。

函数原型	void TIM_CounterModeConfig(TIM_TypeDef* TIMx,uint16_t TIM_CounterMode)						
功能描述	设置 TIMx 计数器模式						
输入参数 1	TIMx:x 可以取值为 1,2,…,8,用来选择 TIM 外设						
输入参数 2	TIM_CounterMode:待使用的计数器模式,其取值定义如表 5.13 所示						
输出参数	无	返回值	无	先决条件	无	被调用函数	无

(2) TIM_ARRPreloadConfig 函数

该函数使能或失能 TIMx 在 ARR 上的预装载寄存器。

函数原型	void TIM_ARRPreloadConfig(TIM_TypeDef* TIMx,FunctionalState NewState)					
功能描述	使能或失能 TIMx 在 ARR 上的预装载寄存器					
输入参数 1	TIMx:x 可以取值为 1,2,…,8,用来选择 TIM 外设					
输入参数 2	NewState:TIMx_CR1 寄存器中 ARPE 位的新状态(可取 ENABLE 或 DISABLE)					
输出参数	无	返回值	无	先决条件	无	被调用函数	无

(3) TIM _ SelectHallSensor 函数

该函数使能或失能 TIMx 霍尔传感器接口。

函数原型	void TIM_SelectHallSensor(TIM_TypeDef* TIMx,FunctionalState NewState)						
功能描述	使能或失能 TIMx 霍尔传感器接口						
输入参数 1	TIMx:x 可以取值为 1,2,…,8,用来选择 TIM 外设						
输入参数 2	NewState:TIMx 霍尔传感器接口的新状态(可取 ENABLE 或 DISABLE)						
输出参数	无	返回值	无	先决条件	无	被调用函数	无

(4) TIM _ SelectOnePulseMode 函数

该函数设置 TIMx 单脉冲模式。

函数原型	void TIM_SelectOnePulseMode(TIM_TypeDef* TIMx,uint16_t TIM_OPMode)						
功能描述	设置 TIMx 单脉冲模式						
输入参数 1	TIMx:x 可以取值为 1,2,…,8,用来选择 TIM 外设						
输入参数 2	TIM_OPMode:所设置的 OPM 模式,其取值定义如表 5.21 所示						
输出参数	无	返回值	无	先决条件	无	被调用函数	无

表 5.21 TIM _ OPMode 取值定义

TIM_OPMode 取值	功 能 描 述
TIM_OPMode_Repetitive	生成重复的脉冲;在更新事件时计数器不停止
TIM_OPMode_Single	生成单一的脉冲;计数器在下一个更新事件停止

(5) TIM _ SelectOutputTrigger 函数

该函数选择 TIMx 触发输出模式。

函数原型	void TIM_SelectOutputTrigger(TIM_TypeDef* TIMx,uint16_t TIM_TRGOSource)						
功能描述	选择 TIMx 触发输出模式						
输入参数 1	TIMx:x 可以取值为 1,2,…,8,用来选择 TIM 外设						
输入参数 2	TIM_TRGOSource:所选择的触发输出模式,其取值定义如表 5.22 所示						
输出参数	无	返回值	无	先决条件	无	被调用函数	无

表 5.22 TIM _ TRGOSource 取值定义

TIM_TRGOSource 取值	功 能 描 述
TIM_TRGOSource_Reset	使用寄存器 TIM_EGR 的 UG 位作为触发输出(TRGO)
TIM_TRGOSource_Enable	使用计数器使能 CEN 作为触发输出(TRGO)
TIM_TRGOSource_Update	使用更新事件作为触发输出(TRGO)
TIM_TRGOSource_OC1	一旦捕获或比较匹配发生,当标志位 CC1F 被设置时会触发输出,发送一个确定脉冲(TRGO)
TIM_TRGOSource_OC1Ref	使用 OC1REF 作为触发输出(TRGO)
TIM_TRGOSource_OC2Ref	使用 OC2REF 作为触发输出(TRGO)
TIM_TRGOSource_OC3Ref	使用 OC3REF 作为触发输出(TRGO)
TIM_TRGOSource_OC4Ref	使用 OC4REF 作为触发输出(TRGO)

(6) TIM _ SelectSlaveMode 函数

该函数选择 TIMx 从模式。

函数原型	void TIM_SelectSlaveMode(TIM_TypeDef* TIMx, uint16_t TIM_SlaveMode)						
功能描述	选择 TIMx 从模式						
输入参数 1	TIMx:x 可以取值为 1,2,…,8,用来选择 TIM 外设						
输入参数 2	TIM_SlaveMode:TIM 从模式,其取值定义如表 5.23 所示						
输出参数	无	返回值	无	先决条件	无	被调用函数	无

表 5.23　TIM _ SlaveMode 取值定义

TIM_SlaveMode 取值	功能描述
TIM_SlaveMode_Reset	选中触发信号(TRGI)的上升沿重初始化计数器并触发寄存器的更新
TIM_SlaveMode_Gated	当触发信号(TRGI)为高电平时,计数器时钟使能
TIM_SlaveMode_Trigger	计数器在触发信号(TRGI)的上升沿开始
TIM_SlaveMode_Externall	选中触发信号(TRGI)的上升沿作为计数器时钟

(7) TIM _ SelectMasterSlaveMode 函数

该函数设置或重置 TIMx 主/从模式。

函数原型	void TIM_SelectMasterSlaveMode(TIM_TypeDef* TIMx,uint16_t TIM_MasterSlaveMode)						
功能描述	设置或重置 TIMx 主/从模式						
输入参数 1	TIMx:x 可以取值为 1,2,…,8,用来选择 TIM 外设						
输入参数 2	TIM_MasterSlaveMode:定时器主/从模式,可取值为 TIM_MasterSlaveMode_Enable 或 TIM_MasterSlaveMode_Disable						
输出参数	无	返回值	无	先决条件	无	被调用函数	无

例如,使能 TIM2 为主/从模式:

```
TIM_SelectMasterSlaveMode(TIM2,TIM_MasterSlaveMode_Enable);
```

(8) TIM _ SetCounter 函数

该函数设置 TIMx 计数器寄存器值。

函数原型	void TIM_SetCounter(TIM_TypeDef* TIMx,uint16_t Counter)						
功能描述	设置 TIMx 计数器寄存器值						
输入参数 1	TIMx:x 可以取值为 1,2,…,8,用来选择 TIM 外设						
输入参数 2	Counter:计数器寄存器的新值						
输出参数	无	返回值	无	先决条件	无	被调用函数	无

例如,设置 TIM2 计数器新值为 0xFFFF:

```
uint16 _t TIMCounter =0xFFFF;
TIM_SetCounter(TIM2, TIMCounter);
```

(9) TIM _ SetAutoreload 函数

该函数设置 TIMx 自动重装载寄存器值。

函数原型	void TIM_SetAutoreload(TIM_TypeDef* TIMx,uint16_t Autoreload)						
功能描述	设置 TIMx 自动重装载寄存器值						
输入参数 1	TIMx:x 可以取值为 1,2,…,8,用来选择 TIM 外设						
输入参数 2	Autoreload:自动重装载寄存器的新值						
输出参数	无	返回值	无	先决条件	无	被调用函数	无

5.2.1.4 定时器参数获取或清除标志类函数

(1) TIM _ GetCouner 函数

该函数获得 TIMx 计数器的值。

函数原型	uint16_t TIM_GetCounter(TIM_TypeDef* TIMx)						
功能描述	获得 TIMx 计数器的值						
输入参数	TIMx:x 可以取值为 1,2,…,8,用来选择 TIM 外设						
输出参数	无	返回值	无	先决条件	无	被调用函数	无

(2) TIM _ GetPrescaler 函数

该函数获得 TIMx 预分频值。

函数原型	uint16_t TIM_GetPrescaler(TIM_TypeDef* TIMx)						
功能描述	获得 TIMx 预分频值						
输入参数	TIMx:x 可以取值为 1,2,…,8,用来选择 TIM 外设						
输出参数	无	返回值	无	先决条件	无	被调用函数	无

(3) TIM _ GetFlagStatus 函数

该函数检查指定的 TIM 标志位设置与否。

函数原型	FlagStatus TIM_GetFlagStatus(TIM_TypeDef* TIMx,uint16_t TIM_FLAG)		
功能描述	检查指定的 TIM 标志位设置与否		
输入参数 1	TIMx:x 可以取值为 1,2,…,8,用来选择 TIM 外设		
输入参数 2	TIM_FLAG:待检查的 TIM 标志位,其取值定义如表 5.24 所示		
输出参数	无	返回值	对应 TIM 标志位的新状态(可取 SET 或 RESET)
先决条件	无	被调用函数	无

表 5.24 TIM _ FLAG 取值定义

TIM_FLAG 取值	功能描述	TIM_FLAG 取值	功能描述
TIM_FLAG_Update	TIM 更新标志位	TIM_FLAG_Trigger	TIM 触发标志位
TIM_FLAG_CC1	TIM 捕获/比较 1 溢出标志位	TIM_FLAG_CC1OF	TIM 捕获/比较 1 溢出标志位
TIM_FLAG_CC2	TIM 捕获/比较 2 溢出标志位	TIM_FLAG_CC2OF	TIM 捕获/比较 2 溢出标志位
TIM_FLAG_CC3	TIM 捕获/比较 3 溢出标志位	TIM_FLAG_CC3OF	TIM 捕获/比较 3 溢出标志位
TIM_FLAG_CC4	TIM 捕获/比较 4 溢出标志位	TIM_FLAG_CC4OF	TIM 捕获/比较 4 溢出标志位

(4) TIM _ ClearFlag 函数

该函数清除 TIMx 的待处理标志位。

函数原型	FlagStatus TIM_ClearFlag(TIM_TypeDef* TIMx,uint16_t TIM_FLAG)						
功能描述	清除 TIMx 的待处理标志位						
输入参数 1	TIMx:x 可以取值为 1,2,…,8,用来选择 TIM 外设						
输入参数 2	TIM_FLAG:待清除的 TIM 标志位						
输出参数	无	返回值	无	先决条件	无	被调用函数	无

5.2.1.5 定时器中断类相关函数

(1) TIM _ ITConfig 函数

该函数使能或失能指定的 TIM 中断。

函数原型	void TIM_ITConfig(TIM_TypeDef* TIMx,uint16_t TIM_IT,FunctionalState NewState)						
功能描述	使能或失能指定的 TIM 中断						
输入参数 1	TIMx:x 可以取值为 1,2,…,8,用来选择 TIM 外设						
输入参数 2	待使能或失能的 TIM 中断源,TIM_IT 取值定义如表 5.25 所示						
输入参数 3	NewState:TIMx 中断的新状态(可取 ENABLE 或 DISABLE)						
输出参数	无	返回值	无	先决条件	无	被调用函数	无

表 5.25　TIM _ IT 取值定义

TIM_IT 取值	功能描述	TIM_IT 取值	功能描述
TIM_IT_Update	TIM 中断源	TIM_IT_CC3	TIM 捕获/比较 3 中断源
TIM_IT_CC1	TIM 捕获/比较 1 中断源	TIM_IT_CC4	TIM 捕获/比较 4 中断源
TIM_IT_CC2	TIM 捕获/比较 2 中断源	TIM_IT_Trigger	TIM 触发中断源

(2) TIM _ GetITStatus 函数

该函数检查指定的 TIM 中断发生与否。

函数原型	ITStatus TIM_GetITStatus(TIM_TypeDef* TIMx,uint16_t TIM_IT)		
功能描述	检查指定的 TIM 中断发生与否		
输入参数 1	TIMx:x 可以取值为 1,2,…,8,用来选择 TIM 外设		
输入参数 2	TIM_IT:待检查的 TIM 中断源		
输出参数	无	返回值	对应 TIM 中断源的新状态(可取 SET 或 RESET)
先决条件	无	被调用函数	无

(3) TIM _ ClearITPendingBit 函数

该函数清除 TIMx 的中断待处理位。

函数原型	void TIM_ClearITPendingBit(TIM_TypeDef* TIMx,uint16_t TIM_IT)					
功能描述	清除 TIMx 的中断待处理位					
输入参数 1	TIMx:x 可以取值为 1,2,…,8,用来选择 TIM 外设					
输入参数 2	TIM_IT:待清除的 TIM 中断源					
输出参数	无	返回值	无	先决条件	无	被调用函数	无

5.2.2　RTC 与 BKP 相关函数

5.2.2.1　实时时钟相关函数

实时时钟（RTC）是一个独立的定时器。RTC 模块有一组连续计数的计数器，在相应的软件配置下，可提供时钟日历功能。修改计数器的值可以重新设置系统当前的时间和日期。常用的 RTC 库函数如表 5.26 所示。

表 5.26　常用的 RTC 库函数

函数名	功能描述
RTC_EnterConfigMode	进入 RTC 配置模式
RTC_ExitConfigMode	退出 RTC 配置模式
RTC_GetCounter	获取 RTC 计数器的值
RTC_SetCounter	设置 RTC 计数器的值
RTC_SetPrescaler	设置 RTC 预分频的值
RTC_SetAlarm	设置 RTC 闹钟的值
RTC_GetDivider	获取 RTC 预分频的分频因子值
RTC_WaitForLastTask	等待最近一次对 RTC 寄存器的写操作完成
RTC_WaitForSynchro	等待 RTC 寄存器与 RTC 的 APB 时钟同步
RTC_GetFlagStatus	检查指定的 RTC 标志位设置与否
RTC_ClearFlag	清除 RTC 的待处理标志位
RTC_GetITStatus	检查指定的 RTC 中断发生与否
RTC_ClearITPendingBit	清除 RTC 的中断待处理位
RTC_ITConfig	使能或失能指定的 RTC 中断

下面讲解常用的 RTC 库函数。

(1) RTC 设置读取类函数

① RTC _ EnterConfigMode 函数：该函数进入 RTC 配置模式。

函数原型	void RTC_EnterConfigMode(void)								
功能描述	进入 RTC 配置模式								
输入参数	无	输出参数	无	返回值	无	先决条件	无	被调用函数	无

② RTC _ ExitConfigMode 函数：该函数退出 RTC 配置模式。

函数原型	void RTC_ExitConfigMode(void)								
功能描述	退出 RTC 配置模式								
输入参数	无	输出参数	无	返回值	无	先决条件	无	被调用函数	无

③ RTC _ GetCounter 函数：该函数获取 RTC 计数器的值。

函数原型	uint8_t RTC_GetCounter(void)				
功能描述	获取 RTC 计数器的值				
输入参数	无	输出参数	无	返回值	RTC 计数器的值
先决条件	无	被调用函数	无		

④ RTC _ SetCounter 函数：该函数设置 RTC 计数器的值。

函数原型	void RTC_SetCounter(uint32_t CounterValue)		
功能描述	设置 RTC 计数器的值		
输入参数	CounterValue:新的 RTC 计数器值		
输出参数	无	返回值	无
先决条件	在使用该函数前,必须先调用函数 RTC_WaitForLastTask(),等待标志位 RTOFF 被设置		
被调用函数	RTC_EnterConfigMode()、RTC_ExitConfigMode()		

例如，设置 RTC 计数器的值为 0xFFFF5555：

```
RTC_WaitForLastTask();  //等待,直到最后一次 RTC 操作完成
RTC_SetCounter(0xFFFF5555); //设置 RTC 计数器的值为 0xFFFF5555
```

⑤ RTC _ SetPrescaler 函数：该函数设置 RTC 预分频的值。

函数原型	void RTC_SetPrescaler(uint32_t PrescalerValue)		
功能描述	设置 RTC 预分频的值		
输入参数	PrescalerValue:新的 RTC 预分频值		
输出参数	无	返回值	无
先决条件	在使用该函数前,必须先调用函数 RTC_WaitForLastTask(),等待标志位 RTOFF 被设置		
被调用函数	RTC_EnterConfigMode()、RTC_ExitConfigMode()		

例如，设置 RTC 预分频的值为 0x7A12：

```
RTC_WaitForLastTask(); //等待,直到最后一次 RTC 操作完成
RTC_SetPrescaler(0x7A12); //设置 RTC 预分频的值为 0x7A12
```

⑥ RTC _ SetAlarm 函数：该函数设置 RTC 闹钟的值。

函数原型	void RTC_SetAlarm(uint32_t AlarmValue)		
功能描述	设置 RTC 闹钟的值		
输入参数	AlarmValue:新的 RTC 闹钟值		
输出参数	无	返回值	无
先决条件	在使用该函数前,必须先调用函数 RTC_WaitForLastTask(),等待标志位 RTOFF 被设置		
被调用函数	RTC_EnterConfigMode()、RTC_ExitConfigMode()		

例如，设置 RTC 闹钟的值为 0x80：

```
RTC_WaitForLastTask(); //等待,直到最后一次 RTC 操作完成
RTC_SetAlarm(0x80); //设置 RTC 闹钟的值为 0x80
```

⑦ RTC _ GetDivider 函数：该函数获取 RTC 预分频的分频因子值。

函数原型	uint32_t RTC_GetDivider(void)				
功能描述	获取 RTC 预分频的分频因子值				
输入参数	无	输出参数	无	返回值	RTC 计数器的值
先决条件	无	被调用函数	无		

（2）RTC 等待检查类函数

① RTC _ WaitForLastTask 函数：该函数等待最近一次对 RTC 寄存器的写操作完成。

函数原型	void RTC_WaitForLastTask(void)								
功能描述	等待最近一次对 RTC 寄存器的写操作完成								
输入参数	无	输出参数	无	返回值	无	先决条件	无	被调用函数	无

② RTC _ WaitForSynchro 函数：该函数等待 RTC 寄存器与 RTC 的 APB 时钟同步。

函数原型	void RTC_WaitForSynchro(void)								
功能描述	等待 RTC 寄存器与 RTC 的 APB 时钟同步								
输入参数	无	输出参数	无	返回值	无	先决条件	无	被调用函数	无

（3）RTC 状态检测与中断类函数

① RTC _ GetFlagStatus 函数：该函数检查指定的 RTC 标志位设置与否。

函数原型	FlagStatus RTC_GetFlagStatus(uint16_t RTC_FLAG)		
功能描述	检查指定的 RTC 标志位设置与否		
输入参数	RTC_FLAG：待检查的 RTC 标志位，其取值定义如表 5.27 所示		
输出参数	无	返回值	对应 RTC 标志位的新状态（可取 SET 或 RESET）
先决条件	无	被调用函数	无

表 5.27　RTC _ FLAG 取值定义

RTC_FLAG 取值	功 能 描 述	RTC_FLAG 取值	功 能 描 述
RTC_FLAG_RTOFF	RTC 操作 OFF 标志位	RTC_FLAG_RSF	寄存器已同步标志位
RTC_FLAG_OW	溢出中断标志位	RTC_FLAG_SEC	闹钟中断标志位
RTC_FLAG_SEC	秒中断标志位	TIM_IT_Trigger	TIM 触发中断源

② RTC _ ClearFlag 函数：该函数清除 RTC 的待处理标志位。

函数原型	void RTC_ClearFlag(uint16_t RTC_FLAG)				
功能描述	清除 RTC 的待处理标志位				
输入参数	RTC_FLAG：待清除的 RTC 标志位				
输出参数	无	返回值	无	被调用函数	无
先决条件	在使用该函数前，必须先调用函数 RTC_WaitForLastTask()，等待标志位 RTOFF 被设置				

例如，清除 RTC 溢出中断标志位：

```
RTC_WaitForLastTask();//等待，直到最后一次 RTC 操作完成
RTC_ClearFlag(RTC_FLAG_OW);//清除 RTC 溢出中断标志位
```

③ RTC _ GetITStatus 函数：该函数检查指定的 RTC 中断发生与否。

函数原型	ITStatus RTC_GetITStatus(uint16_t RTC_IT)		
功能描述	检查指定的 RTC 中断发生与否		
输入参数	RTC_IT：待检查的 RTC 中断源，其取值定义如表 5.28 所示		
输出参数	无	返回值	对应 RTC 中断的新状态（可取 SET 或 RESET）
先决条件	无	被调用函数	无

表 5.28 RTC_IT 取值定义

RTC_IT 取值	功能描述
RTC_IT_OW	溢出中断使能
RTC_IT_ALR	闹钟中断使能
RTC_IT_SEC	秒中断使能

④ RTC_ClearITPendingBit 函数：该函数清除 RTC 的中断待处理位。

函数原型	ITStatus RTC_ClearITPendingBit(uint16_t RTC_IT)				
功能描述	清除 RTC 的中断待处理位				
输入参数	RTC_IT：待清除的 RTC 中断待处理位				
输出参数	无	返回值	无	被调用函数	无
先决条件	在使用该函数前，必须先调用函数 RTC_WaitForLastTask()，等待标志位 RTOFF 被设置				

例如，清除 RTC 的秒中断待处理位：

```
RTC_WaitForLastTask();//等待,直到最后一次 RTC 操作完成
RTC_ClearITPendingBit(RTC_IT_SEC);//清除 RTC 秒中断待处理位
```

⑤ RTC_ITConfig 函数：该函数使能或失能指定的 RTC 中断。

函数原型	void RTC_ITConfig(uint16_t RTC_IT，FunctionalState NewState)				
功能描述	使能或失能指定的 RTC 中断				
输入参数 1	RTC_IT：待使能或失能的 RTC 中断源				
输入参数 2	NewState：RTC 中断的新状态(可取 ENABLE 或 DISABLE)				
输出参数	无	返回值	无	被调用函数	无
先决条件	在使用该函数前，必须先调用函数 RTC_WaitForLastTask()，等待标志位 RTOFF 被设置				

例如，使能 RTC 的秒中断：

```
RTC_WaitForLastTask();  //使能 RTC 的秒中断
RTC_ITConfig(RTC_IT_SEC,ENABLE);  //等待,直到最后一次 RTC 操作完成
```

5.2.2.2 后备域相关函数

后备域（BKP）是 42 个 16 位的寄存器，可用来存储 84 字节的应用数据。它们处于后备域中，当 V_{DD} 电源被切断时，它们由外接的 V_{BAT} 维持供电。当系统在待机模式下被唤醒、系统复位或电源复位时，它们也不会被复位。

此外，BKP 控制寄存器用来管理侵入检测和 RTC 校准功能。复位后，对各寄存器和 RTC 的访问被禁止，且后备域被保护，以防止可能存在的意外写操作。常用的 BKP 库函数如表 5.29 所示。

表 5.29 常用的 BKP 库函数

函数名	功能描述
BKP_DeInit	将外设 BKP 的全部寄存器重设为默认值
BKP_TamperPinLevelConfig	设置侵入检测引脚的有效电平
BKP_TamperPinCmd	使能或失能引脚的侵入检测功能
BKP_ITConfig	使能或失能侵入检测中断
BKP_RTCOutputConfig	选择在侵入检测引脚上输出的 RTC 时钟源
BKP_SetRTCCalibration_Value	设置 RTC 时钟校准值
BKP_WriteBackupRegister	向指定的后备寄存器中写入程序数据

续表

函数名	功能描述
BKP_ReadBackupRegister	从指定的后备寄存器中读出数据
BKP_GetFlagStatus	检查侵入检测引脚事件的标志位被设置与否
BKP_ClearFlag	清除侵入检测引脚事件的待处理标志位
RTC_GetITStatus	检查侵入检测中断发生与否
RTC_ClearITPendingBit	清除侵入检测中断的待处理位

① BKP _ DeInit 函数：该函数将外设 BKP 的全部寄存器重设为默认值。

函数原型	void BKP_DeInit(void)						
功能描述	将外设 BKP 的全部寄存器重设为默认值						
输入参数	无	输出参数	无	返回值	无	先决条件	无
被调用函数	RCC_BackupResetCmd						

② BKP _ TamperPinLevelConfig 函数：该函数设置侵入检测引脚的有效电平。

函数原型	void BKP_TamperPinLevelConfig(uint32_t BKP_TamperPinLevel)						
功能描述	设置侵入检测引脚的有效电平						
输入参数	BKP_TamperPinLevel：侵入检测引脚的有效电平，其取值定义如表 5.30 所示						
输出参数	无	返回值	无	先决条件	无	被调用函数	无

表 5.30 BKP _ TamperPinLevel 取值定义

BKP_TamperPinLevel 取值	功能描述
BKP_TamperPinLevel_High	侵入检测引脚高电平有效
BKP_TamperPinLevel_Low	侵入检测引脚低电平有效

③ BKP _ TamperPinCmd 函数：该函数使能或失能引脚的侵入检测功能。

函数原型	void BKP_TamperPinCmd(FunctionalState NewState)						
功能描述	使能或失能引脚的侵入检测功能						
输入参数	NewState：侵入检测功能的新状态(可取 ENABLE 或 DISABLE)						
输出参数	无	返回值	无	先决条件	无	被调用函数	无

④ BKP _ ITConfig 函数：该函数使能或失能侵入检测中断。

函数原型	void BKP_ITConfig(FunctionalState NewState)						
功能描述	使能或失能侵入检测中断						
输入参数	NewState：侵入检测中断的新状态(可取 ENABLE 或 DISABLE)						
输出参数	无	返回值	无	先决条件	无	被调用函数	无

⑤ BKP _ WriteBackupRegister 函数：该函数向指定的后备寄存器中写入程序数据。

函数原型	void BKP_WriteBackupRegister(uint16_t BKP_DR,uint32_t Data)						
功能描述	向指定的后备寄存器中写入程序数据						
输入参数 1	BKP_DR：数据后备寄存器，其取值定义如表 5.31 所示						
输入参数 2	Data：待写入的数据						
输出参数	无	返回值	无	先决条件	无	被调用函数	无

表 5.31 BKP _ DR 取值定义

BKP_DR 取值	功能描述	BKP_DR 取值	功能描述
BKP_DR1	选中数据寄存器 1	BKP_DR6	选中数据寄存器 6
BKP_DR2	选中数据寄存器 2	BKP_DR7	选中数据寄存器 7
BKP_DR3	选中数据寄存器 3	BKP_DR8	选中数据寄存器 8
BKP_DR4	选中数据寄存器 4	BKP_DR9	选中数据寄存器 9
BKP_DR5	选中数据寄存器 5	BKP_DR10	选中数据寄存器 10

⑥ BKP _ ReadBackupRegister 函数：该函数从指定的后备寄存器中读出数据。

函数原型	uint16_t BKP_ReadBackupRegister(uint16_t BKP_DR)		
功能描述	从指定的后备寄存器中读出数据		
输入参数	BKP_DR:数据后备寄存器		
输出参数	无	返回值	指定后备寄存器中的数据
先决条件	无	被调用函数	无

⑦ BKP _ GetITStatus 函数：该函数检查侵入检测中断发生与否。

函数原型	ITStatus BKP_GetITStatus(void)		
功能描述	检查侵入检测中断发生与否		
输出参数	无	返回值	对应侵入检测中断标志位的新状态(可取 SET 或 RESET)
先决条件	无	被调用函数	无

⑧ BKP _ ClearITPendingBit 函数：该函数清除侵入检测中断的待处理位。

函数原型	void BKP_ClearITPendingBit(void)							
功能描述	清除侵入检测中断的待处理位							
输入参数	无	输出参数	无	返回值	无	先决条件	无	被调用函数	无

5.2.3 SysTick 定时器相关函数

STM32F10x 系列内核有一个系统时基定时器（SysTick），它是一个 24 位的递减计数器，具有灵活的控制机制。系统时基定时器设定初始值后，每经过 1 个系统时钟周期，计数就减 1，当减到 0 时，系统时基定时器自动重装初始值，并继续向下计数，同时触发中断，即产生嘀嗒节拍。常用的 SysTick 库函数如表 5.32 所示。

表 5.32 常用的 SysTick 库函数

函数名	功能描述
SysTick_CLKSourceConfig	设置 SysTick 时钟源
SysTick_SetReload	设置 SysTick 重装载值
SysTick_CounterCmd	使能或失能 SysTick 计数器
SysTick_ITConfig	使能或失能 SysTick 中断
SysTick_GetCounter	获取 SysTick 计数器的值
SysTick_GetFlagStatus	检查指定的 SysTick 标志位设置与否

① SysTick _ CLKSourceConfig 函数：该函数设置 SysTick 时钟源。

函数原型	void SysTick_CLKSourceConfig(uint32_t SysTick_CLKSource)						
功能描述	设置 SysTick 时钟源						
输入参数	SysTick_CLKSource:SysTick 时钟源,其取值如表 5.33 所示						
输出参数	无	返回值	无	先决条件	无	被调用函数	无

表 5.33 SysTick _ CLKSource 取值定义

SysTick_CLKSource 取值	功能描述
SysTick_CLKSource_HCLK_Div8	SysTick 时钟源为 AHB 总线时钟的 1/8
SysTick_CLKSource_HCLK	SysTick 时钟源为 AHB 总线时钟

② SysTick _ SetReload 函数：该函数设置 SysTick 重装载值。

函数原型	void SysTick_SetReload(uint32_t Reload)						
功能描述	设置 SysTick 重装载值						
输入参数	Reload:重装载值(该参数取值必须在 1～0x00FFFFFF 范围内)						
输出参数	无	返回值	无	先决条件	无	被调用函数	无

③ SysTick _ CounterCmd 函数：该函数使能或失能 SysTick 计数器。

函数原型	void SysTick_CounterCmd(uint32_t SysTick_Counter)						
功能描述	使能或失能 SysTick 计数器						
输入参数	SysTick_Counter:SysTick 计数器的新状态,其取值定义如表 5.34 所示						
输出参数	无	返回值	无	先决条件	无	被调用函数	无

表 5.34 SysTick _ Counter 取值定义

SysTick_Counter 取值	功能描述
SysTick_Counter_Disable	失能计数器
SysTick_Counter_Enable	使能计数器
SysTick_Counter_Clear	清除计数器值为 0

④ SysTick _ ITConfig 函数；该函数使能或失能 SysTick 中断。

函数原型	void SysTick_ITConfig(FunctionalState NewState)						
功能描述	使能或失能 SysTick 中断						
输入参数	NewState:SysTick 中断的新状态(可取 ENABLE 或 DISABLE)						
输出参数	无	返回值	无	先决条件	无	被调用函数	无

⑤ SysTick _ GetCounter 函数：该函数获取 SysTick 计数器的值。

函数原型	uint32_t SysTick_GetCounter(void)		
功能描述	获取 SysTick 计数器的值		
输出参数	无	返回值	SysTick 计数器的值
先决条件	无	被调用函数	无

⑥ SysTick _ GetFlagStatus 函数：该函数检查指定的 SysTick 标志位设置与否。

函数原型	FlagStatus SysTick_GetFlagStatus(uint8_t SysTick_FLAG)		
功能描述	检查指定的 SysTick 标志位设置与否		
输入参数	SysTick_FLAG:待检查的 SysTick 标志位,其取值定义如表 5.35 所示		
输出参数	无	返回值	对应 SysTick 标志位的新状态(可取 SET 或 RESET)
先决条件	无	被调用函数	无

表 5.35 SysTick _ FLAG 取值定义

SysTick_FLAG 取值	功能描述
SysTick_FLAG_COUNT	自上次被读取之后,检测计数器是否计数至 0
SysTick_FLAG_SKEW	由于时钟频率偏差,检测校准精度是否等于 10ms
SysTick_FLAG_NOREF	检测有无外部参考时钟可用

5.2.4 看门狗定时器相关函数

(1) 独立看门狗库函数

独立看门狗 (IWDG) 用来解决软件或硬件引起的处理器故障 (如死机等)，它可以在停止 (Stop) 模式和待命 (Standby) 模式下工作。常用的 IWDG 库函数如表 5.36 所示。

表 5.36　常用的 IWDG 库函数

函数名	功能描述
IWDG_WriteAccessCmd	使能或失能对寄存器 IWDG_PR 和 IWDG_RLR 的写操作
IWDG_SetPrescaler	设置 IWDG 预分频值
IWDG_SetReload	设置 IWDG 重装载值
IWDG_ReloadCounter	按照 IWDG 重装载寄存器的值重装载 IWDG 计数器
IWDG_Enable	使能 IWDG
IWDG_GetFlagStatus	检查指定的 IWDG 标志位被设置与否

① IWDG _ WriteAccessCmd 函数：该函数使能或失能对寄存器 IWDG_PR 和 IWDG_RLR 的写操作。

函数原型	void IWDG_WriteAccessCmd(uint16_t IWDG_WriteAccess)						
功能描述	使能或失能对寄存器 IWDG_PR 和 IWDG_RLR 的写操作						
输入参数	IWDG_WriteAccess：对寄存器 IWDG_PR 和 IWDG_RLR 的写操作的新状态，可取值为 IWDG_WriteAccess_ENABLE 或 IWDG_WriteAccess_DISABLE						
输出参数	无	返回值	无	先决条件	无	被调用函数	无

② IWDG _ SetPrescaler 函数：该函数设置 IWDG 预分频值。

函数原型	void IWDG_SetPrescaler(uint8_t IWDG_Prescaler)						
功能描述	设置 IWDG 预分频值						
输入参数	IWDG_Prescaler：IWDG 的预分频值，其取值定义如表 5.37 所示						
输出参数	无	返回值	无	先决条件	无	被调用函数	无

表 5.37　IWDG _ Prescaler 取值定义

IWDG_Prescaler 取值	功能描述	IWDG_Prescaler 取值	功能描述
IWDG_Prescaler_4	设置 IWDG 预分频值为 4	IWDG_Prescaler_64	设置 IWDG 预分频值为 64
IWDG_Prescaler_8	设置 IWDG 预分频值为 8	IWDG_Prescaler_128	设置 IWDG 预分频值为 128
IWDG_Prescaler_16	设置 IWDG 预分频值为 16	IWDG_Prescaler_256	设置 IWDG 预分频值为 256
IWDG_Prescaler_32	设置 IWDG 预分频值为 32		

③ IWDG _ SetReload 函数：该函数设置 IWDG 重装载值。

函数原型	void IWDG_SetReload(uint16_t IWDG_Reload)						
功能描述	设置 IWDG 重装载值						
输入参数	IWDG_Reload：IWDG 的重装载值(取值范围为 0x000～xFFF)						
输出参数	无	返回值	无	先决条件	无	被调用函数	无

④ IWDG _ ReloadCounter 函数：该函数按照 IWDG 重装载寄存器的值重装载 IWDG 计数器。

函数原型	void IWDG_ReloadCounter(void)								
功能描述	按照 IWDG 重装载寄存器的值重装载 IWDG 计数器								
输入参数	无	输出参数	无	返回值	无	先决条件	无	被调用函数	无

⑤ IWDG _ Enable 函数：该函数使能 IWDG。

函数原型	void IWDG_Enable(void)								
功能描述	使能 IWDG								
输入参数	无	输出参数	无	返回值	无	先决条件	无	被调用函数	无

⑥ IWDG _ GetFlagStatus 函数：该函数检查指定的 IWDG 标志位被设置与否。

函数原型	FlagStatus IWDG_GetFlagStatus(uint16_t IWDG_FLAG)		
功能描述	检查指定的 IWDG 标志位被设置与否		
输入参数	IWDG_FLAG:待检查的 IWDG 标志位,可取值为 IWDG_FLAG_PVU(预分频值标志位)或 IWDG_FLAG_RVU(重装载值标志位)		
输出参数	无	返回值	对应 IWDG 标志位的新状态(可取 SET 或 RESET)
先决条件	无	被调用函数	无

(2) 窗口看门狗库函数

窗口看门狗 (WWDG) 常用来检测是否发生过软件错误，通常软件错误是由外部干涉或不可预见的逻辑冲突引起的，这些错误会打断正常的程序流程。常用的 WWDG 库函数如表 5.38 所示。

表 5.38　常用的 WWDG 库函数

函数名	功能描述
WWDG_DeInit	将外设 WWDG 寄存器重设为默认值
WWDG_SetPrescaler	设置 WWDG 预分频值
WWDG_SetWindowValue	设置 WWDG 窗口值
WWDG_EnableIT	使能 WWDG 早期唤醒中断(EWI)
WWDG_SetCounter	设置 WWDG 计数器值
WWDG_Enable	使能 WWDG 并装入计数器值
WWDG_GetFlagStatus	检查 WWDG 早期唤醒中断标志位被设置与否
WWDG_ClearFlag	清除早期唤醒中断标志位

① WWDG _ DeInit 函数：该函数将外设 WWDG 寄存器重设为默认值。

函数原型	void WWDG_DeInit(void)						
功能描述	将外设 WWDG 寄存器重设为默认值						
输入参数	无	输出参数	无	返回值	无	先决条件	无
被调用函数	RCC_APB1PeriphResetCmd()						

② WWDG _ SetPrescaler 函数：该函数设置 WWDG 预分频值。

函数原型	void WWDG_SetPrescaler(uint32_t WWDG_Prescaler)						
功能描述	设置 WWDG 预分频值						
输入参数	WWDG_Prescaler:WWDG 的预分频值,其取值定义如表 5.39 所示						
输出参数	无	返回值	无	先决条件	无	被调用函数	无

表 5.39　WWDG _ Prescaler 取值定义

WWDG_Prescaler 取值	功能描述
WWDG_Prescaler_1	WWDG 计数器时钟为(PCLK/4096)/1
WWDG_Prescaler_2	WWDG 计数器时钟为(PCLK/4096)/2
WWDG_Prescaler_3	WWDG 计数器时钟为(PCLK/4096)/3
WWDG_Prescaler_4	WWDG 计数器时钟为(PCLK/4096)/4

③ WWDG _ SetWindow _ Value 函数：该函数设置 WWDG 窗口值。

函数原型	void WWDG_SetWindow_Value(uint8_t WindowValue)						
功能描述	设置 WWDG 窗口值						
输入参数	WindowValue:指定的窗口值(取值范围为 0x40～0x7F)						
输出参数	无	返回值	无	先决条件	无	被调用函数	无

④ WWDG _ EnableIT 函数：该函数使能 WWDG 早期唤醒中断 (EWI)。

函数原型	void WWDG_EnableIT(void)								
功能描述	使能 WWDG 早期唤醒中断(EWI)								
输入参数	无	输出参数	无	返回值	无	先决条件	无	被调用函数	无

⑤ WWDG _ SetCounter 函数：该函数设置 WWDG 计数器值。

函数原型	void WWDG_SetCounter(uint8_t Counter)						
功能描述	设置 WWDG 计数器值						
输入参数	Counter:指定的 WWDG 计数器值(取值范围为 0x40～0x7F)						
输出参数	无	返回值	无	先决条件	无	被调用函数	无

⑥ WWDG _ Enable 函数：该函数使能 WWDG 并装入计数器值。

函数原型	void WWDG_Enable(uint8_t Counter)						
功能描述	使能 WWDG 并装入计数器值						
输入参数	Counter:指定的 WWDG 计数器值(取值范围为 0x40～0x7F)						
输出参数	无	返回值	无	先决条件	无	被调用函数	无

⑦ WWDG _ GetFlagStatus 函数：该函数检查 WWDG 早期唤醒中断标志位被设置与否。

函数原型	FlagStatus WWDG_GetFlagStatus(void)		
功能描述	检查 WWDG 早期唤醒中断标志位被设置与否		
输出参数	无	返回值	WWDG 早期唤醒中断标志位的新状态(可取 SET 或 RESET)
先决条件	无	被调用函数	无

⑧ WWDG _ ClearFlag 函数：该函数清除早期唤醒中断标志位。

函数原型	void WWDG_ClearFlag(void)								
功能描述	清除早期唤醒中断标志位								
输入参数	无	输出参数	无	返回值	无	先决条件	无	被调用函数	无

5.3 实例：LED 跑马灯实验

5.3.1 使用 STM32CubeMX 配置基础参数

(1) 新建项目

① 打开 STM32CubeMX 软件，单击左上角 File 选项，在子菜单中选择 New Project 新建工程项目。

② 在弹出的新工程界面选择芯片型号。点击左上角 MCU/MPU Selecter 选项卡，在 Part Number 框里输入芯片名称，如“STM32F103ZE”，即可完成芯片型号选择。也可以在下方列表中依次选择 Arm Cortex-M3、STM32F103、F103ZETx，来完成芯片型号选择。

③ 芯片型号选择完成之后单击右上角 Start Project 开始配置项目。

(2) 配置时钟树

① 首先配置芯片的时钟树。由于开发板上安装有 8MHz 的外部晶振，则需要对应选择一个新的外部高速时钟源（HSE）。项目配置完成后，点击 Pinout & Configuration 选项。在左侧 System Core 列表中选中 RCC，此时 RCC Mode and Configuration 框中 High Speed Clock 选项默认为 Disable。将 Disable 改为 Crystal/Ceramic Resonator（晶体/陶瓷谐振器）。

完成后单击上方选项栏的 Clock Configuration，进入时钟配置界面。

② 开启外部晶振。由于时钟树的默认配置是没有外部晶振的，那么在时钟配置界面中 PLL Source Mux 选择 HSE，在 PLL（锁相环）一栏里选择“×9”的倍频系数，这样 8 MHz 的外部晶振就可以在锁相环的帮助下生成 72MHz 的时钟主频。STM32F103 系列的芯片允许的最高时钟主频就是 72MHz。再勾选 PLL _ CLK，这样 72MHz 的主频就真正作用在芯片上了。在 STM32 芯片内部，时钟主频和其他总线的频率并不一定相同，可以在时钟树的右侧配置修改所有总线的基准频率。由于 APB1 总线的最大频率是 36MHz，需要将 APB1 Prescaler（APB1 预分频器）的分频系数从/1 改成/2，这样改好后的 36MHz 才符合要求。

③ 至此所有时钟树的配置操作完成。可以看到 APB1 Timer Clocks 的基准频率是 72MHz，这个参数是后面配置定时器频率的必要参数。

（3）配置 TIM 定时器

① 重新回到 Pinout & Configuration 界面，在 Timers 列表中选择定时器。这里选择普通定时器 TIM3。单击 TIM3 后可以看到右侧弹出了 TIM3 的所有配置选项。Clock Source 选项默认是 Disable，将 Disable 改为 Internal Clock，这时 TIM3 才被真正开启。其他配置不需要改动。

② 在 TIM3 配置中点击 Parameter Settings 修改预分频系数和溢出周期。根据公式，定时器频率＝APB1 基准频率/预分频系数/溢出周期。若想要获得 1s 一次的触发，定时器频率应该设置为 1Hz。由于可设置的最大值为 65535（16 位地址的最大值为 2^{16}），将预分频系数设置为 7200，将溢出周期设置为 10000，这样定时器频率 ＝ 72000000/7200/10000＝1Hz。寄存器从 0 开始计数，数值 7199 在寄存器里相当于第 7200 次计数。在预分频系数里输入“7200－1”，在溢出周期里输入“10000－1”。

③ 在中断配置 NVIC Settings 里勾选上 TIM3 的全局中断 TIM3 Global Interrupt。这样 TIM3 计时器每隔 1 s 就会触发一次中断回调函数。至此 TIM3 的配置全部完成。

（4）配置 GPIO 引脚

在开发板的原理图上，可以看到两个 LED 灯分别由 PE5（LED1）和 PB5（LED0）控制。两个 LED 灯都是低电平触发。

将 PB5 和 PE5 设置为 Output 模式，Output Level（初始输出电平）设置为高电平启动。这样在初始化的时候 PB5 和 PE5 会默认输出高电平，LED 灯在开始时会是熄灭的。

（5）配置 Debug

接下来做其他的基础配置。在 Pinout & Configuration 界面中选择 System Core 列表中的 SYS，在右侧 Debug 选项中配置程序烧录协议。

其中 Serial Wire（SW）、JTAG 都是程序烧录协议，烧录协议需要和仿真器的型号适配。这里使用的 ST-Link 仿真器同时支持 SW 模式、JTAG-4pin 模式和 JTAG-5pin 模式，选用哪个都可以。这里选用了 SW 作为烧录协议。

（6）生成工程文件

所有配置完成，开始生成工程文件。单击上方菜单栏的 Project Manager 选项卡，进入工程文件配置界面。

点击左侧 Project，在配置界面里为工程命名，选择生成路径，选择 IDE 的种类（MDK-ARM V5）。注意，此时工程名和路径名必须是全英文，任何地方出现了中文或中文符号都会导致生成失败。

在 Code Generator 里将“Generate peripheral initialization……”勾选上，这样 STM32CubeMX 软件会在生成工程文件的时候自动配置好所有的 .c 文件和 .h 文件。

单击右上角 GENERATE CODE 选项，输出工程文件。

5.3.2 使用 Keil MDK 补充程序代码

（1）补充 TIM 定时器启动代码

补充中断使能配置：在 main.c 文件中，int main(void) 内部、while(1) 循环之前、“USER CODE BEGIN 2”区域内手动添加“HAL_TIM_Base_Start_IT(&htim3)”，开启定时器。

在 tim.c 中新增如下中断回调函数：

```
void HAL_TIM_PeriodElapsedCallback(TIM_HandleTypeDef * htim)
{
    //每 1ms 需要进行的操作；
}
```

补充动作语句：每隔 1s 触发一次中断回调，芯片就会自动运行一次刚补充好的 HAL_TIM_PeriodElapsedCallback 函数。

（2）补充 LED 跑马灯代码

在上一步声明的 HAL_TIM_PeriodElapsedCallback 函数中添加电平反转的操作：

```
HAL_GPIO_TogglePin(GPIOE, GPIO_PIN_5);
HAL_GPIO_TogglePin(GPIOB, GPIO_PIN_5);
```

此外，在 gpio.c 文件中，还可以脱离 STM32CubeMX 文件手动修改 PB5 和 PE5 的初始输出电平，将两个 LED 灯同时亮灭改为一亮一灭交替进行。具体操作如下：

```
//PE5 初始输出高电平,对应 LED 灯灭
HAL_GPIO_WritePin (GPIOE, GPIO_PIN_5, GPIO_PIN_SET);
//PB5 初始输出低电平,对应 LED 灯亮
HAL_GPIO_WritePin (GPIOB, GPIO_PIN_5, GPIO_PIN_RESET);
```

5.3.3 烧录代码

编程完成后需要对芯片进行烧录，将 ST-Link 仿真器和电源线都连接在开发板上，修改烧录配置。单击 Keil MDK 的“魔术棒”按钮，打开配置界面。

选择 Debug 选项卡，将仿真器型号改为 ST-Link Debugger。设置好 ST-Link Debugger 之后单击右侧的 Settings 按钮，进行下一步配置。在 Debug Adapter 框中选择 SW 烧录协议。

将 Connect 选项修改为“Normal”，Reset 选项修改为“Autodetect”。

在 Flash Download 选项卡中，勾选 Reset and Run，这样烧录好程序之后芯片会自动运行程序，不需要手动按 Reset 按钮。配置好之后，单击编译按钮，生成 hex 机器码。

5.4 习题

（1）（多选）高级定时器 TIM1 的特性（　　）。

A. 具备 16 位向上、向下、向上/向下自动装载计数器

B. 具备 16 位可编程预分频器

C. 具备 4 个独立通道

D. 可以通过事件产生中断，中断类型丰富，具备 DMA 功能

(2)（多选）通用定时器 TIMx 的特殊工作模式包括（　　）。

A. 输入捕获模式

B. PWM 输入模式

C. 输出模式

D. 单脉冲模式（OPM）

(3)（多选）STM32 的可编程通用定时器的时基单元包含（　　）。

A. 计数器寄存器（TIMx _ CNT）

B. 预分频器寄存器（TIMx _ PSC）

C. 自动装载寄存器（TIMx _ ARR）

D. 以上都不是

(4) 除了通用定时器外，STM32 还提供了一个高级控制定时器 TIM1 。TIM1 由一个 16 位的自动装载计数器组成，它是挂载在（　　）总线上运行的。

(5) TIM1 的（　　）只能在重复向下计数达到 0 的时候产生。这对产生 PWM 信号非常有用。

(6) 简述 STM32 的高级控制定时器 TIM1 的结构。

(7) 简述 STM32TIM 的计数器模式。

(8) 简述 STM32 的高级控制定时器 TIM1 的结构。

(9) 简述 STM32 实时时钟 RTC 的配置步骤。

(10) 编写一个初始化定时器的程序。

(11) 编写程序，使用 TIM2 检测外部未知时钟的频率。

第6章 中断

中断是指计算机运行过程中，出现某些意外情况需主机干预时，机器能自动停止正在运行的程序并转入处理新情况的程序，处理完毕后又返回原被暂停的程序继续运行。中断技术是计算机中的重要技术之一，它既和硬件有关，也和软件有关。中断使计算机具备处理突发事件的能力，使得工作变得更灵活，效率更高。中断与中断系统集中体现了计算机对异常事件的处理能力。本章详细介绍 STM32 微控制器的中断知识。

6.1 STM32 中断和异常

6.1.1 中断简介

中断是指通过硬件来改变 CPU 的运行过程。计算机在执行程序的过程中，外部设备向 CPU 发出中断请求信号，要求 CPU 暂时中断当前程序的执行而转去执行相应的处理程序，待处理程序执行完毕后，再继续执行原来被中断的程序。这种程序在执行过程中由于外界的原因而被中间打断的情况称为“中断”。

中断有以下作用：

① 提高 CPU 工作效率；

② 提供实时处理功能；

③ 提供紧急故障处理功能；

④ 利用中断实现程序多线程结构，实现分时操作；

⑤ 降低运行功耗（1%的时间处于运行状态，99%的时间处于低功耗状态）。

了解了中断的基本概念之后，我们继续了解中断的工作流程：

① 要实现抢占 CPU 资源执行突发事件代码，需要有触发事件向中断系统来提出申请；

② 如果各级许可允许，中断系统受理申请，并进行仲裁；

③ 以既定的优先级进行仲裁，将 CPU 资源分配给优先级高的中断源，CPU 执行响应突发事件代码；

④ 执行完成后归还 CPU 资源，中断系统结束该中断源，等待下一个申请。

6.1.2 中断和异常

STM32 有庞大的中断系统，并且通过嵌套向量中断管理器（NVIC）实现对中断的管理，STM32F103 系列的 ARM Cortex-M3 内核支持 256 个中断（16 个内核和 240 个外部）和可编程 256 级中断优先级的设置。然而，STM32 并没有全部使用 ARM Cortex-M3 内核，STM32 目前支持 84 个中断（16 个内核加上 68 个外部）及 16 级可编程中断优先级的设置。

而 AT89S51 单片机有 5 个中断源，包括 2 个外部中断源 $\overline{\text{INT0}}$ 和 $\overline{\text{INT1}}$，2 个定时/计数器 T0 和 T1 的溢出中断 TF0 和 TF1，1 个串行口发送 TI 和接收 RI 中断。相比之下，STM32 的中断数量远远大于 AT89S51 单片机的中断数量，处理计算机异常事件时效率更高。

STM32 的外部中断需要依赖外部中断/事件控制器（EXTI），互联型产品（STM32F107 系列）的 EXTI 由 20 个产生事件/中断请求的边沿检测器组成；对于其他产品，则有 19 个能产生事件/中断请求的边沿检测器。

每个输入线可以独立配置输入类型（脉冲或挂起）和对应的触发事件（上升沿或下降沿或者双边沿都触发），也可以独立地屏蔽。这其中，每个 GPIO 都可以被设置为输入线，占用 EXTI0～EXTI15，还有另外 7 根用于特定的外设事件，见表 6.1。

表 6.1 EXTI 中断/事件线

中断/事件线	输入源	中断/事件线	输入源
EXTI0	PX0(X 可为 A～I)	EXTI0	PX10(X 可为 A～I)
EXTI1	PX1(X 可为 A～I)	EXTI1	PX11(X 可为 A～I)
EXTI2	PX2(X 可为 A～I)	EXTI2	PX12(X 可为 A～I)
EXTI3	PX3(X 可为 A～I)	EXTI3	PX13(X 可为 A～I)
EXTI4	PX4(X 可为 A～I)	EXTI4	PX14(X 可为 A～I)
EXTI5	PX5(X 可为 A～I)	EXTI5	PX15(X 可为 A～I)
EXTI6	PX6(X 可为 A～I)	EXTI6	PVD 输出
EXTI7	PX7(X 可为 A～I)	EXTI7	RTC 闹钟事件
EXTI8	PX8(X 可为 A～I)	EXTI8	USB 唤醒事件
EXTI9	PX9(X 可为 A～I)	EXTI9	以太网唤醒事件(只适用于互联型)

STM32 中，每一个 GPIO 都可以触发一个外部中断，GPIO 的中断是以组为单位的，同组间的外部中断同一时间只能使用一个。例如，PA0、PB0、PC0、PD0、PE0、PF0 和 PG0 为一组，如果使用 PA0 作为外部中断源，那么别的就不能够再使用，在此情况下，只能使用类似 PB1、PC2 这种末端序号不同的外部中断源。

STM32 的定时器中断则取决于不同的定时器种类，以 STM32F103xx 系列为例：

① 高级定时器（TIM1、TIM8）。可以在如下事件发生时产生中断/DMA：

a. 更新：计数器向上溢出/向下溢出，计数器初始化（通过软件或者内部/外部触发）；

b. 触发事件（计数器启动、停止、初始化或者由内部/外部触发计数）；

c. 输入捕获；

d. 输出比较；

e. 刹车信号输入。

② 通用定时器 TIMx（TIM2、TIM3、TIM4、TIM5）。可以在如下事件发生时产生中断/DMA：

a. 更新　计数器向上溢出/向下溢出，计数器初始化（通过软件或者内部/外部触发）；

b. 触发事件（计数器启动、停止、初始化或者由内部/外部触发计数）；

c. 输入捕获；

d. 输出比较。

③ 基本定时器（TIM6、TIM7）。可以在如下事件发生时产生中断/DMA：在更新事件（计数器溢出）时产生中断/DMA 请求。

而 AT89S51 单片机有 5 个中断源，包括 2 个外部中断源 $\overline{\text{INT0}}$ 和 $\overline{\text{INT1}}$，2 个定时/计数器 T0 和 T1 的溢出中断 TF0 和 TF1，1 个串行口发送 TI 和接收 RI 中断。相比之下，STM32 的中断数量远远大于 AT89S51 单片机的中断数量，处理计算机异常事件时效率更高。由于 STM32 只能管理 16 级中断的优先级，所以只使用到中断优先级寄存器的高 4 位。

表 6.2 给出了 STM32F10xxx 产品的向量表，从该表中可以看出，优先级 −3～6 为系统异常中断，7～56 为外部中断，这些中断使用方便灵活，是开发 STM32 的重点。

表 6.2　STM32F10xxx 产品的向量表（小容量、中容量和大容量）

位置	优先级	优先级类型	名称	说明	地址
	—	—	—	保留	0x0000_0000
	−3	固定	Resert	复位	0x0000_0004
	−2	固定	NMI	不可屏蔽中断，RCC 时钟安全系统(CSS)连接到 NMI 向量	0x0000_0008
	−1	固定	HardFault	所有类型的失效	0x0000_000C
	0	可设置	MemManage	存储器管理	0x0000_0010
	1	可设置	BusFault	预取址失败，存储器访问失败	0x0000_0014
	2	可设置	UsageFault	未定义的指令或非法状态	0x0000_0018
	—			保留	0x0000_001C
	3	可设置	SVCall	通过 SWI 指令的系统服务调用	0x0000_002C
	4	可设置	DebugMonitor	调试监控器	0x0000_0030
	—	—	—	保留	0x0000_0034
	5	可设置	PendSV	可挂起的系统服务	0x0000_0038
	6	可设置	SysTick	系统嘀嗒定时器	0x0000_003C
0	7	可设置	WWDG	窗口定时器中断	0x0000_0040
1	8	可设置	PVD	连到 EXTI 的电源	0x0000_0044
2	9	可设置	TAMPER	侵入检测中断	0x0000_0048
3	10	可设置	RTC	实时时钟(RTC)全局中断	0x0000_004C
4	11	可设置	FLASH	闪存全局中断	0x0000_0050
5	12	可设置	RCC	复位和时钟控制(RCC)中断	0x0000_0054
6	13	可设置	EXTI0	EXTI 线 0 中断	0x0000_0058
7	14	可设置	EXTI1	EXTI 线 1 中断	0x0000_005C
8	15	可设置	EXTI2	EXTI 线 2 中断	0x0000_0060
9	16	可设置	EXTI3	EXTI 线 3 中断	0x0000_0064
10	17	可设置	EXTI4	EXTI 线 4 中断	0x0000_0068
11	18	可设置	DMA1 通道 1	DMA1 通道 1 全局中断	0x0000_006C
12	19	可设置	DMA1 通道 2	DMA1 通道 2 全局中断	0x0000_0070
13	20	可设置	DMA1 通道 3	DMA1 通道 3 全局中断	0x0000_0074
14	21	可设置	DMA1 通道 4	DMA1 通道 4 全局中断	0x0000_0078
15	22	可设置	DMA1 通道 5	DMA1 通道 5 全局中断	0x0000_007C

续表

位置	优先级	优先级类型	名称	说明	地址
16	23	可设置	DMA1 通道 6	DMA1 通道 6 全局中断	0x0000_0080
17	24	可设置	DMA1 通道 7	DMA1 通道 7 全局中断	0x0000_0084
18	25	可设置	ADC1_2	ADC1 和 ADC2 的全局中断	0x0000_0088
19	26	可设置	USB_HP_CAN_TX	USB 高优先级或 CAN 发送中断	0x0000_008C
20	27	可设置	USB_LP_CAN_RX0	USB 低优先级或 CAN 接收 0 中断	0x0000_0090
21	28	可设置	CAN_RX1	CAN 接收 1 中断	0x0000_0094
22	29	可设置	CAN_SCE	CAN	SEC 中断
23	30	可设置	EXTI9_5	EXTI 线[9:5]中断	0x0000_009C
24	31	可设置	TIM1_BRK	TIM1 刹车中断	0x0000_00A0
25	32	可设置	TIM1_UP	TIM1 更新中断	0x0000_00A4
26	33	可设置	TIM1_TRG_COM	TIM1 触发和通信中断	0x0000_00A8
27	34	可设置	TIM1_CC	TIM1 捕获比较中断	0x0000_00AC
28	35	可设置	TIM2	TIM2 全局中断	0x0000_00B0
29	36	可设置	TIM3	TIM3 全局中断	0x0000_00B4
30	37	可设置	TIM4	TIM4 全局中断	0x0000_00B8
31	38	可设置	I2C1_EV	I2C1 事件中断	0x0000_00BC
32	39	可设置	I2C1_ER	I2C1 错误中断	0x0000_00C0
33	40	可设置	I2C2_EV	I2C2 事件中断	0x0000_00C4
34	41	可设置	I2C2_ER	I2C3 错误中断	0x0000_00C8
35	42	可设置	SPI1	SPI1 全局中断	0x0000_00CC
36	43	可设置	SPI2	SPI2 全局中断	0x0000_00D0
37	44	可设置	USART1	USART1 全局中断	0x0000_00D4
38	45	可设置	USART2	USART2 全局中断	0x0000_00D8
39	46	可设置	USART3	USART3 全局中断	0x0000_00DC
40	47	可设置	EXTI15_10	EXTI 线[15:10]中断	0x0000_00E0
41	48	可设置	RTCAlarm	连到 EXTI 的 RTC 闹钟中断	0x0000_00E4
42	49	可设置	USB 唤醒	连到 EXTI 的从 USB 待机唤醒中断	0x0000_00E8
43	50	可设置	TIM8_BRK	TIM8 刹车中断	0x0000_00EC
44	51	可设置	TIM8_UP	TIM8 更新中断	0x0000_00F0
45	52	可设置	TIM8_TRG_COM	TIM8 触发和通信中断	0x0000_00F4
46	53	可设置	TIM8_CC	TIM8 捕获比较中断	0x0000_00F8
47	54	可设置	ADC3	ADC3 全局中断	0x0000_00FC
48	55	可设置	FSMC	FSMC 全局中断	0x0000_0100
49	56	可设置	SDIO	SDIO 全局中断	0x0000_0104
50	57	可设置	TIM5	TIM5 全局中断	0x0000_0108
51	58	可设置	SPI3	SPI3 全局中断	0x0000_010C
52	59	可设置	USART4	USART4 全局中断	0x0000_0110
53	60	可设置	USART5	USART5 全局中断	0x0000_0114
54	61	可设置	TIM6	TIM6 全局中断	0x0000_0118
55	62	可设置	TIM7	TIM7 全局中断	0x0000_011C
56	63	可设置	DMA2 通道 1	DMA2 通道 1 全局中断	0x0000_0120
57	64	可设置	DMA2 通道 2	DMA2 通道 2 全局中断	0x0000_0124
58	65	可设置	DMA2 通道 3	DMA2 通道 3 全局中断	0x0000_0128
59	66	可设置	DMA2 通道 4～5	DMA2 通道 4 和 DMA2 通道 5 全局中断	0x0000_012C

6.2 STM32 中断相关的基本概念

STM32 的中断系统很复杂且内容很多，微处理器中断的概念和使用方法很接近，本节主要介绍和 STM32 中断最为密切的两个概念，即中断优先级和中断向量的优先级组。

6.2.1 中断优先级

嵌入式系统中的中断往往不止一个，对于多个同时发生的中断或者嵌套发生的中断，系统会根据中断优先级决定中断的处理顺序。

STM32 中有两个中断优先级，为抢占优先级和响应优先级。

(1) 中断优先级分类

① 抢占优先级。具有高抢占优先级的中断可以在具有低抢占优先级的中断处理过程中响应，即中断嵌套，或者说高抢占优先级的中断可以嵌套低抢占优先级的中断。只要两个中断的抢占优先级相同，就不会出现中断嵌套的现象。

② 响应优先级。响应优先级也称作亚优先级或副优先级，每个中断源都需要指定这两种优先级。

当两个中断源的抢占优先级相同时，这两个中断没有嵌套关系，当一个中断到来后，如果正在处理另一个中断，那么这个后到来的中断就要等到前一个中断处理完之后才能被处理。如果两个中断同时到达，则中断控制器根据响应优先级的高低来决定先处理哪一个；如果抢占优先级和响应优先级相等，则根据它们在中断表中的排位顺序决定先处理哪一个。

(2) 中断优先级原则

① 首先判断抢占优先级，抢占优先级高的先执行；

② 若抢占优先级相同，再判断响应优先级，响应优先级高的先执行；

③ 若抢占和响应优先级都相同，按照触发中断的时间，排在前面的先执行。

(3) 库函数设置

① 抢占优先级的库函数设置为：

```
NVIC_InitStructure.NVIC_IRQChannelPreemptionPriority=x
```

其中，x 为 0～15，具体要看优先级组别的选择。

② 响应优先级的库函数设置为：

```
NVIC_InitStructure.NVIC_IRQChannelSubPriority=x
```

其中，x 为 0～15，具体要看优先级组别的选择。

优先级编号越小，其优先级别越高。只有抢占优先级高，才可以抢占当前中断。如果抢占优先级编号相同，则先到达的先执行，迟到达的即使响应优先级高也只能等着。只有同时到达时，才先执行高响应优先级的中断。

6.2.2 中断控制器 NVIC

中断控制器（Nested Vectored Interrupt Controller，NVIC）集成在 ARM Cortex-M3 内核中，与中央处理器核心 Cortex-M3 紧密耦合，从而实现低延迟的中断处理和高效地处理晚到的高优先级的中断。

STM32 的中断很多，通过中断控制器 NVIC 进行管理。其作用有：

① 支持84个中断，包括16个内核中断和68个外部中断；
② 使用4位优先级设置，具有16级可编程异常优先级；
③ 中断响应时处理器状态的自动保存，无需额外指令；
④ 中断返回时处理器状态的自动恢复，无需额外指令；
⑤ 支持嵌套和向量中断；
⑥ 支持中断尾链技术（一种提高中断处理效率的技术）。

当使用中断时，首先要进行NVIC的初始化，定义一个NVIC_InitTypeDef结构体类型，NVIC_InitTypeDef定义于文件“stm32f10x_nvic.h”中。

```
typedef struct
{
    u8 NVIC_IRQChannel;
    u8 NVIC_IRQChannelPreemptionPriority;
    u8 NVIC_IRQChannelSubPriority;
    FunctionalState NVIC_IRQChannelCmd;
} NVIC_InitTypeDef;
```

NVIC_InitTypeDef结构体有4个成员：
第3行代码，NVIC_IRQChannel为需要配置的中断向量，可设置的值如表6.3所示。
第4行代码，NVIC_IRQChannelPreemptionPriority为配置中断向量的抢占优先级。
第5行代码，NVIC_IRQChannelSubPriority为配置中断向量的响应优先级。
第6行代码，NVIC_IRQChannelCmd使能或者关闭响应中断向量的中断响应。

表6.3 NVIC_IRQChannel值

NVIC_IRQChannel取值	描述
WWDG_IRQChannel	窗口看门狗中断
PVD_IRQChannel	PVD通过EXTI探测中断
TAMPER_IRQChannel	篡改中断
RTC_IRQChannel	RTC全局中断
FlashItf_IRQChannel	Flash全局中断
RCC_IRQChannel	RCC全局中断
EXTI0_IRQChannel	外部中断线0中断
EXTI1_IRQChannel	外部中断线1中断
EXTI2_IRQChannel	外部中断线2中断
EXTI3_IRQChannel	外部中断线3中断
EXTI4_IRQChannel	外部中断线4中断
DMAChannel1_IRQChannel	DMA通道1中断
DMAChannel2_IRQChannel	DMA通道2中断
DMAChannel3_IRQChannel	DMA通道3中断
DMAChannel4_IRQChannel	DMA通道4中断
DMAChannel5_IRQChannel	DMA通道5中断
DMAChannel6_IRQChannel	DMA通道6中断
DMAChannel7_IRQChannel	DMA通道7中断
ADC_IRQChannel	ADC全局中断
USB_HP_CANTX_IRQChannel	USB高优先级或者CAN发送中断
USB_LP_CAN_RX0_IRQChannel	USB低优先级或者CAN接收0中断
CAN_RX1_IRQChannel	CAN接收1中断
CAN_SCE_IRQChannel	CAN SCE中断
EXTI9_5_IRQChannel	外部中断线9～5中断

续表

NVIC_IRQChannel 取值	描述
TIM1_BRK_IRQChannel	TIM1 暂停中断
TIM1_UP_IRQChannel	TIM1 刷新中断
TIM1_TRG_COM_IRQChannel	TIM1 触发和通信中断
TIM1_CC_IRQChannel	TIM1 捕获比较中断
TIM2_IRQChannel	TIM2 全局中断
TIM3_IRQChannel	TIM3 全局中断
TIM4_IRQChannel	TIM4 全局中断
I2C1_EV_IRQChannel	I2C1 事件中断
I2C1_ER_IRQChannel	I2C1 错误中断
I2C2_EV_IRQChannel	I2C2 事件中断
I2C2_ER_IRQChannel	I2C2 错误中断
SPI1_IRQChannel	SPI1 全局中断
SPI2_IRQChannel	SPI2 全局中断
USART1_IRQChannel	USART1 全局中断
USART2_IRQChannel	USART2 全局中断
USART3_IRQChannel	USART3 全局中断
ECTI15_10_IRQChannel	外部中断线 15～10 中断
RTCAlarm_IRQChannel	RTC 闹钟通过 EXTI 线中断
USBWakeUp_IRQChannel	USB 通过 EXTI 线从悬挂唤醒中断

6.2.3 NVIC 的中断向量优先级组

配置优先级时，还要注意一个很重要的问题——中断种类的数量，表 6.4 为中断向量优先级分组。NVIC 只可以配置 16 种中断向量的优先级，也就是说，抢占优先级和响应优先级的数量由一个 4 位的数字来决定，把这个 4 位数字的位数分配成抢占优先级部分和响应优先级部分。

表 6.4　中断向量优先级分组

NVIC_PriorityGroup	中断向量抢占优先级	中断向量响应优先级	描述
NVIC_PriorityGroup_0	无	0000-1111	先抢占优先级 0 位，从优先级 4 位
NVIC_PriorityGroup_1	0-1	000-111	先抢占优先级 1 位，从优先级 3 位
NVIC_PriorityGroup_2	00-11	00-11	先抢占优先级 2 位，从优先级 2 位
NVIC_PriorityGroup_3	000-111	0-1	先抢占优先级 3 位，从优先级 1 位
NVIC_PriorityGroup_4	0000-1111	无	先抢占优先级 4 位，从优先级 0 位

若选中 NVIC _ PriorityGroup _ 0，则参数 NVIC _ IRQChannelPreemptionPriority 对中断通道的设置不产生影响；若选中 NVIC _ PriorityGroup _ 4，则参数 NVIC _ IRQChannel-SubPriority 对中断通道的设置不产生影响。

假如选择了第 3 组，那么抢占优先级就从 000～111 这 8 个中选择。在程序中给不同的中断以不同的抢占优先级，号码范围是 0～7；而响应优先级只有 1 位，所以即使要设置 3、4 个甚至最多的 16 个中断，在响应优先级这一项也只能赋予 0 或 1。

所以，8 个抢占优先级×2 个响应优先级 =16 种优先级，这与上文所述的 STM32 只能管理 16 级中断的优先级相符。

不论使用何种中断模式，系统都可以为使用者提供 16 个级别的中断优先级，使用者可以根据自己的中断嵌套和相应顺序来选择最合理的中断模式。例如，在使用第四组中断模式时，16 种中断的抢占优先级都不同，只要发生多重中断事件必会引起中断嵌套。而使用第 0

组中断模式时，16 种中断的抢占优先级相同，只有响应优先级不同，程序不会存在中断嵌套现象。

同样将 AT89S51 单片机和 STM32 比较来看。AT89S51 单片机的中断优先级只有两级，即高优先级和低优先级两个级别。AT89S51 单片机通过中断优先级寄存器 IP 来设置每个中断源的优先级，对应位设置为 1 则为高优先级，否则为低优先级。IP 寄存器可以进行位寻址，各个位的定义如图 6.1 所示：

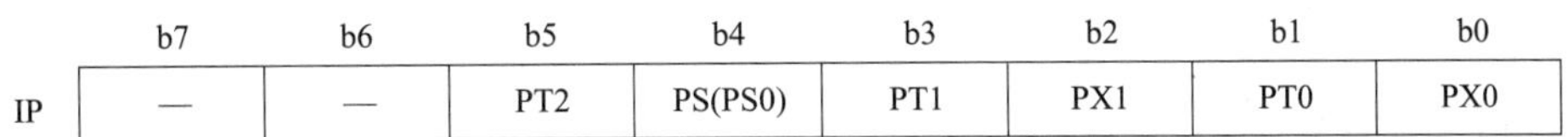

	b7	b6	b5	b4	b3	b2	b1	b0
IP	—	—	PT2	PS(PS0)	PT1	PX1	PT0	PX0

图 6.1 IP 寄存器位寻址

其中：

PT2：定时/计数器 T2 的中断优先级控制位，只用于 52 增强型系列。

PS（PS0）：串行口的中断优先级控制位。

PT1：定时/计数器 T1 的中断优先级控制位。

PX1：外部中断 $\overline{\text{INT1}}$ 的中断优先级控制位。

PT0：定时/计数器 T0 的中断优先级控制位。

PX0：外部中断 $\overline{\text{INT0}}$ 的中断优先级控制位。

对于同级中断源，AT89S51 单片机采取默认的优先权顺序，中断向量越小，其优先级越高。对于中断优先级和中断嵌套，AT89S51 单片机有以下三条规定：

① 正在进行的中断过程不能被新的同级或低优先级的中断请求所中断，直到该中断服务程序结束，返回了主程序且执行了主程序中的一条指令后，CPU 才响应新的中断请求；

② 正在进行的低优先级中断服务程序能被高优先级中断请求所中断，实现两级中断嵌套；

③ CPU 同时接收到几个中断请求时，首先响应优先级最高的中断请求。

实际上，AT89S51 单片机对于二级中断嵌套的处理是通过中断系统中的两个用户不可寻址的优先级状态触发器来实现的。这两个优先级状态触发器用来记录本级中断源是否正在中断。如果正在中断，则硬件自动将其优先级状态触发器置 1。若高优先级状态触发器置 1，则屏蔽所有后来的中断请求；若低优先级状态触发器置 1，则屏蔽所有后来的低优先级中断，允许高优先级中断形成二级嵌套。当中断响应结束时，对应的优先级状态触发器由硬件自动清零。

总的来说相比于 AT89S51 单片机，STM32 中断管理更加高级，更加智能，同时支持的中断数量和种类更多，可设置的中断优先级更多，可嵌套的中断数量也更多，中断响应也更快，STM32 可以适应更加复杂的应用场景。

STM32 中断优先级的设置步骤为：

① 系统运行后先设置中断优先级分组，调用函数：

```
void NVIC_PriorityGroupConfig(uint32_t NVIC_PriorityGroup);
```

整个系统执行过程中，只能设置一次中断分组；

② 针对每个中断，设置对应的抢占优先级和响应优先级：

```
void NVIC_Init(NVIC_InitTypeDef* NVIC_InitStruct);
```

③ 如果需要挂起/解挂，或查看中断当前激活状态，分别调用相关函数即可。

6.3 外部中断

对于互联型产品，外部中断/事件控制器由20个产生事件/中断请求的边沿检测器组成，对于其他产品，则有19个能产生事件/中断请求的边沿检测器。每个输入线可以独立配置输入类型（脉冲或挂起）和对应的触发事件（上升沿或下降沿或者双边沿都触发）。每个输入线都可以独立地屏蔽。挂起寄存器保持着状态线的中断请求。

6.3.1 外部中断基本情况

STM32中，每一个GPIO都可以触发一个外部中断，GPIO的中断是以组为单位的，同组间的外部中断同一时间只能使用一个。例如，PA0、PB0、PC0、PD0、PE0、PF0和PG0为1组，如果使用PA0作为外部中断源，那么别的就不能够再使用，在此情况下，只能使用类似于PB1、PC2这种末端序号不同的外部中断源。外部中断通用I/O映像如图6.2所示。

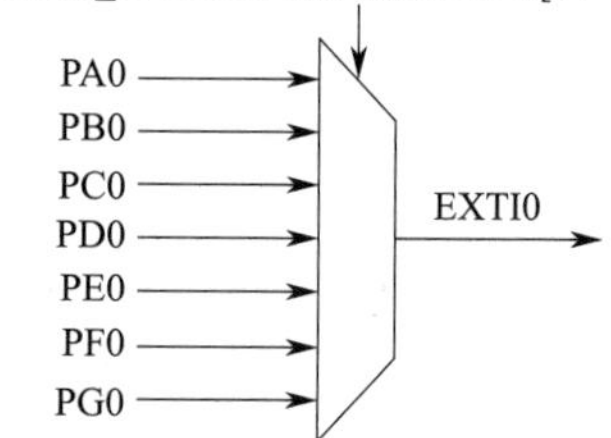

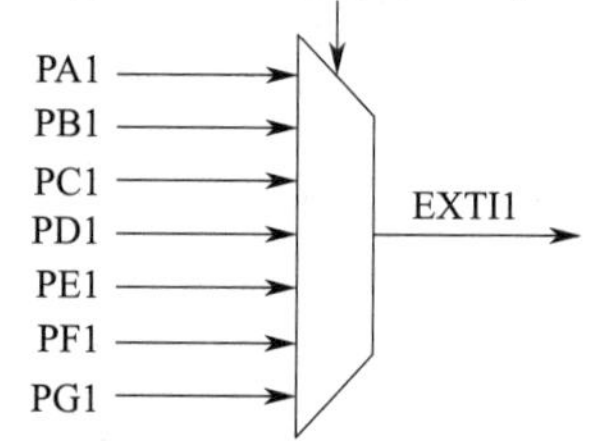

图6.2 外部中断通用I/O映像

每一组使用一个中断标志EXTIx。EXTI0～EXTI4这5个外部中断有着各自单独的中断响应函数，EXTI5～9共用一个中断响应函数，EXTI10～15共用一个中断响应函数。

通过AFIO_EXTICRx配置GPIO线上的外部中断/事件，必须先使能AFIO时钟。另外4个EXTI线的连接方式如下：

① EXTI线16连接到PVD输出。

② EXTI线17连接到RTC闹钟事件。

③ EXTI线18连接到USB唤醒事件。

④ EXTI线19连接到以太网唤醒事件（只适用于互联型产品）。

6.3.2 使用外部中断的基本步骤

下面以外部中断为例，说明配置外部中断方法和步骤。

① 使能EXTIx线的时钟和第二功能AFIO时钟。AFIO（Alternate-Function I/O）指GPIO端口的复用功能，GPIO除了普通的输入输出功能（主功能）外，还可以作为片上外设的复用输入输出口，如串口、ADC，这些就是复用功能。大多数GPIO都有一个默认复用功能，有的GPIO还有重映射功能。重映射功能是指把原来属于A引脚的默认复用功能，转移到B引脚进行使用，前提是B引脚具有这个重映射功能。当把GPIO用作EXTI外部中断或使用重映射功能时，必须开启AFIO时钟，而在使用默认复用功能时，不必开启AFIO时钟。

② 配置EXTIx线的中断优先级。

③ 配置EXTIx中断线I/O。

④ 选定要配置为EXTI的I/O口线。

⑤ 配置EXTI中断线工作模式。

⑥ 编写中断服务代码：

```
void EXTI0_IRQHandler (void)
{
        if (EXIT_GetITStatus (EXTI_Line0) ! = RESET )//确保是否产生了 EXTI_Line0 中断
        {
          …
          EXTI_ClearITPendingBit (EXTI_Line0) ;//清除中断标志位 EXTI_Line0
        }
}
```

上述代码较容易理解：进入中断后，调用库函数 EXTI _ GetITStatus () 来重新检查是否产生了 EXTI _ Line 中断，操作完毕后，调用 EXTI _ ClearITPendingBit () 清除中断标志位再退出中断服务函数。

stm32f10x _ it. c 文件是专门用来存放中断服务函数的。文件中默认只有几个关于系统异常的中断服务函数，而且都是空函数，在需要的时候自行编写。那么中断服务函数名是不是可以自己定义呢？不可以。中断服务函数的名字必须要与启动文件 startup _ stm32f10x _ hd. s 中的中断向量表定义一致。在启动文件中定义的部分向量表见代码：

```
External Interrupts
    DCD WWDG_IRQHandler                        ; Window Watchdog
    DCD PVD_IRQHandler                         ; PVD through EXTI Line detect
    DCD TAMPER_IRQHandler                      ; Tamper
    DCD RTC_IRQHandler                         ; RTC
    DCD FLASH_IRQHandler                       ; Flash
    DCD RCC_IRQHandler                         ; RCC
    DCD EXTI0_IRQHandler                       ; EXTI Line0
    DCD EXTI1_IRQHandler                       ; EXTI Line1
    DCD EXTI2_IRQHandler                       ; EXTI Line2
    DCD EXTI3_IRQHandler                       ; EXTI Line3
    DCD EXTI4_IRQHandler                       ; EXTI Line4
    DCD DMA1_Channel1_IRQChannel               ; DMA1 Channel 1
    DCD DMA1_Channel2_IRQChannel               ; DMA1 Channel 2
    DCD DMA1_Channel3_IRQChannel               ; DMA1 Channel 3
    DCD DMA1_Channel4_IRQChannel               ; DMA1 Channel 4
    DCD DMA1_Channel5_IRQChannel               ; DMA1 Channel 5
    DCD DMA1_Channel6_IRQChannel               ; DMA1 Channel 6
    DCD DMA1_Channel7_IRQChannel               ; DMA1 Channel 7
    DCD ADC1_2_IRQHandler                      ; ADC1 & ADC2
    DCD USB_HP_CAN1_TX_IRQHandler              ; USB High Priority or CAN1 TX
    DCD USB_LP_CAN1_RX0_IRQHandler             ; USB Low Priority or CAN1 RX0
    DCD CAN1_RX1_IRQHandler                    ; CAN1 RX1
    DCD CAN1_SCE_IRQHandler                    ; CAN1 SCE
    DCD EXTI9_5_ IRQHandler                    ; EXTI Line 9…5
    DCD TIM1_BRK_ IRQHandler                   ; TIM1 Break
    DCD TIM1_UP_ IRQHandler                    ; TIM1 Update
    DCD TIM1_TRG_COM _ IRQHandler              ; TIM1 Trigger and Commutation
```

```
DCD TIM1_CC_ IRQHandler                  ; TIM1 Caputer Compare
DCD TIM2_ IRQHandler                     ; TIM2
DCD TIM3_ IRQHandler                     ; TIM3
DCD TIM4_ IRQHandler                     ; TIM4
DCD I2C1_EV_IRQHandler                   ; I2C1 Event
DCD I2C1_ER_IRQHandler                   ; I2C1 Error
DCD I2C2_EV_IRQHandler                   ; I2C2 Event
DCD I2C2_ER_IRQHandler                   ; I2C2 Error
DCD SPI1_IRQHandler                      ; SPI1
DCD SPI2_IRQHandler                      ; SPI2
DCD USART1_IRQHandler                    ; USART1
DCD USART2_IRQHandler                    ; USART2
DCD USART3_IRQHandler                    ; USART3
DCD EXTI15_10_ IRQHandler                ; EXTI Line 15…10
DCD RTCAlarm_ IRQHandler                 ; RTC Alarm through EXTI Line
DCD USBWakeUp_ IRQHandler                ; USB WakeUp from suspend
DCD TIM8_BRK_ IRQHandler                 ; TIM8 Break
DCD TIM8_UP_ IRQHandler                  ; TIM8 Update
DCD TIM8_TRG_COM_ IRQHandler             ; TIM8 Trigger and Commutation
DCD TIM8_CC_ IRQHandler                  ; TIM8 Capture Compare
DCD ADC3_ IRQHandler                     ; ADC3
DCD FSMC_ IRQHandler                     ; FSMC
DCD SDIO_ IRQHandler                     ; SDIO
DCD TIM5_ IRQHandler                     ; TIM5
DCD SPI3_ IRQHandler                     ; SPI3
DCD USART4_ IRQHandler                   ; USART4
DCD USART5_ IRQHandler                   ; USART5
DCD TIM6_ IRQHandler                     ; TIM6
DCD TIM7_ IRQHandler                     ; TIM7
DCD DMA2_Channel1_ IRQHandler            ; DMA2 Channel1
DCD DMA2_Channel2_ IRQHandler            ; DMA2 Channel2
DCD DMA2_Channel3_ IRQHandler            ; DMA2 Channel3
DCD DMA2_Channel4_5_ IRQHandler          ; DMA2 Channel4 & Channel5
```

6.4 PWM 控制技术

6.4.1 PWM 面积等效原理

在采样控制理论中有一个重要的结论：冲量相等而形状不同的窄脉冲加在具有惯性的环节上时，其效果基本相同。冲量即指窄脉冲的面积。这里所说的效果基本相同，是指环节的输出响应波形基本相同。如果把各输出波形用傅里叶变换分析，则其低频段非常接近，仅在高频段略有差异。例如图 6.3 所示的三个窄脉冲形状不同，其中图 6.3(a) 为矩形脉冲，图 6.3(b) 为三角形脉冲，图 6.3(c) 为正弦半波脉冲，但它们的面积（即冲量）都等于 1，那么当它们分别加在具有惯性的同一个环节上时，其输出响应基本相同。当窄脉冲变为图 6.3

(d) 的单位脉冲函数 $\delta(t)$ 时，环节的响应即为该环节的脉冲过渡函数。

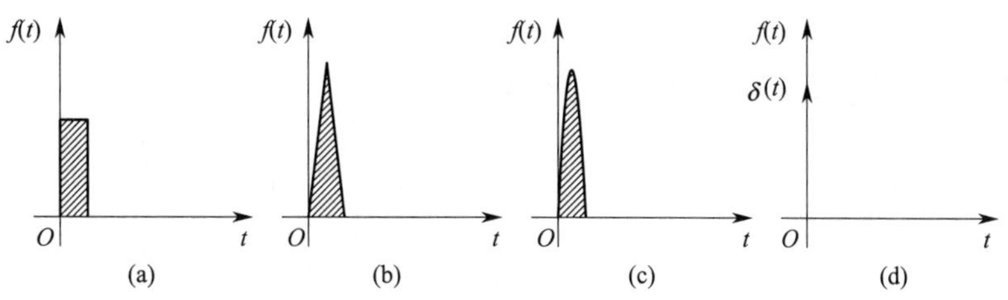

图 6.3 形状不同而冲量相同的各种窄脉冲
(a) 矩形脉冲；(b) 三角形脉冲；(c) 正弦半波脉冲；(d) 单位脉冲函数

图 6.4(a) 的电路是一个具体的例子。图中 $e(t)$ 为电压窄脉冲，其形状和面积分别如图 6.3 的 (a)、(b)、(c)、(d) 所示，为电路的输入。该输入加在可以看成惯性环节的 R-L 电路上，设其电流 $i(t)$ 为电路的输出。图 6.4(b) 给出了不同窄脉冲时 $i(t)$ 的响应波形。从波形可以看出，在 $i(t)$ 的上升段，脉冲形状不同时 $i(t)$ 的形状也略有不同，但其下降段则几乎完全相同。脉冲越窄，各 $i(t)$ 波形的差异也越小。如果周期性地施加上述脉冲，则响应 $i(t)$ 也是周期性的。用傅里叶级数分解后将可看出，各 $i(t)$ 在低频段的特性非常接近，仅在高频段有所不同。

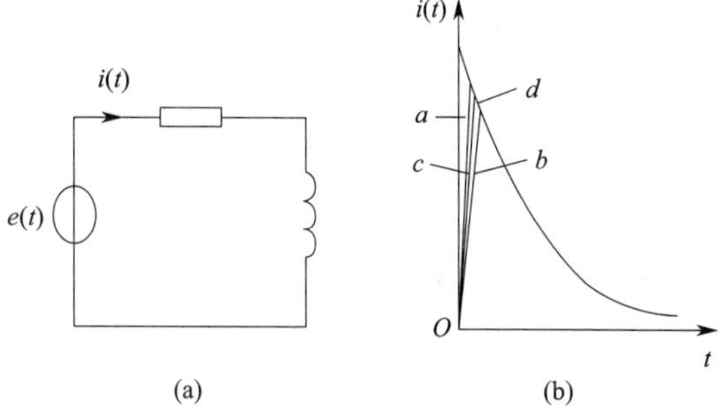

图 6.4 冲量相同的各种窄脉冲的响应波形
(a) 电路；(b) 响应波形

上述原理可以称之为面积等效原理，它是 PWM 控制技术的重要理论基础。

6.4.2 PWM 波简介

下面分析如何用一系列等幅不等宽的脉冲来代替一个正弦半波。

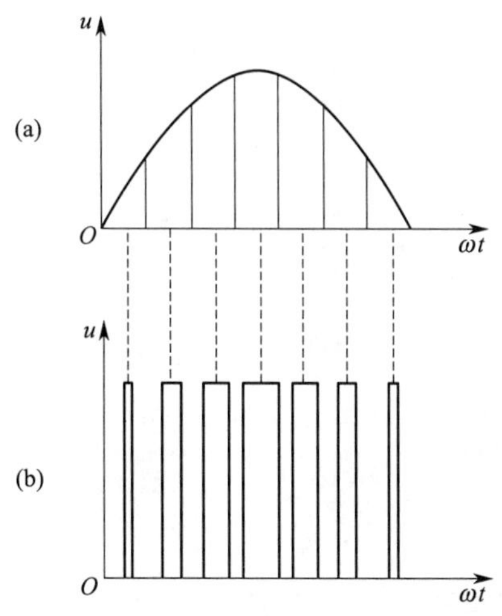

图 6.5 用 PWM 波代替正弦半波
(a) 正弦半波；(b) 脉冲序列

把图 6.5(a) 的正弦半波分成 N 等份，就可以把正弦半波看成是由 N 个彼此相连的脉冲序列所组成的波形。这些脉冲宽度相等，都等于 π/N，但幅值不等，且脉冲顶部不是水平直线，而是曲线，各脉冲的幅值按正弦规律变化。如果把上述脉冲序列利用相同数量的等幅而不等宽的矩形脉冲代替，使矩形脉冲的中点和相应正弦波部分的中点重合，且使矩形脉冲和相应的正弦波部分面积（冲量）相等，就得到图 6.5(b) 所示的脉冲序列。这就是 PWM 波形。

可以看出，各脉冲的幅值相等，而宽度是按正弦规律变化的。根据面积等效原理，PWM 波形和正弦半波是等效的。对于正弦波的负半周，也可以用同样的方法得到 PWM 波形。像这种脉冲的宽度按正弦规律变化而和正弦波等效的 PWM 波形，也称 SPWM（Sinusoidal PWM）波形。

要改变等效输出正弦波的幅值时，只要按照同一比例系数改变上述各脉冲的宽度即可。

6.4.3 通过定时器模拟实现 PWM 波的原理

随着电子技术的发展，以 STM32 为代表的嵌入式微控制器要想实现 PWM 波控制或者是 PWM 波输出也变得越来越简单了。可以利用如单片机的 PWM 模块实现 PWM 功能，也可以利用程序模拟实现多路 PWM 功能，还可以用定时器模拟实现 PWM 功能等方式。下面我们主要围绕定时器模拟输出 PWM 波这一种来进行介绍。

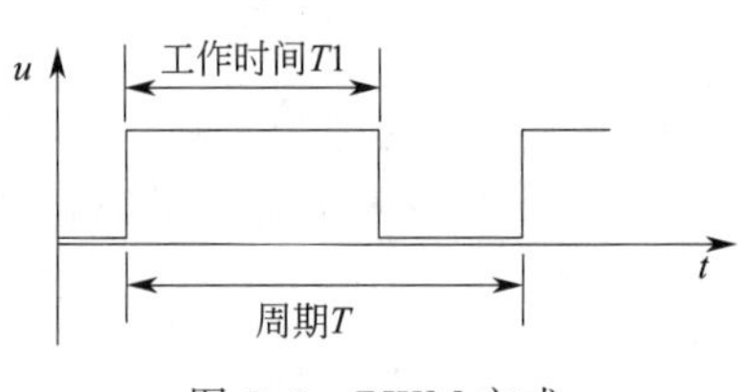

图 6.6 PWM 方式

如果需要使用定时器来模拟 PWM 波，可以根据要模拟 PWM 的精度要求，确定用于保存占空比数据的存储器的位数（一般为 8 位、10 位、12 位、16 位等），根据频率要求设置好定时器的预分频参数，将图 6.6 中的工作时间和周期-工作时间交替写入定时器，即可实现 PWM 功能。假定用 16 位定时器 TMR1 模拟 16 位 PWM 功能，定时器的计数存储器为 TMR1H：TMR1L，从 0000h 开始递增计数，一直加到 FFFFh 后，再翻转到 0000h，同时 TMR1 溢出时会产生中断，占空比数据存于 P1H：P1L，中断处理程序流程如图 6.7。因为定时器为正计数溢出中断，因此定时器在模拟 PWM 的工作时间时，要将 P1H：P1L 的补码送入 TMR1H：TMR1L；定时器在模拟 PWM 的间歇时间时，要将 P1H：P1L 送入 TMR1H：TMR1L。通过交替设定定时器计数数据，达到模拟 PWM 的目的。

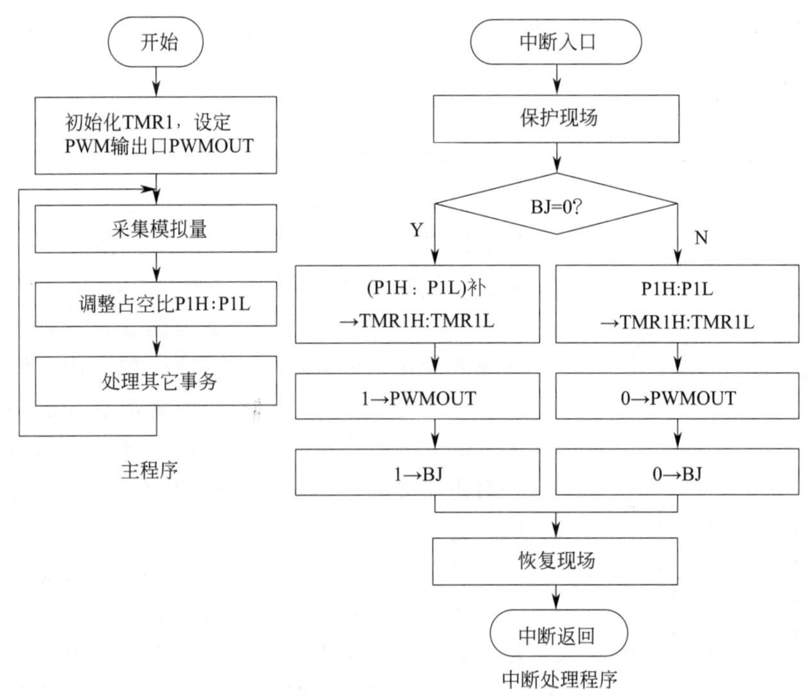

图 6.7 中断处理程序流程图

用定时器模拟实现 PWM 功能的优点是可以实现高精度（最高 16 位）的 PWM。PWM 输出可以是任意 I/O 口，中断处理程序不长。不足之处是一个 PWM 要占用一个定时器资源，很难同时实现多路 PWM 功能。

6.5 实例 1: 1s 输出实验

6.5.1 基础概念

① 在 TIM3 的 Parameter Settings 选项里修改预分频系数和自动重装载寄存器值。

② 根据公式，定时器频率＝APB1 基准频率/预分频系数/自动重装载寄存器值。

③ 想要获得 1s 一次的触发，定时器频率应该设置为 1Hz。

④ 由于可设置的最大值为 65535（16 位寄存器最大值为 2^{16}），故将预分频系数设置为 7200－1，将溢出周期设置为 10000－1，这样定时器频率＝72000000/7200/10000＝1Hz，即 1s 触发一次溢出中断。

⑤ 定时器的分类。STM32F1 系列的芯片内置了四种定时器：系统嘀嗒定时器、基本定时器、通用定时器和高级定时器。

a. 系统嘀嗒定时器（SysTick）。所有基于 Cortex-M3 内核的微控制器里都自带一个 SysTick 定时器，24 位分辨率，只能用于定时，可以产生固定的时间间隔。

b. 基本定时器（Basic Timer）。16 位分辨率，只能定时，没有 I/O 输出功能。

c. 通用定时器（General-purpose Timer）。16 位分辨率，可以定时，可以输出比较，可以输入捕捉，也可以通过 4 个 I/O 接口输出信号。

d. 高级定时器（Advanced-control Timer）。16 位分辨率，可以定时，可以输出比较，可以输入捕捉，可以输出 PWM 信号，可以通过 8 个 I/O 接口输出信号。

在 STM32F103 系列的芯片内部，TIM1 和 TIM8 为高级定时器，挂载在 APB1 总线上，TIM2～5 为通用定时器，挂载在 APB2 总线上，TIM6 和 TIM7 为基本定时器，挂载在 APB2 总线上。如图 6.8 所示。

6.5.2 STM32CubeMX 配置

① 在 Pinout & Configuration 界面左侧列表中选择 TIM3，在右侧设置框中将 TIM3 的时钟源设置为内部时钟源（Internal Clock）。

② 在 Parameter Settings 选项中设置计数（Counter Setting），由于寄存器从 0 开始计数，所以 7199 在寄存器里就相当于第 7200 次计数了。在预分频系数里输入“7200－1”，在溢出周期里输入“10000－1”。

③ 设置完成后，点击 NVIC Setting 选项，勾选 Enabled 选项，开启 TIM3 的全局中断。

6.5.3 Keil MDK 补充代码

① 代码写在 main. c 文件中，int main(void) 内部、while(1) 之前，用于开启定时器，如下：

```
HAL_TIM_Base_Start_IT (&htim3) ;
```

② 写在 tim. c 底部，新增中断回调函数，如下：

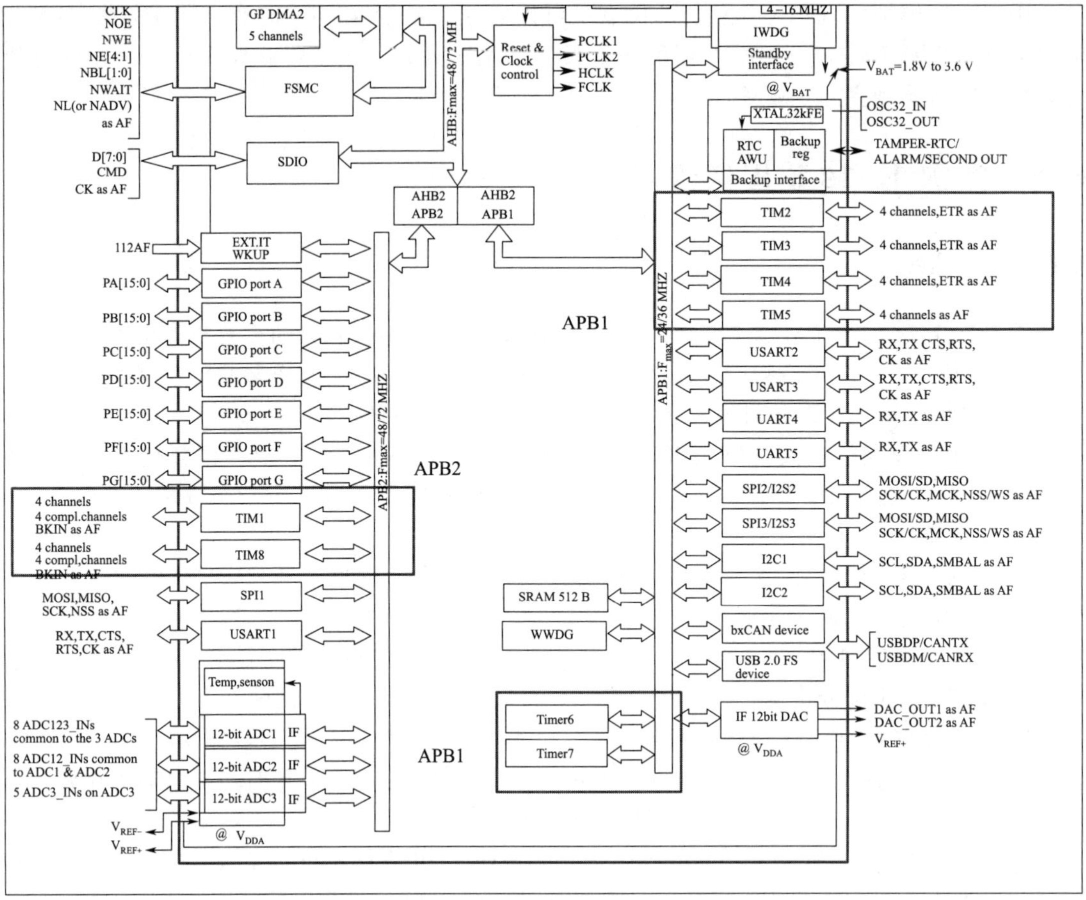

图 6.8 定时器分布

```
  int Running_Time = 0 ;
void HAL_TIM_PeriodElapsedCallback (TIM_HandleTypeDef * htim) {
  printf ("Program running time: %d second\r\n",Running_Time) ;
  Running_Time = Running_Time+1 ;
}
```

③ 写在 usart. c 文件的最后，/* USER CODE BEGIN 1 */内部，用于串口重定向：

```
#ifdef __GNUC__
/* With GCC/RAISONANCE, small printf (option LD Linker -> Libraries -> Small printf  set to 'Yes') calls __io_putchar () */
    #define PUTCHAR_PROTOTYPE int __io_putchar(int ch)
#else
    #define PUTCHAR_PROTOTYPE int fputc(int ch, FILE * f)
#endif
/* __GNUC__ */
PUTCHAR_PROTOTYPE
{
    /* Place your implementation of fputc here */
    /* e. g. write a character to the EVAL_COM1 and Loop until the end of transmission */
    HAL_UART_Transmit (&huart1, (uint8_t *)&ch, 1, 0xFFFF) ;
```

```
    return ch ;
}
```

④ 写在 main. c 文件的 include 部分：

```
#include "stdio. h"
```

⑤ 写在 usart. c 文件的 include 部分：

```
#include "stdio. h"
```

⑥ 接线，烧录并验证程序。

a. 开启微库，设置参数。

b. 将开发板的电源打开，将串口工具的 Rx 连接在 PA9 引脚，将 Tx 连接在 PA10 引脚，GND 连接 GND 引脚。

c. 输出，并验证程序。

6.6　实例 2：引脚输入捕获实验

6.6.1　基础概念

① 定时器输入捕获是 STM32 自带的最精确的时间检测功能。

② 电平检测计数＝溢出次数×ARR 值＋TIM5_CH1_CAPTURE_VAL 值。

③ 电平检测时间（单位：s）＝电平检测计数/PSC 值/ARR 值。

6.6.2　STM32CubeMX 配置

① 在 Pinout & Configuration 界面左侧列表中选择 TIM5，将 TIM5 的时钟源设置为内部时钟源，并将 TIM5 _ CH1 通道设置为输入捕获模式。

② 首先将 TIM5 的预分频系数和溢出周期分别设置为“72－1”和“10000－1”，这样每过 0. 01s，TIM5 就能触发一次溢出中断，用来获取溢出次数。然后对 TIM5 _ CH1 通道进行设置，将其设置为下降沿输入捕获，不开启分频周期，用来获取单次电平检测计数。

③ 在 NVIC Setting 界面开启 TIM5 的全局中断。

④ 由于 TIM5 _ CH1 通道需要检测信号的下降沿，所以在 GPIO Setting 选项卡中将该通道设置为默认上拉模式。这样，在没有任何信号输入时，该通道默认为高电平输入。

6.6.3　Keil MDK 补充代码

① 写在 main. c 文件 int main（void）上方，用于声明操作变量，如下：

```
uint32_t Capture_Buf[2] = {0};
uint8_t Capture_Cnt = 0;
uint32_t Polarity_time = 0;
uint32_t TIM5_Over_Cnt = 0;
```

② 写在 main. c 文件 while（1）上方，用于开启定时器：

```
HAL_TIM_Base_Start_IT（&htim5）;
```

③ 写在 main. h 文件 #ifdef 上方，将上述四个变量声明为全局变量：

```
extern uint32_t Capture_Buf[2] ;
extern uint8_t Capture_Cnt ;
extern uint32_t Polarity_time ;
```

```
extern uint32_t TIM5_Over_Cnt ;
```

④ 写在 main.c 的 while (1) 内部，是输入捕获的一部分：

```
switch (Capture_Cnt) {
    case 0:
      Capture_Cnt++;
      __HAL_TIM_SET_CAPTUREPOLARITY (&htim5, TIM_CHANNEL_1, TIM_INPUTCHANNELPOLARITY_FALLING) ;
      HAL_TIM_IC_Start_IT (&htim5, TIM_CHANNEL_1) ;
      break ;
    case 3:
      Polarity_time = TIM5_Over_Cnt * 10000 + Capture_Buf[1]- Capture_Buf[0] ;
      printf("Polarity_time = %d, %1.5fs\r\n",Polarity_time,Polarity_time * 1.000f/720000) ;
      HAL_Delay (1000) ;
      Capture_Cnt = 0 ;
      TIM5_Over_Cnt = 0 ;
    break ;
}
```

⑤ 写在 tim.c 文件底部，计算捕获间隔数值：

```
void HAL_TIM_IC_CaptureCallback (TIM_HandleTypeDef * htim)
{
    switch (Capture_Cnt) {
      case 1:
      Capture_Buf[0] = HAL_TIM_ReadCapturedValue (&htim5,TIM_CHANNEL_1) ;
      TIM5_Over_Cnt = 0 ;
      __HAL_TIM_SET_CAPTUREPOLARITY(&htim5,TIM_CHANNEL_1,TIM_INPUTCHANNELPOLARITY_RISING) ;
      Capture_Cnt++ ;
      break;
  case 2:
      Capture_Buf[1] = HAL_TIM_ReadCapturedValue (&htim5, TIM_CHANNEL_1) ;
      HAL_TIM_IC_Stop_IT (&htim5, TIM_CHANNEL_1) ;
      Capture_Cnt++ ;
      break;
  }
}
```

⑥ 写在 tim.c 文件底部,计算捕获间隔数值：

```
void HAL_TIM_PeriodElapsedCallback (TIM_HandleTypeDef * htim)
{
    if ( htim == (&htim5) )
    {
        TIM5_Over_Cnt++ ;
    }
}
```

⑦ 写在 usart.c 文件的最后,/ * USER CODE BEGIN 1 * /内部,用于串口重定向：

```
#ifdef __GNUC__
```

```
    /* With GCC/RAISONANCE, small printf (option LD Linker->Libraries->Small printf  set to 'Yes') calls __io_putchar() */
    #define PUTCHAR_PROTOTYPE int __io_putchar (int ch)
  #else
    #define PUTCHAR_PROTOTYPE int fputc (int ch, FILE *f)
  #endif
  /* __GNUC__ */
  PUTCHAR_PROTOTYPE
  {
    /* Place your implementation of fputc here */
    /* e.g. write a character to the EVAL_COM1 and Loop until the end of transmission */
    HAL_UART_Transmit (&huart1, (uint8_t *)&ch, 1, 0xFFFF);
    return ch;
  }
```

⑧ 写在 tim. c 文件的 include 部分：

```
#include "main.h"
```

⑨ 写在 main. c 文件的 include 部分：

```
#include "stdio.h"
```

⑩ 写在 usart. c 文件的 include 部分：

```
#include " stdio.h"
```

⑪ 接线，烧录并验证程序。

a. 开启微库，设置参数。

b. 连接好串口转 USB 硬件。使用杜邦线将开发板的 PA0（TIM5 输入检测通道）和 PE4（按键输出通道）相连。

6.7 实例 3：PWM 输出点灯实验

6.7.1 基础概念

① CNT：当前计数值。

② ARR：自动重装载值。

③ CCRx：捕获/比较寄存器值。

④ 设置 ARR 为 1000，定时器内部计数值（CNT）到 1000 后自动清零，循环计数。设置 CCRx 值为 500，定时器内部计数到了 500 以上，就会默认输出高电平，500 以下就会默认输出低电平。

⑤ 定时器的运行频率很快（72MHz/72/1000＝1000Hz），可以通过在程序里不断修改 CCRx 的值来控制 LED 灯的亮度。

⑥ PWM 输出模式。PWM 输出逻辑如图 6.9 所示。

PWM 模式 1：在向上计数时，TIMx_CNT < TIMx_CCR1，通道 1 为有效电平，否则为无效电平；在向下计数时，TIMx_CNT > TIMx_CCR1，通道 1 为无效电平（OC1REF＝0），否则为有效电平（OC1REF＝1）。

PWM 模式 2：在向上计数时，TIMx_CNT < TIMx_CCR1，通道 1 为无效电平，否则为有效电平；在向下计数时，TIMx_CNT > TIMx_CCR1，通道 1 为有效电平，否则为无效电平。

使用模式 1，灯一开始是亮的，逐渐变暗。使用模式 2，灯一开始是暗的，逐渐变亮。

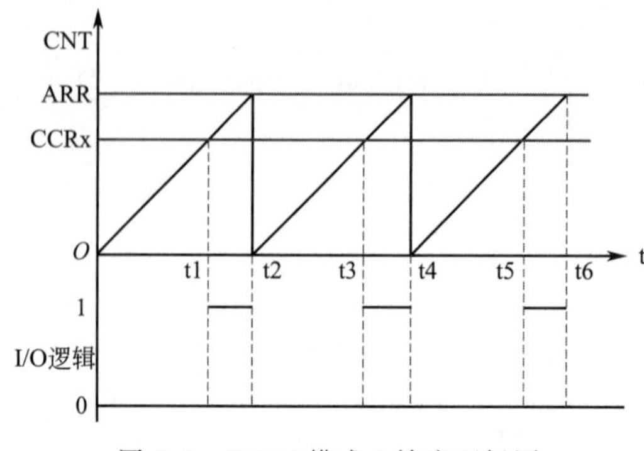

图 6.9　PWM 模式 2 输出逻辑图

6.7.2　STM32CubeMX 配置

① 将 TIM3 的时钟源设置为内部时钟源，并将 TIM3 _ CH2 通道设置为 PWM 输出模式，将预分频系数和溢出周期分别设置为“72－1”和“10000－1”。

② 对 TIM3 _ CH2 通道进行配置。将其设置为 PWM 输出模式，设置输出极性为低电平，设置输出比较值为 0（该值会在程序中动态修改）。

③ 将 TIM3 _ CH2 通道默认是 PA7 引脚，将其复用在 PB5 引脚，这个引脚和红色灯是相连的。这样，TIM3 输出的 PWM 波形就可以点亮这个红色 LED。

6.7.3　Keil MDK 补充代码

① 写在 main. c 文件 while（1）之前，开启 TIM2 的 PWM 输出通道：

```
HAL_TIM_PWM_Start（&htim3，TIM_CHANNEL_2）；
```

② 写在 main. c 文件 while（1）之前，声明 CCR 寄存器变量：

```
uint16_t CCR_Value = 0 ；
```

③ 写在 main. c 文件 while（1）内部，开启 PWM 输出：

```
while（CCR_Value < 600）
{
    CCR_Value++ ；
    __HAL_TIM_SET_COMPARE(&htim3，TIM_CHANNEL_2，CCR_Value）；
    HAL_Delay（3）；
}
while（CCR_Value）
{
    CCR_Value-- ；
    __HAL_TIM_SET_COMPARE（&htim3，TIM_CHANNEL_2，CCR_Value）；
    HAL_Delay（3）；
}
```

④ 接线，烧录并验证程序。

可以看到红色 LED 出现由暗转明再转为暗的现象。

6.8 习题

(1)(单选)中断处理过程可以分成多个步骤，与执行中断处理程序紧挨着的上一个步骤是(　　)。

A. 中断请求

B. 中断返回

C. 断点保护

D. 中断响应

(2)(单选)STM32F103系列单片机中断控制器支持几个外部中断/事件?(　　)

A. 18

B. 19

C. 17

D. 16

(3)(单选)来自PA1引脚的外部中断映射的中断线为(　　)。

A. 线3

B. 线0

C. 线2

D. 线1

(4)(单选)当STM32的中断分组设置为组1时，IP寄存器bit [7:4] 中有几位用来设置响应优先级?(　　)

A. 1

B. 2

C. 3

D. 4

(5)(单选)中断使能寄存器是(　　)。

A. ICER

B. DIER

C. IP

D. ISPR

(6)(判断)中断是指通过硬件来改变CPU的运行方向。(　　)

(7)(判断)外部中断线5～9共用一个中断向量。(　　)

(8)(判断)STM32中断总共可以分为4组。(　　)

(9)(判断)抢占优先级相同的中断，高响应优先级可以打断低响应优先级的中断。(　　)

(10)(判断)在程序代码执行过程中，中断优先级分组可以根据需要重新进行设置。(　　)

(11)简述响应优先级和抢占优先级的区别，以及中断向量优先级如何分组。

(12)使用外部中断要注意哪些事项?

(13)外部中断使用初始化的步骤是什么?

(14)试编写多按键中断程序代码，采用4个外部中断来实现。

第7章 USART串口通信技术

USART（Universal Synchronous/Asynchronous Receiver/Transmitter）即通用同步异步收发传输器，它利用分数波特率发生器提供较宽范围的波特率参数选择，支持同步单向通信和单线半双工通信，也支持LIN（局域互联网）智能卡协议、IrDA（红外数据组织）以及SIRENDEC规范和调制解调器（CTS/RTS）操作。同时还允许多个微控制器之间进行数据通信，可以通过使用多缓存配置的DMA方式（多缓冲通信）实现高速数据通信。UART（Universal Asynchronous Receiver/Transmitter）即通用异步收发传输器，与USART功能类似，但不支持硬件流控制、同步模式和智能卡模式。在STM32微控制器中集成了USART和UART两种传输器，可实现微控制器与外设之间快速灵活的数据交换。本章详细介绍了USART的相关知识。

7.1 通信的基本概念详解

7.1.1 通信的分类与概念

计算机与设备之间或集成电路之间常常需要数据传输或信息交换，即通信。除了USART串口通信，在本书后面的章节中还会学习到各种各样的通信与接口技术，所以本节先统一介绍一下通信的分类与概念。

（1）串行通信和并行通信

根据数据传送的方式，通信可以分为串行通信和并行通信。串行通信是指设备之间通过少量数据信号线（一般为8根以下）、地线和控制信号线，按数据位形式一位一位地进行数据传输的通信方式；而并行通信是指通过使用8、16、32、64根或更多的数据线，实现数据的各位同时进行传送的通信方式。串行通信与并行通信如图7.1所示。

从图7.1可以看出，因为并行通信一次可以传输多位数据，所以在数据传输速率相同的情况下，并行通信所传输的数据量要大得多，适合用于外设与微控制器之间近距离、大量和快速的信息交换。但是当传输距离较远、数据位数较多时，其通信线路更加复杂，而且成本

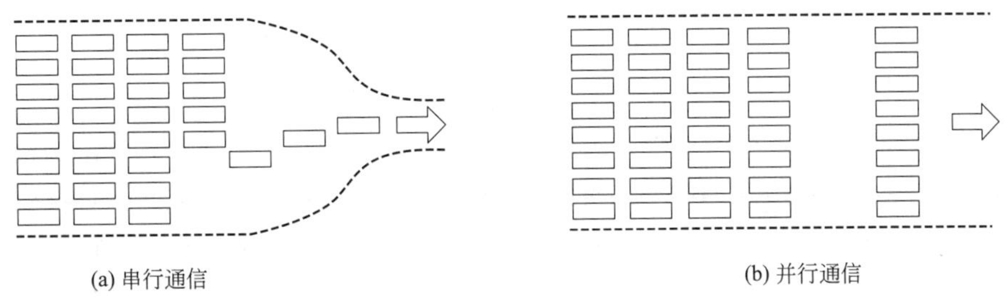

(a) 串行通信　　(b) 并行通信

图 7.1　串行通信与并行通信

较高。与并行通信相比，串行通信虽然传输效率较低，但是能够在很大程度上节省数据传输线，降低硬件成本（特别是在距离远时）和 PCB 的布线面积，并且易于扩展，因此更加适合远距离通信。

虽然并行通信传输速率快，但由于并行传输对同步性要求较高，且随着通信速率的提高，信号干扰的问题会显著影响通信性能，因此，随着技术的发展，越来越多的应用场合更加倾向于采用高速率的串行差分传输。

（2）同步通信和异步通信

根据通信中数据的同步方式，通信又可以分为同步通信和异步通信。异步通信时，数据是一帧一帧地传送的，每帧数据包含通信起始位（0）、主体数据、奇偶校验位和停止位（1），传输效率相对较低。在通信过程中，每帧数据中的各位代码之间的时间间隔是固定的，而相邻两帧数据之间的时间间隔是不固定的。为了提高通信效率，可以采用同步通信。与异步通信方式不同，在同步通信方式中，每位字符本身是同步的，而且帧与帧之间的时序也是同步的，将许多字符汇聚成一个字符块，之后在每个字符块（常称为信息帧）之前加上 1 个或 2 个同步字符，再在每个字符块之后加上适当的错误检测数据，最后将信息发送出去。同步通信必须连续传输，不允许有间隙，在传输线上没有字符传输时，需要发送专用的“空闲”字符或同步字符。

根据通信过程中是否使用时钟信号，对同步通信和异步通信可进行简单的区分。同步通信与异步通信如图 7.2 所示。在同步通信中，收发设备双方会使用一根信号线表示时钟信号，在时钟信号的驱动下双方进行协调，通常双方会统一规定在时钟信号的上升沿或下降沿对数据线进行采样。而在异步通信中，不使用时钟信号进行数据同步，收发设备双方使用各自的时钟，通过在信号中穿插一些同步用的信号位，或者把主体数据打包，以数据帧的格式传输数据。在某些通信中还需要双方约定数据的传输速率，以便更好地进行同步。

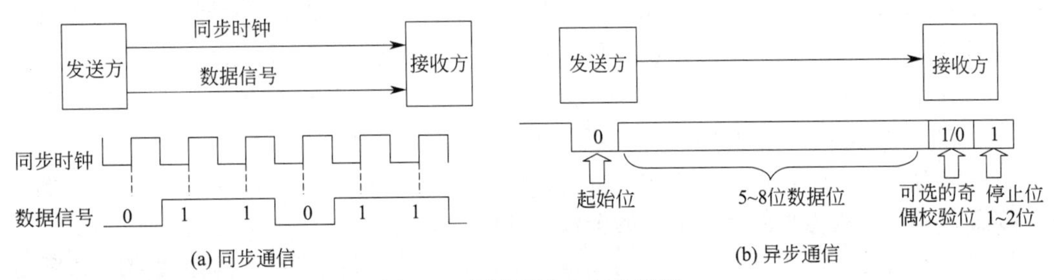

(a) 同步通信　　(b) 异步通信

图 7.2　同步通信与异步通信

（3）全双工通信、半双工通信和单工通信

根据数据通信的方向，通信又可以以分为全双工通信．半双工通信和单工通信，其说明如表 7.1 所示。

表 7.1 全双工通信、半双工通信和单工通信说明

通信方式	说明
全双工	在同一时刻，两个设备之间可以同时收发数据
半双工	两个设备之间可以实现收发数据，但不能在同一时刻进行
单工	在任何时刻都只能进行一个方向的通信

全双工通信，半双工通信和单工通信如图 7.3 所示。全双工通信方式类似于电话的通信方式，通信双方可以同时进行数据的发送和接收：半双工通信方式类似于对讲机的通信方式，某时刻 A 发送信息、B 接收信息，而另一时刻 B 发送信息、A 接收信息，但是双方不能同时发送和接收信息；单工通信方式则类似于无线电广播的通信方式，电台发送信号，收音机接收信号，但收音机不能发送信号，即在单工通信中，一个固定为发送设备，另一个固定为接收设备。

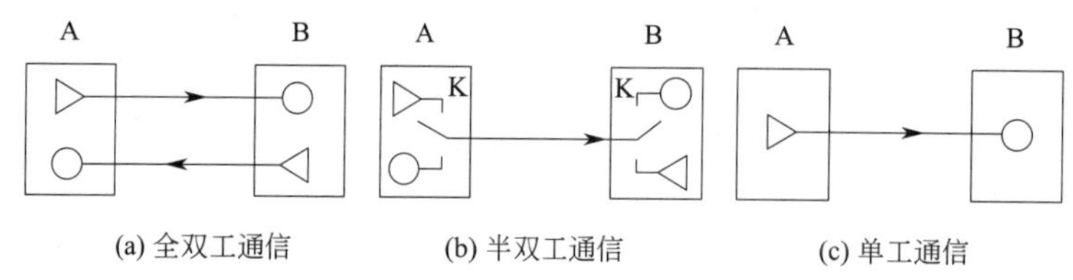

图 7.3 全双工通信、半双工通信和单工通信

(4) 比特率和波特率

衡量通信性能的一个非常重要的参数就是通信速率，通常用比特率（Bitrate）来表示，即每秒传输的二进制位数，单位为比特秒（b/s）。在实际应用中，容易与比特率混淆的概念是波特率（Baudrate），波特率是指数据信号对载波的调制速率，它用单位时间内载波调制状态改变的次数来表示，其单位为波特（Baud）。在信息传输通道中，把携带数据信息的信号单元叫作码元，而每秒通过信息传输通道传输的码元数就是波特率。

在常见的通信传输中，用 0V 表示数字 0，5V 表示数字 1，那么一个码元就可以表示 0 和 1 两种状态，即一个码元对应一个二进制位，此时波特率与比特率是一致的。然而，如果在通信传输中，用 0V、2V、4V 和 6V 分别表示二进制数 00、01、10、11，那么每个码元可以表示四种状态，即一个码元对应着两个二进制位，由于码元数是二进制位数的一半，所以波特率是比特率的一半。波特率与比特率的关系是：

比特率＝波特率×单个调制状态(码元)对应的二进制位数

很多常见的通信都是用一个码元表示两种状态（如 USART 串口通信等），经常会直接用波特率表示比特率，虽然严格来说没什么错误，但是需要了解它们之间的区别。

(5) 串行通信的校验

串行通信的效验分为：奇偶校验、累加和校验、循环冗余码校验。

当设置为奇校验时，数据中 1 的个数与校验位 1 的个数之和应为奇数；当设置为偶校验时，数据中 1 的个数与校验位中的 1 的个数之和应为偶数。

累加和校验是指发送方将所发送的数据块求和，并将“校验和”附加到数据块末尾。接收方接收数据时也是对数据块求和，将所得结果与发送方的“校验和”进行比较，相符则无差错，否则即出现了差错。

循环冗余码校验（Cyclic Redundancy Check，CRC）的基本原理是将一个数据块看成一个位数很长的二进制数，然后用一个特定的数去除它，将余数作校验码附在数据块后一起

发送。

7.1.2 串口通信协议解析

串行通信（Serial Communication）布线简单，成本低，适用于远距离传送，是一种设备间常用的串行通信方式。由于串行通信简单便捷，大部分电子设备都支持该通信方式，在调试设备时也经常使用该通信方式输出调试信息。

目前常用的串行通信接口标准主要有 RS-232、RS-422 和 RS-485 等。

RS-232 标准是美国电子工业协会（EIA）制定的一种串口通信协议标准，RS-232 接口遵循 EIA 制定的传送电气规格，通常以±12V 的电压驱动信号线。TTL 标准与 RS-232 标准之间的电平转换采用集成电路芯片实现，如 MAX232 等。RS-232 接口与外界设备的连接采用 25 芯（DB25）或 9 芯（DB9）型插接件实现，在实际应用中，并不是每个引脚信号都必须用到。

注意，在波特率不高于 9600Baud 的情况下，通信线路的长度通常要求小于 15m，否则可能会出现数据丢失现象。

RS-422 标准是 RS-232 标准的改进型，它允许在相同传输线上连接多个接收节点，最多可接 10 个节点，即一个主设备和多个从设备，从设备之间不能通信。RS-422 接口支持一点对多点的双向通信，由于其四线接口采用单独的发送和接收通道，因此不必控制数据方向，各装置之间任何必需的信号交换均可以按软件方式（XON/XOFF 握手）或硬件方式（一对单独的双绞线）实现，RS-422 接口的最大传输距离约为 1219m，最大传输速率为 10Mb/s。

为了扩展应用范围，EIA 在 RS-422 标准的基础上制定了 RS-485 标准，增加了多点、双向通信功能。RS-485 接口最多可以连接 32 个设备，收发器采用平衡发送和差分接收方式。在发送端，驱动器将 TTL 电平信号转换为差分信号输出；而在接收端，接收器又将差分信号转换成 TTL 电平信号。因此 RS-485 接口具有较好的抑制共模干扰能力，而且接收器能够检测 200mV 的电压，所以数据传输距离为上千米。

RS-485 接口可以采用 2 线或 4 线方式。采用 2 线连接时，可实现真正的多点双向通信；而采用 4 线连接时，与 RS-422 接口一样，只能实现一点对多点的通信，即只能有一个主设备，其他为从设备。

在计算机科学中，大部分复杂的问题可以通过分层来简化，如 STM32 芯片被分为内核层和片上外设，STM32 标准函数库建立在寄存器与应用程序代码之间的软件层上。通信协议同样可以采用分层的方式来理解，一般把通信协议分为物理层和协议层。物理层规定通信系统中具有机械和电子功能部分的特性，以确保原始数据在物理层的传输；协议层则主要规定通信逻辑，统一收发双方的数据打包和解包标准。

下面分别对串口通信协议的物理层和协议层进行讲解。

（1）物理层

串口通信的物理层有很多标准和变种，这里主要讲解较常见的 RS-232 标准。RS-232 标准主要规定了信号的用途、通信接口和信号的电平标准。使用 RS-232 标准的串口设备间常见的通信结构如图 7.4 所示。

在如图 7.4 所示的通信方式中，两个通信设备之间通过 DB9 接口的串口信号线连接，串口信号线使用 RS-232 标准来传输数据信号。由于 RS-232 标准的电平信号不能被控制器直接识别，所以这些信号要经过电平转换芯片转换成控制器能识别的 TTL 标准电平信号，从而实现通信。

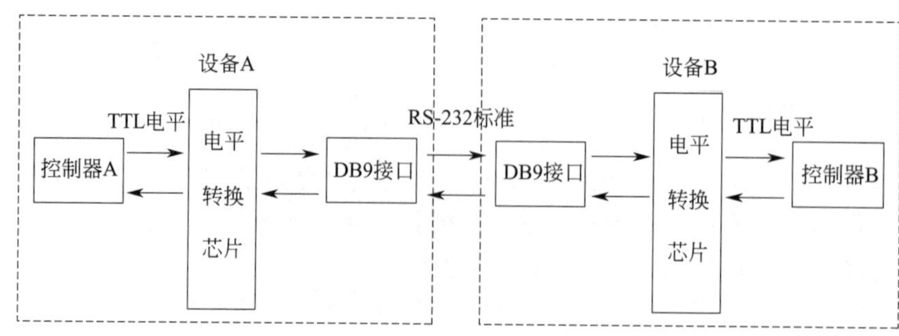

图 7.4 使用 RS-232 标准的串口设备间常见的通信结构

① 电平标准。根据通信所使用的电平标准不同。串口通信可以分为 TTL 标准和 RS-232 标准。串口通信电平标准如表 7.2 所示。常见的电子电路中使用的是 TTL 标准，即在理想状态下，使用 5V 表示逻辑 1，使用 0V 表示逻辑 0。然而为了增加串口通信的传输距离和抗干扰能力，RS-232 标准使用－15V 表示逻辑 1，＋15V 表示逻辑 0，所以常常需要使用电平转换芯片对 TTL 标准和 RS-232 标准的电平信号进行相互转换。

表 7.2 串口通信电平标准

通信标准	电平标准(发送端)
TTL	逻辑 1：2.4～5V 逻辑 0：0～0.5V
RS-232	逻辑 1：－15～－3V 逻辑 0：＋3～＋15V

② RS-232 信号线。RS-232 标准的 DB9 接口（也称 COM 口）中公头和母头各个引脚的标准信号线位置排布和名称如图 7.5 所示。由于两个通信设备之间的收发信号（RXD 与 TXD）应交叉相连，所以 DB9 接口母头的收发信号线与公头的收发信号线位置相反。

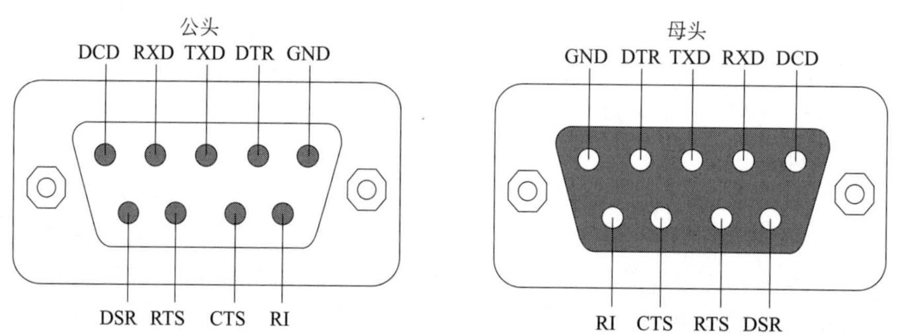

图 7.5 RS-232 标准的 DB9 接口中的公头和母头的各个引脚的标准信号线排布和名称

DB9 接口信号线说明如表 7.3 所示。RTS、CTS、DSR、DIR 和 DCD 信号线均使用逻辑 1 表示信号有效，逻辑 0 表示信号无效。

表 7.3 DB9 接口信号线说明

名称	说明
DCD	Data Carrier Detect：数据载波检测
RXD	Receive Data：数据接收信号，即输入
TXD	Transmit Data：数据发送信号，即输出
DTR	Data Teminal Ready：数据终端就绪

续表

名称	说明
GND	Ground:接地,两个通信设备之间的低电位可能不一样,这会影响收发双方的电平信号,所以两个串口设备之间必须使用地线连接,即共地
DSR	Data Set Ready:数据发送就绪
RTS	Request To Send:请求发送
CTS	Clear To Send:允许发送
RI	Ring Indicator:响铃指示

在目前的工业控制串口通信中，通常只使用RXD、TXD和GND三条信号线直接进行数据信号的传输，而RTS、CTS、DSR、DTR和DCD信号线都被裁剪掉了。

(2) 协议层

串口通信的数据包由发送设备通过自身的TXD信号线传输到接收设备的RXD信号线。串口通信的协议层规定了数据包的内容，数据包由起始位、主体数据、校验位和停止位组成，通信双方的数据包格式要约定一致才能正常收发数据。

① 波特率。在异步通信中，由于没有时钟信号（如DB9接口中没有时钟信号），所以两个通信设备之间需要约定好波特率，以便对信号进行解码。常见的波特率为4800Baud、9600Baud和115200Baud等。

② 通信的起始信号和停止信号。串口通信的一个数据包从起始信号开始，直到停止信号结束。数据包的起始信号由一个逻辑0的数据位表示，而数据包的停止信号可由0.5、1、1.5或2个逻辑1的数据位表示，只要收发双方约定一致即可。

③ 有效数据。在数据包的起始位之后紧跟着的就是要传输的主体数据内容，也称为有效数据，有效数据的长度通常被约定为5、6、7或8个数据位。

④ 数据校验。在有效数据之后，还有一个可选的数据校验位。数据通信相对更加容易受到外部干扰而导致传输数据出现偏差，在传输过程中加上校验位可以解决这个问题。常用的校验方法主要有奇校验、偶校验、0校验、1校验和无校验等。

奇校验要求有效数据与校验位中“1”的个数为奇数，如一个8位长的有效数据为01101001，其共有4个“1”，为达到奇校验效果，校验位为“1”，最后传输的数据是8位有效数据加上1位校验位，共9位。偶校验与奇校验要求刚好相反，要求有效数据和校验位中“1”的个数为偶数，如数据帧11001010中的“1”的个数为4，所以偶校验位应为“0”。0校验不管有效数据是什么，校验位总为“0”；而1校验的校验位总为“1”。

7.2 USART串口通信概述

STM32F10x微控制器的USART单元提供2～5个独立的异步串行通信接口，它们都可以工作于中断和DMA模式。在STM32F103中内置了3个通用同步/异步收发传输器(USART1、USART2和USART3）和2个通用异步收发传输器（UART4和UART5）。

7.2.1 USART的主要功能、主要特性与硬件结构

7.2.1.1 USART的主要功能

USART提供了一种与工业标准的异步串行数据格式的外设进行全双工数据交换的方法。USART1接口的通信速率可达4.5Mb/s，其他接口的通信速率也可达到2.25Mb/s。

USART1、USART2 和 USART3 接口具有硬件的 CTS 和 RTS 信号管理，兼容 ISO 7816 的智能卡模式和 SPI 通信模式。除了 UART5 接口，其他接口都可以使用 DMA 操作。

USART 接口通常通过 3 个引脚（Rx、Tx 和 GND）与其他设备连接在一起，任何 USART 接口的双向通信都至少需要 2 个引脚，即接收数据输入（Rx）引脚和发送数据输出（Tx）引脚。其中，Rx 引脚通过采样技术来区别数据和噪声，从而恢复数据。当发送器被禁止时，Tx 引脚恢复为 I/O 端口配置；当发送器被激活，并且不发送数据时，Tx 引脚处于高电平，在单线和智能卡模式下，该 I/O 端口被同时用于数据的发送和接收。

（1）异步模式下通信配置要求

① 总线在发送或接收前应处于空闲状态；

② 一个起始位；

③ 一个数据字符（8 位或 9 位），最低有效位在前；

④ 0.5、1.5、2 个停止位，由此表明数据帧结束；

⑤ 使用分数波特率发生器（12 位整数和 4 位小数的表示方法）；

⑥ 独立的发送器和接收器使能位；

⑦ 接收缓冲器满、发送缓冲器空和传输结束标志；

⑧ 溢出错误、噪声错误、帧错误和校验错误标志；

⑨ 硬件数据流控制；

⑩ 一个状态寄存器（USART _ SR）、一个数据寄存器（USART _ DR）、一个比特率寄存器（USART _ BRR）、一个智能卡模式下的保护时间寄存器（USART _ GTPR）。

（2）同步模式下通信配置要求

同步模式需要用到 SCLK 信号，并将其用作发送器同步传输的时钟。该信号通过发送器时钟输出引脚（CK）输出（在 Start 位和 Stop 位上没有时钟脉冲，软件可选，可以在最后一个数据位送出一个时钟脉冲），数据可以在 Rx 引脚上被同步接收。通过同步传输时钟可以控制带有移位寄存器的外设（如 LCD 驱动器等），时钟相位和极性是软件可编程的。

（3）IrDA 传输模式需要的引脚

① IrDA _ RDI：用于 IrDA 模式下的数据输入。

② IrDA _ TDO：用于 IrDA 模式下的数据输出。

（4）硬件流控制模式需要的引脚

① nCTS：用于清除发送信号。若 nCTS 是高电平，则在当前数据传输结束时，可以阻断下一次的数据发送。

② nRTS：用于发送请求信号。若 nRTS 是低电平，则表明 USART 已准备好接收数据。

图 7.6 所示为典型串口通信方式示意图。

7.2.1.2 USART 的主要特性

① 双工的，异步通信。

② NRZ 标准格式。

③ 分数波特率发生器系。发送和接收共用的可编程波特率，最高达 4.5Mb/s。

④ 可编程数据字长度（8 位或 9 位）。

⑤ 可配置的停止位——支持 1 或 2 个停止位。

⑥ LIN 主发送同步断开符的能力以及 LIN 从检测断开符的能力。当 USART 硬件配置成 LIN 时，生成 13 位断开符，检测 10/11 位断开符。

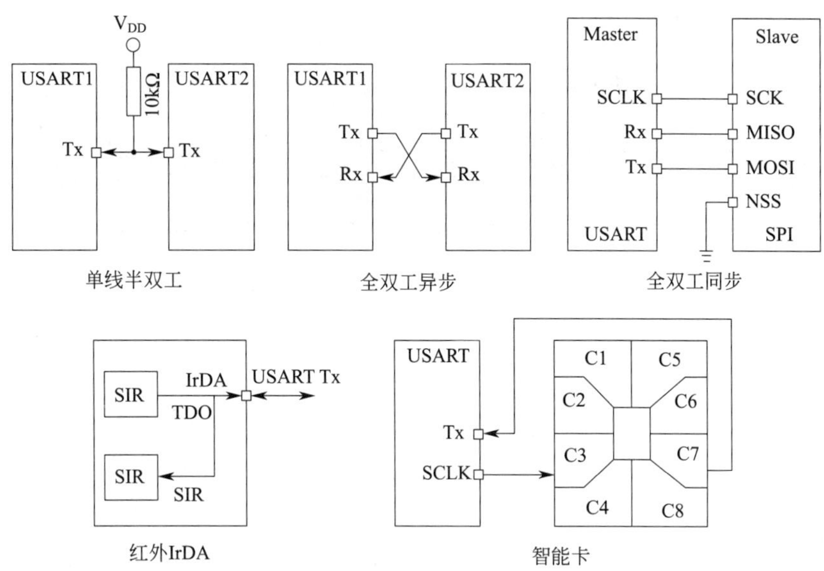

图 7.6 典型串口通信方式示意图

⑦ 发送方为同步传输提供时钟。

⑧ IRDA SIR 编码器解码器。在正常模式下支持 3/16 位的持续时间。

⑨ 智能卡模拟功能。智能卡接口支持 ISO 7816—3 标准里定义的异步智能卡协议。智能卡用到 0.5 和 1.5 个停止位。

⑩ 单线半双工通信。

⑪ 可配置的使用 DMA 的多缓冲器通信。在 SRAM 里利用集中式 DMA 缓冲接收/发送字节。

⑫ 单独的发送器和接收器使能位。

⑬ 检测标志：接收缓冲器满，发送缓冲器空，传输结束标志。

⑭ 校验控制：发送校验位，对接收数据进行校验。

⑮ 四个错误检测标志：溢出错误，噪声错误，帧错误，校验错误。

⑯ 10 个带标志的中断源：CTS 改变，LIN 断开符检测，发送数据寄存器空，发送完成，接收数据寄存器满，检测到总线为空闲，溢出错误，帧错误，噪声错误，校验错误。

⑰ 多处理器通信。如果地址不匹配，则进入静默模式。

⑱ 从静默模式中唤醒（通过空闲总线检测或地址标志检测）。

⑲ 两种唤醒接收器的方式：地址位（MSB，第 9 位），总线空闲。

7.2.1.3 USART 的硬件结构

USART 分为发送与接收、控制和中断、波特率发生器三大部分，硬件结构主要由引脚、数据通道、发送器、接收器等组成。其功能结构如图 7.7 所示。

（1）引脚

任何 USART 双向通信均需要至少两个引脚：接收数据输入引脚（Rx 引脚）和发送数据输出引脚（Tx 引脚）。

Rx 引脚：就是串行数据输入引脚。使用过采样技术可区分有效输入数据和噪声，从而用于恢复数据。

Tx 引脚：如果关闭发送器，则该输出引脚模式由 GPIO 端口配置决定。如果使能了发

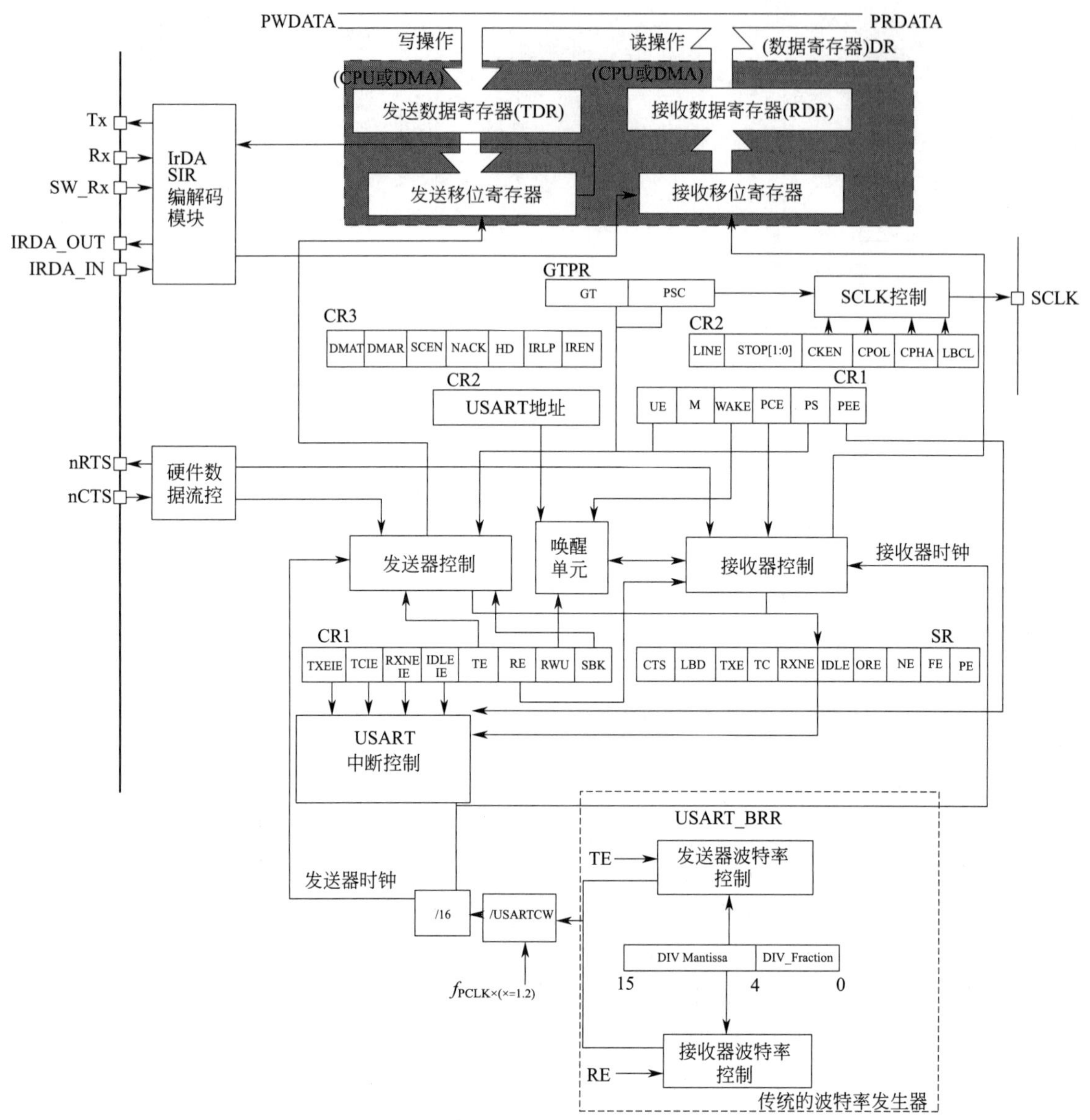

图 7.7　USART 的功能结构框图

送器但没有待发送的数据，则 Tx 引脚处于高电平。在正常 USART 模式下，通过这些引脚以帧的形式发送和接收串行数据。

在同步模式下连接时需要以下引脚。

SCLK 引脚：发送器时钟输出引脚。该引脚用于输出发送器数据时钟，以便按照 SPI 主模式进行同步发送（起始位和停止位上无时钟脉冲，可通过软件向后一个数据位发送时钟脉冲）。Rx 引脚可同步接收并行数据。这一点可用于控制带移位寄存器的外设（如 LCD 驱动器）。时钟相位和极性可通过软件编程。在智能卡模式下，SCLK 可向智能卡提供时钟。

在硬件流控制模式下需要以下引脚。

① nCTS 引脚：nCTS 表示清除已发送。nCTS 引脚用于在当前传输结束时阻止数据发送（高电平时）。如果使能 CTS 流控制（CTSE＝1），则发送器会在发送下一帧前检查 nCTS 引脚。如果 nCTS 引脚有效（连接到低电平），则会发送下一个数据（假设数据已准

备好发送，即 TXE=0)；否则不会进行发送。如果在发送过程中 nCTS 引脚变为无效，则在当前发送完成之后，发送器停止。

② nRTS 引脚：nRTS 表示请求已发送。nRTS 引脚用于指示 USART 已准备好接收数据（低电平时）。如果使能 RTS 流控制（RTSE=1)，只要 USART 接收器准备好接收新数据，nRTS 引脚就会变为有效（连接到低电平）。当接收寄存器已满时，nRTS 引脚会变为无效，表示发送过程会在当前帧结束后停止。

(2) 数据通道

USART 有独立的发送和接收数据的通道。

发送通道主要由发送数据寄存器（TDR）和发送移位寄存器组成（并转串）。

接收通道主要由接收数据寄存器（RDR）和接收移位寄存器组成（串传并）。

数据通道面向程序的是一个 USART 数据寄存器（USART _ DR)，只有 9 位有效，可通过对 USART 控制寄存器 1 (USART _ CR1) 中的 M 位进行编程来选择 8 位或 9 位的字长。

数据寄存器（DR）包含两个寄存器，一个用于发送（TDR)，一个用于接收（RDR)。写 USART _ DR，实际操作的是 TDR。读 USART _ DR，实际操作的是 RDR。

当要发送数据时，写 USART _ DR，即可启动一次发送。数据经发送移位寄存器将并行数据通过发送引脚（TXD 引脚）逐位发送出去。

当确认接收到一个完整数据时，读 USART _ DR，即可得到接收到的数据。

在使能校验位的情况下（USART _ CR1 中的 PCE 位被置 1）进行发送时，由于 MSB 的写入值（位 7 或位 8，具体取决于数据长度）会被校验位取代，因此该值不起任何作用。在使能校验位的情况下进行接收时，从 MSB 位中读取的值为接收到的校验位。

(3) 发送器

发送器控制 USART 的数据发送功能。发送数据由起始位、有效数据位、校验位和停止位组成。起始位一般为 1 位，有效数据位可以是 7 位或 8 位，校验位为 1 位，停止位可以是 0.5 位、1 位、1.5 位或 2 位。

1 位停止位：这是停止位数量的默认值。

2 位停止位：正常 USART 模式、单线模式和调制解调器模式支持该值。

0.5 位停止位：在智能卡模式下接收数据时使用。

1.5 位停止位：在智能卡模式下发送和接收数据时使用。

当 USART _ CR1 发送使能位（TE）置 1 时，使能发送功能，写 USART _ DR 启动一次发送，发送移位寄存器中的数据在 Tx 引脚输出，首先发送 LSB。如果是同步模式的话，则相应的时钟脉冲在 SCLK 引脚输出。

当需要连续发送数据时，只有在当前发送数据完全结束后，才能进行一次新的数据发送。当 USART 状态寄存器（USART _ SR）的 TC 位置 1 时，发送结束。可以通过软件检测或中断方式（需要将 USART _ CR1 的 TCIE 位置 1）判断何时发送结束。

(4) 接收器

接收器控制 USART 的数据接收过程。

当 USART _ CR1 的发送使能位（RE）置 1 时，使能接收功能。在 USART 接收期间，首先通过 Rx 引脚移入数据的 LSB。当 USART _ SR 的 RXNE 位置 1 时，移位寄存器的内容已传送到 RDR，数据接收结束。

一般会将 USART _ CR1 的 RXNEIE 位置 1，使能接收完成中断，在中断服务程序中通过读 USART _ DR 获取接收到的数据。

接收器采用过采样技术（除了同步模式）来检测接收到的数据，这可以从噪声中提取有效数据。可通过设置 USART _ CR1 中的 OVER8 位来选择采样方法，且采样时钟可以是波特率时钟的 16 倍或 8 倍。

8 倍过采样（OVER8=1）：此时以 8 倍于波特率的采样频率对输入信号进行采样，每个采样数据位被采样 8 次。此时可以获得最高的波特率（$f_{PCLK}/16$）。根据采样中间的 3 次采样（第 4、5、6 次）判断当前采样数据位的状态。8 倍过采样原理如图 7.8 所示。

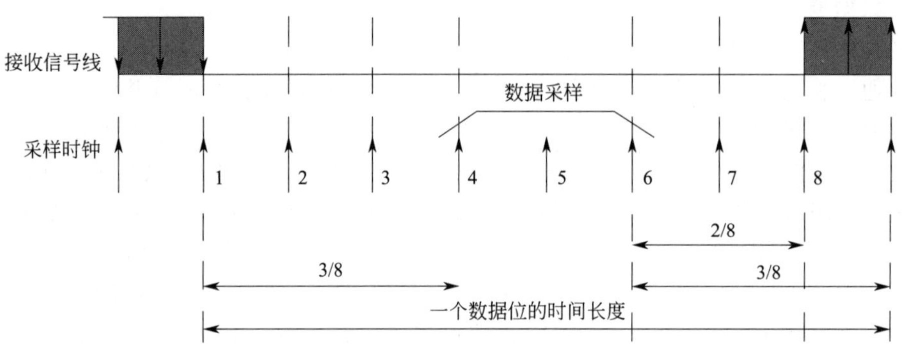

图 7.8　8 倍过采样原理

16 倍过采样（OVER8=0）：此时以 16 倍于波特率的采样频率对输入信号进行采样，每个采样数据位被采样 16 次。此时可以获得最高的波特率（$f_{PCLK}/16$）。根据采样中间的 3 次采样（第 8、9、10 次）判断当前采样数据位的状态。16 倍过采样原理如图 7.9 所示。

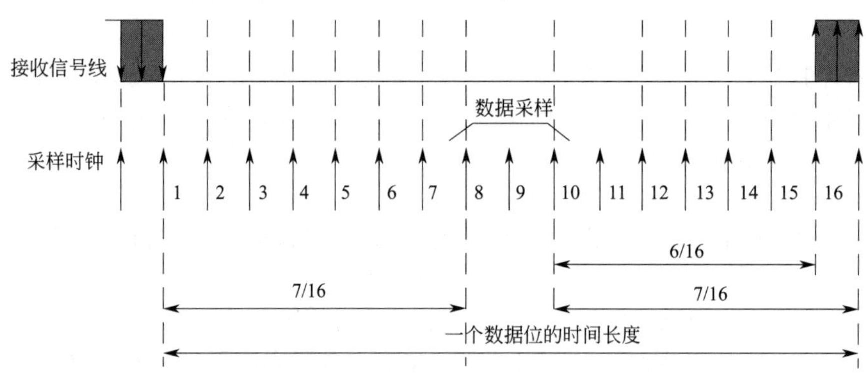

图 7.9　16 倍过采样原理

根据中间 3 位采样值判断当前采样数据位的状态，并设置 USART _ SR 的 NE 位。USART 采样数据位状态如表 7.4 所示。

表 7.4　USART 采样数据位状态

采样值	NE 状态	接收的位值
000	0	0
001	1	0
010	1	0
011	1	1
100	1	0
101	1	1
110	1	1
111	0	1

7.2.2 USART 寄存器及其使用

STM32 微控制器最多可提供 5 路串口。USART 寄存器说明如表 7.5 所示。

表 7.5 USART 寄存器说明

USART 寄存器	功能描述
USART 状态寄存器(USART_SR)	反映 USART 单元的状态(有用位:位 0～9)
USART 数据寄存器(USART_D)	用来保存接收或发送的数据(有用位:位 0～8)
USART 波特率寄存器(USART_BRR)	用来设置 USART 的波特率(有用位:位 0～15)
USART 控制寄存器 1(USART_CR1)	用来控制 USART (有用位: 位 0～13)
USART 控制寄存器 2(USART_CR2)	用来控制 USART (有用位: 位 0～14)
USART 控制寄存器 3(USMRT_CR3)	用来控制 USART (有用位:位 0～10)
USART 保护时间和预分频寄存器(USART _GTPR)	保护时间和预分频(有用位:位 0～15)

USART 寄存器的地址映像和复位值可以在《STM32F10x 中文参考手册》中自行查阅，这些寄存器可用半字（16 位）或字（32 位）的方式进行操作。

7.2.2.1 USART 收发数据

STM32 系列 ARM 处理器可以通过设置 USART _ CR1 寄存器中的 M 标志位来选择是 8 位字长还是 9 位字长。USART 串口通信中字符长度的设置如图 7.10 所示。

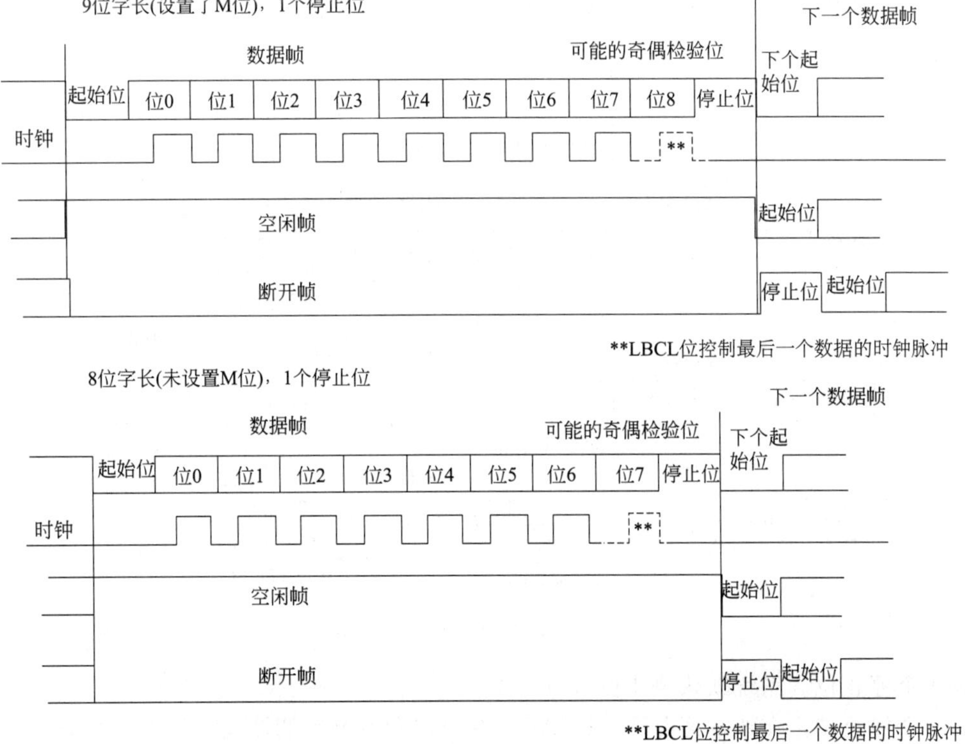

图 7.10 USART 串口通信中字符长度的设置

在 USART 串口通信过程中，Tx 引脚在起始位期间一直保持低电平，而在停止位期间一直保持高电平。在数据帧中，空闲符被认为是一个全 1 的帧，其后紧跟着包含数据的下一个帧的起始位，而断开符是一个帧周期全接收到 0 的数据帧。在断开帧之后，发送器会自动插入一个或两个停止位，即逻辑 1，用于应答起始位。

注意，发送和接收数据都是通过波特率产生器驱动的，当发送者和接收者的使能位均被设置为 1 时则会为彼此分别产生驱动时钟。

(1) USART 发送器

可以发送 8 位或 9 位的数据字符，这主要取决于 M 标志位的状态。当发送使能位 TE 被设置为 1 时，发送移位寄存器中的数据在 Tx 引脚输出，相关的时钟脉冲在 SCLK 引脚输出。

① 字符发送。在 USART 发送数据的过程中，Tx 引脚先出现最低有效位。在这种模式下，USART _ DR 寄存器组合了一个内部总线和发送移位寄存器之间的缓冲寄存器，即 TDR。在字符发送过程中，每个字符之前都有一个逻辑低电平的起始位，用来分隔发送的字符数目。在 USART 发送字符的过程中，TE 标志位在数据发送期间不能复位。如果在数据发送期间复位 TE 标志位，则会破坏 Tx 引脚上的数据信息，因为此时波特率计数器被冻结，当前发送的数据会失。在 TE 标志位使能之后，USART 串口会发送一个空闲帧。

② 可配置的停止位。在 USART 串口通信过程中，每个字符所带的停止位个数可以通过控制寄存器 2 中的第 12 位和第 13 位进行配置。USART 通信中的停止位如图 7.11 所示。配置的内容如下：

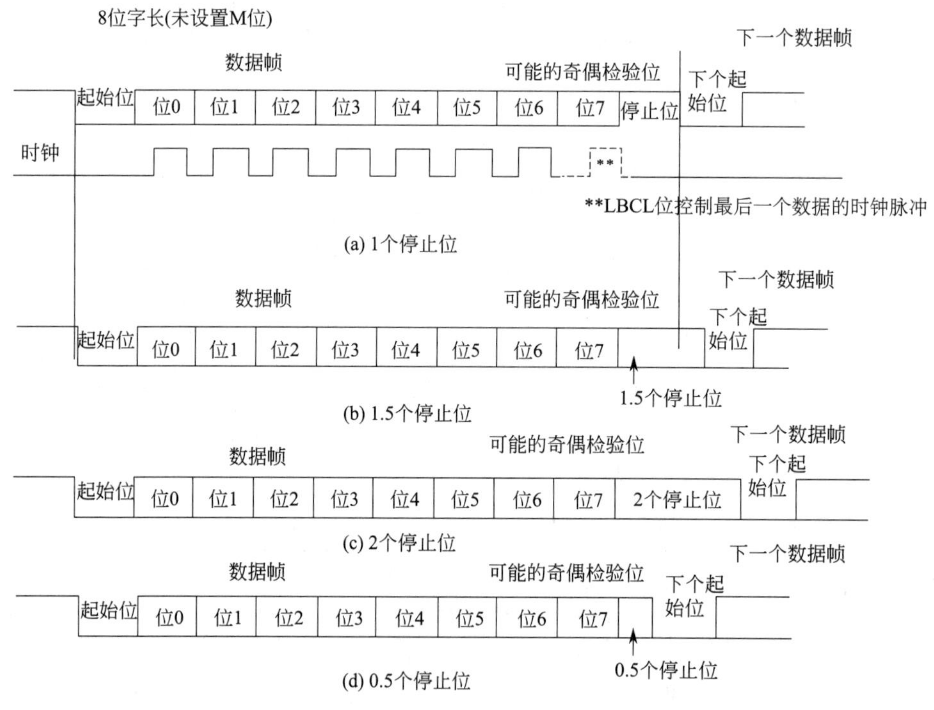

图 7.11 USART 通信中的停止位

➢ 1 个停止位。系统默认停止位数目为 1。

➢ 2 个停止位。在通常情况下，USART 在单线和调制解调器模式下支持 2 个停止位。

➢ 0.5 个停止位。当 USART 在智能卡模式下接收数据时，支持 0.5 个停止位。

➢ 1.5 个停止位。当 USART 在智能卡模式下发送数据时，支持 1.5 个停止位。

在 USART 通信过程中，空闲帧的发送已经包含了停止位。断开帧可以是 10 个低位（标志位 M =0）之后加上 1 个对应配置的停止位，也可以是 11 个低位（标志位 M=1）之后加上 1 个对应配置的停止位，但是不能发送长度大于 10 或 11 个低位的长间隙。

通过以下步骤实现对 USART 通信停止位的设置：

➢ 通过将 USART _ CR1 寄存器中的 UE 标志位设置为 1 来使能 USART 串口通信功能。

➢ 通过配置 USART _ CR1 寄存器中的 M 标志位来定义字长（当标志位 M=0 时，字长为 10；当标志位 M=1 时，字长为 11）。

➢ 停止位的个数可通过 USART _ CR2 寄存器配置。

➢ 如果采用多缓冲通信，则需要选择 USART _ CR3 寄存器中的 DMA 使能位，即 DMAT 标志位，可以按照多缓冲通信方式配置 DMA 寄存器。

➢ 通过设置 USART _ CR1 寄存器中的 TE 标志位发送一个空闲帧，将其作为第一次数据发送。

➢ 通过 USART _ BRR 寄存器选择数据通信的波特率。

➢ 向 USART _ DR 寄存器中写入需要发送的字符（这个操作会清除 TXE 标志位），停止位就会自动加在字符的末端。

③ 单字节通信。在 USART 串口单字节通信过程中，清除 TXE 标志位一般是通过向数据寄存器中写入数据来完成的。但 TXE 标志位是由系统硬件设置的，且该标志位用来表明以下内容：数据已经从 TDR 寄存器中转移到移位寄存器，数据发送已经开始；TDR 寄存器是空的；数据已写入 USART _ DR 寄存器，而且不会覆盖前面的数据内容。如果此时 TX-EIE 标志位为 1，则表明将产生一个中断。如果 USART 没有发送数据，向 USART _ DR 寄存器中写入一个数据，该数据将直接被放入移位寄存器中，在发送开始时，TXE 标志位也将被设置为 1。当个数据发送完成，即在结束位之后，TC 标志位将被设置为 1。如果此时 USART _ CR1 寄存器中的 TCIE 标志位被设置为 1，则产生一个中断。通过软件的方式清除 TC 标志位，具体操作步骤如下：

➢ 读一次 USART _ SR 寄存器。

➢ 写一次 USART _ DR 寄存器。

④ 间隙字符。在 USART 通信过程中，通过设置 SBK 标志位来发送一个间隙字符，断开帧的长度与 M 标志位有关。如果 SBK 标志位被设置为 1，在完成当前的数据发送之后将在 Tx 线路上发送间隙字符，间隙字符发送完成后，由硬件对 SBK 标志位进行复位。US-ART 在最后一个间隙帧的末端置 1，以保证下一个帧的起始位能够被识别。

（2）USART 接收器

可以接收 8 位或 9 位的数据，同样，数据字符的长度取决于 USART _ CR1 寄存器中的 M 标志位。

① 字符接收。在 USART 数据通信接收期间，Rx 引脚先接收到最低有效位，在这种模式下，USART _ DR 寄存器由一个内部总线和接收移位寄存器之间的缓冲区 RDR 构成。USART 字符接收的具体流程如下：

➢ 通过将 USART _ CR1 寄存器中的 UE 标志位设置为 1 来使能 USART 的串口通信功能。

➢ 通过配置 USART _ CR1 寄存器中的 M 标志位来定义字长。

➢ 通过 USART _ CR2 寄存器配置停止位的个数。

➢ 如果发生多缓冲通信，则选择 USART _ CR3 寄存器中的 DMA 使能位，即 DMAT 标志位，按照多缓冲通信中的配置方法来设置 DMA 寄存器。

➢ 通过波特率寄存器 USART _ BRR 来选择合适的波特率。

➢ 将 USART _ CR1 寄存器中的 RE 标志位设置为 1，即使接收器开始寻找起始位。

当 USART 通信接口接收到一个字符时，系统将执行如下操作：

➢ RXNE 标志位被设置为 1，表明移位寄存器中的内容被转移到 RDR 寄存器中，即数据已经接收到并且可供读取。

➢ 如果 RXNEIE 标志位被设置为 1，则系统会产生一个中断。

➢ 在数据接收期间，如果发现帧错误、噪声或溢出错误，则错误标志会被设置为 1。

➢ 在多缓冲接收过程中，RXNE 标志位在每接收到一个字节之后都会被设置为 1，并通过 DMA 使能位读取数据寄存器，以消除该标志位。

➢ 在单缓冲模式下，RXNE 标志位的消除是通过软件读取 USART _ DR 寄存器来完成的，也可以通过直接对其写 0 来完成。RXNE 标志位必须在下一个字符接收完成前被消除，否则将会产生溢出错误。

② 溢出错误。当 USART 通信接口接收到一个字符，而 RXNE 标志位还没有被复位时，系统将出现溢出错误，即在 RXNE 标志位被消除之前数据不能从移位寄存器转移到 RDR 寄存器中。当每次接收到一个字节的数据后，RXNE 标志位都会被设置为 1，如果在下一个字节已经被接收或前一次 DMA 请求尚未得到服务响应时，RXNE 标志位同样会产生一个溢出错误。当发生溢出错误时会出现以下情况：

➢ ORE 标志位被设置为 1。

➢ RDR 寄存器中的内容不会丢失，在读取 USART _ DR 寄存器时，前一个数据仍然保持有效。

➢ 移位寄存器会被覆盖，在此之后所有溢出期间接收到的数据都会丢失。

➢ 如果此时 RXNEIE 标志位被设置为 1 或 RXNEIE 和 DMAR 标志位被设置为 1，则系统将会产生一个中断。

➢ 通过对 USART _ SR 寄存器进行读数据操作后，再继续读 USART _ DR 寄存器，以实现对 ORE 标志位的复位操作。

③ 噪声错误。在 ARM 处理器中，通过“过采样”技术有效输入数据和减弱噪声，从而实现数据恢复（不可以在同步模式下使用）。当在 USART 数据帧中检测到噪声时，将会产生以下动作状态。

➢ NE 标志位在 RXNE 标志位的上升沿被设置为 1。

➢ 无效的数据从移位寄存器转移到 USART _ DR 寄存器中。

➢ 如果是单字节通信，则不会产生中断，但 NE 标志位将和自身产生中断的 RXNE 标志位一起作用。

➢ 在多缓冲通信中，如果 USART _ CR3 寄存器中的 EIE 标志位被设置为 1，则会导致一个系统中断。

➢ 通过依次读取 USART _ SR 寄存器和 USART _ DR 寄存器的方式对 NE 标志位进行复位。

7.2.2.2 USART 波特率设置

波特率（严格意义上来说应该是比特率）是串行通信的重要指标，可用于表征数据传输速率。但与字符的实际传输速率不同，字符的实际传输速率是指每秒所传输字符帧的帧数，与字符帧的格式有关。例如，波特率为 1200Baud 的通信系统，若采用 11 数据位字符帧，则字符的实际传输速率为 1200/11=109.09 帧/s，每位的传输时间为 1/1200s。

接收器和发送器的波特率在USART波特率分频器除法因子（*USARTDIV*）中整数和小数位上的值应设置成相同的值。波特率通过USART _ BRR寄存器来设置，包括12位整数部分和4位小数部分。在USART _ BRR寄存器中，位［3：0］定义了*USARTDIV*的小数部分，而位［15：4］则定义了*USARTDIV*的整数部分。

发送和接收的波特率计算公式如下：

$$波特率=f_{PCLKx}/(16\times USARTDIV)$$

式中，f_{PCLKx}(x=1或2）代表外设时钟，PCLK1用于USART2、USART3、UART4和UART5，而PCLK2则用于USART1。

*USARTDIV*是一个无符号的浮点数，可根据所要求的*USARTDIV*的值求出对应的USART _ BRR寄存器的值。例如，若*USARTDIV*的值为50.99d（d表示十进制数），则可通过如下计算获得USART _ BRR寄存器的值：

$$\text{DIV\_ Fraction}=16\times 0.99\text{d}=15.84\text{d}\approx 16\text{d}=0\text{x}10$$

$$\text{DIV\_ Mantissa}=50\text{d}=0\text{x}32$$

因此小数部分（位［3：0］）应取为0x0并向整数部分进1，而整数部分（位［15：4］）应取为0x33，最终得到的USART _ BRR寄存器的值为0x330。

同样，根据USART _ BRR寄存器的值获得*USARTDIV*的值，如USART _ BRR寄存器的值为0x1BC，则经过转换可得DIV _ Mantissa的值为27d，而DIV _ Fraction的值为12d，则

$$\text{Mantissa(USART\_BRR)}=27\text{d}$$

$$\text{Fraction(USART\_BRR)}=12/16=0.75\text{d}$$

所以得到*USARTDIV*的值为27.75d。

表7.6列出了常用的波特率及其误差。

表7.6 常用的波特率及其误差

波特率期望值/(Kb/s)	f_{PCLKx}=36MHz			f_{PCLKx}=72MHz		
	实际值/(Kb/s)	误差	USART_BRR寄存器的值	实际值/(Kb/s)	误差	USART_BRR寄存器的值
2.4	2.400	0%	937.5	2.400	0%	1875
3.6	3.600	0%	234.375	3.600	0%	468.75
19.2	19.200	0%	117.1875	19.200	0%	234.375
57.6	57.600	0%	39.0625	57.600	0%	78.125
115.2	115.384	0.15%	19.5	115.200	0%	39.625
230.4	230.769	0.16%	9.75	230.769	0.16%	19.5
460	461.538	0.16%	9.75	230.769	0.16%	9.75
921.6	923.076	0.16%	2.4375	923.076	0.16%	4.875
2250	2250	0%	1	2250	0%	2
4500	不可能	不可能	不可能	4500	0%	1

注：波特率期望值为4500kb/s时，f_{PCLKx}=36MHz的寄存器中值小于1，故不可能。

7.2.2.3 USART硬件流控制

串口之间在传输数据时，经常会出现数据丢失现象。当两台计算机的处理速度不同时，若接收端数据缓冲区已满，则继续发送来的数据会丢失。为了解决数据丢失现象，USART中设计了硬件流控制。当接收端数据处理能力不足时，会发出不再接收的信号，此时发送端停止发送数据，直至收到可继续发送的信号后再发送数据。因此，硬件流控制可以控制数据传输的进程，从而防止数据丢失。

硬件流控制常用的有 RTS/CTS（请求发送/清除发送）流控制和 DTR/DSR（数据终端就绪/数据设置就绪）流控制。采用 RTS/CTS 流控制时，应将通信两端的 RTS 和 CTS 对应相连，数据终端设备（如计算机等）使用 RTS 来协调数据的发送，而数据通信设备（如调制解调器等）则使用 CTS 来启动或暂停来自数据终端设备的数据流。利用 nCTS 输入和 nRTS 输出可以控制两个设备之间的串行数据流，两个串口之间的硬件流控制连线如图 7.12 所示。

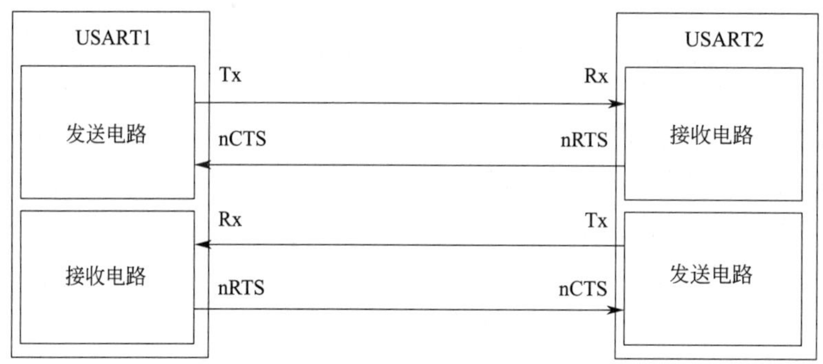

图 7.12　两个串口之间的硬件流控制连线

（1）RTS 流控制

如果 RTS 流控制被使能（RTSE=1），则只要 USART 接收器准备好接收新的数据，nRTS 就变成有效（低电平）。当接收寄存器有数据到达时，nRTS 被释放，由此表明希望在当前帧结束时停止数据传输。

（2）CTS 流控制

如果 CTS 流控制被使能（CTSE=1），则发送器在发送下一帧数据前会检查 nCTS 输入。如果 nCTS 有效（低电平），则发送下一帧数据（假设该数据为准备好的待发送数据，即 TXE=0），否则不发送下一帧数据。若 nCTS 在传输期间变成无效，则当前的传输完成后即停止发送。当 CTSE=1 时，只要 nCTS 输入变换状态，硬件就会自动设置 CTSIE 状态位，表明接收器是否已准备好进行通信；如果此时设置 USART _ CR3 寄存器的 CTSIE 状态位，则会产生中断。

7.2.2.4 USART 中断请求与模式配置

（1）中断请求

USART 中断请求如表 7.7 所示。

表 7.7　USART 中断请求

中断	中断标志	使能位
发送数据寄存器	TXE	TXEIE
CTS 标志	CTS	VTSIE
发送完成	TC	TCIE
接收数据就绪(可读)	TXNE	TXNEIE
检测到数据溢出	ORE	
检测到空闲线路	IDLE	IDLEIE
奇偶校验错误	PE	PEIE
断开标志	LBD	LBDIE
噪声标志 (多缓冲通信中的溢出错误和帧错误)	NE 或 OTE 或 FE	EIE

注意：只有当使用 DMA 接收数据时，才使用 EIE 标志位。

USART 的各种中断事件被连接到同一个中断向量。发送和接收期间有以下几种中断事件：

① 发送期间的中断事件包括发送完成、清除发送和发送数据寄存器空。

② 接收期间的中断事件包括闲总线检测、溢出错误、接收数据寄存器非空、LIN 断开符号检测、校验错误、噪声标志（仅在多缓冲器通信中）和帧错误（仅在多缓冲器通信中）。

如果设置了对应的使能控制位，这些事件发生时就会各自产生中断。

（2）模式配置

USART 模式配置如表 7.8 所示。

表 7.8 USART 模式配置

USART 模式	USART1	USART2	USART3	USART4	USART5
异步模式	支持	支持	支持	支持	支持
硬件流控制	支持	支持	支持	不支持	不支持
多缓冲通信(DMA)	支持	支持	支持	支持	支持
多处理器通信	支持	支持	支持	支持	支持
同步	支持	支持	支持	不支持	不支持
智能卡	支持	支持	支持	不支持	不支持
半双工(单线模式)	支持	支持	支持	支持	支持
IrDA	支持	支持	支持	支持	支持
LIN	支持	支持	支持	支持	支持

7.2.2.5 DMA 控制

USART 能够使用 DMA 进行连续通信。接收缓冲区和发送缓冲区的 DMA 请求是独立的，它们分别对应于独立的 DMA 通道。

（1）使用 DMA 进行发送

将 USART 控制寄存器 3（USART _ CR3）中的 DMAT 位置 1 可以使能 DMA 模式进行发送。一旦使能了 USART 的 DMA 功能，当 TXE 位置 1 时，控制器会将数据自动从 SRAM 区加载到 USART _ DR，启动发送过程。所有数据的发送不需要通过程序干涉。

（2）使用 DMA 进行接收

将 USART _ CR3 中的 DMAR 位置 1 可以使能 DMA 模式进行接收。一旦使能了 USART 的 DMA 功能，当接收数据时，将 RXNE 位置 1，控制器会将数据从 USART _ DR 自动加载到 SRAM 区域。整个数据的接收过程不需要程序的干涉。

7.2.3 USART 相关库函数简介

在实际应用中，通过相关库函数方便地实现对 USART 的控制和使用。常用的 USART 库函数如表 7.9 所示。

表 7.9 常用的 USART 库函数

函数名	功能描述
USART_DeInit	将外设 USARTx 寄存器重设为默认值
USART_Init	根据 USART_ InitStruct 中指定的参数初始化外设 USARTx 寄存器
USART_ StructInit	把 USART_ InitStruct 中的每一个参数按默认值填入
USART_Cmd	使能或失能 USART 外设

续表

函数名	功能描述
USART_ITConfig	使能或失能指定的 USART 中断
USART_DMACmd	使能或失能指定 USART 的 DMA 请求
USART_SetAddress	设置 USART 节点的地址
USART_WakeUpConfig	选择 USART 的唤醒方式
USART_ReceiverWakeUpCmd	检查 USART 是否处于静默模式
USART_LINBreakDetectLengthConfig	设置 USART_LIN 中断检测长度
USART_LINCmd	使能或失能 USARTx 的 LIN 模式
USART_SendData	通过外设 USARTx 发送单个数据
USART_ReceiveData	返回 USARTx 最近接收到的数据
USART_SendBreak	发送中断字
USART_SetGuardTime	设置指定的 USART 保护时间
USART_ SetPrescaler	设置 USART 时钟预分频
USART_SmartCardCmd	使能或失能指定 USART 的智能卡模式
USART_SmartCardNackCmd	使能或失能 NACK 传输
USART_HalfDuplexCmd	使能或失能 USART 半双工模式
USART_IrDAConfig	设置 USART_IrDA 模式
USART_IrDACmd	使能或失能 USART_IrDA 模式
USART_GetFlagStatus	检查指定的 USART 标志位设置与否
USART_ClearFlag	清除 USARTx 的待处理标志位
USART_GetITStatus	检查指定的 USART 中断发生与否
USART_ClearITPendingBit	清除 USARTx 的中断待处理位

7.2.3.1 USART 初始化类函数

(1) USART _ DeInit 函数

该函数将外设 USARTx 寄存器重设为默认值。

函数原型	void USART_DeInit(USART_TypeDef * USARTx)				
功能描述	将外设 USARTx 寄存器重设为默认值				
输入参数	USARTx:此参数可以取 USART1、USART2、USART3、USART4 或 USART5,用来选择 USART 外设				
输出参数	无	返回值	无	先决条件	无
被调用函数	RCC_APB2PeriphResetCmd()、RCC_APB1PeriphResetCmd()				

例如，重置 USART1 寄存器为初始（默认）状态：

USART _ DeInit (USART1);

(2) USART _ Init 函数

该函数根据 USART _ InitStruct 中指定的参数初始化外设 USARTx 寄存器。

函数原型	void USART_Init(USART_TypeDef * USARTx,USART_InitTypeDef * USART_ InitStruct)						
功能描述	根据 USART_InitStruct 中指定的参数初始化外设 USARTx 寄存器						
输入参数 1	USARTx:此参数可以取 USART1、USART2、USART3、USART4 或 USART5,用来选择 USART 外设						
输入参数 2	USART_InitStruct:指向结构体 USART_InitTypeDef 的指针,包含外设 USART 的配置信息						
输出参数	无	返回值	无	先决条件	无	被调用函数	无

USART _ InitTypeDef 结构体定义在 STM32 标准函数库文件中的 stm32f10x0 _ usat. h 头文件下，具体定义如下。

```
typedef struct
{
    uint32_t USART_BaudRate;              //波特率
    uint16_t USART_WordLength;            //字长
    uint16_t USART_StopBits;              //停止位
    uint16_t USART_Parity;                //奇偶校验
    uintl6_t USART_Mode;                  //模式
    uint16_t USART_HardwareFlowControl;//硬件流控制
}USART_InitTypeDef;
```

每个 USART _ InitTypeDef 结构体成员的功能和相应取值如下：

① USART _ BaudRate。该成员用来设置 USART 传输的波特率，波特率可由以下公式计算：

$$IntegerDivider=(APBClock)/[16\times(USART\_InitStruct-USART\_BaudRate)]$$

$$FractionalDivider=\{IntegerDivider-[(\text{uint32\_t})IntegerDivider)]\times16\}+0.5$$

该波特率的值不一定是 9600、14400、19200、38400 和 57600，可以是任意值。

② USART _ WordLength。该成员用来设置在一个帧中传输或接收到的数据位数(长)，其取值定义如表 7. 10 所示。

③ USART _ StopBits。该成员用来定义发送的停止位数目，其取值定义如表 7. 11 所示。

表 7. 10 USART _ WordLength 取值定义

USART_WordLength 取值	功能描述
USART_WordLength_8b	8 位数据
USART_WordLength_9b	9 位数据

表 7. 11 USART _ StopBits 取值定义

USART_StopBits 取值	功能描述
USART_StopBits_1	在帧结尾传输 1 个停止位
USART_StopBits_0. 5	在帧结尾传输 0. 5 个停止位
USART_StopBits_2	在帧结尾传输 2 个停止位
USART_StopBits_1. 5	在帧结尾传输 1. 5 个停止位

④ USART _ Parity。该成员用来定义奇偶校验模式，其取值定义如表 7. 12 所示。奇偶校验一旦使能，就会在发送数据的 MSB 位插入经过计算的奇偶位（字长为 9 位时的第 9 位或字长为 8 位时的第 8 位）。

表 7. 12 USART _ Parity 取值定义

USART_Parity 取值	功能描述
USART_Parity_No	无校验
USART_Parity_Even	偶校验模式
USART_Parity_Odd	奇校验模式

⑤ USART _ Mode。初始化该成员用来指定发送和接收模式的使能或失能，其取值定义如表 7. 13 所示。

表 7.13　USART _ Mode 取值定义

USART_Mode 取值	功能描述
USART_Mode_Tx	发送使能
USART_Mode_Rx	接收使能

⑥ USART _ HardwareFlowControl。初始化该成员用来指定硬件流控制模式的使能或失能，其取值定义如表 7.14 所示。

表 7.14　USART _ HardwareFlowControl 取值定义

USART_HardwareFlowControl 取值	功能描述
USART_HardwareFlowControl_None	无硬件流控制
USART_HardwareFlowControl_RTS	发送请求 RTS 使能
USART_HardwareFlowControl_CTS	清除发送 CTS 使能
USART_HardwareFlowControl_RTS_CTS	RTS 和 CTS 使能

例如，初始化 USART1，设置其为 9600Baud，8 位数据，1 个停止位，奇校验模式，RTS 和 CTS 使能，发送和接收模式使能：

```
USART_InitTypeDef USART_InitStructure;                    //定义结构体
USART_InitStructure. USART_BaudRate = 9600;                //定义通信速率
USART_InitStructure. USART_WordLength = USART_WordLength_8b;//字长设置为 8 位数据
USART_InitStructure. USART_StopBits = USART_ StopBits_1;      //1 个停止位
USART_InitStructure. USART_Parity = USART_Parity_Odd;         //奇校验模式
USART_InitStructure. USART_HardwareFlowControl =
USART_HardwareFlowControl_RTS_CTS;             //RTS 和 CTS 使能
//允许发送和接收
USART_InitStructure. USART_Mode = USART Mode_Tx | USART_Mode_Rx;
USART_Init(USART1,&USART_InitStructure);             //初始化 USART1
```

(3) USART _ StructInit 函数

该函数把 USART _ InitStruct 中的每一个参数按默认值填入。

函数原型	void USART_StructInit(USART_ InitTypeDef * USART _InitStruct)						
功能描述	把 USART_InitStruct 中的每一个参数按默认值填入						
输入参数	USART_ InitStruct：指向结构体 USART_InitTypeDef 的指针，待初始化，其默认值如表 7.15 所示						
输出参数	无	返回值	无	先决条件	无	被调用函数	无

表 7.15　USART _ InitStruct 默认值

项目	默认值
USART_BaudRate	9600
USART_WordLength	USART_WordLength_8b
USART_StopBits	USART_ StopBits_1
USART_Parity	USART_Parity_No
USART_Mode	USARTcMode_Tx/USART_Mode_Rx
USART_HardwareFlowControl	USART_HardwareFlowControl_None

例如，恢复 USART1 的默认值：

```
USART_InitTypeDef   USART_InitStructure;              //定义结构体
USART_StructInit (&USART_InitStructure);              //恢复默认值
```

7.2.3.2 USART 设置检查相关函数

(1) USART _ SetAddress 函数

该函数设置 USART 节点的地址。

<table>
<tr><td>函数原型</td><td colspan="7">void USART_SetAddress(USART_TypeDef * USARTx,uint8_t USART_Address)</td></tr>
<tr><td>功能描述</td><td colspan="7">设置 USART 节点的地址</td></tr>
<tr><td>输入参数 1</td><td colspan="7">USARTx:此参数可以取 USART1、USART2、USART3、USART4 或 USART5,用来选择 USART 外设</td></tr>
<tr><td>输入参数 2</td><td colspan="7">USART_Address:指示 USART 节点的地址</td></tr>
<tr><td>输出参数</td><td>无</td><td>返回值</td><td>无</td><td>先决条件</td><td>无</td><td>被调用函数</td><td>无</td></tr>
</table>

例如，设置 USART2 节点的地址为 0x05:

USART_SetAddress(USART2, 0x05);

(2) USART _ SetGuardTime 函数

该函数设置指定的 USART 保护时间。

<table>
<tr><td>函数原型</td><td colspan="7">void USART_SetGuardTime(USART_TypeDef * USARTx,uint8_t USART_GuardTime)</td></tr>
<tr><td>功能描述</td><td colspan="7">设置指定的 USART 保护时间</td></tr>
<tr><td>输入参数 1</td><td colspan="7">USARTx:此参数可以取 USART1、USART2、USART3、USART4 或 USART5,用来选择 USART 外设</td></tr>
<tr><td>输入参数 2</td><td colspan="7">USART_GuardTime:指定的保护时间</td></tr>
<tr><td>输出参数</td><td>无</td><td>返回值</td><td>无</td><td>先决条件</td><td>无</td><td>被调用函数</td><td>无</td></tr>
</table>

例如，设置 USART1 的保护时间为 0x78:

USART SetGuardTime (USART1,0x78);

(3) USART _ SetPrescaler 函数

该函数设置 USART 时钟预分频。

<table>
<tr><td>函数原型</td><td colspan="7">void USART_SetPrescaler(USART_TypeDef * USARTx,uint8_t USART_Prescaler)</td></tr>
<tr><td>功能描述</td><td colspan="7">设置 USART 时钟预分频</td></tr>
<tr><td>输入参数 1</td><td colspan="7">USARTx:此参数可以取 USART1、USART2、USART3、USART4 或 USART5,用来选择 USART 外设</td></tr>
<tr><td>输入参数 2</td><td colspan="7">USART_Prescaler:所设置的时钟预分频</td></tr>
<tr><td>输出参数</td><td>无</td><td>返回值</td><td>无</td><td>先决条件</td><td>无</td><td>被调用函数</td><td>无</td></tr>
</table>

例如，设置 USART1 的时钟预分频值为 0x56:

USART_SetPrescaler (USART1,0x56);

(4) USART _ SmartCardCmd 函数

该函数使能或失能指定 USART 的智能卡模式。

<table>
<tr><td>函数原型</td><td colspan="7">void USART_SmartCardCmd(USART_TypeDef * USARTx,Functional State NewState)</td></tr>
<tr><td>功能描述</td><td colspan="7">使能或失能指定 USART 的智能卡模式</td></tr>
<tr><td>输入参数 1</td><td colspan="7">USARTx:此参数可以取 USART1、USART2、USART3、USART4 或 USART5,用来选择 USART 外设</td></tr>
<tr><td>输入参数 2</td><td colspan="7">NewState:USART 智能卡模式的新状态(可取 ENABLE 或 DISABLE)</td></tr>
<tr><td>输出参数</td><td>无</td><td>返回值</td><td>无</td><td>先决条件</td><td>无</td><td>被调用函数</td><td>无</td></tr>
</table>

例如，设置 USART2 为智能卡模式:

USART_SmartCardCmd(USART2,ENABLE);

(5) USART _ Cmd 函数

该函数使能或失能 USART 外设。

函数原型	void USART_Cmd(USART_TypeDef * USARTx,FunctionalState NewState)						
功能描述	使能或失能 USART 外设						
输入参数 1	USARTx:此参数可以取 USART1、USART2、USART3、USART4 或 USART5,用来选择 USART 外设						
输入参数 2	NewState:USART 智能卡模式的新状态(可取 ENABLE 或 DISABLE)						
输出参数	无	返回值	无	先决条件	无	被调用函数	无

(6) USART _ GetFlagStatus 函数

该函数检查指定的 USART 标志位设置与否。

函数原型	FlagStatus USART_GetFlagStatus(USART_TypeDef * USARTx,uint16_t USART_ FLAG)		
功能描述	检查指定的 USART 标志位设置与否		
输入参数 1	USARTx:此参数可以取 USART1、USART2、USART3、USART4 或 USART5,用来选择 USART 外设		
输入参数 2	USART_FLAG:待检查的 USART 标志位,其取值定义如表 7.16 所示		
输出参数	无	返回值	USART_FLAG 的新状态(可取 SET 或 RESET)
先决条件	无	被调用函数	无

表 7.16 USART _ FLAG 取值定义

USART_ FLAG 取值	功能描述
USART_FLAG_CTS	CTS 标志位
USART_FLAG_LBD	LIN 中断检测标志位
USART_FLAG_TXE	发送数据寄存器空标志位
USART_FLAG_TC	发送完成标志位
USART_FLAG_RXNE	接收数据寄存器非空标志位
USART_FLAG_IDLE	空闲总线标志位
USART_FLAG_ORE	溢出错误标志位
USART_FLAG_NE	噪声错误标志位
USART_FLAG_FE	帧错误标志位
USART_FLAG_PE	奇偶错误标志位

例如，检查 USART1 发送标志位的值：

```
FlagStatus Status;
status = USART_GetFlagStatus(USART1,USART_FLAG_TXE);
```

(7) USART _ ClearFlag 函数

该函数清除 USARTx 的待处理标志位。

函数原型	void USART_ClearFlag(USART_TypeDef * USARTx,uint16_t USART_ FLAG)						
功能描述	清除 USARTx 的待处理标志位						
输入参数 1	USARTx:此参数可以取 USART1、USART2、USART3、USART4 或 USART5,用来选择 USART 外设						
输入参数 2	USART_FLAG:待清除的 USART 标志位						
输出参数	无	返回值	无	先决条件	无	被调用函数	无

7.2.3.3 USART 输入/输出相关函数

(1) USART _ ReceiveData 函数

该函数返回 USARTx 最近接收到的数据。

函数原型	uint8_t USART_ ReceiveData(USART TypeDef * USARTx)						
功能描述	返回 USARTx 最近接收到的数据						
输入参数	USARTx:此参数可以取 USART1、USART2、USART3、USART4 或 USART5,用来选择 USART 外设						
输出参数	无	返回值	无	先决条件	无	被调用函数	无

例如，从 USART2 中读取最新数据：

```
uint8_t RxData;
RxData =USART_ReceiveData(USART2);
```

(2) USART _ SendData 函数

该函数通过外设 USARTx 发送单个数据。

函数原型	void USART_SendData(USART _TypeDef * USARTx,uint16_ t Data)						
功能描述	通过外设 USARTx 发送单个数据						
输入参数 1	USARTx:此参数可以取 USART1、USART2、USART3、USART4 或 USART5,用来选择 USART 外设						
输入参数 2	Data:待发送的数据						
输出参数	无	返回值	无	先决条件	无	被调用函数	无

例如，从 USART3 发送 0x68 数据：

```
USART_SendData(USART3, 0x45);
```

7.2.3.4 USART 相关中断函数

(1) USART _ SendBreak 函数

该函数发送中断字。

函数原型	void USART_SendBreak(USART_TypeDef * USARTx)						
功能描述	发送中断字						
输入参数	USARTx:此参数可以取 USART1、USART2、USART3、USART4 或 USART5,用来选择 USART 外设						
输出参数	无	返回值	无	先决条件	无	被调用函数	无

例如，从 USART1 发送中断字：

```
USART_SendBreak (USART1);
```

(2) USART _ ITConfig 函数

该函数使能或失能指定的 USART 中断。

函数原型	void USART_ITConfig(USART_TypeDef * USARTx,uint16_t USART_IT, FunctionalState NewState)						
功能描述	使能或失能指定的 USART 中断						
输入参数 1	USARTx:此参数可以取 USART1、USART2、USART3、USART4 或 USART5,用来选择 USART 外设						
输入参数 2	USART_IT:待使能或失能的 USART 中断源,其取值定义 1 如表 7.17 所示						
输入参数 3	NewState:USARTx 中断的新状态(可取 ENABLE 或 DISABLE)						
输出参数	无	返回值	无	先决条件	无	被调用函数	无

表 7.17　USART _ IT 取值定义 1

USART_IT 取值	功能描述
USART_IT_PE	奇偶错误中断
USART_IT_TXE	发送中断
USART_IT_TC	发送完成中断
USART_IT_RXNE	接收中断
USART_IT_IDLE	空闲总线中断
USART_IT_LBD	LIN 中断检测中断
USART_IT_CTS	CTS 中断
USART_IT_ERR	错误中断

例如，允许 USART1 接收中断：

```
USART_ITConfig(USART1, USART_IT_RXNE, ENABLE);
```

(3) USART _ GetITStatus 函数

该函数检查指定的 USART 中断发生与否。

函数原型	ITStatus USART_GetITStatus(USART_TypeDef * USARTx,uint16_t USART_IT)						
功能描述	检查指定的 USART 中断发生与否						
输入参数 1	USARTx:此参数可以取 USART1、USART2、USART3、USART4 或 USART5,用来选择 USART 外设						
输入参数 2	USART_IT:待检查的 USART 中断源,其取值定义 2 如表 7.18 所示						
输出参数	无	返回值	无	先决条件	无	被调用函数	无

表 7.18　USART _ IT 取值定义 2

USART_ IT 取值	功能描述
USART_IT_PE	奇偶错误中断
USART_IT_TXE	发送中断
USART_IT_TC	发送完成中断
USART_IT_RXNE	接收中断
USART_IT_ORE	溢出错误中断
USART_IT_IDLE	空闲总线中断
USART_IT_LBD	LIN 中断检测中断
USART_IT_CTS	CTS 中断
USART_IT_FE	帧错误中断
USART_IT_NE	噪声错误中断

例如，检查 USART1 溢出中断状态：

```
ITStatus ErrorITStatus;
ErrorITstatus = USART_GetITStatus (USART1, USART_IT_ORE) ;
```

(4) USART _ ClearITPendingBit 函数

该函数清除 USARTx 的中断待处理位。

函数原型	void USART_ClearITPendingBit(USART_TypeDef * USARTx,uint16_t USART_ IT)						
功能描述	清除 USARTx 的中断待处理位						
输入参数 1	USARTx:此参数可以取 USART1、USART2、USART3、USART4 或 USART5,用来选择 USART 外设						
输入参数 2	USART_ IT:待清除的 USART 中断待处理位,其取值定义 2 如表 7.18 所示						
输出参数	无	返回值	无	先决条件	无	被调用函数	无

7.3 实例：USART 串口输出实验

① 写在 usart. c 文件的最后，/* USER CODE BEGIN 1 */内部，用于串口重定向：

```
#ifdef __GNUC__
/* With GCC/RAISONANCE, small printf (option LD Linker->Libraries->Small printf  set to 'Yes')
calls __io_putchar() */
  #define PUTCHAR_PROTOTYPE int __io_putchar(int ch)
#else
  #define PUTCHAR_PROTOTYPE int fputc(int ch, FILE *f)
#endif
/* __GNUC__ */
PUTCHAR_PROTOTYPE
{
  /* Place your implementation of fputc here */
  /* e. g. write a character to the EVAL_COM1 and Loop until the end of transmission */
  HAL_UART_Transmit(&huart1, (uint8_t *)&ch, 1, 0xFFFF);
  return ch;
}
```

② 写在 main. c 文件 include 部分：

```
#include "stdio. h"
```

③ 写在 usart. c 文件 include 部分：

```
#include "stdio. h"
```

④ 写在 main. c 文件的 while（1）循环内部：

```
printf("USART_TEST\r\n");
HAL_Delay(1000);
```

⑤ 程序全部完成，保存并编译，开启微库，设置 Debug。

7.4 习题

（1）（单选）串口通信双方，采用 1 位开始位、8 位数据位、1 位停止位的数据格式，A 的波特率为 9600，B 的波特率为 19200，A 发送，B 接收，则（　　）。

A. B 收到全为 0

B. B 收到全为 1

C. 能收到数据，但数据不对

D. B 收不到任何数据

（2）（判断）UART 串口通信编程时，程序员并不直接与“发送移位寄存器”和“接收移位寄存器”打交道，只与数据寄存器打交道。（　　）

（3）MCU 的串口通信模块 UART，在硬件上一般只需要三根线，分别称为发送线（TxD）、接收线（RxD）和__________（GND）。

（4）根据要求编写程序代码：以 16 进制发送一个 0～9999 之间的任一数，当单片机收到后数码管上动态显示出来。

（5）单口通信、半双工通信、全双工通信有什么区别?

（6）怎么连接 USART 串口通信双方硬件？

（7）根据要求编写程序代码：当单片机上按下一个独立按键时，单片机发送给上位机一个对应的数据，如按下第一个按键发送 1，按下第二个按键发送 2（本题需要注意按键消抖的问题，按下一次按键只发送一个数据）。

第8章 嵌入式系统项目的开发与调试

一个完整的嵌入式项目，不仅需要开发者熟悉各种外设的操作，还需要设计适配程序的硬件电路。此外，完成一个优秀的嵌入式项目还需要开发者站在项目层面，对项目需求进行量化分析、对软硬件资源进行合理分配，以最少的硬件成本实现项目的所有需求。本章主要针对嵌入式项目的前期规划、中期实行和后期优化过程进行讲解分析。

8.1 嵌入式系统的接口与设计

8.1.1 嵌入式接口

由于嵌入式控制器拥有丰富的外设接口资源，因此可另外设计外部电路或元器件，让其与嵌入式接口连接，这样能够快速扩充嵌入式系统，显著提高嵌入式设备的实用性。外扩接口功能可以分为输出外扩、输入外扩和通信外扩三种类型。

（1）输出外扩接口

各种各样的输出外扩可以协助嵌入式处理器将电信号转变为多种物理量，使嵌入式设备能够以声音或图像展示信息，以便控制电机的输出转速和力矩。常见的输出外扩有LED、彩色LED、7段数码管、蜂鸣器、扬声器、OLED屏、点阵式液晶屏、电机、舵机、继电器等。

（2）输入外扩接口

与输出外扩相反，输入外扩可以帮助嵌入式处理器识别包括温度、湿度、亮度、速度、加速度、压力、振动、流量等在内的各种物理量。常见的输入外扩有按键、开关、键盘、各种传感器等。

（3）通信外扩接口

常见的通信外扩有以太网、I^2C、CAN、Profinet、MODBUS、Ethernet、TCP/IP、SPI串行外设接口、USB通信串行总线、蓝牙、Wi-Fi等，这些通信手段较为常见，但无法被嵌入式处理器直接识别，所以往往需要外扩电路或芯片，将各种协议转化并协助嵌入式处理器完成通信任务。

8.1.2　常见传感器

（1）温度传感器

温度传感器以热敏电阻、热电偶为核心元器件，利用物质的物理性质随温度变化的规律把温度转换为标准电压值（0～5V）传输进嵌入式处理器中。嵌入式处理器可以通过 ADC 接口接收温度传感器的模拟量信号，进而可以通过查表或拟合的方式根据阻值反推出温度值。根据测量方式不同，温度传感器分为接触式和非接触式两大类。接触式温度传感器是指传感器直接与被测物体接触，从而进行温度测量。其中接触式温度传感器又分为热电偶温度传感器、热电阻温度传感器、半导体热敏电阻温度传感器等。非接触式温度传感器是通过测量物体热辐射发出的红外线来测量物体的温度，可以进行遥测。

图 8.1 为一款生活中常见的红外测温仪。红外能量聚焦在光电探测仪上并转变为相应的电信号。该信号经过放大器和信号处理电路按照仪器内部的算法和目标发射率校正后转变为被测目标的温度值。除此之外，还应考虑目标和测温仪所在的环境条件，如温度、污染和干扰等因素对性能指标的影响及修正方法。一切温度高于绝对零度的物体都在不停地向周围空间发出红外辐射能量。物体红外辐射能量的大小按其波长分布，红外辐射的能量大小与物体的表面温度有着十分密切的关系。因此，通过对物体自身辐射的红外能量的测量，能准确地测定它的表面温度。

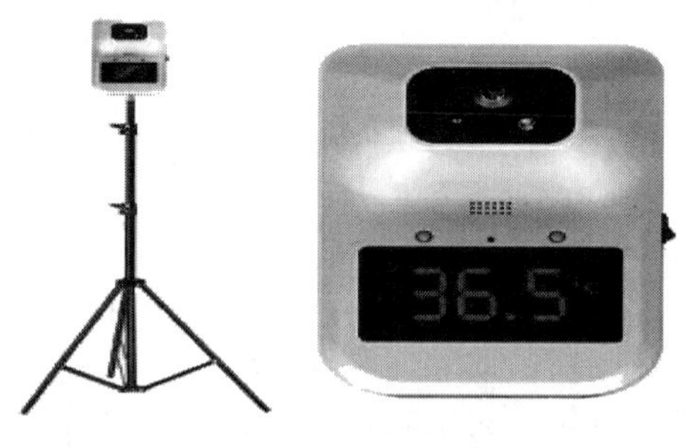

图 8.1　红外测温仪

（2）湿度传感器

湿度传感器利用湿敏电阻或电容检测空气中的水含量。湿度传感器的特性参数主要有：湿度量程、感湿特征量-相对湿度特征曲线、灵敏度、响应时间、电压与频率特性等。与温度传感器的原理类似，湿度传感器可以根据湿敏的阻值反推出湿度值。常见的湿度传感器有电解质湿度传感器、半导体陶瓷湿度传感器。目前，大部分湿度传感器都和温度传感器集成在一起，以温湿度传感器的形式出现。

（3）加速度传感器

此类传感器主要用来测量其敏感轴方向上的现行加速度大小，可以分为压阻式、压电式和电容式加速度传感器。压阻式加速度传感器主要应用在汽车领域，如安全气囊、防抱死系统中；压电式加速度传感器主要应用在运动控制领域，如装置稳定性检测系统中；电容式加速度传感器凭借其温度效应小、灵敏度高、加工工艺简单等优点也被广泛应用。此外，加速度传感器也可作为振动传感器，用于对微小位移的检测。

（4）转速传感器

转速传感器主要包括霍尔传感器和光电编码器，均是依靠传感器对磁场变化的检测或对光脉冲信号的检测，反推出目标装置的转速。霍尔传感器是根据霍尔效应制作的一种磁场传感器，磁场越强，电压越高；而普通的光电编码器是一种通过光电转换将输出轴上的机械几何位移量转换成脉冲或数字量的传感器。霍尔传感器的抗干扰能力比较好，不会出现光电编码器的干扰脉冲问题，响应速度快，对机械安装要求高。而光电编码器受遮光孔精度影响，其精度会更高。对比之下霍尔传感器适合高速测量，普通的光电编码器适合低速测量。光电编码器是把角位移或直线位移转换成电信号的一种装置，前者称为码盘，后者称码尺。按照读出方式，编码器可以分为接触式和非接触式两种。接触式采用电刷输出，电刷接触导电区或绝缘区来表示代码的状态是“1”还是“0”；非接触式的接收元件是光敏元件或磁敏元件，采用光敏元件时以透光区和不透光区来表示代码的状态是“1”还是“0”。

（5）超声波传感器

超声波传感器是利用超声波的特性研制而成的传感器。以超声波作为检测手段，能够发射超声波和接收超声波，完成这种功能的装置就是超声波传感器。超声波传感器由发送传感器（或称波发送器）、接收传感器（或称波接收器）、控制部分与电源部分组成。发送传感器由发送器与使用直径为 15mm 左右的陶瓷振子换能器组成，换能器作用是将陶瓷振子的电振动能量转换成超声波能量并向空中辐射；而接收传感器由陶瓷振子换能器与放大电路组成，换能器接收波产生机械振动，将其变换成电能量，作为传感器接收器的输出，从而对发送的超声波进行检测。控制部分主要对发送器发出的脉冲链频率、占空比及稀疏调制和计数及探测距离等进行控制。超声波发生器发射一束超声波，由安装在对面的接收器接收入射波或由安装在同一侧的接收器接收反射波，根据接收所用的时间来计算距离，从而判断出是否有物体或人接近。利用这一原理，超声波传感器也可以用来测量厚度，在无损检测领域有广泛应用。

（6）光电传感器

光电传感器是以光电管、光敏电阻、光敏晶体管、光控晶闸管等光电器件作为转换元件的传感器。它可用于检测直接引起光量变化的非电量，如光强、光照度、辐射测温、气体成分分析等；也可用来检测能转换成光量变化的其他非电量，如零件直径、表面粗糙度、应变、位移、振动、速度、加速度，以及物体的形状、工作状态的识别等。光电传感器具有非接触、响应快、性能可靠等特点，因此在工业自动化装置和机器人中获得了广泛应用。

（7）距离传感器

距离传感器又称位移传感器。用于感应其与某物体间的距离以完成预设的某种功能。其工作原理是发射特别短的光脉冲，测量此光脉冲从发射到被物体反射回来的时间，通过测时间间隔来计算与物体之间的距离。距离传感器根据其工作原理的不同可分为光学距离传感器、红外距离传感器、超声波距离传感器等多种。手机上使用的距离传感器大多是红外距离传感器，其具有一个红外线发射管和一个红外线接收管，当发射管发出的红外线被接收管接收到时，表明距离较近，需要关闭屏幕以免出现误操作现象；而当接收管接收不到发射管发射的红外线时，表明距离较远，无需关闭屏幕。其他类型距离传感器的工作原理也大同小异，也是通过某种物质的发射与接收来判断其距离的远近，其发射的物质可以是超声波、光脉冲等。

如图 8.2 是松下的一款型号为 HG-C1200 的距离传感器，它通过发射并接收红外线的方式判断距离的远近。其测量中心距离为 200mm，测量范围±80mm，光束直径为 300μm，重复精度在 200μm。HG-C 系列具有内部安装反射镜的新型光学系统，在缩短进深方向尺寸的同时又兼顾实现了位移传感器的高精度测量。

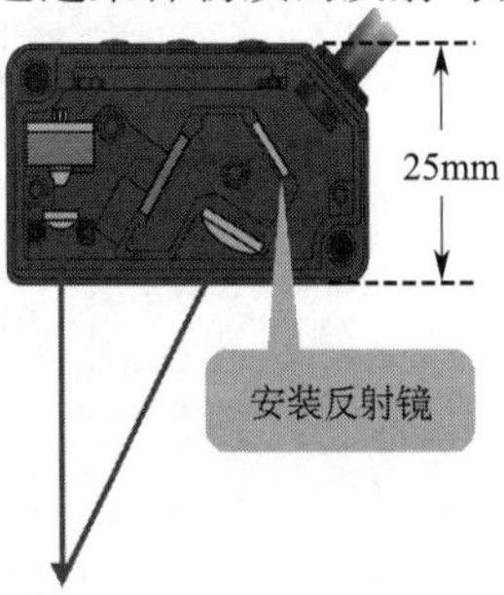

图 8.2　HG-C 系列距离传感器的结构图

（8）空气质量传感器

此类传感器包括 PM2.5 浓度传感器、二氧化碳浓度传感器、烟雾传感器等，一般是利用光线在气体中的散射程度进行反推计算，对传感器的精度要求很高。

8.1.3 嵌入式系统设计实例

嵌入式系统应用在我们生活中的各个方面，通过对嵌入式系统接口的开发设计，我们可以不断外扩嵌入式系统，使其拥有更丰富的功能。下面介绍几种生活中较常见的嵌入式系统实例。

（1）防盗阻门器

将阻门器安装在门后，可以有效防止暴力开门。可以设计一种嵌入式防盗阻门器，若检测到外力过大，阻门器会发出报警铃声并向指定手机发送报警短信。

除了嵌入式主控芯片外，防盗阻门器嵌入式系统的硬件组成主要如下。

① 电池供电电路。将电池提供的电源（一般为 1.5V 的整数倍）转化为 3.3V 电源，为整个嵌入式系统供电。

② 外力检测电路。可以使用按键（微动开关）作为报警器的触发信号。开启工作开关之后，外力会作用在阻门器的上斜面，触发安装在阻门器内部的微动开关，从而触发报警。微动开关的关断状态可以通过 GPIO 的中断信号被嵌入式芯片识别。此外，也可以使用加速度传感器（通过 I^2C 总线与嵌入式芯片通信）或力传感器（通过 ADC 接口与嵌入式芯片通信），通过检测阻门器上斜面的瞬时加速度或受力状态来判断是否有人推门。

③ 蜂鸣器与扬声器。蜂鸣器可以被直流电信号驱动，音色较为简单，只能发出单音；而扬声器可以被交流电信号驱动，音色丰富，能够发出多种音调。在时钟、家电、遥控器等不需要过多音调的设备中，使用成本低、控制方式简单的蜂鸣器较为合理。可以使用嵌入式芯片 GPIO 的电平输出功能来驱动有源蜂鸣器，或使用嵌入式芯片 DAC 输出 PWM 方波来驱动无源蜂鸣器，从而实现阻门器报警的功能。

④ CDMA 通信模块。CDMA 通信模块具有收发短消息、语音通话、数据传输等功能，根据具体 CDMA 芯片的指令集，嵌入式芯片可以通过 UART 串口控制 CDMA 芯片发送报警短信到指定的手机号码。

⑤ UART 转 USB 电路。此电路可以将嵌入式芯片的 UART 通信协议转换为 USB 通信接口，可以通过 USB 连接上位机，修改报警时长、报警短信具体内容、短信接收手机号码等工作参数，为了更好地实现此功能，可以开发一款运行在 PC 上的操作终端。

防盗阻门器的硬件结构和相关的通信方式如图 8.3 所示。

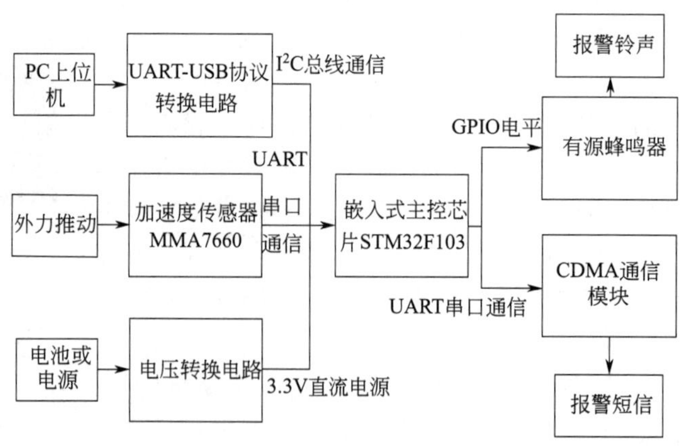

图 8.3 防盗阻门器硬件结构图

（2）Text to Speech 文字语音转换器

Text to Speech 文字语音装置的作用是“让机器能够说话”，是人机对话系统的重要组成部分。可以使用嵌入式系统来模拟此部分功能，其主要工作原理是：使用 USB 将 txt 文本文件传输进嵌入式系统中，利用语音合成芯片将文本快速转化为语音进行播放，或者保存为音频文件，供使用者导出或多次播放。

除了嵌入式主控芯片外，Text to Speech 嵌入式系统的硬件组成主要有：

① USB 和电池供电电路。将 USB 提供的电源（一般为 5V）或纽扣电池提供的电源（一般为 1.5V 或 3V）转化为 3.3V 电源，为整个嵌入式系统供电。

② UART 转 USB 电路。此电路可以在嵌入式芯片的 UART 通信接口和 PC 端的 USB 通信接口之间建立通信桥梁，供嵌入式系统接收 txt 文本文件或输出音频文件。

③ 语音合成模块。可以使用语音合成芯片（如 Winbond 公司生产的 WTS701、WTS701MF/T 芯片、全志科技的 R329 智能语音芯片）。语音转换技术将语音信息分解分为四个部分：语言内容、音色、音调和韵律节奏。在不同的场景下，语音转换系统能够解耦内容和音色，获得语音的 txt 文本文件。而语音合成芯片则可以通过串行通信接口如 UART 和 SPI 等方式与主控 CPU 进行数据通信，接收 CPU 传送的文本信息，以合成语音的方式，驱动发声器发声。其特点是：高集成度，带串行通信接口，以及需要一定的外围电路的支持（如晶振电路等）。

④ NAND 闪存。NAND 闪存是一种在低容量（不超过 4GB）场景下较为常用的嵌入式储存技术。NAND 闪存属于一种非易失性存储方式，及时断电后仍能保存数据，且有功耗低、重量轻、性能较好的优点。可以使用 NAND 闪存芯片（如 K9K1G08U0X 芯片），使用专用的 NAND 转换接口（如 Smart Media Interface 模块）实现嵌入式芯片和 NAND 闪存芯片之间的通信。

⑤ 按键。加入按键可以提高嵌入式装置的人机交互能力。在 Text to Speech 嵌入式系统中，可以利用按键实现音频播放的加速、减速、暂停、前进、后退等功能。使用嵌入式芯片的计时器和 GPIO 的中断服务就可以实现上述功能。

Text to Speech 文字语音转换器的硬件结构和相关的通信方式如图 8.4 所示。

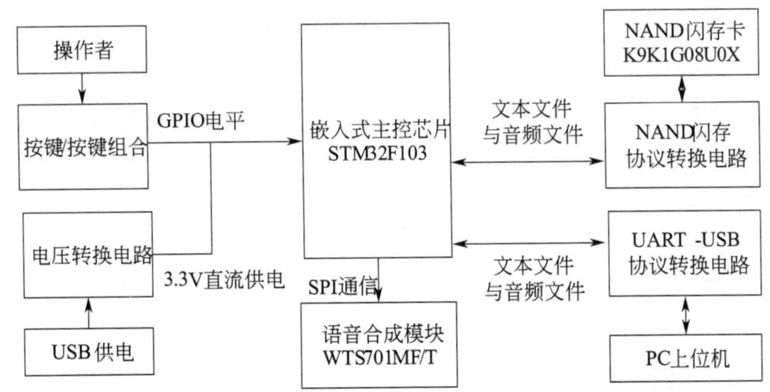

图 8.4　Text to Speech 文字语音转换器硬件结构图

（3）循迹避障小车

循迹避障小车的嵌入式控制系统集成了测距、包括电机与舵机在内的运动控制、颜色识别的功能，在物流、自动驾驶领域有着广泛的应用前景。另外，由于循迹避障小车功能复杂，也常作为各类嵌入式设计比赛的题目。

除了嵌入式主控芯片外，循迹避障小车的嵌入式系统的硬件组成主要有：

① 电机。一般小车上使用的电机多为直流减速电机，即齿轮减速电机，这是一种在普通直流电机的基础上加装小型齿轮减速箱的动力源，可以为小车提供稳定可控的转速和较大的力矩。可以使用较为常见的电机驱动模块控制电机，通过配置嵌入式芯片 GPIO 的引脚输出速度来控制电机转速，这种做法可以释放大量的嵌入式芯片运行资源且不需要再编写烦琐的电机控制程序。

② 舵机。舵机是一种伺服电机，由变速齿轮箱、电位器和直流电机组成。直流电机输出的高速短周期运动由变速齿轮箱转换为慢速长周期的运动，最外端齿轮的转动带动电位器转动，电位器的电位与信号线进行比较，从而实现转动到特定角度的功能。舵机由信号线输入的 PWM 方波脉冲信号控制，PWM 信号的占空比决定了舵机旋转到的角度。利用 PWM 方波控制直流电机的程序较为复杂，概括来说就是利用嵌入式芯片的 TIM 计时器控制 DAC 外设，向外输出周期性的电压脉冲信号，通过控制一个脉冲循环内通电时间相对于总时间所占的比例（即控制 PWM 信号占空比）来控制舵机旋转的角度。舵机也可以当作普通电动机使用，但是相比于电机，舵机的运动精度更高，控制方式更复杂，所以一般用于控制循迹避障小车的前轮转向。

③ 黑线检测模块。可以通过检测白色和黑色对光的吸收度不同来实现黑线监测功能。较常见的黑线检测模块（如 TCRT5000 循迹传感器）本质就是一个红外测距传感器，使用红外发射二极管不断地向地面发射红外线。当发射出的红外线照射在黑线上，红外能量被大量吸收，无法被地面反射回来或反射强度很低，此时红外接收管一直处于关断状态，循迹模块的输出端输出高电平。若发射出的红外线照射在白色地面上，红外线被反射回来且强度足够大，红外接收管饱和，循迹模块的输出端输出低电平。使用嵌入式芯片的 GPIO 读取引脚电平的功能就能判断出传感器是否在黑线上。在小车不同位置设置多个循迹传感器配合工作，就能较好地判断小车当前的运行姿态，保证小车能顺利按照黑线行进。

④ 超声测距模块。超声测距模块可以提前判断出小车行进前方是否存在障碍物，或判断小车两侧距离赛道的实际距离，协助嵌入式芯片对电机发送加减速等指令。常见的超声波测距模块（如 HC-SR04 测距模块、KS-103 测距模块）通过发射一束超声波并记录下超声波反射回来的时间来计算与前方障碍物的距离。若模块检测到有信号返回，会通过 I/O 口输出一个高电平信号，高电平持续的时间就是超声波从发射到返回的时间，使用嵌入式芯片的 GPIO 电平读取功能记录下高电平持续的时间，利用测试距离＝(高电平时间×声速/2) 的公式计算与前方障碍物距离。

循迹避障小车的硬件结构和相关的通信方式如图 8.5 所示。

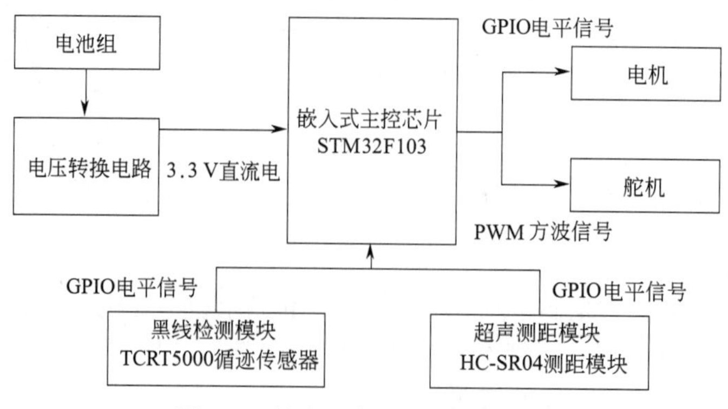

图 8.5　循迹避障小车硬件结构图

8.2　嵌入式项目开发前期准备

8.2.1　嵌入式项目开发模式与流程

随着用户需求与应用复杂度的增加，嵌入式系统工程实践的复杂度越来越高。一个完整的嵌入式系统工程不仅包括需求分析、系统设计、系统软硬件研发、测试、生产与维护等多个过程，还包括项目管理、人员管理、绩效管理等诸多方面的内容。嵌入式项目开发是指以嵌入式操作系统为基础，利用分立元件或集成器件进行电路设计，利用指定编程语言编写嵌入式程序，经过多轮修改和调试最终完成整个嵌入式系统的开发过程。与常见的软件编程不同，开发一个完整的嵌入式系统包括软件程序开发和硬件电路开发两个部分，侧重的是硬件条件和软件功能的配合。在嵌入式项目中，一般要求软件程序能够保持长时间的稳定运行、内部逻辑精简、能够适配芯片的性能，一般要求硬件电路有一定的抗干扰能力、有尽可能低的运行功耗、有较低的制造成本。所以在开发嵌入式系统时，要同时具备软件编程能力和电路设计的基础知识，时刻注意软件和硬件的配合。

（1）嵌入式项目开发模式

嵌入式项目开发模式最大特点是软件、硬件的综合开发。这是因为嵌入式产品是软硬件的结合体，且存在电路板固化后不可修改的特点。“宿主机-目标板”是最常见的嵌入式系统开发模式，如图 8.6 所示，即利用宿主机（PC 机）上丰富的软件资源和成熟的开发环境来编写嵌入式软件，然后通过交叉编译环境生成目标代码和可执行文件，借助专用调试器、串口、USB 端口、以太网等工具将嵌入式运行文件下载到目标电路板上，利用仿真器交叉调试、串口输出指定字符串、灯光闪烁等方式监控程序的实时运行状态，分析程序是否合理。最后将调试修改好的程序下载固化到目标电路板上，完成整个嵌入式项目的开发过程。

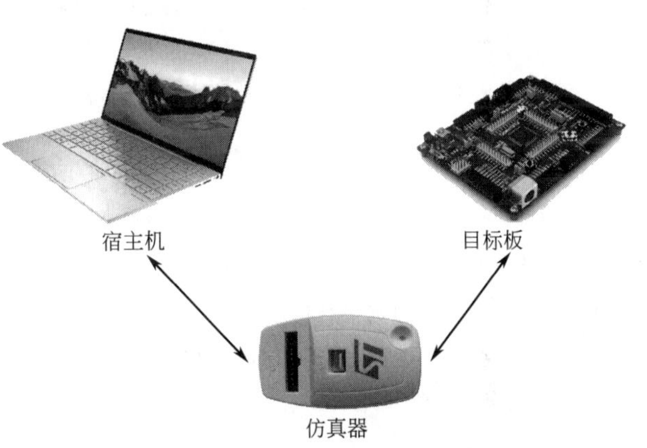

图 8.6　宿主机-目标板开发模式

（2）嵌入式项目开发流程

遵循合理高效的开发流程，是顺利完成嵌入式项目的重要保证。目前嵌入式项目的开发流程趋于规范，主要包括以下 7 个步骤：系统需求分析、体系结构设计、软件设计、硬件设计、软硬件结合、系统测试、产品定型。

① 系统需求分析。嵌入式系统的需求分析是通过充分的客户沟通或市场调查，明确嵌入式系统的预期功能，总结出设计任务并提炼出设计说明书，作为正式设计指导和验收的标准。系统的需求一般分功能性需求和非功能性需求两方面，功能性需求是保证系统能够正常运行的基本功能，如信息的传递、电信号的输入输出方式、操作方式等；非功能性需求包括系统性能、制造成本、运行功耗、电路板体积质量、运行温度、抗干扰能力等因素。

② 体系结构设计。确定系统如何实现全部功能性和非功能性需求，包括对硬件、软件和执行装置的功能划分，以及嵌入式系统的软硬件选型等。合理的体系结构是嵌入式系统设

计成功与否的关键。

③ 软件设计。开发嵌入式软件程序并进行程序测试，包括编写源C/C++及汇编程序，使用专用的编译器编译程序，使用专用的编程平台和仿真软件进行程序编译，通过JTAG、USB、UART等方式将编译好的程序下载到目标电路板上。软件设计的主要步骤如下：

a. 软件的总体功能设计。

b. 模块划分，将整个软件分解成一些功能相对完整的模块，并规定模块之间的通信或调用关系。

c. 把模块分解成函数或子程序，定义函数的原型、输入/输出参数和算法，规定函数之间的接口和调用关系。

d. 设计出错处理方案。对于无人值守或长期运行的系统，出错处理程序的设计很重要。

④ 硬件设计。硬件设计就是确定嵌入式处理器的型号、外围接口及外部设备，是否有参考原理图及支撑工具等。硬件设计主要完成硬件目标板的设计、调试、测试工作，硬件目标设计的主要步骤如下：

a. 将整个硬件目标板根据功能分成子系统，每个子系统用一个模块完成其功能。每个模块用框图表示出来，并设计模块之间的通信和连接关系。

b. 元器件选型，根据需要选择实现每个模块所需的主要元器件。

c. 设计电路原理图。

d. 给出硬件的编程参数，如存储器地址分配、输入/输出端口的地址和端口的功能等，用于软件编程。

⑤ 软硬件结合。根据已有的嵌入式系统体系结构和软硬件设计方案，对嵌入式系统的软件、硬件进行详细设计。一般来说，硬件电路的性能往往是限制整个嵌入式系统性能的关键。因为软件设计的灵活性远高于硬件设计，所以应当将软硬件的结合重点放在软件适配硬件的工作上，利用面向对象编程技术、软件组件技术、模块化和解耦合设计是常用的方法。

通常软硬件系统的研发分为如下几个阶段：

a. 硬件原理图设计；

b. PCB设计；

c. 调板与驱动开发；

d. 系统移植与BSP开发；

e. 应用开发。

同一阶段的研发工作经常采用模块化并行设计，然后进行系统集成与调试。系统集成就是在估计软件、硬件无单独错误的前提下，把系统的软件、硬件按预先确定的接口集成起来进行调试，发现并改进单元设计过程中的错误。系统调试就是在发现系统中的错误时，定位和修正系统中的错误。

⑥ 系统测试。系统测试的任务就是对设计好的系统进行测试，看其是否满足规格说明书中规定的功能要求，包括单元测试与集成测试等测试策略、黑盒测试与白盒测试等测试方法、性能分析与覆盖分析等测试工具。将嵌入式系统的软件、硬件和执行装置集成在一起，进行系统整体调试，发现并改进单元设计过程中的错误，保证最终的设计满足规格说明书中给定的功能要求。

⑦ 产品定型。确定系统满足设计要求，形成固定产品。需要注意的是在产品定型前，最好能够给嵌入式系统预留下升级的空间，包括嵌入式程序的再次烧录接口和硬件电路的扩展接口。

如果使用 Linux 技术对嵌入式系统进行开发，其主要流程不变，在软件设计部分略有不同，应根据不同的嵌入式应用需求进行对应的系统配置和开发，使用 Linux 技术进行嵌入式软件开发的主要过程如下：

① 建立开发环境。一般使用 Redhat Linux 作为操作系统，选择定制安装或全部安装，通过网络下载相应的 GCC 交叉编译器进行安装（如 arm-1inux-gcc、arnl-uclibc-gcc），或者安装产品厂家提供的相关交叉编译器。

② 配置开发主机。主要包括配置 minicom 软件和配置网络。minicom 可以作为调试嵌入式开发板的信息输出的监视器和键盘输入的工具，配置 NFS 网络文件系统以简化嵌入式网络调试环境设置过程。

③ 建立引导装载程序 BootLoader。BootLoader 是在操作系统内核运行之前运行，可以初始化硬件设备、建立内存空间映射图，从而将系统的软硬件环境带到一个合适状态，以便为最终调用操作系统内核准备好正确的环境。

④ 下载已经移植好的 Linux 操作系统。如 MCLinux、ARM-Linux、PPC-Linux 等，下载后再添加特定硬件的驱动程序，然后进行调试修改。

⑤ 建立根文件系统。可以使用 BusyBox 软件进行功能裁剪，产生一个最基本的根文件系统，再根据应用需要添加其他的程序。

⑥ 建立应用程序的 Flash 磁盘分区。有的系统使用一个 512KB～32MB 线性 Flash，有的系统使用 8～512MB 非线性 Flash，有的两个同时使用，需要根据应用规划 Flash 的分区方案。

⑦ 开发应用程序。应用程序可以放入根文件系统中，也可以放入 YAFFS、JFFS2 文件系统中，有的应用不使用根文件系统，可以直接将应用程序和内核设计在一起。

⑧ 调试程序。根据调试结果进行修改完善。

8.2.2 嵌入式项目需求量化分析

作为嵌入式项目开发的第一步，正确分析嵌入式系统具体需求有助于制定合理的项目进度规划、预估项目成本、确定项目验收条件，其重要性不言而喻。需求分析阶段主要是确定嵌入式系统需要“实现什么”，而不是考虑“怎样实现”。任何一个项目的需求都可以细分为三个方面：功能性需求、非功能性需求、设计约束。

（1）功能性需求

功能性需求是指软件或硬件必须实现的功能，也是软件需求的主体。开发人员需要亲自与用户进行交流沟通，核实用户需求，从软件和硬件的角度帮助用户充分描述系统的内部运行方式和可实现的外部行为，形成系统需求说明书。在嵌入式项目中，功能性需求主要包括：

① 嵌入式系统需要接受外部信息。外部信息包括温度、湿度、亮度、速度、加速度、压力、振动、流量等在内的各种物理量。复杂的信号经特定的传感器转变为电信号，嵌入式处理器通过引脚或 ADC 外设（Analog to Digital Converter，模数转换器）对这些信号进行接收和分析。

② 嵌入式系统需要能够输出信息。嵌入式处理器通过引脚或 DAC 外设（Digital to Analog Converter，数模转换器）控制电磁继电器、MOS 管等开关元件实现控制信息的输出，使嵌入式设备能够以声音或图像展示信息，能够控制电机的输出转速和力矩。

③ 外部和内部通信需求。嵌入式处理器可以通过无线方式或 USART、UART、USB、

RS-232、CAN等有线方式接收上位机数据，若一个嵌入式系统中存在多个嵌入式处理器，芯片之间可能也需要保持内部通信的畅通。

（2）非功能性需求

作为对功能性需求的补充，软件需求分析的内容中还应该包括一些非功能需求。主要包括软件使用时对性能方面的要求、对运行环境的要求。系统的设计必须遵循的相关标准、规范，考虑操作界面设计的具体细节、未来可能的升级扩充方案等。在嵌入式项目中，非功能性需求主要包括：

① 硬件制造成本需求。需要合理选择各种元器件型号和电路板制造工艺，在保证实现所有功能性需求的基础上尽量缩减成本。

② 运行功耗需求。低运行功耗是嵌入式系统与传统控制设备相比最大的优势之一，部分嵌入式处理器本身就搭载了丰富的低功耗模块，也可以利用嵌入式处理器的唤醒功能，合理使用工作模式和待机工作模式以降低运行功耗。

③ 电路板的体积质量需求。与低功耗的特点一样，装置小型化、轻量化的特点也是嵌入式系统的明显优势。可以通过硬件电路的双面多层设计、合并同类端口等方式缩小电路板质量和尺寸。

④ 运行可靠性需求。嵌入式系统的可靠性表现为可靠的操作系统、可靠的应用程序以及应用程序要正确地使用操作系统。嵌入式系统可以作为实时监控和控制设备，在长时间工作时，嵌入式程序的运行可靠性直接影响着企业效益，甚至是操作人员的人身安全。为了提高嵌入式的可靠性，提出以下七点建议：

a. 用已知的值填入ROM；

b. 检查应用CRC；

c. 启动时进行RAM检查；

d. 使用堆栈指示器；

e. 使用MPU；

f. 创建鲁棒看门狗系统；

g. 避免动态内存分配。

⑤ 可扩展性需求。在软件方面，可以利用模块化设计、变量函数解耦、封装结构体等方式进行编程，有利于程序的维护，也可以降低后续程序升级难度。在硬件方面，可以通过使用通用接口、预留程序烧录接口、预留电路扩展接口和空间的方式设计电路板。

（3）设计约束

设计约束也称作设计限制条件，通常是对一些设计或实现方案的约束说明，完全视实际需求而定。例如，要求待开发嵌入式系统必须使用无线网络实现上位机通信，要求待开发嵌入式系统必须使用OLED屏实现信息展示功能。

在分析项目的需求时，可以使用功能分解法、结构化分析法、信息建模法和面向对象分析法。对于嵌入式项目，功能分解法和结构化分析法较为实用。

① 功能分解法。将一个嵌入式系统拆解为多功能模块的组合。各功能又可分解为若干子功能及接口，子功能再继续进行分解。便可得到系统的雏形。

② 结构化分析法。结构化分析法又称为数据流法。其基本策略是跟踪数据流，对系统实现主要功能时数据的流动传递方式及在各个环节上所进行的处理进行分析。

③ 信息建模法。信息建模法指从数据角度对现实世界建立模型。大型的嵌入式系统结构复杂，很难直接对其进行分析和设计，常常需要借助模型对整个系统进行数据处理、功能

管理和决策算法设计。

④ 面向对象分析法。面向对象分析法的关键是识别能够解决问题的关键对象，分析这些对象之间的关系，并建立三类模型：对象模型、动态模型和功能模型。面向对象主要考虑类或对象、结构与连接、继承和封装、消息通信，只表示面向对象的分析中几项最重要特征。

下面介绍一种较为实用的分析方法：四象限分析法。此方法属于功能分解类型，可以快速将抽象需求具体化。四象限分析法将项目的需求进行归类，使用横轴表示输入量和输出量，使用纵轴表示模拟量和数字量，形成的四个象限分别为输入数字量、输出数字量、输入模拟量和输出模拟量。将嵌入式系统的具体需求定位在四个象限中逐个分析，如图 8.7 所示。

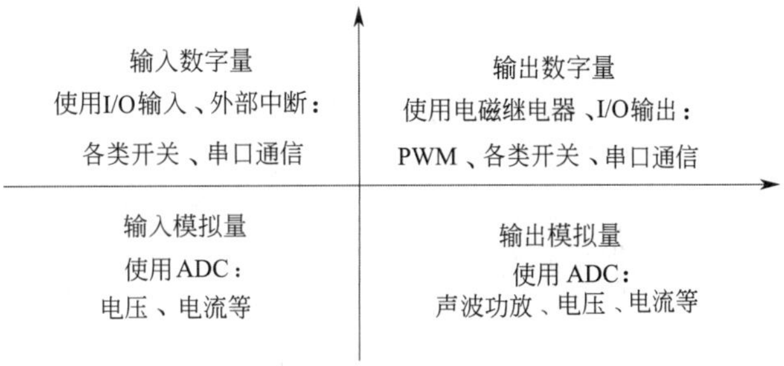

输入数字量
使用I/O输入、外部中断：
各类开关、串口通信

输出数字量
使用电磁继电器、I/O输出：
PWM、各类开关、串口通信

输入模拟量
使用ADC：
电压、电流等

输出模拟量
使用ADC：
声波功放、电压、电流等

图 8.7　四象限分析法

数字量数据：数字量的取值范围是离散的变量或者数值，在时间层面和数量层面均为离散值，常见的数字量包括所有的开关量、所有的串口通信、方波信号等。STM32 嵌入式处理器拥有非常丰富的 GPIO 资源，每个引脚拥有 8 种输入输出模式，可以较为方便地采集数字量。

模拟量数据：模拟量在一定范围连续变化，需要用到相应的传感器和收集模块，多使用对应的检测电路，使用 STM32 的 ADC 功能实现模拟量的采集。

下面以一个嵌入式设备监控项目为例，使用四象限分析法对项目的需求进行分析，可以总结出 3 个抽象的需求：

① 需要实现设备运行状态的实时监控；

② 需要实现设备运行参数的实时展示；

③ 需要实现设备的远程控制。

上述 3 个需求形成了一个典型的远程监控体系。但明确了抽象需求并不能给项目的开发提供思路，还要将上述需求具体化。可以将“实时监控设备的运行状态”拆分为具体化需求：20A 交流电流实时检测、220V 交流电压实时监测、50℃运行温度实时监测。再对其中每个具体需求进行量化分析：使用特定的交流电流检测电路或检测芯片，一端连入设备主电路，一端连接 STM32 芯片的 ADC 通道实现电流的检测。同理使用另一个 ADC 通道检测交流电压，使用 SPI 串口检测工作温度。这样一个抽象的需求就被量化成 2 路模拟量输入（ADC）和 1 路数字量输入（SPI 串口）。再对“实现设备的远程控制”进行分析，可以将其划归为输出数字量象限，使用 STM32 芯片的 GPIO 输出电平来控制电磁继电器的常开或常闭开关就能实现这一需求。最后对“实现设备的远程控制”进行分析，可以将远程通信划分为数字量输入和数字量输出两类。STM32 芯片通过网络通信模块和模块间内部通信与远程接收设备建立通信就可以实现这一需求。

8.2.3　嵌入式芯片选型分析

嵌入式芯片选型时，需要考虑的因素有：硬件功能、引脚数量、Flash 与 RAM 空间大小。可以根据芯片选型表，自上而下对芯片进行筛选，确定可用芯片的最优型号。目前国内主流的嵌入式芯片有华大半导体的 MCU 芯片 HC32F4A0、士兰微电子的无刷电机微控制器 SPC7L64B、GD32E230 系列 MCU、比亚迪半导体的车规级 32 位 MCU 等。国外主流的嵌入式芯片有瑞萨电子（Renesas）、恩智浦（NXP）、微芯科技（Microchip）、意法半导体（ST）、英飞凌（Infineon）、得州仪器 TI 等。其中 STM32F1 系列主流 MCU 满足了工业、医疗和消费类市场的各种应用需求。该系列利用一流的外设和低功耗、低压操作实现了高性能，同时还以可接受的价格、利用简单的架构和简便易用的工具实现了高集成度。因此下面以 STM32 系列芯片为例，对嵌入式芯片选型分析。

（1）根据硬件功能选型

一些功能并不是 STM32 系列的所有芯片都拥有的，例如高级定时器、CAN 接口、I^2C 接口、DAC 通道等。需要确认嵌入式项目中，是否存在这类需求，且应当以满足全部需求为第一条选型标准。

（2）根据引脚数量选型

STM32 系列芯片的引脚数量从 14～256 有 20 余种类型可供选择，拥有更多引脚的芯片，其尺寸更大，成本一般也更高。在一个嵌入式项目中，不一定要使用所有的芯片引脚，但应该选择最合适的引脚数量，尽量提高引脚利用率。在某些电路板的设计和排线过程中，可能会遇到排线冲突、或芯片尺寸过大等问题，这往往是芯片选型时引脚数量选择不合理导致的。

（3）根据 Flash 与 RAM 空间大小选型

STM32 中，Flash 存储程序代码与程序中定义的常量，RAM 存储全局变量和部分初始为 0 的变量。另外，在烧录程序时还需要保证 Flash 空间略大于程序代码量。故芯片选型时主要考虑 Flash 空间，RAM 空间一般够用。

（4）根据其他需求选型

其他需求包括芯片封装方式、工作温度等。嵌入式项目后期制板时可能对芯片的封装方式（有十余种封装方式）有某些需求，或者要求芯片在高温环境中工作，都需要在选型时充分考虑。

例如，某个嵌入式项目要求使用 STM32F103 系列芯片控制电机，这就需要芯片拥有高级定时器、DAC 通道、启用三十余个引脚、程序代码 80KB 左右、常规 QFP 封装、工作时电路板温度较高。综合考虑可以使用 STM32F103RCT6 芯片，满足所有需求又能节约成本。

根据硬件配置，STM32F1 系列芯片可以分为 8 个种类：

① 中等容量基本型：STM32F101x8、STM32F101xB。硬件配置：32 位基于 ARM 核心的带 64KB 或 128KB 闪存的微控制器、6 个定时器、1 个 ADC、7 个通信接口。

② 小容量基本型：STM32F101x4、STM32F101x6。硬件配置：32 位基于 ARM 核心的带 16KB 或 32KB 闪存的微控制器、5 个定时器、1 个 ADC 、4 个通信接口。

③ 大容量基本型：STM32F101xC、STM32F101xD、STM32F101xE。硬件配置：32 位基于 ARM 核心的带 256～512KB 闪存的微控制器、9 个定时器、1 个 ADC、10 个通信接口。

④ 中等容量 USB 基本型：STM32F102x8、STM32F102xB。硬件配置：32 位基于 ARM 核心的带 64KB 或 128KB 闪存的微控制器、USB、6 个定时器、1 个 ADC、8 个通信接口。

⑤ 小容量 USB 基本型：STM32F102x4、STM32F102x6。硬件配置：32 位基于 ARM 核心的带 16KB 或 32KB 闪存的微控制器、USB、5 个定时器、1 个 ADC、5 个通信接口。

⑥ 中等容量增强型：STM32F103x8、STM32F103xB。硬件配置：32 位基于 ARM 核心的带 64KB 或 128KB 闪存的微控制器、USB、CAN、7 个定时器、2 个 ADC、9 个通信接口。

⑦ 小容量增强型：STM32F103x4、STM32F103x6。硬件配置：32 位基于 ARM 核心的带 16KB 或 32KB 闪存的微控制器、USB、CAN、6 个定时器、2 个 ADC、6 个通信接口。

⑧ 增强型：STM32F103xC、STM32F103xD、STM32F103xE。硬件配置：32 位基于 ARM 核心的带 512KB 闪存的微控制器、USB、CAN、11 个定时器、3 个 ADC、13 个通信接口。

上述芯片类型中，较为常见是增强型系列芯片，其中增强型 STM32F103 系列芯片的具体选型如表 8.1 所示。

表 8.1　STM32F103 增强型系列芯片选型

STM32(ARM Cortex-M3) 32 位微控制器																	
型号	主频/MHz	Flash/KB	RAM/KB	定时器功能			串行通信接口							模拟端口		I/O	封装
				16 位普通(IC/OC/PWM)	16 位高级(IC/OC/PWM)	16 位基本	SPI	I^2C	USART UART	USB	CAN	I2S	SDIO	ADC	DAC		
STM32F103C6T6A	72	32	10	2 (8/8/8)	1 (4/4/6)	0	1	1	2	1	1		0	2 /(10)	0	37	LQFP 48
STM32F103C8T6	72	64	20	3 (12/12/12)	1 (4/4/6)	0	2	2	3	1	1		0	2 /(10)	0	37	LQFP 48
STM32F103CBT6	72	128	20	3 (12/12/12)	1 (4/4/6)	0	2	2	3	1	1		0	2 /(10)	0	37	LQFP 48
STM32F103R6T6A	72	32	10	2 (8/8/8)	1 (4/4/6)	0	1	1	2	1	1		0	2 /(16)	0	51	LQFP 64
STM32F103R8T6	72	64	20	3 (12/12/12)	1 (4/4/6)	0	2	2	3	1	1		0	2 /(16)	0	51	LQFP 64
STM32F103RBT6	72	128	20	3 (12/12/12)	1 (4/4/6)	0	2	2	3	1	1		0	2 /(16)	0	51	LQFP 64
STM32F103RCT6	72	256	48	4 (16/16/16)	2 (8/8/12)	2	3	2	3+2	1	1	2	1	3 /(16)	1(2)	51	LQFP 64
STM32F103RET6	72	512	64	4 (16/16/16)	2 (8/8/12)	2	3	2	3+2	1	1	2	1	3 /(16)	1(2)	51	LQFP 64
STM32F103V8T6	72	64	20	3 (12/12/12)	1 (4/4/6)	0	2	2	3	1	1		0	2 /(16)	0	80	LQFP 100
STM32F103VBT6	72	128	20	3 (12/12/12)	1 (4/4/6)	0	2	2	3	1	1		0	2 /(16)	0	80	LQFP 100
STM32F103VCT6	72	256	48	4 (16/16/16)	2 (8/8/12)	2	3	2	3+2	1	1	2	1	3 /(16)	1(2)	80	LQFP 100
STM32F103VET6	72	512	64	4 (16/16/16)	2 (8/8/12)	2	3	2	3+2	1	1	2	1	3 /(16)	1(2)	80	LQFP 100

续表

STM32(ARM Cortex-M3) 32位微控制器																	
型号	主频/MHz	Flash/KB	RAM/KB	定时器功能			串行通信接口							模拟端口		I/O	封装
				16位普通(IC/0C/PWM)	16位高级(IC/0C/PWM)	16位基本	SPI	I^2C	USART UART	USB	CAN	I2S	SDIO	ADC	DAC		
STM32F103ZCT6	72	256	48	4(16/16/16)	2(8/8/12)	2	3	2	3+2	1	1	2	1	3/(21)	1(2)	112	LQFP144
STM32F103ZET6	72	512	64	4(16/16/16)	2(8/8/12)	2	3	2	3+2	1	1	2	1	3/(21)	1(2)	112	LQFP144

8.2.4 芯片外设资源分配

(1) 输入量外设分配方案

STM32系列芯片的外设资源搭配传感芯片或传感电路，能够采集到多种信息，嵌入式项目中比较常见的输入量有：质量（力传感）、位移量、电压电流值、温度、湿度、内部外部通信信息、开关量。

对于需要测量或采集的模拟量，一般做法是将这些量采集到对应模块中，例如采集电压可以使用电压互感器、采集电流可以使用电流采样芯片、采集质量可以使用压力传感器等，将上述模拟量统一转换成电压值，通过ADC外设将电压值转换成数字信号，将数字信号传输进芯片内部。芯片可以根据设置好的参考电压，按照比例将读取到的数字信号转换回实际的电压值，再通过电压值换算回对应的电压、压力等模拟量。在芯片ADC资源使用较多时，还需要调用DMA资源配合ADC的多路实时采集。还有一些模拟量的采集可以不需要经过ADC通道，这些模拟量的采集芯片可以使用串口直接与芯片通信，常见的温度、湿度检测就是使用SPI串口实现的。

开关量通常是最常见的采集需求，但并没有特定的传感器可以用来采集开关的状态，所以一般需要采集与开关闭合关断同步变化的值。例如，设备中某个开关闭合后，某两个节点中电压会从0变为工作电压值，若此开关断开，两个节点中的电压也会归零，这时开关状态和电压变化就是关联的，完全可以通过检测两个指定节点中的电压值来判断开关的状态。需要注意的是，虽然同样是采集电压值，但这个电压值只存在0、正常运行电压值两种变化状态，可以不当做模拟量，只当作一个数字量来采集，可以不使用传感器或ADC通道，一般只需要设计一个分压（或滤波）电路，使用GPIO的电平输入检测功能或使用GPIO电平上升下降沿检测功能（外部中断技术），就可以顺利完成检测。

(2) 输出量外设分配方案

STM32系列芯片的输出功能和输入功能相对应，例如ADC通道可以接收模拟信号，DAC通道可以输出模拟信号；GPIO通道可以检测0或3.3V（部分引脚支持5V）电压，同样也能输出0或3.3V电压。嵌入式项目中同一种信号输入和输出也是对应的，区别一般在于其周边电路的设计，例如使用分压或滤波电路配合GPIO输入功能可以实现某个开关量的读取，使用电磁继电器电路搭配GPIO输出功能可以实现某个开关量的输出。

(3) 内部通信与人机交互分配方案

内部通信一般都是双向的，既包括信号输出也包括信号输入，也是嵌入式项目重要的需求之一。一些嵌入式项目中可能会有特殊需求，例如GPS定位、蓝牙Wi-Fi网络数据传输等需求，都需要其他芯片（如GPS定位芯片、外置蓝牙模块、无线通信模块、网络通信模块等）的支持，这时STM32芯片和其他芯片之间一般都需要使用串口通信。在STM32内部程序中，可以使用串口接收中断回调技术，对指定串口每个传送的字节进行读取，按照指定的传输协议，就能实现两个芯片的内部通信。

人机交互可以使用多种方式，最简单的方式是使用LED灯或灯组，通过灯光颜色、闪烁间隔、亮灯时长来传递信息；也可以使用串口屏直接将信息输出在屏幕上，这种方式的人机交互效果最好，但程序量较大；还可以使用串口（通常是USART-USB或UASRT-RS232）直接将STM32芯片输出的TTL电平转换为其他协议与上位机通信。

8.3 嵌入式项目实验开发系统

8.3.1 嵌入式开发板功能介绍

对嵌入式项目中各项需求进行分类之后，就可以着手软件程序的编写，并搭建嵌入式硬件开发测试系统。为了实现各种功能，需要设计众多的周边电路并与STM32芯片对应的引脚相连接，若直接按照需求进行打板贴片，或直接手动焊接元器件，会消耗大量成本，且不易对方案进行修改与升级，所以在项目开发前期，最好使用嵌入式项目实验开发系统作为辅助。

STM32开发板本身已经集成了基本的底层硬件、大量的周边电路，使用插针排线引出了大部分芯片引脚，开发者可以另外购买一些测试用的、产品化的外置模块，例如电压检测模块、温度检测模块、GPS定位模块、电磁继电器模块等，使用杜邦线连接对应的引脚，就可以便捷高效地完成各项功能的测试，能够显著缩短嵌入式项目开发速度。对于编写好的嵌入式程序（或针对某个需求编写好的程序段），嵌入式开发板系统上也集成了丰富的Debug调试资源，可以使用串口或仿真器调试模式，对程序反复地进行测试验证，确保程序稳定可行。

嵌入式开发板的型号对应其内部芯片的型号，例如STM32F103VET6开发板，就是使用F103VET6芯片为核心。开发板一般使用的都是性能高、引脚数量多、功能多的芯片，搭配大量的保护电路和较为优质的元器件，可以满足绝大多数嵌入式项目的开发测试需求。另外，STM32同一个系列的芯片（如STM32F103系列的所有芯片种类）同名引脚的功能基本一致，程序兼容性很高、移植也较为简单，所以选择嵌入式开发板型号的时候可以不考虑实际项目的芯片选型，只要保证在开发板上启用的所有外设资源在实际芯片上都有配置，那么在开发板上能够运行的程序，一般不需要修改就可以在实际芯片上运行。

8.3.2 嵌入式开发板最小系统

嵌入式开发板包括最小系统和周边电路系统。最小系统指保证STM32芯片能够正常运行程序的最低配置电路，STM32最小系统共由5部分硬件组成：STM32主芯片、时钟晶振电路、复位电路、电源供电电路、程序下载电路，只要有这一套系统芯片就可以完成最基础的工作。

（1）时钟晶振电路

时钟系统是STM32芯片稳定有序运行的最基本要求，芯片自带的时钟源性能较低，通常都需要增加高速外部时钟（HSE）和低速外部时钟（LSE）两个时钟源。

(2) 复位电路

程序的复位方式包括上电复位、掉电复位、引脚复位、看门狗复位、软件复位等，最小系统板一般要引出复位按键，方便调试。

(3) 电源供电电路

STM32 芯片必须使用 3.3V 稳压供电，但是一些外设资源，或者可能要连接在最小系统板上的外设模块需要更大的电压驱动，所以供电电路需要引出 5V 和 3.3V 两种。

(4) 程序下载电路

可以使用 ST-Link 或 J-Link 仿真下载方式，引脚多但是非常可靠；也可以使用串口 hex 文件下载方式（也称 CH340 下载方式），只需要使用 USART_Rx 和 Tx 两个引脚，但使用步骤复杂，不能做到程序随时调整随时烧录，稳定性相比 ST-Link 和 J-Link 较低。

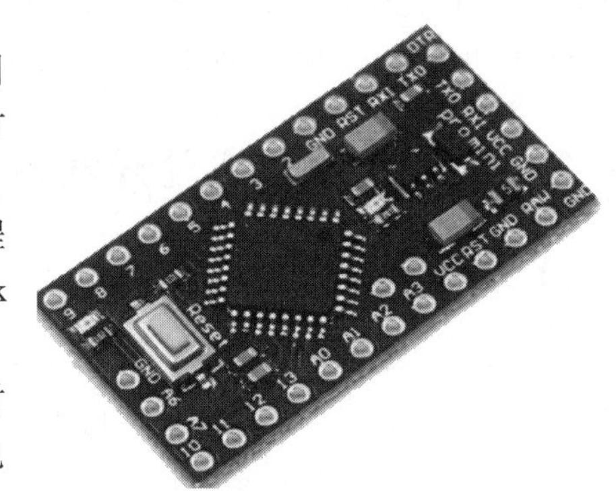

图 8.8 嵌入式开发板最小系统实物

除了最小系统的 5 个部分（STM32 主芯片、时钟晶振电路、复位电路、电源供电电路、程序下载电路）之外，部分成品的最小系统电路板还会添加 BOOT 选择电路、后备电池、LED 指示灯等功能。嵌入式开发板最小系统实物如图 8.8 所示。

功能完整的嵌入式开发板就是在最小系统板的基础上进行各种外设的加持，包括所有的引脚、调试并口、多种电源、多种频率晶振、多种 LED、蜂鸣器、Wi-Fi 模组、液晶屏幕等。使用开发板可以快速烧录程序，使用多种指示灯来测试编写的程序是否能够顺利执行，开发板可以使用杜邦线外接模块进行更多的功能调试，多用于学习或项目功能的初步探索。

8.3.3 嵌入式开发系统软件运行环境

在嵌入式系统的“宿主机-目标板”开发模式中，需要配置正确的运行环境才能在 PC 端上编写嵌入式程序并和嵌入式电路板实现通信。

(1) 软件驱动总览

完成嵌入式程序的烧录与调试，最少需要安装以下 5 种软件和驱动程序：

① Keil MDK 集成编译软件。用于编程和在线调试。

② ST-Link 或其他仿真器驱动。使计算机能够识别 ST-Link 或其他仿真器。

③ CH340 驱动。可以实现计算机 USB 接口和芯片 USART/UART 串口通信。

④ CP2102 驱动。与 CH340 驱动功能相同，但性能更好更稳定。

⑤ 终端串口调试软件。用于在 PC 端上对嵌入式程序进行在线调试。

(2) 配置 Keil MDK 集成编译平台

Keil MDK 全称 RealView MDK，是德国 KEIL 公司开发集成编程调试软件，采用 uVision 集成环境，是目前最常见、最受欢迎的 C 语言编程集成平台。安装和配置步骤如下：

① 登录 Keil 官方网站，如图 8.9 所示，下载 Keil MDK 安装包。推荐下载 Keil v5 版本，本书也以 Keil v5 版本进行介绍。

② 安装过程无特别注意事项，按照提示安装即可，推荐使用 Keil 软件默认的安装路径。

③ 添加设备固件包。登录 Keil 固件包网站，固件包下载界面如图 8.10 所示。根据芯片

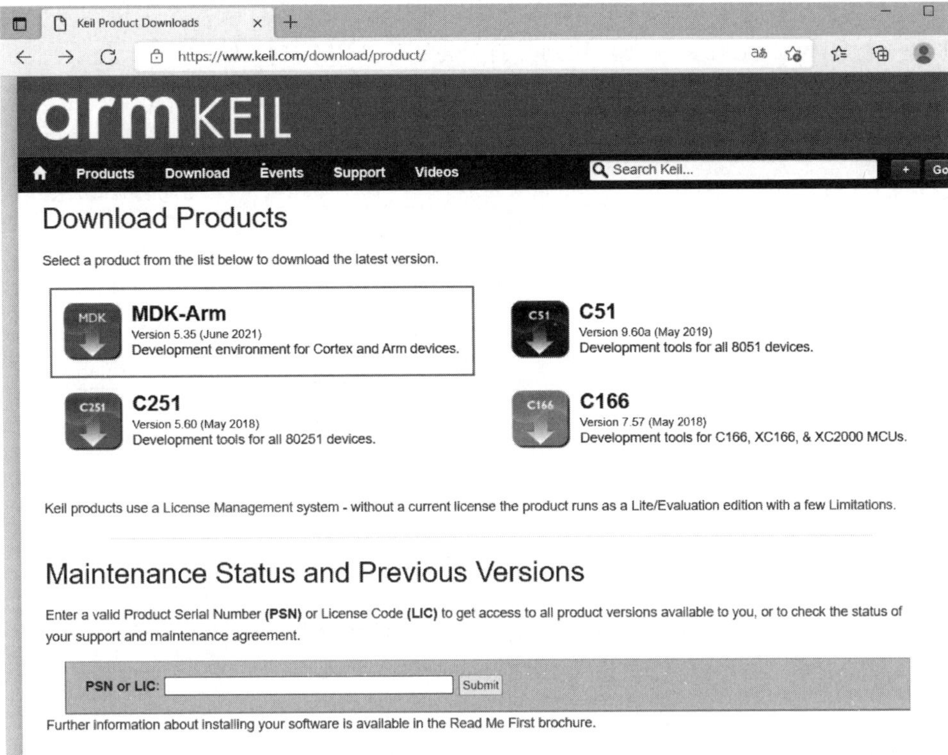

图 8.9　Keil MDK 安装包下载界面

种类下载需要使用的固件库，如对 STM32F103 系列进行编程，就需要单击“STMicroelectronics STM32F1 Series Device Support，Drivers and…”按钮下载“Keil.STM32F1xx_DFP.1.0.5.pack”固件包。也可以选择先不安装固件库，在首次使用对应的芯片型号时，可以使用 STM32CubeMX 软件自动下载相应的固件库安装包。关于 STM32CubeMX 软件的操作会在后文做详细介绍。

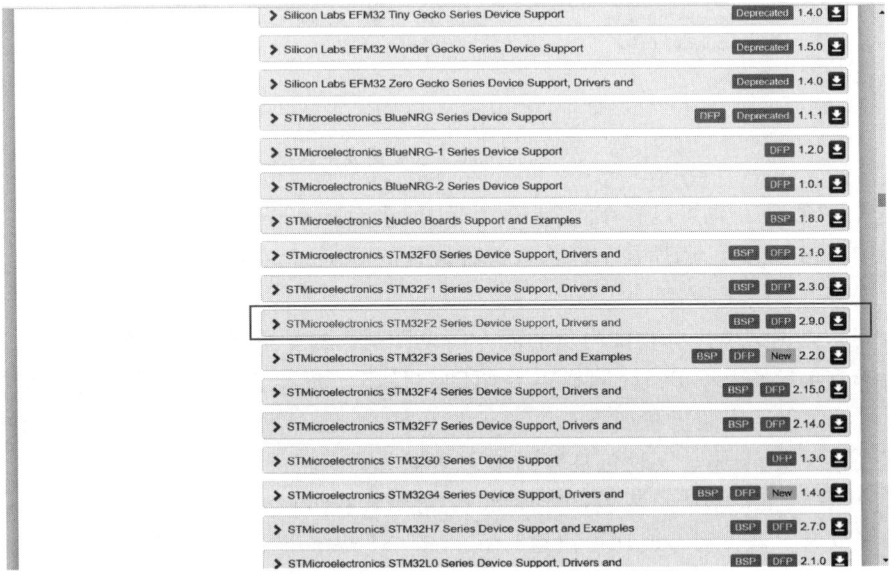

图 8.10　Keil v5 固件包下载界面

如图 8.11 所示，在安装好 Keil MDK 平台之后，就可以运行嵌入式工程的源代码文件。双击打开一个 STM32 工程文件夹，找到并打开 MDK-ARM 文件夹。

图 8.11　运行 Keil MDK 集成平台（一）

如图 8.12 所示，在 MDK-ARM 文件夹中双击绿色图标的 xxx（工程名）.uvprojx 文件即可打开 Keil MDK 平台并运行该嵌入式项目的源代码文件。

此电脑 › WORK (F:) › hoistSTM32 › hoTest3.2_test_20200512 › MDK-ARM ›　　搜索"MDK-AR

名称	修改日期	类型	大小
DebugConfig	2020/5/11 10:34	文件夹	
elevator1.0	2020/5/11 15:14	文件夹	
RTE	2020/5/11 10:34	文件夹	
elevator1.0.uvguix.50578	2019/6/27 15:44	50578 文件	175 KB
elevator1.0.uvguix.dell	2020/1/13 19:43	DELL 文件	73 KB
elevator1.0.uvguix.Liu_Huiyang	2020/5/11 21:50	LIU_HUIYANG 文...	72 KB
elevator1.0.uvoptx	2020/5/8 22:00	UVOPTX 文件	22 KB
elevator1.0.uvprojx	2020/5/8 22:00	礦ision5 Project	22 KB
EventRecorderStub.scvd	2019/6/27 11:57	SCVD 文件	1 KB
startup_stm32f103xe.lst	2020/5/11 14:46	MASM Listing	49 KB
startup_stm32f103xe.s	2020/5/8 9:04	Assembler Source	16 KB

图 8.12　运行 Keil MDK 集成平台（二）

如图 8.13 所示，也可以直接运行 Keil MDK 平台，在操作台界面左上角单击 File，在弹出菜单中单击 Open，选择某个嵌入式工程文件的 .uvprojx 文件打开。

（3）安装 ST-Link 驱动

仿真器是以调试单片机软件为目的而专门设计制作的专用装置，在嵌入式系统的仿真和调试阶段起到关键作用，PC 端同样需要驱动软件来实现与嵌入式仿真器之间的通信。以 ST-Link 驱动为例，安装步骤如下：

① 登录 ST-Link 驱动安装包官方网站下载驱动安装包。

② 打开 ST-Link 驱动安装包，如图 8.14 所示，双击运行文件 dpinst _ amd64. exe，按照默认路径安装。若安装不成功可以运行 dpinst _ x86. exe 进行二次安装。

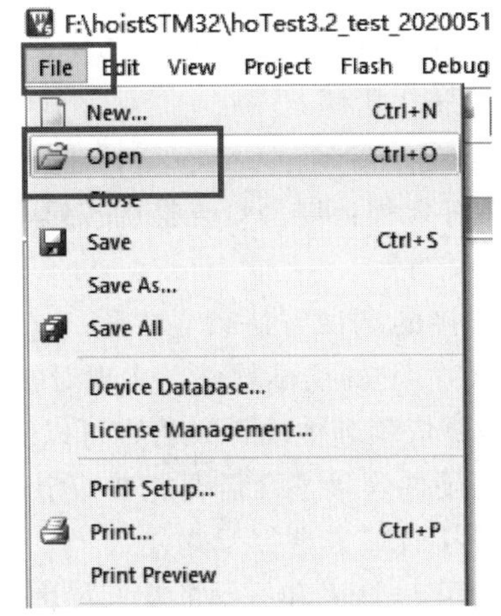

图 8.13　使用 Keil MDK 导入工程文件

名称	修改日期	类型	大小
amd64	2014/1/21 17:16	文件夹	
x86	2014/1/21 17:16	文件夹	
dpinst_amd64.exe	2010/2/9 4:36	应用程序	665 KB
dpinst_x86.exe	2010/2/9 3:59	应用程序	540 KB
stlink_dbg_winusb.inf	2014/1/21 17:03	安装信息	4 KB
stlink_VCP.inf	2013/12/10 21:08	安装信息	3 KB
stlink_winusb_install.bat	2013/5/15 22:33	Windows 批处理...	1 KB
stlinkdbgwinusb_x64.cat	2014/1/21 17:14	安全目录	11 KB
stlinkdbgwinusb_x86.cat	2014/1/21 17:14	安全目录	11 KB
stlinkvcp_x64.cat	2013/12/10 21:08	安全目录	9 KB
stlinkvcp_x86.cat	2013/12/10 21:09	安全目录	9 KB
ST-LINK官方驱动.zip	2015/11/9 11:25	WinRAR ZIP 压缩...	5,188 KB

图 8.14　ST-Link 仿真器驱动安装

(4) 安装 CH340 驱动或 CP2102 驱动

使用芯片的串口通信或刷机线时，需要在 PC 端的 USB 接口与 USART/UART 接口之间建立通信。计算机的原生驱动程序无法识别 USART 接口，故需要安装对应的驱动软件。有两种驱动可以安装：CH340 驱动和 CP2102 驱动。推荐安装性能和稳定性都较高的 CP210 驱动。

8.3.4　嵌入式开发板调试

在单片机开发过程中，若不使用任何调试系统，开发者只能做“修改参数—编译—烧录—运行—分析效果—修改参数—编译—烧录—运行—分析效果……”的不断循环。使用合理的调试方案，可以帮助开发者一边运行嵌入式程序一边修改参数。可见一个好的调试方案或调试系统可以极大地提高开发效率。

(1) 程序调试要求

一般来说，嵌入式程序的调试有以下 4 个要求：

① 能够实时显示程序运行的参数信息。

② 能够根据运行结果实时修改程序。

③ 能够快速搭建程序调试系统，且调试系统通用性高、可移植。

④ 能够直观显示调试信息，操作快捷。

（2）程序调试方案

常见的嵌入式程序调试方案有 3 种：屏幕灯光搭配按键调试方案、串口搭配上位机调试方案和串口搭配通用终端工具调试方案。

① 屏幕灯光搭配按键。最直接的调试方法就是在嵌入式系统中加入屏和按键外设，再单独做出一个界面或直接利用 PC 端上的调试软件，实现对嵌入式程序指定功能的测试。这种方法的优点是方便拆卸，不需要依赖其他硬件设备，可以随时随地调试。但缺点包括：

a. 需要添加硬件，在设计和硬件连接方面需要花费一定精力。

b. 需要在程序内部设置按键接收或屏幕展示功能。

c. 显示的信息有限，屏幕、LED 灯光和按键的交互能力较低。

② 串口搭配上位机。嵌入式系统不负责信息的展示，而是直接将数据发送上位机，由上位机进行显示；另外嵌入式系统也不负责监测按键的指令，而是通过 USART（或 UART）串口接收上位机指令。

这种方法的优点包括：

a. 结构较为简单，只利用嵌入式系统的串口就能实现调试。

b. 操作简单，只需要设计发送数据和接收指令的协议，在调试嵌入式系统的简单功能时尤其方便。在调试比较复杂的功能时，利用 PC 端丰富的软硬件资源也可以节省大量精力。

此方法的缺点包括：

a. 需要设计通信协议，且嵌入式系统和上位机都需要编写接收分析程序。

b. 需要上位机的支持，不能像“屏幕、LED 灯搭配按键”的方法一样随时随地进行调试。

③ 串口搭配通用终端工具。此方法是“串口搭配上位机”的改进版本，也是目前最理想的嵌入式系统开发调试方式。有多种终端工具可以与嵌入式芯片的串口实现通信，如 Windows 自带的超级终端，Linux 和 osx 下命令行里的 minicom，以及跨三个平台的图形化终端 secureCRT。这些终端工具的协议通用，可以认为是通用的显示器和键盘。嵌入式系统可以利用重定向 printf 函数的方式向指定串口输出字符串。

此方法的优点包括：

a. 嵌入式系统编程简单，上位机端无工作量。具体来说，只需要在嵌入式程序中做初始化串口、重定向 printf、调用 printf 函数即可。

b. 上位机端通用，嵌入式系统显示相关的代码通用性高，方便跨平台移植。

此方法的缺点是需要上位机支持，无法随时随地调试。

8.4 电路板的设计

8.4.1 嵌入式开发板系统简化

作为项目前期开发使用的主要调试工具，开发板的设计更加注重功能性、兼容性和安全性。为了满足开发时的各项工作参数，开发板一般都会尽量使用高质量元器件，采用较高的制造工艺，满足较高的耐压和电磁兼容标准，这就导致了开发板的制造成本高，开发板上大量的功能未被使用，需要使用插针和插针座（杜邦线）连接外接模块，不满足实际的工业需求。

一个成熟的嵌入式项目，需要设计可靠的硬件电路，控制电路板的制造成本，以嵌入式开发板硬件系统为基础，设计出只针对具体工程项目的电路板。这就需要对开发板进行简化处理，降低制造成本。电路板主要的设计要求包括：

① 摒弃开发板上多余的功能，并将满足嵌入式芯片正常运行的必要功能和开发时使用到的外接模块进行整合，尽可能降低电路板成本；

② 不再考虑电路板的程序调试功能，选用较为简单的方式（如四线制 SWD 程序烧录方式）满足基本的程序烧录要求；

③ 使用螺栓端子、排线等较为可靠的连接方式；

④ 考虑电路板的实际尺寸要求，可以设计双面多层板来缩小电路板尺寸；

⑤ 考虑元器件的散热要求，电路板间距一般不应小于 2cm，可以采用合理的器件排列方式或安装散热片来降低电路板的温升；

⑥ 由于电路板上导线的电感量与其长度成正比，与其宽度成反比，因而在信号接收电路中尽量缩短走线长度和宽度，可以有效抑制电磁干扰。

8.4.2　绘制电路图与 Altium Designer 软件基础操作

掌握电路图是学习电子技术的重要技能之一。电路图是指按照统一的符号将导线、电源、开关、用电器、电流表、电压表等连接起来组成电路表示为图，其由元件符号、连线、结点、注释四大部分组成。连线表示的是实际电路中的导线，在原理图中虽然是一根线，但在常用的印刷电路板中往往不是线而是各种形状的铜箔块。结点表示几个元件引脚或几条导线之间相互的连接关系。所有和结点相连的元件引脚、导线，不论数目多少，都是导通的。注释在电路图中是十分重要的，电路图中所有的文字都可以归入注释一类。在电路图的各个地方都有注释存在，它们被用来说明元件的型号、名称等等。电路图还可以分为原理图、方框图、装配图和 PCB 图四大类，其中使用频率最高的是原理图和 PCB 图。

① 电路原理图。也称为电原理图，指的是电路板上各器件之间连接原理的图。由于它直接体现了电子电路的结构和工作原理，所以一般用在设计、分析电路中。分析电路时，可以通过识别图纸上所画的各种电路元件符号以及它们之间的连接方式，了解电路的实际工作情况。在电路设计开发中，原理图起到至关重要的作用。

② PCB 图。PCB 图用于制作 PCB（印制线路板），厂家可根据客户提供的 PCB 图来制作 PCB。PCB 是电子工业的重要部件之一，几乎每种电子设备，小到电子手表、计算器，大到计算机、通信电子设备、军用武器系统，只要有集成电路等电子元件，为了使各个元件之间的电气互连，都要使用 PCB。PCB 由绝缘底板、连接导线和装配焊接电子元件的焊盘组成，具有导电线路和绝缘底板的双重作用。它可以代替复杂的布线，实现电路中各元件之间的电气连接，不仅简化了电子产品的装配、焊接工作，减少传统方式下的接线工作量，大大减轻工人的劳动强度，而且缩小了整机体积，降低产品成本，提高电子设备的质量和可靠性。PCB 具有良好的产品一致性，它可以采用标准化设计，有利于在生产过程中实现机械化和自动化。同时，整块经过装配调试的 PCB 可以作为一个独立的备件，便于整机产品的互换与维修。

最常见的原理图和 PCB 图的设计软件为 Altium Designer（简称 AD）。Altium Designer

软件是原 Protel 软件开发商 Altium 公司推出的一体化的电子产品开发系统，故 2005 年以前此软件名为 Protel，后更名为 Altium Designer。这套软件把原理图设计、电路仿真、PCB 绘制编辑、拓扑逻辑自动布线、信号完整性分析和设计输出等技术进行融合，为使用者提供了较为全面的设计解决方案，可提高电路的设计质量和效率。下面介绍 Altium Designer 软件的基础操作。

① 新建 PCB 工程。在 DXP 主页面下（打开软件时会默认出现 DXP 主页，若未出现，可以左键单击 View 菜单下的 Home 选项来打开 DXP 主页）。依次单击选项卡 File、New Project、PCB Project，在操作界面左侧的工程资源管理器中会出现一个名为 PCB _ Project1. PrjPCB 的 PCB 工程，使用左键依次单击 File、Save Project as 来改变项目的保存路径和项目名称。

② 在 PCB 工程中添加电路原理图。右击新建的 PCB 项目名称，在弹出的菜单中选择 Add new to Project，选择 Schematic，就可以在当前的工程中添加一个新的原理图文件 Sheet. schDoc。在原理图文件上右击，在弹出的菜单中选择 Save as 可以改变原理图名称和保存路径。在 PCB 工程中添加一张空白的原理图之后，在原理图的右下方边框上依次单击 System、Libraries，打开库文件。在库文件面板里单击 Libraries 可以对当前使用的 PCB 工程库文件进行添加、移出和排序等操作。

③ 原理图绘制。选择好库文件后，可以从元器件库中拖出电路需要的元器件，使用鼠标将其拖动到合适的位置，再用线将其连接，完成原理图的绘制。从元器件库中选中需要的元器件，点击 Place 或直接使用鼠标拖出，单击 Place、Bus 和 Place、Wire 选项，用线或总线将元器件连起来，并且给所有的元器件加上相应的标号（Designator），保存完成原理图设计。为了方便后续的 PCB 排线设计，还需要设置元器件的 Footprint 封装方式。若需要进行电路功能仿真，所选择的元器件必须要有相应的 Simulation 模型文件。若需要进行信号完整性分析，所选择的元器件必须要有相应的 Signal integrity 模型文件。

④ 编译和保存。完成原理图设计后，在原理图名称上单击，在弹出的菜单中左键点击 Compile Document xxx. SCHDOC（xxx 是用户自己定义的文件名），对新绘制的原理图文件进行编译。若编译发生错误，软件会自动启动消息窗口（Message）展示错误信息。编译无误后，就可以保存电路原理图。

⑤ 绘制 PCB 图。左键双击 PCB 文件在工程资源管理器中的图标，打开 PCB 文件。依次单击 Design、Board Shape、Redefine Board Shape 选项，在弹出的绿色背景上使用光标绘制出封闭曲线，这个曲线内部就是定义的 PCB 板轮廓。单击 PCB 编辑器下方用来选择当前工作层的图标，选中 Keep-Out Layer，在当前层上，选择 Place、Line 选项，在 Keep-Out Layer 层上绘制边框，作为布局布线的外围约束边框。在 PCB 编辑器界面，依次单击 Design、Import Changes From xxx. . PrjPCB，会自动弹出 Engineering Change Order 对话框，对话框中列出了对 PCB 文件加载网表的一些具体操作。可以添加的文件包括 Componet Class（器件类）、Components（器件）、Nets（网络连接）、Rooms（空间）等。

由于 Altium Designer 软件绘制电路原理图和 PCB 图的过程较为复杂，本节只描述基础操作流程，不对具体操作步骤做过多讲解。

8.4.3 电路板设计与制作流程

（1）设计电路原理图

通常使用 Altium Designer 软件，主要基于各元器件的电气性能根据实际需要进行合理的设计。原理图能够准确反映出电路板的重要功能以及各个部件之间的关系。原理图的设计是 PCB 制作流程中的第一步，也是十分重要的一步。

（2）元器件封装

原理图设计完成后，使用 Altium Designer 软件对各个元件进行封装，以生成元件具有相同外观和尺寸的网格。元件封装修改完毕后，要设置封装参考点并重新设置检查规则。

（3）生成电路 PCB 图

根据 PCB 面板的大小来放置各个元件的位置，在放置时需要确保各个元件的引线不交叉。放置元件完成后进行 DRC 检查，以排除各个元器件在布线时的引脚或引线交叉错误，当所有的错误排除后，一个完整的 PCB 设计过程完成。

（4）手工制版

手工制版又分为电路打印、铜板腐蚀、打孔焊接三步。

① 电路打印。利用专门的复写纸张将设计完成的 PCB 图通过喷墨打印机打印输出，然后将印有电路图的一面与铜板相对压紧，最后放到热交换器上进行热印，在高温下将复写纸上的电路图墨迹粘到铜板上。

② 铜板腐蚀。将硫酸和过氧化氢按 3∶1 进行调制，然后将含有墨迹的铜板放入其中，等三至四分钟，等铜板上除墨迹以外的地方全部被腐蚀之后，将铜板取去，然后用清水将溶液冲洗掉。

③ 打孔焊接。利用凿孔机在铜板上需要留孔的地方打孔，完成后将各个匹配的元器件的引脚从铜板的背面引入，然后利用焊接工具将元器件焊接到铜板上。

上述所有工序完成后，对整个电路板进行全面的测试工作，如果在测试过程中出现问题，就需要通过第一步设计的原理图来确定问题的位置，然后重新进行焊接或者更换元器件。当测试顺利通过后，整个电路板就制作完成了。

（5）工业制版

由于开发板是面向嵌入式工程开发和调试设计的，成本过高、功能过多，故实际工程中不能直接使用开发板，应选取有用的功能，针对性地设计和批量制作集成电路板。

工业级 PCB 电路板的制作有很多步骤，包括：打印电路板、裁剪覆铜板、预处理覆铜板、转印电路板、腐蚀电路板、回流焊机、线路板钻孔、焊接电子元件。由于我国电路板市场发展迅速，大量的制版工作可以委托给专门的商家。总结来说，完整的电路板制造流程包括以下 4 步：

① 使用 Altium Designer 软件设计电路原理图和 PCB 布线图；

② 根据原理图制作 BOM 列表，即所有需要的元器件列表，包括元件型号、需要数量、焊接引脚、封装类型，根据 BOM 可以进行采购；

③ 采购元件，由于很多元件如电阻电容芯片不单卖，可以批量购买后留作以后批量生产使用；

④ 进行电路板 SMT，即电路板的打样、制作覆铜板、元件贴片焊接。

8.5 程序烧录与调试

8.5.1 嵌入式系统软件硬件结合方式

嵌入式软件和硬件电路板之间的联系，主要来自在 PC 端对嵌入式程序进行烧录、仿真和调试的过程。

(1) 嵌入式程序的烧录

程序烧录，也称程序烧写或程序下载。在程序运行之前，需要有文件实体被烧录到嵌入式芯片的 Flash 内存区中，一般是二进制编码的 bin 类型文件或 ASCII 编码的 hex 类型文件，上述文件也被称为可执行映像文件。将可执行映像文件写入嵌入式芯片的内存中的过程叫作程序烧录。

程序烧录包括 ISP、ICP 和 IAP 三种方式：

① ISP 方式。ISP（In System Programing，在线系统编程）是指当系统上电并正常工作时，计算机通过系统中 CPLD 拥有的 ISP 直接对其进行编程，器件在编程后立即进入正常的工作状态。这种编程方式不需要处理器的中间操作，不需要存在引导程序，属于硬件单独处理行为，避免了传统的使用专用编程器编程的诸多不便。

② ICP 方式。ICP（In Circuit Programing，串行编程）也可称为“在电路”“编程”，通过一根时钟线和一根数据线串行传输编程指令及数据，不需要从电路板上取下器件，已经编程的器件也可以用 ISP 方式擦除或者进行再次编程，需要一些必要的硬件逻辑或引导代码，例如使用 JTAG 下载。与 ISP 方式相比，ICP 方式不占用程序存储空间，操作更加简单。

③ IAP 方式。IAP（In Application Programing，应用编程）是指开发者在 PC 端的软件上，在运行过程中对嵌入式芯片 Flash 区域进行烧写的过程。这种方式可以在新产品发布后，通过预留的通信端口快速地对嵌入式硬件电路中的固件程序进行更新升级。为了实现 IAP 烧录方式，需要从结构上将嵌入式芯片的 Flash 存储器映射为多个存储体区域（引导区、运行区、下载存储区等），将项目程序存放在应用引导区，不执行正常的功能操作，只通过特定通信管道接收程序或数据，执行对其他部分代码的更新。其他代码才是真正的功能代码，存放在程序存储区。当芯片上电后，首先运行应用引导区程序，检查是否需要对第二部分代码进行更新，存在更新则进行更新后执行，否则直接执行原有程序。

(2) 嵌入式程序的仿真

仿真过程广泛存在于程序开发过程中，通过软件仿真，开发者可以提前发现程序内部存在的问题。在嵌入式系统中，全部的仿真过程都被封装在仿真器内部。嵌入式仿真器是以调试单片机软件为目的而专门设计制作的专用装置，在项目开发阶段，仿真器可以代替嵌入式芯片进行软硬件调试的开发工具。配合集成开发环境使用仿真器可以对单片机程序进行单步跟踪调试，也可以使用断点、全速等调试手段，并可观察各种变量、RAM 及寄存器的实时数据，跟踪程序的执行情况。同时还可以对硬件电路进行实时调试。利用单片机仿真器可以迅速找到并排除程序中的逻辑错误，显著缩短单片机开发的周期。

嵌入式系统仿真器在硬件上包括中央处理器、输入输出接口、存储器等基本单元。仿真器与 PC 机的硬件结构类似，内部软件配置也类似。最早的仿真器就是一台小型电脑，有独立的键盘和显示器，通过逐渐地轻量化、集成化，发展为现在的小型集成处理单元。

(3) 嵌入式程序的调试

调试是嵌入式系统开发过程的重要环节。嵌入式系统的开发调试和一般的 PC 软件系统开发调试过程有较大差别。在一般 PC 机系统开发中，调试软件和被调试程序是运行在相同的硬件和软件平台上的两个并发进程，而在嵌入式系统中，调试软件是运行在 PC 端桌面操作系统上的应用程序，被调试程序是运行在基于特定硬件平台的操作系统，两个硬件系统和软件程序之间需要保持实时通信。嵌入式系统调试过程中，PC 端上运行的集成开发调试工具（调试软件）通过特定的仿真器和目标电路板相连，仿真器负责处理宿主机和目标机之间所有的通信，此通信口可以是串并行口或者高速以太网接口。仿真器通过JTAG口和目标机相连。

嵌入式系统开发调试方法有快速原型仿真法和实时在线调试法。快速原型仿真法用于硬件设备尚未完成时，直接在宿主机上对应用程序进行仿真分析。在此过程中系统不直接和硬件打交道，由开发调试软件内部某一特定软件模块模拟硬件CPU系统执行过程，并可同时将仿真异常反馈给开发者进行错误定位和修改。实时在线调试法在具体的目标机平台上调试应用程序，系统在调试状态下的执行情况和实际运行模式完全一样，这种方式更有利于开发者实时对系统硬件和软件故障进行定位和修改，提高产品开发速度。

嵌入式系统调试软件，也可称为调试器，是指运行在PC机上的集成开发环境。嵌入式系统调试软件集编辑、汇编、编译、链接和调试环境于一体，支持低级汇编语言、C和C++语言，支持用户观察或修改嵌入式处理器的寄存器和存储器配置、数据变量的类型和数值、堆栈和寄存器的使用，支持程序断点设置，单步、断点、全速运行等功能，可以有效提高嵌入式项目的开发效率。

8.5.2 程序烧录模式

在介绍仿真器烧录方式（图8.15）时，一些技术名词缩写如JTAG、SWD、ST-Link和J-Link经常会被混淆，这其中JTAG与SWD是两种不同的仿真模式，ST-Link和J-Link是两种比较常用的仿真工具。ISP既可表示串口下载协议（STC-ISP协议），也可以表示专用的程序下载线。下面对仿真器烧录中可能用到的名词做出解释。

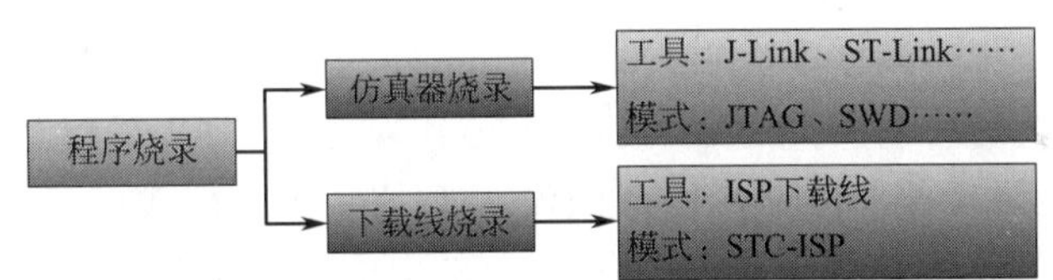

图8.15 程序烧录方式

（1）JTAG仿真模式

JTAG（Joint Test Action Group，联合测试工作组）是一种国际标准测试协议，主要用于芯片内部测试。主要的仿真器都支持JTAG协议。标准的JTAG接口有4线，为TMS、TCK、TDI、TDO，分别对应模式选择、时钟、数据输入和数据输出功能。另外还有一些引脚不是强制要求的，属于可选功能。

JTAG接线有5根必要连线、3根可选连线和2根自定义连线，总计10根线，所有引脚的定义如下：

① TCK（Test Clock Input）。属于强制要求引脚。TCK引脚可以提供一个独立的、基本的时钟信号，此时钟信号可以驱动所有的仿真过程。

② TMS（Test Mode Selection Input）。属于强制要求引脚。TMS信号在TCK的上升沿有效，用来控制TAP状态机的转换（TAP状态机/控制器是JTAG仿真器的内部重要硬件）。通过TMS信号，可以控制TAP在不同的状态间相互转换。

③ TDI（Test Data Input）。属于强制要求引脚。TDI是数据输入的接口，所有要输入到寄存器内部的数据都必须通过TDI接口逐位串行输入。

④ TDO（Test Data Output）。属于强制要求引脚。TDO在IEEE 1149.1标准里是强

制要求的。TDO是数据输出的接口。所有要从特定的寄存器中输出的数据都是通过TDO接口一位一位串行输出的（由TCK驱动）。

⑤ TRST（Test Reset Input）。属于可选引脚。TRST引脚可以用来对TAP状态机进行复位。由于TMS引脚也可以对TAP状态机进行复位（初始化），所以也可以不接。

⑥ VCC（VTREF）。属于强制要求引脚。此引脚可以用来确定STM32芯片的JTAG接口使用的逻辑电平值，比如参考电平为3.3V还是5.0V。

⑦ RTCK（Return Test Clock）。属于可选引脚。是STM32芯片反馈给仿真器的时钟信号，可以用来同步TCK引脚信号的产生，不使用时可以直接接地。

⑧ nSRST（System Reset）。属于可选引脚。与STM32芯片上的系统复位信号相连，可以直接对目标系统复位。同时可以检测目标系统的复位情况。为了防止误触，应在和STM32芯片的接线上配置上拉电阻。

⑨ USER-IN。属于用户自定义输入引脚。可以接到一个I/O上，接受上位机的控制信号。

⑩ USER-OUT。属于用户自定义输入引脚。可以接到一个I/O上，向上位机发送反馈信号。

根据实际使用情况，JTAG模式有14线连接和20线连接模式。JTAG接口定义如图8.16所示。由于JTAG模式使用排线连接，为了增强两线之间的抗干扰能力，需要在每条信号线间加上地线，就将10线JTAG连接变成了20针排线接口。但RTCK、USER-IN和USER-OUT这三个引脚一般不使用，于是还有将7线JTAG连接变成14针排线接口的型号。

（2）SWD仿真模式

如图8.17所示，串行调试（Serial Wire Debug，SWD）是一种与JTAG（JTAG属于并口）完全不同的调试模式。与JTAG接口的20引脚相比，SWD只需要4个（或者5个）引脚就能完成程序烧录任务，但是使用范围没有JTAG仿真模式广泛。目前主流的仿真器上也是后来才加入了SWD仿真模式。SWD仿真的引脚定义如下：

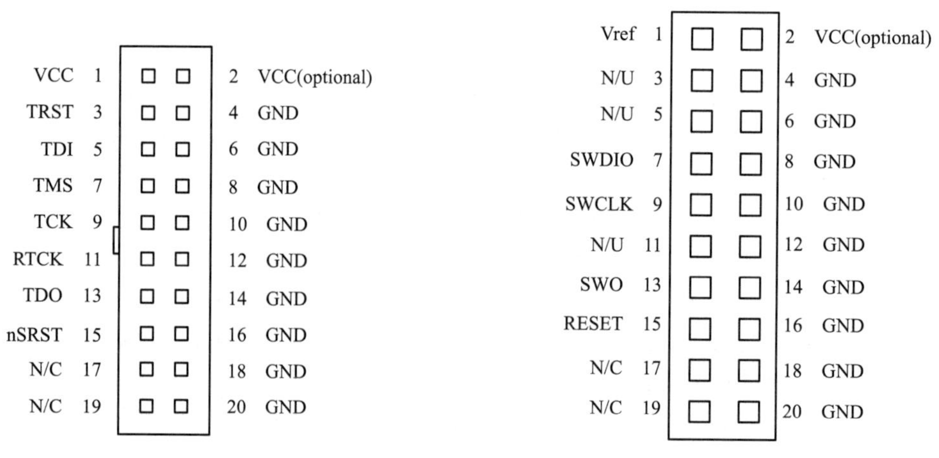

图8.16 JTAG接口定义

图8.17 SWD接口定义

① Vref。属于强制要求引脚。用于检测目标板是否供电，直接与目标板VDD相连，并不向外提供输出电压。

② GND。属于强制要求引脚。公共地信号。

③ SWDIO。属于强制要求引脚。串行数据输入信号，作为仿真信号的双向数据信号线。

④ SWCLK。属于强制要求引脚。串行时钟输入，作为仿真信号的时钟信号线。

⑤ SWO。属于可选引脚。串行数据输出，可通过 SWO 输出调试。

⑥ RESET。属于可选引脚。仿真器输出至 STM32 芯片的系统复位信号。

（3）J-Link 仿真器

J-Link 仿真器是德国 SEGGER 公司开发的 20 引脚仿真器。支持 ARM 内核芯片 JTAG 模式，能够配合包括 IAR EWAR、ADS、KEIL、WINARM、RealView 在内的多种集成开发环境（可与 IAR、Keil 集成开发环境无缝连接），支持 ARM 系列 Cortex-M0/M1/M3/M4、Cortex-A5/A8/A9 内核的芯片仿真，是学习开发 STM32 最常见的开发工具之一。

J-Link 仿真器的工作参数：使用 USB 电源供电，整机电流＜50mA，烧录程序的目标电路板电压应处于 1.2～3.3V 之间，目标电路板的供电电压应处于 4.5～5V 之间，目标板供电电流最大 300mA。J-Link 仿真器具有过流保护功能，工作环境温度应处于 5～60℃之间。

J-Link 仿真器实际上是一个 USB-JTAG 协议的转换器，操作者使用集成开发平台，将编好的嵌入式程序源码通过 USB 接口传输进 J-Link 仿真器，程序源码在仿真器内部被转换成 JTAG 协议，传输进 STM32 芯片，实现程序烧录。

另外，J-Link 仿真器也支持 SWD 仿真模式，使用 SWD 仿真时使用杜邦线引出仿真器的 4 根（或 5 根，即多引出 RESET 复位引脚）线连接 STM32 芯片的对应引脚即可完成程序烧录。

（4）ST-Link 仿真器

ST-Link 仿真器是意法半导体公司专门针对自己公司生产的 STM8 和 STM32 系列芯片设计的。ST-Link 仿真器的功能远没有 J-Link 仿真器强大，但销售价格要低一些。另外 ST-Link 仿真器是专门为 STM32 系列芯片设计的，在仅针对 STM32 芯片进行仿真时，ST-Link 和 J-Link 仿真器几乎没有区别，故不再做重复介绍。

ISP 烧录方式也可称为 ISP 下载、CH340 下载或刷机线烧录方式，是一种无需将存储芯片从嵌入式设备上取出就能对其进行编程的方法。其利用了 Flash 存储器系统可编程的固有特性，只需要引出 STM32 串口的 2 根引脚（同时需要对 STM32 芯片的 BOOT0 和 BOOT1 做置 1 或接地操作），就能直接进行程序烧录。

8.5.3 芯片 BOOT 启动模式

STM32 系列芯片上都有两个引脚：BOOT0 引脚和 BOOT1 引脚（统称 BOOT 引脚）。这两个引脚可以通过接地或接 3.3V 电平，直接决定芯片从何处执行程序。BOOT 引脚组合与芯片启动模式如表 8.2 所示。

表 8.2 BOOT 接口配置

BOOT1 配置	BOOT0 配置	上电后程序启动区域
任意	0	芯片 Flash 闪存
1	1	芯片 RAM 内存
0	1	芯片 ROM 只读内存

（1）正常工作模式（Flash 启动模式）

令 BOOT0 = 0，BOOT1 = x（BOOT1 引脚设置 0 或 1 都可以，但最好不要将该引脚悬空）。这时芯片从 Flash 区域启动，也就是说芯片只要一上电，不需要任何操作就自己开始运行全部程序。

（2）ISP 程序下载模式（Bootloader 启动模式）

令 BOOT0 = 1（连接 3.3V），BOOT1 置 0（连接 GND）。这种方式使芯片从只读内存处启动，此区域是芯片出厂时就设置好的特定区域，其中设置了一段 Bootloader 引导装载程序（即 ISP 程序）。此区域的内容只支持 USART1 串口程序下载。

（3）RAM 内存启动模式

令 BOOT1 = 1，BOOT0 = 1，芯片从内置 SRAM 区域启动。这种模式可以用于调试。一般情况下不使用内置 SRAM 启动，因为 SRAM 区域掉电后数据即丢失，所以多数情况下此种启动只是在调试时使用，但也可以做其他一些用途，如写一段小程序将测试板上的其他电路功能加载到 SRAM 区域中，以此做故障的局部诊断。

8.5.4 程序串口烧录方式

（1）导出 hex 机器码文件

hex 文件是二进制机器码，可以直接烧录进 STM32 并无法反编译。

① 开启 Keil MDK 软件（本书使用 Keil v5 为例进行介绍），打开需要导出的工程。

② 点击上方“程序选项”（也可称其为“魔术棒”）按钮，如图 8.18 所示。

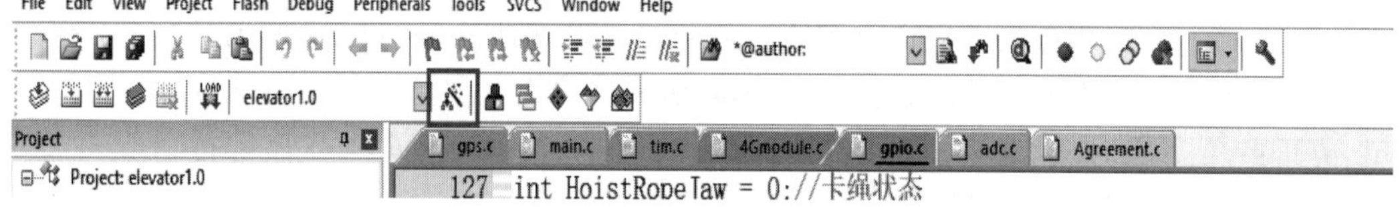

图 8.18 点击魔术棒程序选项图示

③ 打开之后选择 Output 选项卡，并勾选“Creat HEX File”选项，如图 8.19 所示。

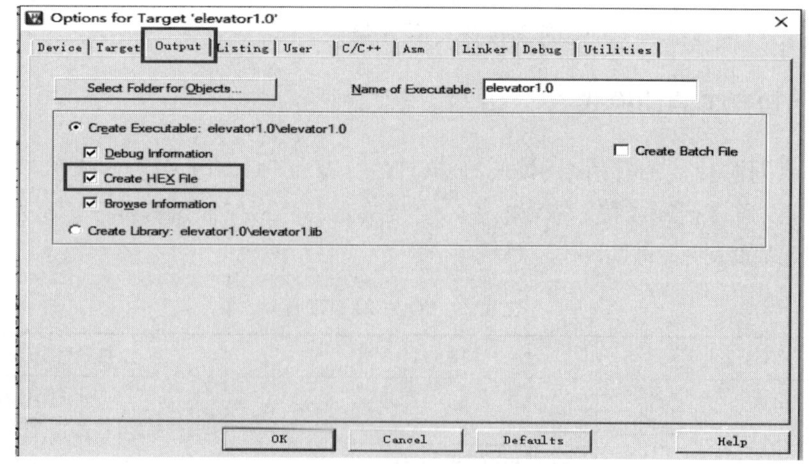

图 8.19 Output 选项选择图示

④ 点击确认，并进行程序的编译，如图 8.20 所示。

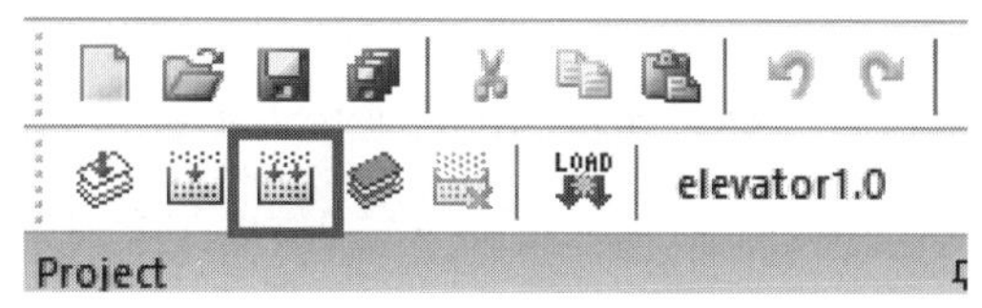

图 8.20　编译按钮图示

⑤ 编译成功之后，进入程序所在的文件夹，找到 .hex 后缀的文件，如图 8.21 所示。由此找到的就是 hex 格式文件，可以复制并直接通过 USB 线进行烧录。

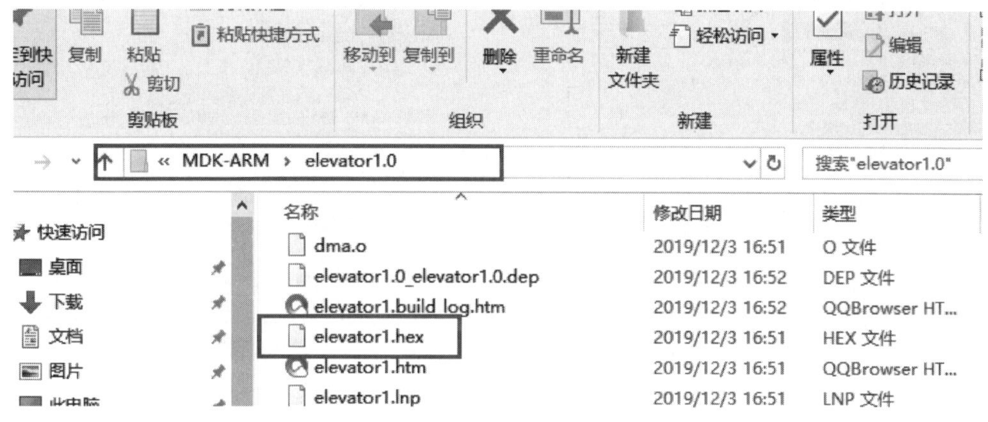

图 8.21　hex 格式文件路径

（2）STM32F103 核心板外设接线

① 如图 8.22 所示，将 TTL-USB 模块拨到正确位置，确保可以进行 TTL 电平和 USB 协议的通信，进行接线：GND—GND、3.3V—3.3V、RX—A9（Tx）、TX—A10（Rx）。

② 可以直接使用 USB 接口供电，若 USB 供电不足再连接电源线。

③ 烧录之前必须将核心板的 BOOT0 置 1，将 BOOT1 置 0，如图 8.23 所示。

图 8.22　TTL-USB 接线图示

图 8.23　BOOT 引脚设置方式图示

(3) 使用 USB 下载程序

① 将 USB 插入电脑，并打开 STM32 下载专用程序 Flash Loader。

② 选择 COM3（COM 后的数字根据电脑具体 USB 接口变化），接着一直点 Next，如图 8.24～图 8.26 所示。之后软件会自动检测出目前可以下载程序的芯片。

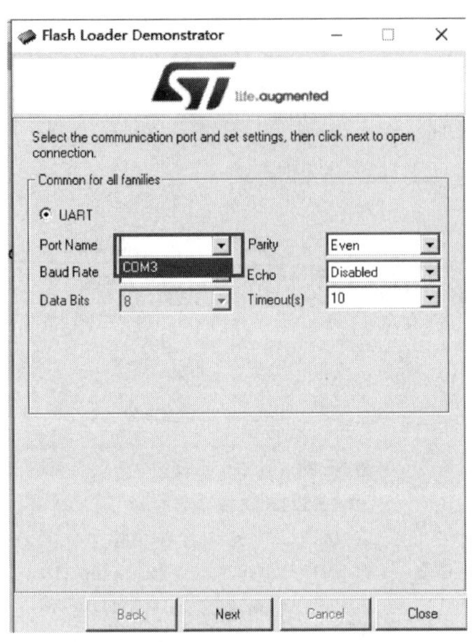

图 8.24　Flash Loader 软件

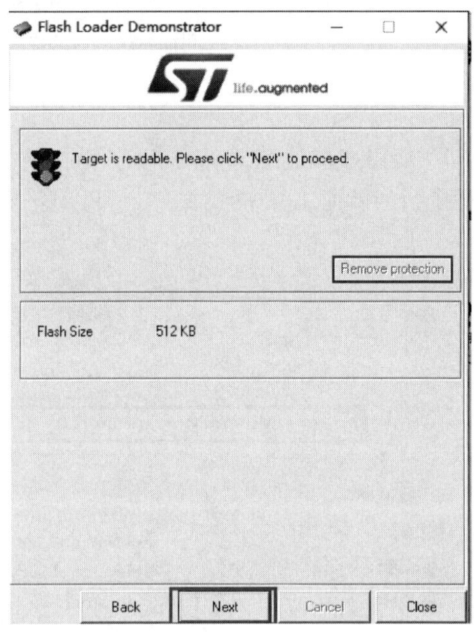

图 8.25　Flash Loader 软件开始烧录程序

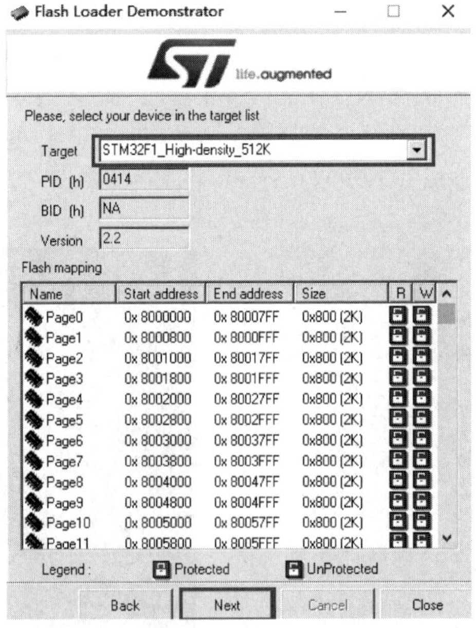

图 8.26　选择 STM32 芯片内核

③ 完成之后会跳转到下个界面，如图 8.27 所示，选择烧录程序 Download to device，

然后选择 hex 文件的存储路径。

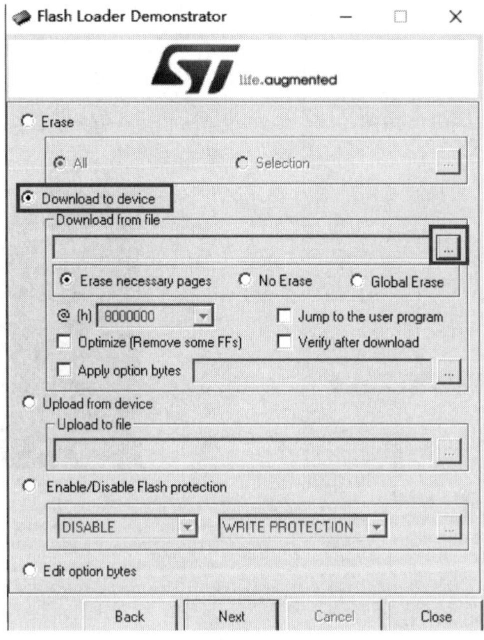

图 8.27　STM32 芯片烧录分区

打开 hex 的路径，若没发现 hex 文件，在右下角选择正确的格式即可，如图 8.28 所示。

图 8.28　导入 hex 文件

④ 点击 Next，开始下载程序，等待软件显示 100%之后，程序烧录成功，如图 8.29 所示。

⑤ 将跳线帽拔回，BOOT0 和 BOOT1 全部置 0。全部置 0 之后，电路板为正常启动模式，电路板上电立刻运行程序代码，如图 8.30 所示。

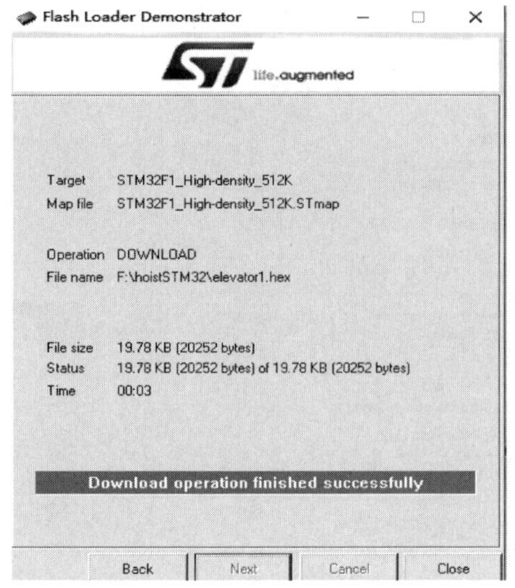

图 8.29　STM32 程序下载（烧录）成功

图 8.30　BOOT 引脚设置图示

8.5.5　使用 SWD 方式烧录程序

使用五根线可以实现 SWD 调试方式（即五线制 SWD 调试方式），其中有一条线为 RESET，即复位线，这条线的功能是下载好程序之后通过电脑上的 Keil v5 MDK 软件进行在线调试。对于很多嵌入式产品来说这一功能是多余的，即便是为了开发，也完全可以修改程序之后重新烧录，所以可以视情况选择不连接（或者设计时就不引出）这条 RESET 引脚，这样五线制就变为了没有 RESET 线的四线制 SWD 调试模式，4 条线包括 VCC、SWCLK、SWDIO、GND。

引脚连线图如图 8.31 所示：

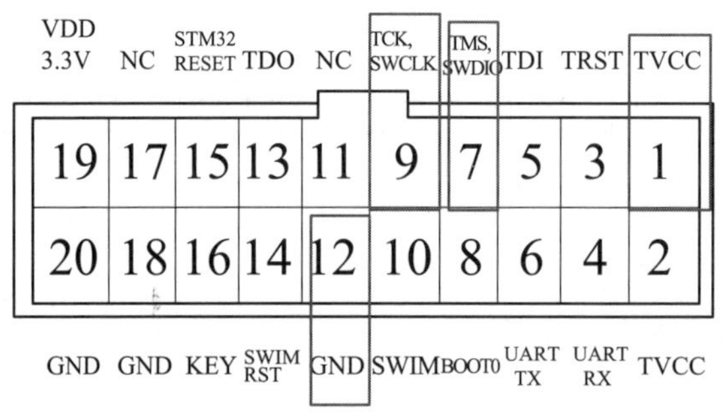

图 8.31　SWD 引脚分布图示

① VCC：3.3V 电源引脚，位于右上方位置 1。注意连接好此引脚之后，虽然核心板会显示有电，但其实此引脚电压较低，无法为核心板的烧录和运行供电，需要外接核心板的电源。

② SWCLK：时钟引脚，位于上层中间位置 9。

③ SWDIO：数据输入引脚，位于时钟左侧位置 7。

④ GND：低电平引脚，下排位置 12、18、20 均可。

想要使用 SWD 模式，就必须先开启并配置 SWD 端口。SWD 仿真器接线方式如图 8.32 所示。在 STM32CubeMX 中点击左侧的 System Core，在下拉菜单中选择 SYS，左侧弹出新的窗口，在 Debug 中选择 Serial Wire（串行调试模式），如图 8.33 所示。

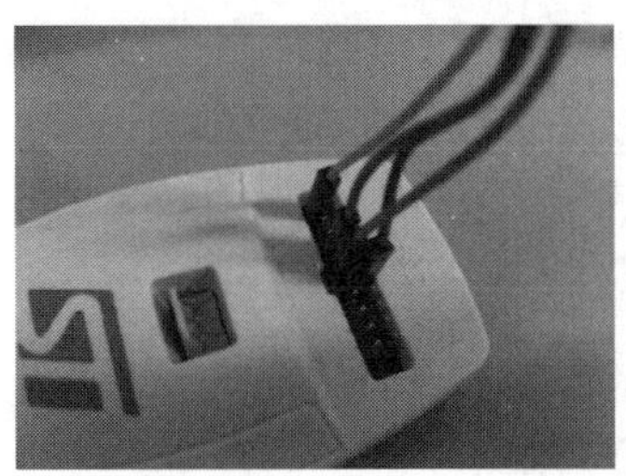

图 8.32　SWD 仿真器接线方式

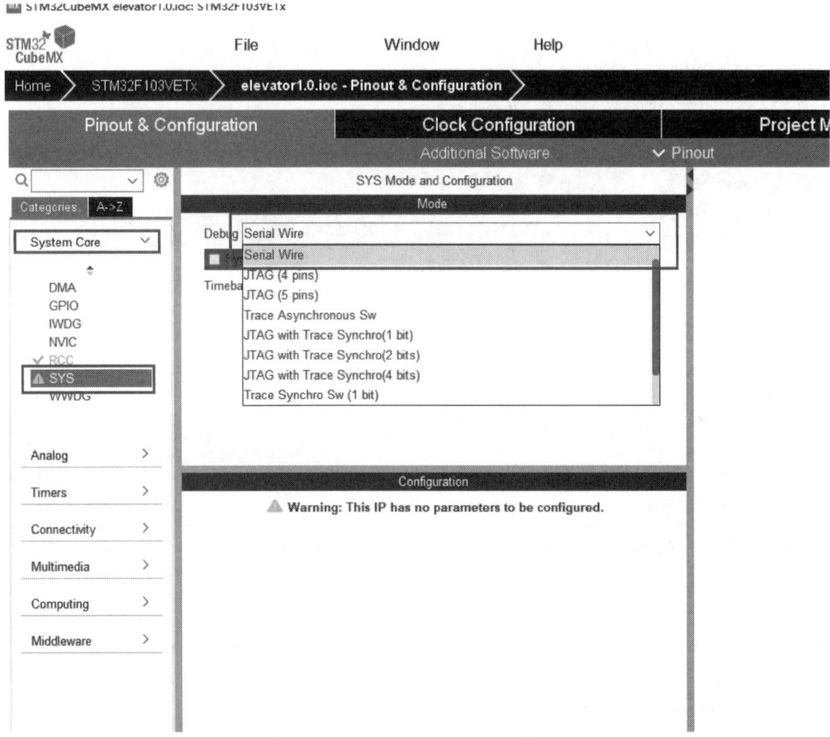

图 8.33　使用 STM32CubeMX 软件配置 SW 仿真引脚

选择好之后，可以看到出现了新的端口设定，如图 8.34 所示。

上述界面中出现了 SWDIO 和 SWCLK 端口，说明 SWD 模式配置成功。

在 Keil v5 MDK 软件配置还需要做如下配置：

① 在 Keil MDK 操作界面中点击“魔术棒”按钮，如图 8.35 所示。

② 点击 Debug 选项卡，选择 ST-Link Debugger 并勾选下面的两个选项。两个选项的意思是：从 main.c 开始运行，每次烧录后自动重置程序，如图 8.36 所示。

③ 下载频率可以随意选择，一般来说低频率可以提高烧录成功率，高频率可以缩短程序烧录时间，如图 8.37 所示。

④ 点击“确定”，配置完成。另外，使用 20 针孔的排线一样需要选择 SWD 模式。

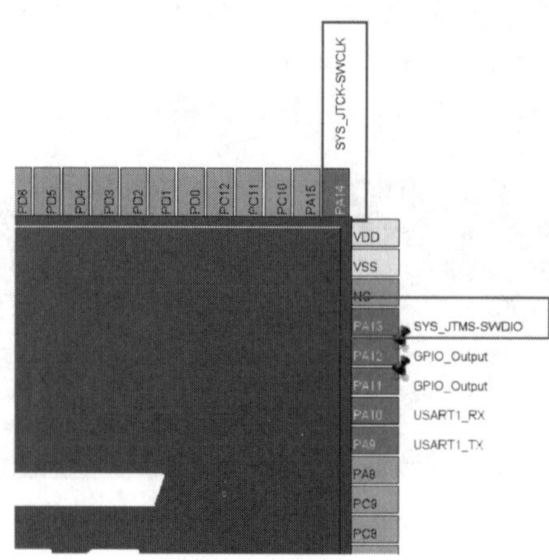

图 8.34　STM32CubeMX 软件引脚显示

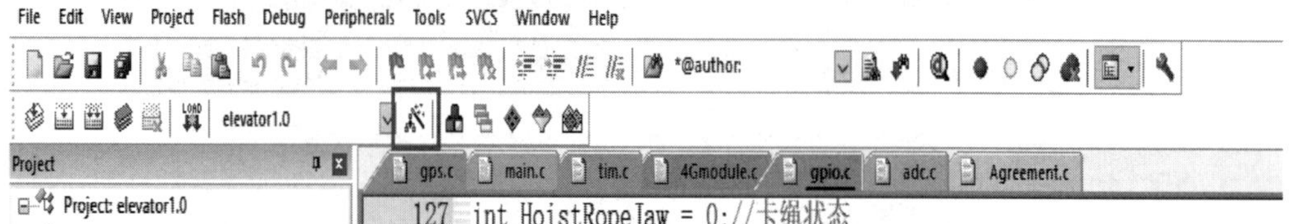

图 8.35　魔术棒程序设置

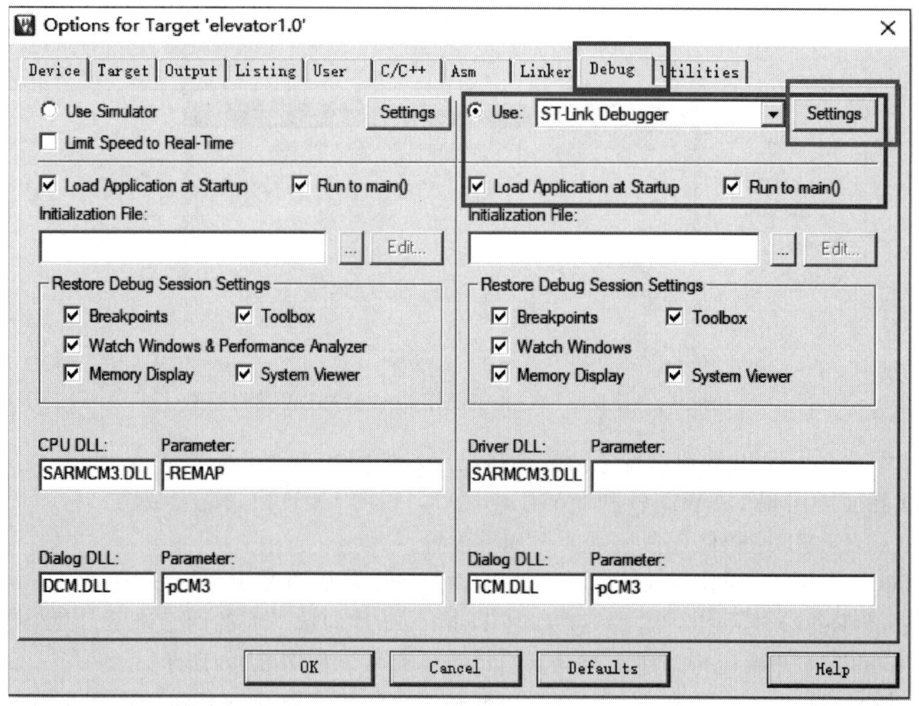

图 8.36　仿真器配置

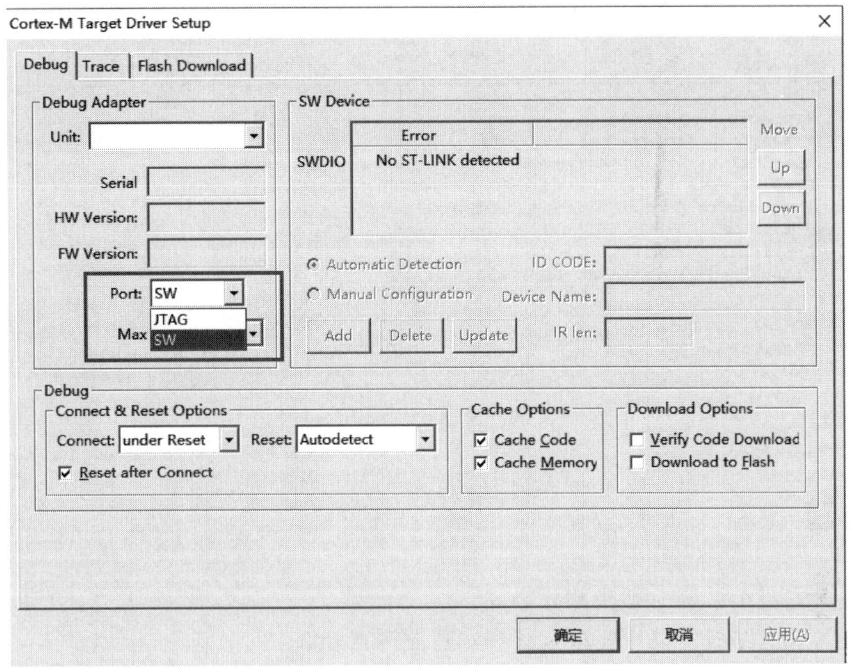

图 8.37　Debug 设置 SWD 模式

完成四线（或五线）制连线，配置好 STM32CubeMX 和 Keil v5 MDK 软件后，开始进行程序下载，步骤如下：

① 将 BOOT0 和 BOOT1 拉高置 1。注意：使用仿真器下载调试时，BOOT 的电位高低和下载模式无关，但是将 BOOT0 和 BOOT1 拉高可以避免一些烧录失败的情况。此步骤可做可不做。

② 在 Keil MDK 中对程序进行编译，将 ST-Link 仿真器连接到 PC 端，接通 STM32 电路板电源。等待 Keil MDK 编译成功后直接点击下载，如图 8.38 所示。

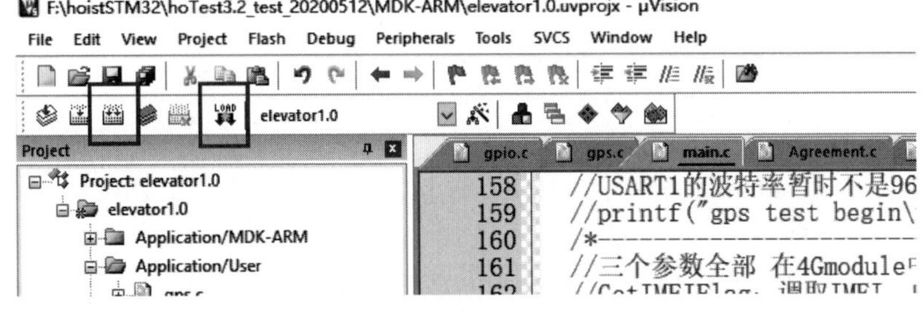

图 8.38　点击编译和程序下载（烧录）按钮

③ 等待一段时间，完成后底部控制台会显示烧录成功，如图 8.39 所示。

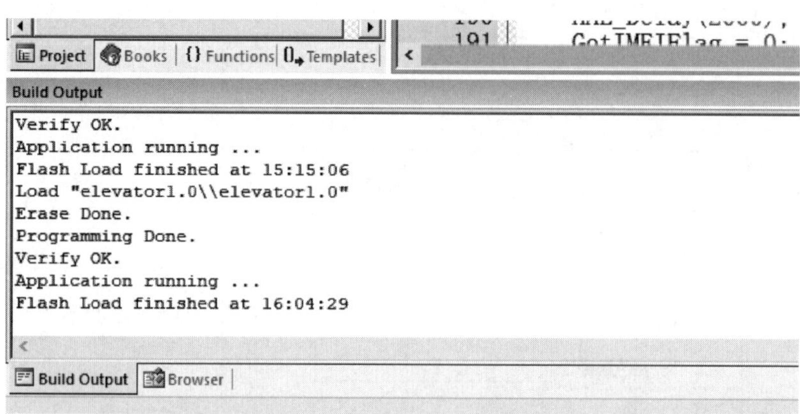

图 8.39 控制台显示烧录成功

8.6 习题

（1）嵌入式最小系统由哪些部分组成？

（2）嵌入式电路板的设计要求有哪些？需要注意什么？

第9章 基于 STM32 的物联网远程监控系统

前面八章已经对 STM32 微控制器的结构、原理、功能和简单应用等进行了详细的讲解，本章将以综合设计实践为主，通过典型实例加深读者对 STM32 微控制器的功能结构的理解和应用。

9.1 电机状态远程监控系统需求分析与架构设计

9.1.1 电机状态远程监控系统需求

本节以一个基于 STM32 嵌入式微控制器的电机远程监控系统为例进行分析和设计，监控系统的具体需求如下：

① 能够实时监测多台电机的运行状态，需要监控的参数包括：实时温度（正常温度 20～60℃）、设备主电路电压电流（正常运行时交流 220V/20A）、电机当前位置（设备处于户外，使用 GPS 定位）、电机实际运行状态（包括电机启动、电机停止、安全限位触发）。

② 能够将所有电机的运行状态实时展示在 PC 端上。

③ 能够在 PC 端上，对指定电机进行远程控制（控制设备的启动和停止）。

9.1.2 电机远程监控系统架构与数据传输路径分析

（1）电机远程监控系统架构

可以将物联网远程监控系统理解为对多台电机的实时监控、数据展示、远程操控三个方面，这就需要多种程序和硬件的配合。如图 9.1 所示，现提供一种由嵌入式系统、后台服务器、网页服务器和数据库组成的物联网远程监控系统解决方案：

① 嵌入式系统。使用嵌入式设备（即 STM32 系列芯片）对指定电机的实时运行数据进行采集，将采集到的数据打包，使用 4G/5G 网络，按照 TCP 协议将数据包发送到指定的 IP 地址和端口。

② TCP 后台服务器。保证 TCP 服务器的 IP 地址与端口号和嵌入式系统设置的一致，

就可以接收每台嵌入式设备传输过来的数据包。TCP服务器需要开启多个线程，并保证一定的线程并发量。TCP服务器可以根据每个数据包中的IMEI码、数据包格式确认数据包是否有效，并将所有的有效数据都储存进数据库中。

③ 数据库。数据库中设置多张数据表，主要包括设备信息表、实时运行状态表、远程控制指令表。数据库中的数据由TCP服务器和Web服务器同时操作，TCP服务器负责数据的增加、删除、修改，Web服务器则只负责数据的查询。

④ 网页服务器。网页服务器（或Web服务器）实时查询数据库中的数据，将每台电机的实时运行状态都展示在前端网页上，用户可以在网页上浏览数据。拥有一定权限的用户还可在网页上对某台电机进行远程操控，远程控制的指令通过TCP服务器传输进对应的嵌入式设备中，由嵌入式硬件（如GPIO端口输出、外置的电磁继电器等）实现远程操作。

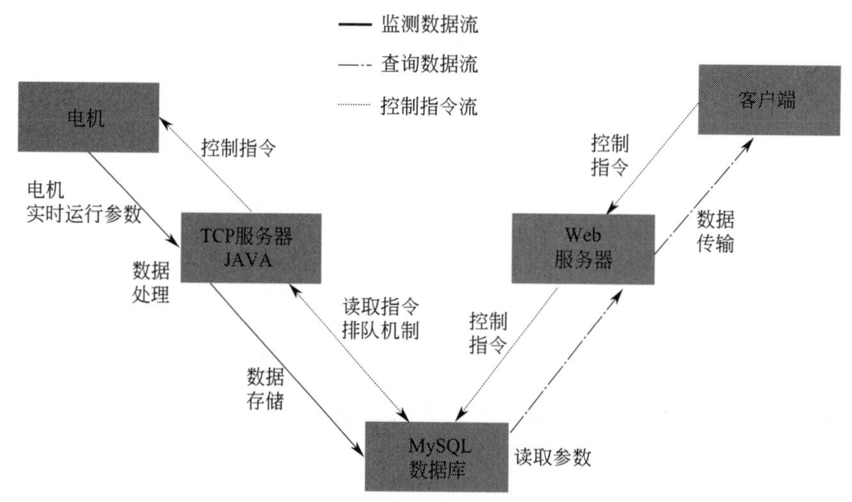

图9.1 物联网远程监控系统架构

（2）物联网监控数据传输路径

物联网系统监控数据的本质是对数据进行的一系列操作：从无到有实现信息的采集、对数据进行指定协议的封装（将大量数据按照指定格式封装成数据包）、将数据包远程发送到处理中心、对数据包进行解析、将数据存入库中、管理数据库以及将数据库中的数据取出并展示。其中数据解析、入库、管理和展示都不是嵌入式系统需要完成的任务，但可以通过对数据传输路径的分析，初步理解物联网系统项目的运作方式。

① 数据采集。使用传感器对电机运行的参数进行数据采集，收集的电机运行数据可以分为数字量数据和模拟量数据。

② 数据处理。采用串口、A/D转换器、计时器中断等接口接收电机的运行数据，其数据会源源不断地涌入STM32芯片，必须对其及时处理，将所有的数据根据已经提前制定好的TCP数据协议进行打包。一般来说，制定协议需要制定协议头、协议格式和协议尾，例如可以使用“$”符号作为开头标志，使用RTD字段表示实时数据包，之后第一位是电压值，第二位是电流值，最后使用“*”符号代表数据协议结束，由此封装出来的数据包“$RGST：10，0.5*”就包含了“电压10V，电流0.5A”的数据内容。

③ 数据通信。数据包需要通过网络远程发送到后台处理中心，后台处理中心可以是一台电脑、一台云服务器或是一个后端接口。使用的通信方式可以是RS-232/485有线传输、无线蓝牙、Wi-Fi以及网络传输，其中远距离传输只能使用网络传输，工业物联网使用较多

的还有 Iot 传输方式。本章以 4G 网络传输为例，需要使用无线数据传输单元对指定的 IP 地址和端口进行访问，将数据发送到上位机的 TCP 服务器内。

④ 数据入库。设计 TCP 后台服务器可以通过自行设计或直接购买网络服务器，将 TCP 服务器部署在云端。在接收到数据包之后，TCP 服务器根据协议反向解析数据包的含义，并将提取出来的数据存入数据库。

⑤ 数据调取和展示。在云端上部署基于 BS 架构设计的 Web 服务器。Web 和 TCP 两个服务器使用同一个数据库，实现了数据段和云端的同步通信，数据稳定且安全。通过使用 Web 服务器，以网页的形式向用户展示数据库中所有的数据。

（3）Web 服务器的 BS 架构和 CS 架构

根据服务器提供服务的模式，可以将 Web 服务器分为 BS 架构服务器和 CS 架构服务器，两种服务器架构各有特点：

① BS 架构。BS 架构（Browser-Server）即浏览器-服务器架构，服务器被设置在一个网页上，用户只要登录自己电脑的浏览器，打开指定的网页，就可以访问该服务器，得到该服务器的服务。基于 BS 架构的服务器打开浏览器即可使用，任何人在任何地方都可以访问，开发方便；更新的时候只需要在网络服务器上进行更新即可，不需要用户再下载新版本，方便用户操作。但其缺点也很突出，其数据安全性差，对服务器要求过高，数据传输速度慢，浏览器软件的个性化特征减少，难以完成大量的数据输入或实行报表的应答，完成复杂的应用构造有较大的困难。

② CS 架构。CS 架构（Client-Server）即客户端-服务器架构。用户必须下载并安装 exe 格式的客户端，通过运行程序访问服务器，才能得到服务。例如使用微信客户端登录微信，这一过程就是访问微信 CS 服务器的过程；而通过“微信网页版”网页登录微信，就是访问微信 BS 服务器的过程。基于 CS 架构的服务器可以自由定义外观、可以自由定义程序大小、可以开发任何功能、跳出浏览器的制约且安全性很强。但是作为独立运行的程序，其开发难度相对较大，开发周期相对较长，若有版本更新，用户需要下载更新包重新安装。

9.1.3　需求分析与芯片选型

嵌入式物联网远程监控项目是一个整体系统，需要嵌入式微控制器、上位机、后台服务器、网络服务器等多个设备统一协作。本章以嵌入式微控制器为重点进行介绍。

（1）嵌入式微控制器需求分析

STM32 嵌入式微控制器的主要作用包括对电机各种工作数据的检测、将数据传输到上位机、接收上位机指令并控制目标电机。本书第 6 章介绍了多种量化分析项目需求的方法，我们使用其中的四象限分析法对物联网监控项目中的嵌入式微控制器部分进行需求分析，将所有需求划分为输入数字量、输出数字量、输入模拟量和输出模拟量，如表 9.1 所示。

表 9.1　嵌入式微控制器需求分析

输入/输出需求	执行硬件	嵌入式芯片接口	四象限分析
主线电压	交流电压互感器	ADC 电压输入	输入模拟量
主线电流	交流电流检测芯片	ADC 电压输入	输入模拟量
主轴温度	K 型热电偶、温度调理芯片	SPI 串口通信	输入模拟量
地理位置	GPS 定位芯片/Cat.1 模组	UART 串口通信	输入模拟量
程序烧录接口	仿真器	SWD 输入	输入模拟量
网络数据上传	Cat.1 模组	UART 串口通信	输入模拟量
安全限位	3.3V 降压电路	GPIO 电平检测	输入数字量

续表

输入/输出需求	执行硬件	嵌入式芯片接口	四象限分析
启动检测线圈	3.3V 降压电路	GPIO 电平检测	输入数字量
停机检测线圈	3.3V 降压电路	GPIO 电平检测	输入数字量

(2) 嵌入式微控制器芯片选型

根据需求分析结果，嵌入式微控制器必须拥有以下功能：

① 1 路 SPI 通信接口，用于检测温度。

② 2 路 UART 通信接口，用于网络通信和 GPS 定位。

③ 2 路 ADC 接口，用于读取主线电压和电流值。

④ 5 路 GPIO 电平输入，用于读取各种检测线圈电压值。

⑤ 2 路 GPIO 输出，用于点亮 LED 灯、执行报警和急停指令。

⑥ 1 路计时器，用于控制数据检测的周期。

⑦ 能够实现对 2 路模拟量和 5 路数字量的实时检测（保证所有检测数据刷新间隔 0.5s 以内，才可以达到实时检测的要求）。

⑧ 能够保持网络通信模组的实时通信，尤其是上位机发出“急停”指令时，嵌入式微控制器必须快速做出反应。

基于上述分析并参考第 8 章的芯片选型原则，对物联网远程监控项目的嵌入式微控制器型号进行逐位分析和选择：

① 接口与引脚要求。本项目对嵌入式微控制器的接口种类要求并不高，但是由于需要检测的物理量很多，还要保持网络通信模组的实时通信，故需要保证一定的芯片引脚数量。选用 100 引脚或 144 引脚的嵌入式芯片可以确保有足够数量的引脚，故可以确定芯片标号的第 5 位应该为 V（100 引脚）或 Z（144 引脚）。

② 运行性能要求。本项目要求对多种数据进行实时检测和传输，对嵌入式微控制器的运行性能（即时钟主频）和运行内存（即 Flash 与 RAM 空间）都有较高的要求。选用 Flash 容量不低于 512KB 的嵌入式芯片可以确保运行稳定流畅，故可以确定芯片标号的第 6 位应该为 E（512KB）、F（768KB）或 G（1024KB）。

③ 其他需求。本项目对嵌入式微控制器的超低功耗功能、工作温度和封装模式并没有特殊要求，选用通用型（可以确定芯片标号的前 4 位“F103”）、正常工作温度（可以确定标号第 7 位的“T”）、常规封装（可以确定标号第 8 位的“6”）的 F103xxT6 系列芯片可以满足本项目需求。

结合上述分析的结果，选用型号为 STM32F103 的嵌入式微控制器，既可以满足物联网远程监控项目的各项需求，又能降低成本，是最为合理的选择。

明确项目需求和嵌入式微控制器芯片型号之后，使用 STM32CubeMX 软件快速生成程序模板，使用 Keil v5 MDK 软件补齐程序，使用嵌入式开发板进行程序验证，验证方案可行后使用 Altium Designer 软件绘制设计电路板，最后形成嵌入式物联网远程监控产品。

9.2 基于各种外设的信息采集程序实例

9.2.1 电压电流值采样实例

(1) 电压值采集方式

使用 STM32 芯片的 ADC 外设，可以直接采集直流电压值，但采集交流电压时会出现一个严重问题：ADC 外设只能采集到实时电压值，也就是只能采集到交流电压正弦波形的一部分点，这些点的值符号有正有负，数值从零到最高值都可能出现，对实际使用并无任何参考意义，需要在嵌入式程序中对采集到的数值进行操作，根据采集到的大量数据推算出交流电压的有效值。程序中可以使用离散点插值算法对交流电压做较为精确的计算。如果对交流电压的实时相位不做要求，只要求获得交流电压值时，可以直接使用简便的最大值换算方式。

交流电压采集方式：

① 以 3.3V 电压为参考电压，在 STM32 芯片外围设置降压电路（可以直接购买已经设计好的外置电压采集模块或电压互感器模块），使用某个 ADC 通道（此通道需要支持 DMA 功能）进行电压值采集。此处一定要注意降压电路的设置，由于交流电压存在负电压，直接采集电压会烧毁 STM32 芯片，可以使用一个滤波电路（过滤所有负电压值）或将正弦波形全部抬高为正值。本节介绍的方法是基于负电压滤波电路交流电压的采集。

② 在 STM32CubeMX 软件中，将对应的 ADC 通道设置为循环采集模式，可以在较短的时间内采集大量离散点。采集周期和离散点的样本数量可以视实际情况而定，比如设置 STM32 芯片的 APB2 总线上的 ADC 时钟频率为 14MHz（MHz 指每秒运行 1×10^6 次），设置 ADC 通道采样周期为最快的 1.5 周期，根据 ADC 采样周期计算公式，单个数据的采样周期为 1.5+12.5=14 周期（式中 12.5 为一定值），根据 14MHz 的 ADC 总线时钟，采集一个电压离散点的周期为 1μs。每次采集，ADC 都会将电压值转换为 0～4095 之间的整数值传进 STM32 芯片中。

③ 将上一步采集离散点使用的 ADC 通道对应的 DMA 通道打开，在嵌入式程序中设计一个 300 长度的整数数组。每次 ADC 采集到一个离散的电压值，先判断这个数值是否为 0（0 可能是负电压滤波的结果），若不是 0 就将这个数值存放在数组中。当 300 个数值全部存满（耗时约 0.3ms），进行一次数组遍历，取出当前数组中的最大值。

④ 以取出的最大值为当前交流电压波形的最大值。根据交流电压的最大值是有效值的 $\sqrt{2}$ 倍，将最大值换算为交流电压的有效值，将有效值存为其他变量。

⑤ 将整个数组清空，将所有标志位复原，开始下一次的循环采集。

（2）电流值采集方式

使用 STM32 采集电流的方式和采集电压的方式类似，可以使用外部电路对待检测电流进行整流和分流两步操作，根据电路的实际分流参数进行电流有效值的换算。

ADC 采样周期：ADC 转换就是输入模拟的信号量转换成数字量。读取数字量必须等转换完成后。完成一个通道的读取时间叫作采样周期。一般地，采样周期=转换时间+读取时间，转换时间=采样时间+12.5 个时钟周期。一般来说，ADC 采样时间设置越长，读取的数值越精确。

9.2.2　多路开关量采样实例

（1）变量声明与初始化

在使用超过 3 路 ADC 时必须引入 DMA，使用 DMA 并获得正确的通道值，通常需要占用大量内存。将其汇总成一种简洁的方式，这种方式是被验证有效的，可以适用于最多 10 路 ADC 的采集要求：

```
/*--ADC1 挂载 DMA1--*/
uint32_t AD1_Value1;
```

```
uint32_t AD1_Value2;
uint32_t AD1_Value3;
uint32_t AD1_Value4;
uint32_t AD1_Value5;
uint32_t ADC1_Value[100];//DMA1 所有数据第一存储地址
uint16_t ADC1_DMA1_cnt = 0;//ADC1 一次回调时间取样次数
int ADC1_CHANNEL_CNT = 5;//5 通道采集
int ADC1_CHANNEL_FRE = 20;//每个通道采集 20 次取平均值
uint32_t adc1_aver_val[5] = {0};//保存多通道的平均采样值的数组
//uint32_t adc1_val[5] = {0};//实际判断是使用的数组,可以不用
uint16_t DMA1_i;//指针位
/*--ADC3 挂载 DMA2--*/
uint32_t AD3_Value1;
uint32_t AD3_Value2;
uint32_t AD3_Value3;
uint32_t AD3_Value4;
uint32_t AD3_Value5;
uint32_t ADC3_Value[100];//DMA2 所有数据第一存储地址
uint16_t ADC3_DMA2_cnt = 0;//ADC3 一次回调时间取样次数
int ADC3_CHANNEL_CNT = 5;//5 通道采集
int ADC3_CHANNEL_FRE = 20;//每个通道采集 20 次取平均值
uint32_t adc3_aver_val[5] = {0};//保存多通道的平均采样值的数组
//uint32_t adc3_val[5] = {0};//实际判断是使用的数组,可以不用
uint16_t DAM2_j;//指针位
int ADC_Standard = 3000;//ADC 读数超过此值就认为接通
```

（2）ADC 回调指针计数（便于调试，可以不使用）

本段程序可以记录 ADC 回调了（即采集了）多少次。

```
void HAL_ADC_ConvCpltCallback(ADC_HandleTypeDef * hadc)
{
    if(hadc==(&hadc1))
    {
        ADC1_DMA1_cnt++;
    }
    if(hadc==(&hadc3))
    {
        ADC3_DMA2_cnt++;
    }
}
```

注意上述函数要写在 ADC 中断回调中，下文提到的函数都在声明函数中。

（3）声明 ADC 转换函数

```
void ADC1_DMA1_fetch(void){ }
void ADC3_DMA2_fetch(void){ }
```

由于是两个 DMA，声明和后面的所有函数都是两遍。

（4）平均值复位

```
/* 清除 adc 采样平均值变量(上一次计算的数值还保留在此数组中) */
```

```
for(DMA1_i=0;DMA1_i<ADC1_CHANNEL_CNT;DMA1_i++)
{
    adc1_aver_val[DMA1_i] = 0;
}
for(DAM2_j=0;DAM2_j<ADC3_CHANNEL_CNT;DAM2_j++)
{
    adc3_aver_val[DAM2_j] = 0;
}
```

（5）获取有效值

```
for(DMA1_i=0;DMA1_i<ADC1_CHANNEL_FRE;DMA1_i++)
{
    adc1_aver_val[0] += ADC1_Value[DMA1_i*5+0];
    //ADC1_IN5_PA5
    adc1_aver_val[1] += ADC1_Value[DMA1_i*5+1];
    //ADC1_IN6_PA6
    adc1_aver_val[2] += ADC1_Value[DMA1_i*5+2];
    //ADC1_IN7_PA7
    adc1_aver_val[3] += ADC1_Value[DMA1_i*5+3];
}
```

（6）计算平均值

```
for(DMA1_i=0;DMA1_i<ADC1_CHANNEL_CNT;DMA1_i++)
{
    adc1_aver_val[DMA1_i] /= ADC1_CHANNEL_FRE;
}
for(DAM2_j=0;DAM2_j<ADC3_CHANNEL_CNT;DAM2_j++)
{
    adc3_aver_val[DAM2_j] /= ADC3_CHANNEL_FRE;
}
```

（7）开启通道与调用函数

```
ADC1_DMA1_fetch();
ADC3_DMA2_fetch();
HAL_ADC_Start_DMA(&hadc1,(uint32_t*)&ADC1_Value,100);
HAL_Delay(500);
HAL_ADC_Start_DMA(&hadc3,(uint32_t*)&ADC3_Value,100);
HAL_Delay(500);
```

9.2.3 温度采样实例

使用嵌入式设备对某一零件或外界温度进行采样测量，一般使用热电偶搭配温度调理芯片，将某一温度转变为电压量或整数值，再通过嵌入式芯片的 ADC 端口或串口，将温度值传输进嵌入式芯片中。本节介绍一种利用 K 型热电偶搭配 MAX6675 温度调理芯片，通过 SPI 串口实现与 STM32 芯片的通信，从而完成温度测量的方法。

（1）K 型热电偶

K 型热电偶一般由感温元件、连接线和安装固定装置组成，是一种较为常见的温度传感器，通常和显示仪表、记录仪表、电子调节器、嵌入式电路配套使用。K型热电偶凭借其检测线性度好、热电动势较高、灵敏度高、稳定性和均匀性较好、抗氧化性能强等优点，被广泛用于各种场合。目前K型热电偶是工业上最常用的温度检测元件之一。

（2）温度调理芯片

温度调理芯片，也称温度信号调理芯片，是将热电偶检测到的温度信号进行处理，在保证检测数据准确的前提下，将检测数据转化成可供嵌入式芯片识别的信号。温度调理芯片一般通过16位ADC或SPI串口和嵌入式芯片建立通信。在整个嵌入式系统较为复杂、大量ADC端口被占用的情况下，选用SPI串口实现温度的检测可以减轻嵌入式芯片的运行压力。本实例中使用的MAX6675芯片就是一种常用的、能够通过SPI串口与嵌入式芯片实现通信的温度调理芯片。另外，MAX6675芯片内部集成的冷端补偿电路、非线性校正电路和断线检测电路都给K型热电偶的使用带来了便利。

MAX6675芯片的优势在于：

① 内部集成有冷端补偿电路；

② 带有简单的3位串行接口；

③ 温度分辨率较高，可以达到0.25℃；

④ 内含热电偶断线检测电路。

（3）温度检测程序实例

温度检测的程序并不复杂，首先在STM32CubeMX软件中开启SPI通信，然后在源代码中补充有关K型热电偶的数据读取程序即可完成。

① 在STM32CubeMX软件中开启SPI串口通信。在STM32CubeMX软件的操作界面左侧的“Connectivity”菜单中，单击“SPI1”或“SPI2”，在“Mode”中选择“Full-Duplex Master”（全双工模式），生成工程文件后使用Keil v5 MDK打开程序源代码，进行K型热电偶的参数配置，如图9.2所示。

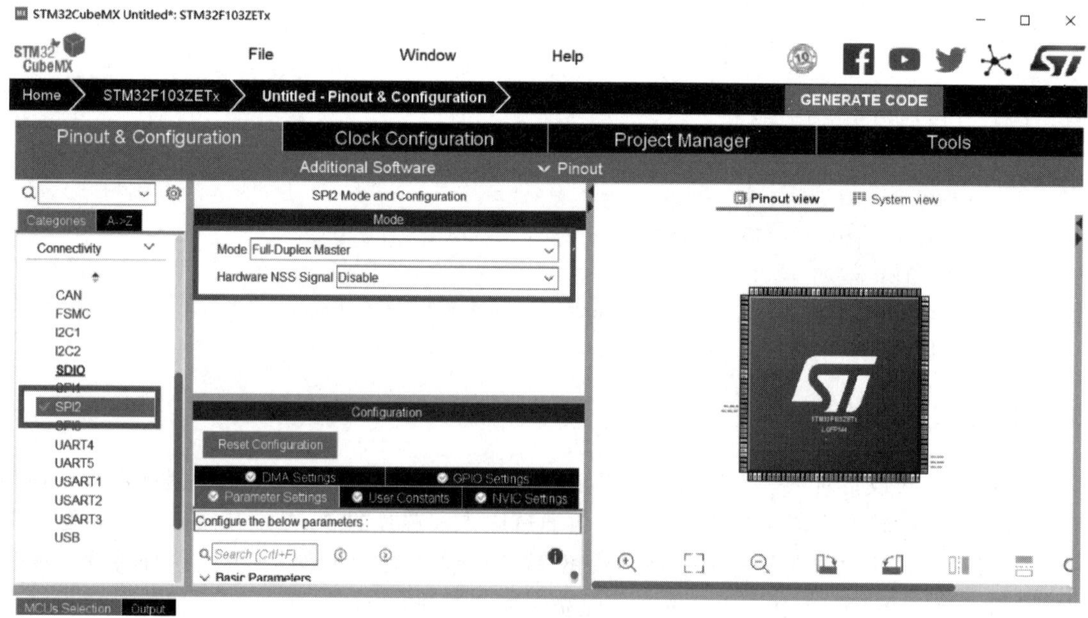

图9.2 开启SPI串口通信

② 利用 Keil v5 MDK 软件配置温度检测程序。在本实例中，使用“Kresistence. h”作为温度检测程序文件的名称，和 MAX6675 温度调理芯片搭配使用的驱动程序如下：

```
#include "Kresistence. h"
# include <stdlib. h>
#include "String. h"
float tempValue=0;
uint8_t max6675_readWriteByte(uint8_t txData)
{
    unsigned char temp=0;
    unsigned char dat=0;
    for(temp=0x80; temp! =0; temp>>=1)
    {
        if(HAL_GPIO_ReadPin(GPIOB,GPIO_PIN_14)==1)
        {
            dat=temp;
        }
        else dat&=~temp;
    }
    return dat;
}
float max6675_readTemperature(void)
{
    return (max6675_readRawValue() * 1024.0 / 4096);
}
uint16_t max6675_readRawValue(void)
{
    uint16_t tmp=0;
    HAL_GPIO_WritePin( GPIOB, GPIO_PIN_12,
    GPIO_PIN_RESET);
    tmp=max6675_readWriteByte(0XFF); //read MSB
    tmp <<= 8;
    tmp = max6675_readWriteByte(0XFF); //read LSB;
    //tmp=tmp&0x00FF;
    HAL_GPIO_WritePin(GPIOB, GPIO_PIN_12, GPIO_PIN_SET);
    if (tmp & 4)
    {
        tmp = 4095; //未检测到热电偶 4095
        //printf("thermocouple open\r\n");
    }
    else
    {
        tmp = tmp >> 3;
    }
    tmp=tmp&0x0FFF;//12bit
    return tmp;
```

```
}
```

在上述程序实例中，并没有新建一个专用于SPI串口通信的“spi. c”源文件。而是使用了一种较为简单的编程方法，在“resistence. h”文件中直接操作SPI串口对应的三个引脚PB12、PB13和PB14，使用的引脚操作函数为HAL_GPIO_WritePin(GPIOx，GPIO_PIN_x，GPIO_PIN_RESET/SET)。这种方法并没有利用STM32CubeMX软件生成“spi. c”源文件，编写较为简便。在目标功能较为单一时（如在本实例中，只开启了1路SPI串口且此SPI串口只负责与MAX6675温度调理芯片通信)，可以使用GPIO_PIN_RESET/SET的引脚方式减小编程工作量。

③ 温度检测函数的调用与数值读取。在配置好温度检测程序之后，可以在工程任何地方调用温度检测程序“float max6675_readTemperature（void）”。通过操控MAX6675温度调理芯片检测当前温度，并将检测值赋值给一个float型变量。本实例展示了一个计时器计时超过2000ms时，进行温度检测并分析温度值是否正常的例程。需要注意的是，K型热电偶由于误接触导致检测值过高的错误，已包含在“Kresistence. h”文件中并已进行过校准和报警。

```
if(count >= 2000)
{
    tempValue = max6675_readTemperature();
    if(tempValue < 0 || tempValue > 1000)
    {
        tempValue = 0;
    }
    check_error();
    count = 0;
}
```

9.3 网络通信实例

9.3.1 4G网络通信实例

9.3.1.1 核心思路

使用4G网络进行通信的核心思路为：STM32芯片通过UART串口，使用AT协议和ML302通信模组进行通信。STM32芯片发送AT控制指令，ML302通信模组接收到指令之后进行执行结果反馈，同样以AT指令回复STM32芯片，STM32芯片接收到执行反馈之后可以进行指令控制、计时或内部计算。

9.3.1.2 核心流程

以中国移动ML302模组为例，介绍使用4G网络进行通信的通信流程。在本项目中，为了保证程序的可读性和可维护性，将整个通信例程分为了5个工作阶段，以handleCMCC为标志位。

（1）ML302模组基础配置

handleCMCC设置为1。包括检查模组是否上电、将模组运营商设置为全网通、开启PDP通信、允许PDN指令接入、获取IMEI码并写入内存。

（2）获取GNSS定位信息

handleCMCC设置为2。包括开启GNSS定位功能、设置复合定位模式（GPS+北斗双系统定位模式）、等待模组与卫星获得联系、读取GNSS数据、解析数据并将经纬度数据转换为度分秒单位制。

（3）与TCP服务器建立网络通信

handleCMCC设置为3。包括设置TCP连接模式、建立单路非透传数据连接、建立非缓存数据连接、重复请求通信步骤。

（4）建立了稳定连接之后开始进行数据包的收发

handleCMCC设置为4。包括请求非透传固定字节非缓存传输、发送登录包/快包/慢包/心跳包/指令包/指令回复包、非透传模式下的多余字节补齐步骤。

（5）有必要进行的模组重启

handleCMCC设置为9。包括首次设置了的全网通运营商设置后必要的重启、AT指令发送冲突导致模组死机后必要的重启、STM32芯片内部宕机重启后伴随的模组重启。

9.3.1.3 程序标志位和函数的配置

main.c中，在主程序开启之前先设置好变量的值（即handleCMCC的值），以保证程序进入主循环后程序可以顺利运行。在main.c中判断handleCMCC的值，根据值跳转到相应的函数：

handleCMCC=1或9则调用GetPara_First（），为基础信息设置函数或重启函数。

handleCMCC=2则调用GetPara_Second（），为GNSS获取函数。

handleCMCC=3则调用GetPara_Third（），为TCP服务通信函数。

handleCMCC=4则调用SendAgreement（），为数据包收发函数。

根据handleCMCC的值跳转到相应的操作函数中，进行AT指令操作，具体操作指令在下文有详细记录。主程序中，以handleCMCC的值为一个循环项，只要handleCMCC的值不变，程序就不会跳转到其他函数。具体执行代码如下：

```
/* 第一步 基础配置 */
while (handleCMCC == 1 || handleCMCC == 9)
{
    GetPara_First();
    HAL_Delay(3000);
}
/* 第二步 获取位置信息 */
while (handleCMCC == 2)
{
    GetPara_Second();
    HAL_Delay(3000);
}
/* 第三步 获取 GNSS 并发送 RGST 协议 */
while (handleCMCC == 3)
{
    GetPara_Third();
    HAL_Delay(3000);
```

}

由于各个函数的执行需要有一定的缓冲时间，故使用 HAL _ Delay（time）程序等待函数做缓冲。所有的执行函数都写在 4Gmodule. c 文件中。

在 4Gmodule. c 中设置了更加细分的标志位。在 main 中只进行 handleCMCC 一个标志位的操作，控制程序进入某个操作阶段；在 4Gmodule 中则需要对每个操作阶段进行细化，从一个阶段中分出多个动作，这些动作可能使用同一个标志位，通过改变该标志位的值来控制动作，或是使用不同标志位来控制动作。

9.3.1.4 基础信息设置函数与重启函数

void GetPara _ First 为基础信息设置函数与重启函数，执行标志 handleCMCC=1 或 9。

（1）测试指令

执行标志 handleCMCC _ AT=1。由于 ML302 模组上电有一定时间（1～2s），若不检测模组是否已经上电就直接发送 AT 指令，会导致指令丢失。通过模组对 AT 指令的回复便可以检测模组是否上电。

STM32 发送“AT \ r \ n”。

ML302 模组回复“AT \ r \ n OK \ r \ n”。

（2）PDP 激活并检查运营商设置

执行标志 handleCMCC _ ATVERCTRL=1。使用 AT 查询模式调取模组当前的通信设置，若模组回复“PDP 已开启、设置了全网通通信”则不做任何操作，若模组回复“PDP 未开启”或“只开通了移动运营商通信”，便使用 AT 设置模式对模组进行操作，将模组设置为“PDP 已开启、设置了全网通通信”模式并进行重启。在模组中，该模式的标志位存储在内存（类似于单片机的 Flash，存储程序的地址位置）中，只要设置一次，后续只要不再设置就不会有变化，故设置好了之后必须进行重启。

STM32 发送“AT+VERCTRL? \ r \ n”。

若 ML302 模组回复“+VERCTRL：0，1 \ r \ n OK \ r \ n”，不做任何操作。

若 ML302 模组回复“+VERCTRL：0，0 \ r \ n OK \ r \ n”或“+VERCTRL：1，0 \ r \ n OK \ r \ n”或“+VERCTRL：1，1 \ r \ n OK \ r \ n”，STM32 需要进行设置、重启操作。

（3）设置与重启操作

执行标志 handleCMCC=9。开启 PDP 并设置全网通通信模式。

STM32 发送“AT+VERCTRL=0，1 \ r \ n”。

ML302 模组回复“+VERCTRL：0，1 \ r \ n OK \ r \ n”。

STM32 等待 2s 后继续发送“AT+MREBOOT \ r \ n”。

STM32 等待 8s 后重新从 handleCMCC=1 的步骤 1 处开始重新运行程序。

（4）获取模组的 IMEI

执行标志 handleCMCC _ IMEI=1。IMEI 最适合作为本项目的设备识别码。使用 AT 查询协议调取模组的内部设置以获取 IMEI 码。

STM32 发送“AT+CGSN=1 \ r \ n”。

ML302 模组回复“+CGSN：861193040073679 \ r \ n OK \ r \ n”。

将 15 位的 IMEI 码 861193040073679 作为和 TCP 服务器联系用的唯一身份标志使用。

9.3.1.5 GNSS 获取函数

void GetPara _ Second 为 GNSS 获取函数，执行标志 handleCMCC=2。

(1) 开启 GNSS 功能

执行标志 handleCMCC _ GNSS=1。由于 ML302 模组内部的低消耗设置，不开启 GNSS 功能则不会主动定位，故在定位之前需要先开启定位功能，再等待一段时间用于模组搜星，再获取 GNSS 信息进行解析。

STM32 发送 "AT+MGNSS=1 \ r \ n"。

ML302 模组回复 "+AT+MGNSS=1 \ r \ n OK \ r \ n"。

(2) 等待搜星并获取 GNSS 信息

执行标志 handleCMCC _ GNSS _ Analyse=1。

STM32 等待 "根据测试需要等待 90s"。

STM32 发送 "AT+MGNSSINFO \ r \ n" 获取 GNSS 卫星信息。

若 ML302 模组回复 "+MGNSSINFO：GNSS NO SINGAL \ r \ n OK \ r \ n"，表示还未搜星成功，无法返回信号。由于程序有容错设置，若未完成搜星就获取 GNSS 信息且 STM32 收到了 "GNSS NO SINGAL" 字段，会将之前获取过的 GNSS 定位信息作为本次数据写入数据包并发送给 TCP 服务器；若首次获取 GNSS 信息就未成功搜星，STM32 会将 "120.2649150E 35.4866250N" 作为定位信息（瑞吉德公司的定位地址）写入需要发送的数据包中。

若 ML302 模组回复 "+MGNSSINFO：E120.2649250，N31.4866316，43.6，1.150，6 \ r \ n OK \ r \ n"，即搜星成功并获取到了定位信息，STM32 会将位置信息提取出来。

(3) 定位信息解析

由于网站定位 API 的限制，需要使用度分秒格式的定位数据，故需要进行位置转换操作。另外 ML302 模组中已经存在 "AT+MGNSSTYPE=4" 指令，即已经规定 GNSS 模式为 GPS+北斗导航复合模式，不需要再进行其他操作。

STM32 数据解析操作：将经度 120.2649150 取整数位 120 作为度，将剩余小数 0.2649150 乘以 60 得到 15.8949，取整数 15 作为分，将剩余小数 0.8949 乘以 60 得到 53.694 作为秒。纬度同上操作。

9.3.1.6 TCP 服务通信函数

void GetPara _ Third TCP 为服务通信函数，执行标志 handleCMCC=3。

(1) 开启 1 路非透传 TCP 服务器连接通道

执行标志 handleCMCC _ TCP=1。上文中已经说明，本项目只能使用例程更加复杂的非透明传输模式。

STM32 发送 "AT+MIPOPEN=1，\ " TCP \ "，\ " 47.114.36.78 \ "，12345 \ r \ n"。

ML302 模组回复 "+AT+MIPOPEN=1，\ " TCP \ "，\ " 47.114.36.78 \ "，12345 \ r \ n OK \ r \ n"。

在上面的指令中，等号后面的 1 表示开启 ML302 模组的第 1 路连接，本模组有 0、1、2 三路连接可以开启；后面的 TCP 规定了网络协议，47.114.36.78 是本项目阿里云服务器的公网 IP，12345 是提前规定好的通信端口号。

TCP 服务器回复“4G\r\n OK\r\n”表示 TCP 服务器已经建立了 Socket 通道，基于点对点的 TCP 协议通信已经成功建立。

（2）开启固定长度指令透传

执行标志 handleCMCC _ Submit＝1。由于使用的是非透传通信方式，必须使用 AT 指令开启非透传通道，由于连接了 TCP 服务器之后首次发送的数据包必然为登录包，可以确定数据长度为 46 字节，故规定 46 非透传。

STM32 发送“AT＋MIPSEND＝1，46\r\n”。

ML302 模组回复“AT＋MIPSEND＝0，46\r\n＞\r\n”。

接收到大于号“＞”之后可以确定透传模式已经开启，此时任何 AT 指令都不会被模组读取，只会被存入模组的闪存中，等 46 位长度地址存满之后，模组会直接将这条数据发送给 TCP 服务器，并回到正常运行模式，可以正常接收 AT 指令。

（3）发送登录数据包

执行标志 handleCMCC _ RGST＝1。登录包的数据格式在协议表中有详细叙述。

STM32 发送“$RGST，861193040418148，120′15′53.69402′，E，35′29′11.85001′，N＊”。

ML302 模组回复“AT＋MIPSEND＝0，46\r\n＞\r\n”。

若 TCP 服务器回复“$RGST，ACONNECTOK＊”。

嵌入式系统需要不断对接收到的数据进行分析，其数据分析的内在机制是读取每一个字节的内容。若想要确定已经收到了“CONNECT”的回复，需要先确定是否接收到了第一个字母 C，若接收到了 C 则立刻分析连接在 C 后面的字母，若 C 后面的字母是 O 则继续分析，若不是则清空判断信息等待下一个字母 C。而由于 ML302 模组和内部指令中字母 C 的出现频率过高，只用 C 作为开关会占用大量的内存进行分析、标志位的读写和释放，故在 CONNECT 前面加上一个字母 A 作为开头，从而“ACONNECT”成为一个唯一以 A 开头的指令，可以有效提高嵌入式系统的处理速度。

若 TCP 服务器回复其他内容，如“$RGST，AP _ ERROR＊”“$RGST，AR _ ERROR＊”等，都表示 TCP 服务器未能成功读取登录包或登录信息有问题，需要重新发送登录包，即重复步骤 1 和步骤 2。

9.3.1.7 数据包收发函数

void SendAgreement 为数据包收发函数，执行标志 handleCMCC＝4。为了节约流量，可以将重要程度很高的、实时刷新的数据打包为快速数据包（简称快包），以较短的时间间隔发送，将不重要或基本不变的数据打包为慢速数据包（简称慢包），以较长的时间间隔发送。

（1）开启固定长度指令透传

执行标志 Word _ send＝1。嵌入式系统发送登录包，TCP 服务器回复连接成功的标志之后，表示远程控制系统已经成功上线，可以进行快包数据、慢包数据、心跳包、控制指令数据包和控制反馈数据包的发送。非透传模式必须先规定传输的数据长度，根据上述数据包的长度规定所有非透传模式都为 50 字节。若数据包的长度未达到 50 字节则使用“@”补齐。TCP 服务器已经写好程序，可以自动屏蔽数据包中的“@”符号，故若要修改补齐符号“@”，需要在嵌入式系统和 TCP 服务器中进行两处修改。

STM32 发送“AT＋MIPSEND＝1，50\r\n”。

ML302 模组回复 "AT+MIPSEND=0，50\r\n>\r\n"。

(2) 发送各种类型的数据包

执行标志 Word_send=2。

STM32 发送：

快包数据包：$FRDP，3220，1，1，0，0，0，0，0，38.6，1.7，220.4，0，0*。

慢包数据包：$SRDP，120′15′53.69402′，E，35′29′11.85001′，N*。

远程控制指令包：$TXDP，OK*。

远程控制反馈包：$TXDPR，0*。

心跳包：@@@……@。(50 长度补齐位。)

由于心跳包的根本作用是维持 TCP 通信的正常运行，同时由于 TCP 服务器存在数据阻塞的设计，只要接收到了任何数据都可以起到心跳包的作用，发送 50 位长度的 "@" 标志，TCP 服务器接收到之后会自动将 "@" 符号抹去，不会影响其他操作。

TCP 服务器回复："$FRDP，OK*" "$SRDP，OK*" "$TXDP，0，1，0，0*"。

使用嵌入式系统通过网络通信与 TCP 服务器建立联系，在传输的数据包上需要考虑一个固定格式，这个格式一般包括协议头、协议内容和结束标志位。特殊的协议格式可以保证该网络通信的安全性，也可以提高通信的稳定性。下面就以物联网远程监控系统为例，介绍一种网络通信协议方案。

9.3.1.8　通信协议

根据不同的工作状态，将数据通信协议分为登录包协议、快包协议、慢包协议和远程控制协议。

(1) 登录包协议 (见表 9.2)

表 9.2　登录包 Agreement：RGST 协议

序号	Data 内容	长度	示例	数据意义
Data1	IMEI	15	861193040073679	IMEI 码
Data2	longitude_Degree′	2～4	120′	经度-度
Data3	longitude_Cent′	2～3	15′	经度-分
Data4	longitude_Second′	8～9	53.69402′	经度-秒(小数点 5 位)
Data5	Longitude_E	1	E	东西经(E/W)
Data6	latitude_Degree′	2～4	35′	纬度-度
Data7	latitude_Cent′	2～3	29′	纬度-分
Data8	latitude_Second′	8～9	11.85001′	纬度-秒(小数点 5 位)
Data9	Latitude_N	1	N	南北纬(N/S)

数据包示例：$RGST，861193040418148，120′15′53.69402′，E，35′29′11.85001′，N*。

(2) 快包协议 (见表 9.3)

表 9.3　快包 Agreement：FRDP 协议

序号	Data 内容	长度	示例	数据意义
Data1	worktime	1～4	3220	工作时间(单位:ms)
Data2	HoistGetElectricity	1	1	上电状态,上电为 1
Data3	HoistRise	1	1	上升状态,上升为 1
Data4	HoistDown	1	0	下降状态,下降为 1
Data5	HoistLowLimit	1	0	下限位,触发为 1
Data6	HoistUpLimit	1	0	上限位,触发为 1

续表

序号	Data 内容	长度	示例	数据意义
Data7	HoistOverLoad	1	0	超载位，触发为 1
Data8	HoistRopeJaw	1	0	卡绳状态位，触发为 1
Data9	HoistLock	1	0	安全锁状态，触发为 1
Data10	tempValue	3～4	38.6	实时温度，1 位小数
Data11	MotorCurrent	3～4	1.7	实时电流，1 位小数
Data12	MotorVoltage	4～5	220.4	实时电压，1 位小数
Data13	FastErrorCode	1	0	错误码
Data14	RemoteControl	1	0	远程控制位，允许为 1

数据包示例：$FRDP，3220，1，1，0，0，0，0，0，38.6，1.7，220.4，0，0*。

（3）慢包协议（见表 9.4）

表 9.4　慢包 Agreement：SRDP 协议

序号	Data 内容	长度	示例	数据意义
Data1	longitude_Degree′	2～4	120′	经度-度
Data2	longitude_Cent′	2～3	15′	经度-分
Data3	longitude_Second′	8～9	53.69402′	经度-秒(小数点 5 位)
Data4	Longitude_E	1	E	东西经(E/W)
Data5	latitude_Degree′	2～4	35′	纬度-度
Data6	latitude_Cent′	2～3	29′	纬度-分
Data7	latitude_Second′	8～9	11.85001′	纬度-秒(小数点 5 位)
Data8	Latitude_N	1	N	南北纬(N/S)

示例：$SRDP，120′15′53.69402′，E，35′29′11.85001′，N*。

（4）远程控制协议（见表 9.5、表 9.6）

表 9.5　远程指令接收 Agreement：TXDP 协议

序号	Data 内容	长度	示例	数据意义
Data1	OK	2	OK	接收成功

示例：$TXDP，OK*。

表 9.6　远程指令回复 Agreement：TXDPR 协议

序号	Data 内容	长度	示例	数据意义
Data1	OK	2	OK	接收成功

数据包示例：$TXDPR，OK*。

9.3.2　心跳包功能的实现

心跳包是在客户端和服务器间定时通知对方自身状态的一个自定义的命令字，按照一定的时间间隔发送，由于这一命令字是用于表示当前连接正常，类似于心跳的作用，所以将其称为“心跳包”。

由于网络中的接收和发送数据都是使用 Socket 套接字实现，如果此套接字已经断开，那发送数据和接收数据的时候就会出现丢包等问题。为了判断当前连接的套接字是否可以使用，就需要在系统中建立心跳机制。

目前，大部分协议或设备都有内置的心跳包功能，如 TCP 协议中的心跳机制。若开启了心跳机制并设置好了心跳间隔，TCP 协议就会协助目标设备在指定的时间内向上位机发送指定次数的心跳命令字，且此命令字不会对其他协议造成任何影响。在指定的时间内上位机若未接收到心跳字节，则说明当前连接出现了问题，目标设备与上位机已经断开了连接。这时，为了进行断线重连或减小运行负荷，上位机会主动中断有关的连接线程并释放连接资源。心跳机制的实现流程如图 9.3 所示。

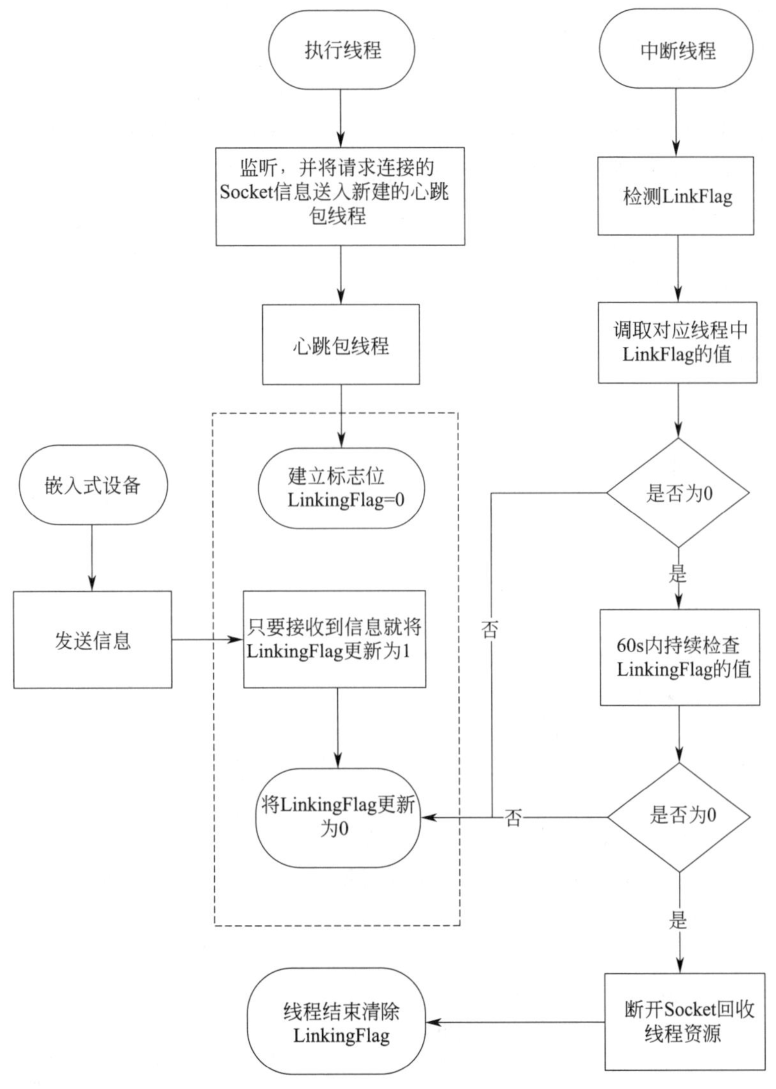

图 9.3　心跳机制实现流程

下面以上位机 TCP 服务器的心跳包程序为例，对心跳机制的实现流程进行介绍。

（1）声明标志位

声明一个专用于心跳机制的全局变量 LinkingFlag，变量类型选择 int 整数型，将此标志位的初始值设置为 1。

（2）维持标志位

在成功连接目标设备后，上位机服务器就开始不断进行心跳的维持。每当上位机服务器接收到目标设备传来的信息时，说明当前连接依然存在，上位机服务器就将心跳包标志位

LinkingFlag 置为 1，表示连接正常。

（3）消除标志位

在上位机服务器中开启一个计时器线程（称其为消除线程），每隔固定的时间，此线程就将心跳包标志位 LinkingFlag 减 1。

（4）检查标志位

在上位机服务器中开启另一个计时器线程（称其为检查线程），每隔固定的时间检查一次心跳包标志位 LinkingFlag 的数值，若检查到标志位为 0，说明此时连接已经断开或连接正常只是刚被消除线程置 0。将此连接标记为危险连接，在下一次标志位检查时再次判断 LinkingFlag 的数值，若此时 LinkingFlag 变为了－1，说明连接确实已经断开，将此连接回收，以便释放资源或进行断线重连。整个心跳包程序的例程如下：

```
// 声明心跳包标志位 LinkingFlag,设置其初始值为 1
int LinkingFlag = 1;
public void run()
{
    System. out. println("心跳包线程已开启");
    while (true)
    {
        // 每隔 3 秒进行一次心跳包判断
        try
        {
            sleep(3000);
        }
        catch (InterruptedException e)
        {
            e. printStackTrace();
        }
    }
    // 判断当前是否有 Socket 套接字连接存在
    ThreadGroup group2 = Thread. currentThread(). getThreadGroup();
    while (group2 ! = null)
    {
        topGroup2 = group2;
        group2 = group2. getParent();
    }
    for (Long threadid : Second_Accept. map_id_sign. keySet())
    {
        int LinkingFlag=Second_Accept. map_id_sign. get(threadid);
        // 若检测发现 LinkingFlag 的值为－1,则回收当前线程
        if (LinkingFlag== -1)
        {
            // 移除相关缓存并中断线程
            try
            {
                socket. close();
```

```
                }
                catch (IOException e)
            {
                    System.out.println("心跳包线程出错");
                    e.printStackTrace();
                }
                System.out.println("线程已回收");
            }
        // 若检测发现 LinkingFlag 不为－1,则将 LinkingFlag 标志位减 1
        else
        {
            Second_Accept.map_id_sign.put(threadid, LinkingFlag -1);
        }
    }
}
```

9.3.3　云服务器基础操作

云服务器（Elastic Compute Service，ECS）可以提供简单高效、安全可靠、处理能力强的计算服务，其管理方式比物理服务器更简单高效。用户无需购买硬件，即可迅速创建或释放任意多台云服务器。使用云服务器可以快速构建稳定、安全的应用服务器，显著降低开发运维的难度和成本。本节以阿里云为案例进行讲解。

（1）登录阿里云控制台

进入阿里云官网后，点击“登录”，登录阿里云账号。登录之后点击右上角“控制台”，如图 9.4 所示。第一次进入需要选择常用模式，选择“日常运维”模式，如图 9.5 所示。

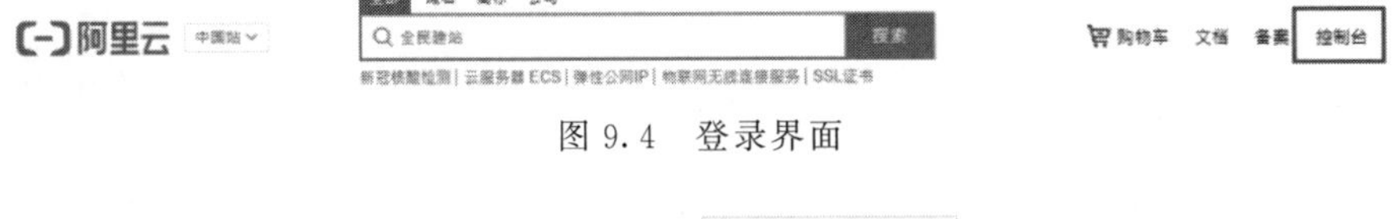

图 9.4　登录界面

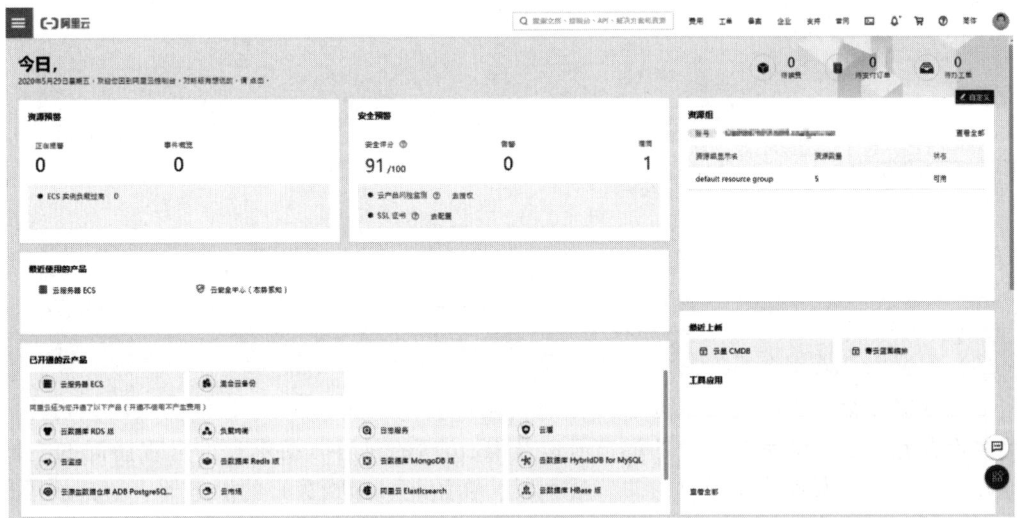

图 9.5　实例显示界面

在下侧“已开通的云产品”中选择“云服务器 ECS”点击进入。

（2）控制台功能说明

在控制台下方，可以浏览已经购买的云服务器。在阿里云系统中，已经购买的服务器也称“服务器实例”或“实例”。需要注意服务器实例中“IP 地址”中的公网 IP：49.114.36.78，这个 IP 地址不会变化，是该服务器的唯一对外接口，如图 9.6 所示。

图 9.6 控制台界面

直接点击实例 ID 中的超链接，如图 9.7 所示，即可进入具体服务器的界面，如图 9.8 所示。

图 9.7 超链接选项

（3）配置服务器安全组

云服务器安全组指的是云服务器虚拟防火墙，类似于 Windows 系统防火墙。可以在安全组内设置允许访问的系统相应的端口号以及 IP 访问的权限（指定允许远程访问的主机 IP 地址）等，是保护服务器免受攻击的有效手段。初始化（刚购买）的服务器，仅开放了远程连接端口，剩余的所有端口都未开放，若在服务器上部署，端口号必须开放，若不开放则外

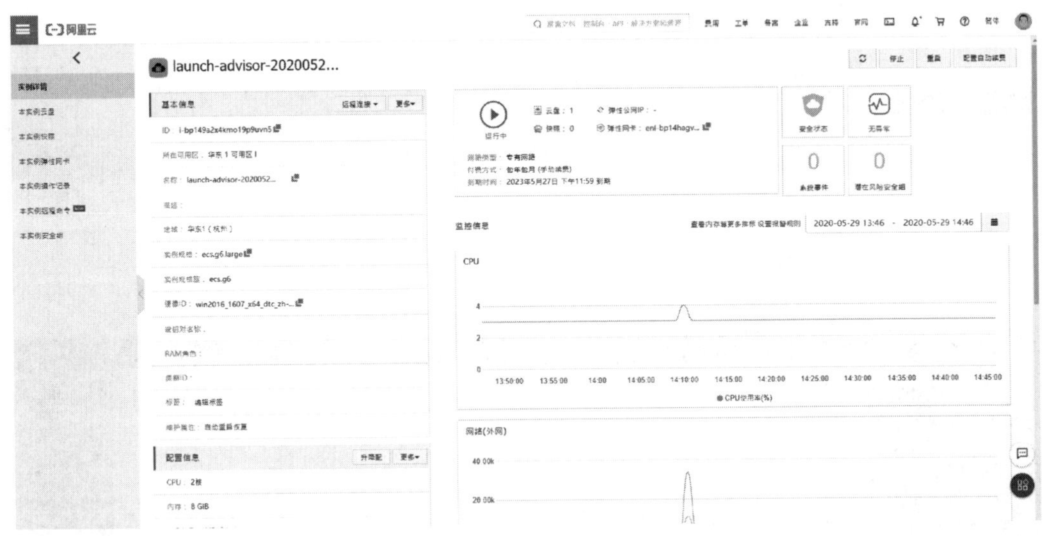

图 9.8　具体服务器的界面

界无法访问。

点击实例 ID 超链接进入配置界面后，在左侧菜单栏中点击“本实例安全组”，可以看到该实例已经配置好的安全组设置，如图 9.9 所示。一般来说实例数量较少时，配置一个安全组设置即可。若发现该实例并未配置过安全组，则跳转到创建安全组步骤，设置好之后再跳回该步骤。

图 9.9　安全组显示界面

点击实例安全组右侧的“配置规则”，如图 9.10 所示。

选择“入方向”的“快速添加”，勾选 HTTP（80）、HTTPS（443）和 RDP（3389）三个复选框，点击“确定”，这样外接设备就可以使用远程连接进入服务器并访问该服务器的网络服务器端口，如图 9.11 所示。

之后选择“入方向”的“手动添加”，如图 9.12 所示。

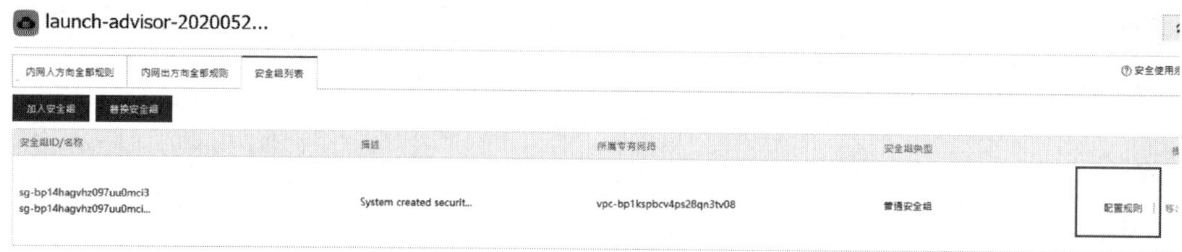

图 9.10　配置规则

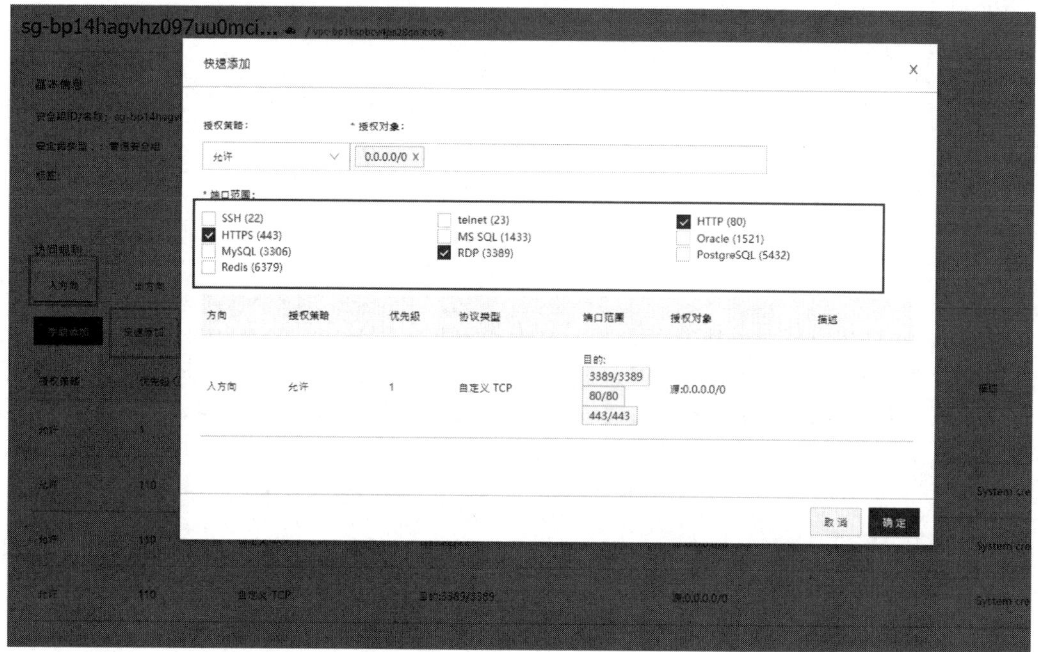

图 9.11　端口配置界面

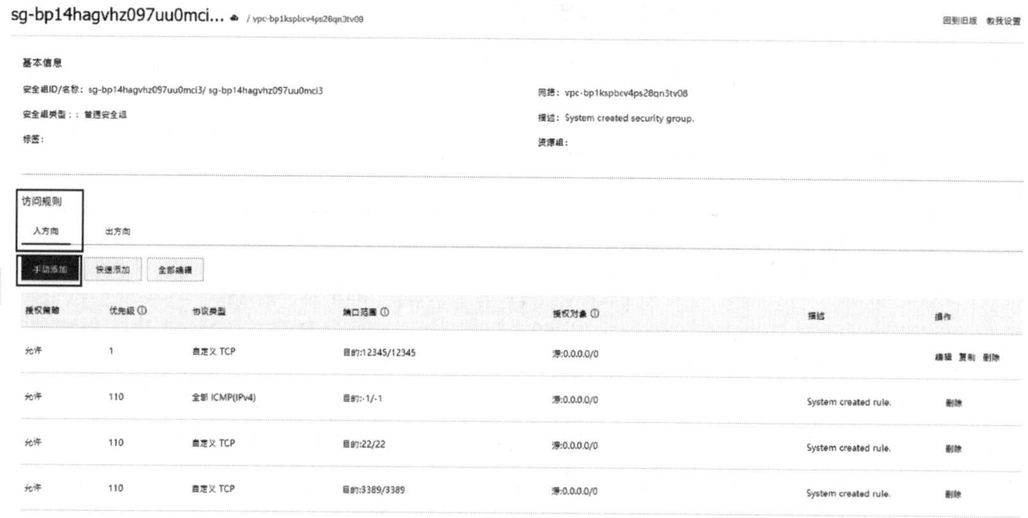

图 9.12　手动添加选项

之后选择“自定义 TCP”，端口输入 TCP 服务器使用到的端口“12345”（后期可能更改），授权对象选择“源 0.0.0.0/0”即可，点击保存，如图 9.13 所示。

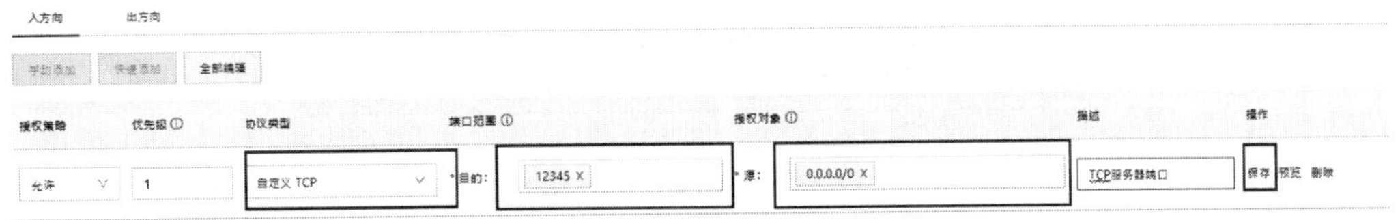

图 9.13　端口配置界面

至此安全组的端口访问规则配置完毕。

（4）创建安全组

在点击实例 ID 之前进入控制台的界面，在左侧找到“网络安全”，点击“安全组”进入安全组配置界面。由于该账号已经配置过安全组，所以界面显示略有不同，如图 9.14 所示。

图 9.14　创建安全组界面（一）

点击右上角“创建安全组”，如图 9.15 所示。

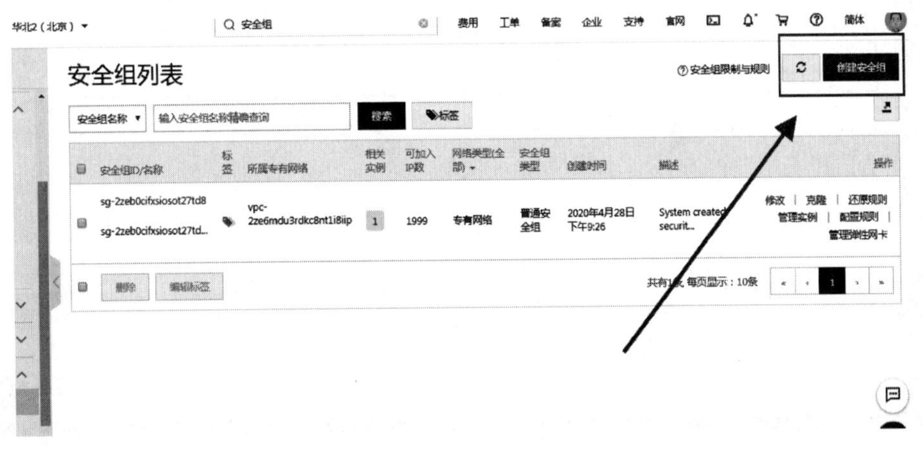

图 9.15　创建安全组界面（二）

添加安全组界面如图 9.16 所示。可以命名、添加描述，网络选择“经典网络”即可。访问规则有两种，手动添加和快速添加。

图 9.16　添加安全组界面

手动添加：可以指定某几个 IP 地址（最多 5 个），除了这些地址，任何人都无法访问该服务器，安全性极强，适用于私人服务器。

快速添加：指定某些端口和某些 IP 地址段可以访问，适用于商业服务器。

以快速添加为例，如图 9.17 所示，可能需要配置的授权端口有：

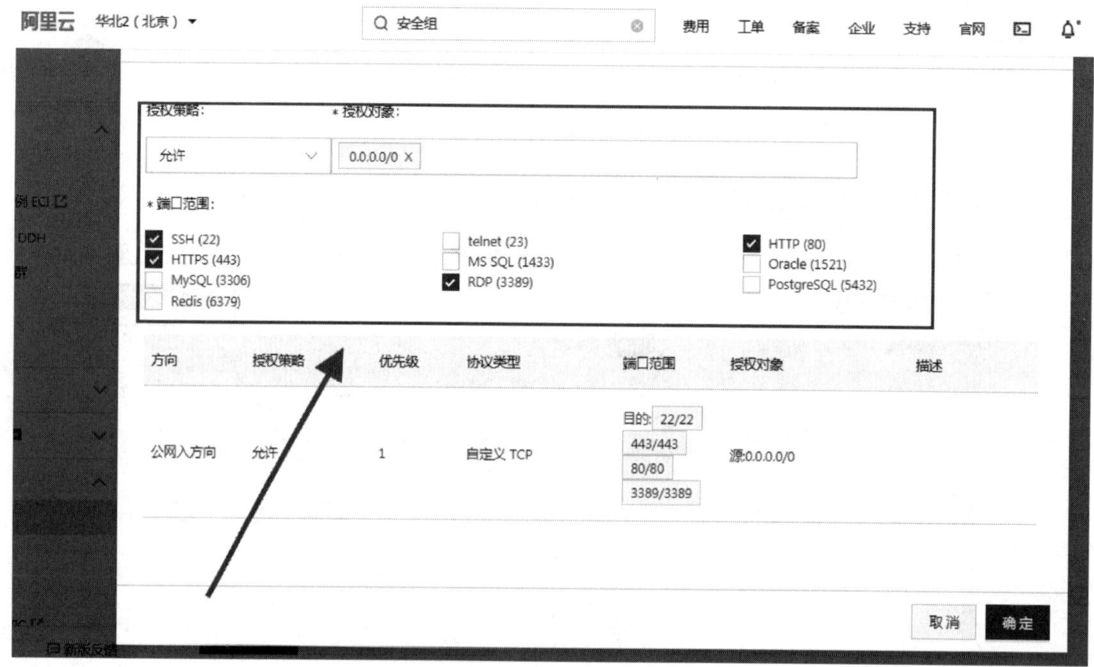

图 9.17　配置安全组界面

① SSH（22）。Linux 系统建立 TCP 连接使用，若访问者没有 Linux 操作系统可以不选。

② HTTP（80）与 HTTPS（443）。HTTP（80）为网络访问端口，HTTPS（443）为安全网络访问端口。

③ RDP（3389）。远程访问端口，使用远程桌面控制时必须开启，其他时间最好关闭。

点击“确定”，安全组建立完成。回到“安全组”选项卡，可以看到新建的安全组，可以修改安全组的配置，如图 9.18 所示。

图 9.18　“安全组”选项卡

（5）将实例加入安全组

单击实例 ID，进入该实例的管理界面，如图 9.19 所示。

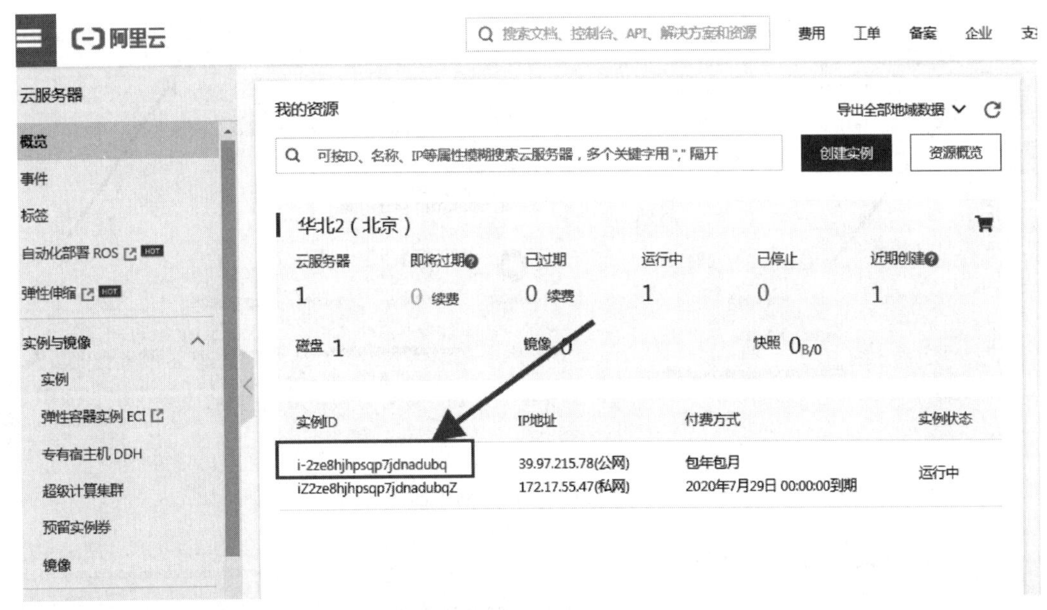

图 9.19　单击实例 ID

单击左侧的“本实例安全组”，点击“加入安全组”。由于该账号已经配置过安全组，所以界面显示略有不同，如图 9.20 所示。

图 9.20　将实例加入安全组

（6）中止实例

操作系统更换的前提条件：

① 只有中国境内的用户可以跨系统更换，境外只能在同一系统中更迭版本。

② 实例需要停止工作，更新后系统数据全部丢失，需要提前备份。

如图 9.21 所示，点击“停止”按钮，即可中止实例。同理，重启实例也在此界面进行。停止或重启实例会中断服务器业务，需要提前做好准备。

图 9.21　中止实例界面

（7）连接方式介绍（表 9.7）

表 9.7　连接云服务器方式

连接方式	操作入口	连接方式
Workbench(控制台连接)	阿里官网	多人连接
VNC(虚拟主机连接)	阿里官网	单人连接
RDP(远程桌面连接)	电脑主机	单人连接

Workbench 和 VNC 连接方式都是在阿里官网中进行操作的。Workbench 连接方式支持多人同时连接，但属于控制台操作。Workbench 连接方式在中断之后，任何文件、程序和脚本都会停止。而 VNC 方式属于虚拟主机连接，RDP 方式属于远程操控连接，这两种连接在中断前后正在进行的任何操作都可以继续。

（8）常见错误与解决方案

若无法实现远程桌面连接，可能有以下几种原因：

① 操作系统错误。Windows 系统只能连接 Windows 系统，无法连接 Linux 系统。

② 远程连接未开放。开启远程接口（端口号 RDP3389），使用 Window+R 调出资源管理器，输入“mstsc”并回车进行连接。

③ 防火墙拦截。在执行连接的 PC 端开启控制面板，点击“系统和安全”，暂停电脑的防火墙功能再进行连接。

参考文献

[1] 王爱英. 计算机组成与结构 [M]. 北京：清华大学出版社，2013.

[2] 彭虎，周佩玲，傅忠谦. 微机原理与接口技术 [M]. 北京：电子工业出版社，2008.

[3] 宋汉珍. 微机计算机原理 [M]. 北京：高等教育出版社，2004.

[4] 唐朔飞. 计算机组成原理 [M]. 北京：高等教育出版社，2000.

[5] 王永华. 现场总线技术及应用教程 [M]. 北京：机械工业出版社，2012.

[6] 李正军. 现场总线与工业以太网及其应用技术 [M]. 北京：机械工业出版社，2011.

[7] Légaré C. μC/TCP-IP, The Embedded Protocol Stack For the STM32 ARM Cortex-M3 [M]. Weston: Micriμm，2011.

[8] Axelson J. Embedded Ethernet and Internet Complete [M]. Chicago: Independent Publishers Group，2003.

[9] 王兆安，刘进军. 电力电子技术 [M]. 北京：机械工业出版社，2009.

[10] 冯新宇. ARM Cortex-M3 嵌入式系统原理及应用 [M]. 北京：清华大学出版社，2020.

[11] 王利涛. 嵌入式 C 语言自我修养：从芯片、编译器到操作系统 [M]. 北京：电子工业出版社，2021.

[12] 崔西宁. 嵌入式系统设计师教程 [M]. 北京：清华大学出版社，2019.

[13] 钟佩思，徐东方，刘梅. 基于 STM32 的嵌入式系统设计与实践 [M]. 北京：中国工信出版集团，2021.

[14] 张迎新，王盛军，何立民. 单片机初级教程——单片机基础 [M]. 3 版. 北京：北京航空航天大学出版社，2015.

[15] 刘海成，张俊谟. 单片机中级教程——原理与应用 [M]. 3 版. 北京：北京航空航天大学出版社，2019.